可靠性工程师注册考试指定辅导教材

（第二版）

Handbook of Certified Reliability Engineer

中国质量协会组织编写

李良巧 ◎ 主编

中国人民大学出版社

· 北京 ·

可靠性工程师手册（第二版）编辑委员会

中国质量协会质量专业人员注册考试丛书序

2012年2月6日，国务院发布《质量发展纲要（2011—2020年）》，对我国今后一个时期的质量工作做出了总体部署。该纲要将“质量素质提升”列在质量提升工程之首，把质量知识的普及与质量专业人才的培养作为提高质量的重要举措，显示了国家对质量人才队伍培养的高度重视。人才是经济社会发展的第一资源，2009年《全国工业企业质量管理现状调查》① 结果表明，现阶段人员素质是制约我国企业质量水平提升的最重要因素之一，企业对各类质量专业人才需求迫切。建立完善的质量专业人员培养和职业发展机制，培养满足企业发展需要的高水平质量专业人才，是建设质量强国的必然选择。

目前，国家正积极探索和鼓励人才培养的新机制，《国家中长期人才发展规划纲要（2010—2020年）》中提出，要建立和完善与国际接轨的工程师认证认可制度，提高工程技术人才职业化、国际化水平。要完善以市场和出资人认可为核心的企业经营管理人才评价体系，建立社会化的职业经理人资质评价制度。从美国、德国和日本等国家质量人才培养的经验看，专业化和职业化方式是比单纯学校教育更为普遍的做法。2004年起，中国质量协会在多年跟踪、研究发达国家质量专业人才培养机制和知识体系的基础上，在人力资源和社会保障部、中国企业联合会的支持下，采用国际通用模式陆续建立起六西格玛绿带、六西格玛黑带、质量经理、可靠性工程师等质量专业人员考试注册制度。截至2016年，参加各项考试注册的质量专业人员已超过5万人，为企业选拔和培养了一大批具有专业能力、符合实践要求的质量管理人才。

中国质量协会组织开展的注册考试呈现如下显著特点：第一，知识大纲与国际接轨，既保证了知识体系的先进性、适用性，又结合国内现实需求。每一种注册考试都设有专业委员会，聘请该领域产、学、研结合的专家队伍对知识大纲、教材及考试内容把关。第二，知识考核与专业技能确认缺一不可。取得中国质量协会质量专业人员注册资格，不仅

① 工业和信息化部2009年委托中国质量协会开展了部分工业行业的质量管理现状调查，调查结果得到政府有关部门高度重视。

必须参加全国统考，取得合格成绩之后，还需要通过专业的面试或者提交书面专业报告，以验证考生的专业实践能力。第三，考试流程规范，确保公平公正。为保证注册考试的公正性，中国质量协会设立了专门的注册考试管理部门，实施规范的专业化考试注册流程。考试办公室组织编写公开的考试大纲和相应教材，举办教师资格认证，但不参与考前培训辅导活动。第四，紧密结合企业质量人才现实需求。每年组织注册考试专项研究，完善知识大纲，与企业、学术界进行充分的交流，确保注册资格考试的水平，满足企业实践对各类质量人才知识能力的要求。

为推广先进的质量管理理念、方法和工具，并为准备参加资格考试的学员提供与相应的知识大纲一致的资料和信息，中国质量协会组织国内优秀专家团队编写了这套注册考试系列丛书。每种图书一般以“手册”为名，例如“可靠性工程师手册”，意在说明这是一本具有系统完整的知识体系、适合可靠性工程师岗位使用的专业图书，是可靠性工程师必备的工具书。因此，这套丛书虽然是注册考试的辅导教材，但其用途可以更加广泛，出版以来受到了社会各界的关注和广大质量工作者的欢迎。

中国质量协会始终以提升组织竞争力和质量人员专业能力为己任，着力推进质量专业人员知识体系的开发和选拔、培养、职业发展机制的建立，不断地推出满足企业和质量从业人员需要的产品和服务。希望这套丛书能在帮助国内企业增强竞争力以及提升质量人员专业能力方面发挥作用。

中国质量协会

序

质量既是科技创新、资源配置、劳动者素质等因素的集成，又是法治环境、文化教育、诚信建设等方面的综合反映。可靠性是产品质量的核心内容之一，是企业技术和管理水平的综合反映，关系顾客满意，关系企业竞争力，关系经济的可持续发展。

改革开放30多年来，我国产品的质量有了很大的提升，但在可靠性方面与发达国家仍存在较大的差距，与经济全球化发展的要求还不适应，提升可靠性是迫切需要解决的问题。为了改变这种状况，国务院发布的《质量发展纲要（2011—2020年）》中，明确提出要实施五项质量提升工程，可靠性提升工程是其中之一。纲要中提出，实施“可靠性提升工程。在汽车、机床、航空航天、船舶、轨道交通、发电设备、工程机械、特种设备、家用电器、元器件和基础件等重点行业实施可靠性提升工程。加强产品可靠性设计、试验及生产过程质量控制，依靠技术进步、管理创新和标准完善，提升可靠性水平，促进我国产品质量由符合性向适用性、高可靠性转型。到2020年，我国基础件、通用件及关键自动化测控部件等可靠性水平满足国内市场需求，重点产品的可靠性达到或接近国际先进水平”。

可靠性水平的提高离不开可靠性知识的普及和人才培养。中国质量协会是全国性质量组织，多年来为推动我国产品质量与可靠性水平的提升做了大量卓有成效的工作，并于2008年成立了可靠性推进工作委员会。在委员会的推动下，调研并完成了多个重点行业的可靠性现状报告，为政府决策提供了依据；建立了可靠性工程师考试注册制度，培养了一批可靠性专业人才；在中国质量协会质量技术奖中开展了优秀可靠性项目评选活动，促进了可靠性管理的推广应用；完成了用于指导企业可靠性项目实施的《可靠性管理项目评价标准》的研究与建立；组织召开了首届“全国可靠性管理项目发表赛”，搭建了可靠性工作交流平台，总结了优秀企业的经验，促进了产学研及不同行业和不同企业间的交流和分享。

为了更好地培养可靠性人才，中国质量协会组织专家编写了《可靠性工程师手册》，在编写过程中收集整理了来自政府、高校、科研院所、企业等多方面的意见，力求精准，历时将近 4 年。在即将完稿之际，恰逢国务院出台《质量发展纲要（2011—2020 年）》。纲要的出台为可靠性工作的推进提供了机遇，希望这本书的出版能够更好地促进可靠性人才的培养，加强可靠性工作的推进，提升我国产品的可靠性水平。

陆燕荪

原机械工业部副部长

中国质量协会可靠性推进工作委员会主任

2012 年 3 月 15 日

第二版前言

本书自 2012 年出版以来，受到读者广泛的关注和欢迎。随着贯彻国务院发布的《质量发展纲要（2011—2020 年）》工作的深入，企业在“提质增效”和“转型升级”过程中，质量意识普遍增强，对以可靠性为中心的质量技术需求将更加迫切，同时考虑到质量工程技术的发展，可靠性工程师除了要掌握可靠性知识，还应较全面地理解和掌握产品质量特性中的维修性、测试性、保障性、安全性和环境适应性等相关知识，中国质量协会可靠性推进工作委员会决定对本书进行改版。

此次改版将比较完整地介绍与通用质量特性有关的可靠性、维修性、测试性、保障性、安全性、环境适应性等“六性”。将“可靠性工程”作为重点，安排为上篇，仍保留 7 章；将其他“五性”的相关内容作为下篇，分为 5 章进行介绍。具体修改如下。

将本书第一版的第 5 章中有关维修性的内容修改为本版中的第 8 章维修性工程基础，有关测试性的内容修改为本版中第 9 章测试性工程基础，有关可用性的内容经修改放入新增的第 10 章保障性工程基础；将第 1 章中有关安全性的内容修改为本版第 11 章安全性工程基础，有关软件可靠性的内容修改后和人—机可靠性合并为第 5 章软件可靠性与人—机可靠性。此外，新增第 12 章环境适应性工程基础和绪论。在绪论中，说明了通用质量特性和“六性”之间的关系。

本版各章撰写人为：绪论李良巧，第 1 章李良巧，第 2 章李长福，第 3 章李长福、李良巧、钱云鹏，第 4 章李长福，第 5 章李良巧，第 6 章李长福，第 7 章李良巧，第 8 章姬广振，第 9 章至第 12 章李良巧，全书由李良巧统一编校。

在改版过程中，中国质量协会始终对本书的编写和出版给予大力支持和指导。同时，北京航空航天大学教授、可靠性推进工作委员会专家委员会副主任康锐给予了很多指导和支持，并审阅了第 5 章、第 9 章至第 12 章。中国空间技术研究院遇今研究员审阅了绪论。中国兵器科学研究院何恩山同志、张侦英同志在编写过程中提供了帮助。在改版过程中，重点参考并部分引用了康锐主编的《可靠性维修性保障性工程基础》。在此对他们表示由衷的感谢。

尽管我们已经努力确保本书内容准确，但错误终难避免。如果您发现了书中的任何错误，我们都非常乐于见到您将错误提交给我们，以便我们不断提高本书后续版本的质量。

联系邮箱：cre@caq.org.cn。

《可靠性工程师手册》编委会

中国质量协会可靠性推进工作委员会

第一版前言

“质量是企业的生命”，“军工产品，质量第一”，“质量兴国，质量兴市”等口号目前已是人们耳熟能详的。“质量”一词的权威定义即一组固有特性满足要求的程度。但要能够系统、全面地说清楚“质量”并不是一件很容易的事。作者同意目前的一种说法，即产品的一组固有特性，包括产品专用质量特性和通用质量特性两部分。专用质量特性是指产品的功能和性能，如飞机的飞行高度、飞行速度和续航距离，卡车的载重量、乘员数量和油耗，导弹的射程、威力和精度等。通用质量特性是指保证产品各种功能和性能有效发挥的一组共有的技术特性，如产品能安全可靠工作的持续时间，产品发生故障能否快速、经济地修复，产品能否适应规定的各种环境等。产品的专用质量特性和通用质量特性正如人的双腿，缺一不可。产品因其具有具体且明确的专用质量特性而成产品，然而如果通用质量特性不好，故障频发，维修费用高昂，这肯定不是好的产品，不是顾客满意的产品。这说明包括可靠性、维修性等通用特性非常重要。这一点越来越被有作为的企事业单位所认识和重视，它们积极引进、学习、研究和推广应用可靠性、维修性工程，并在提高产品质量中发挥了重要作用。

目前，不可否认的事实是，我国产品与发达国家相比还有很大差距，这种差距不仅表现在功能、性能等专用质量特性上，更重要的表现在产品的可靠性、维修性上。造成通用质量特性这种明显差距的原因很多，但对产品可靠性、维修性的重要性认识不足和缺乏可靠性、维修性专业人才是一个重要的原因。为了改变这种局面，中国质量协会 2008 年专门成立了可靠性推进工作委员会并在委员会下设立专家委员会和推进办公室。同时借鉴国外可靠性工程师注册管理制度和做法，在我国试行可靠性工程师注册制度，制定了《中国质量协会可靠性工程师注册管理办法》《注册可靠性工程师考试管理办法》和《注册可靠性工程师考试大纲》。

为了配合注册可靠性工程师考试工作的开展和可靠性知识的普及，中国质量协会、卓越国际质量科学院积极策划和组织《可靠性工程师手册》的编写。主编接受中国质量协会的委托，依据《注册可靠性工程师考试大纲》的要求，组织有关可靠性工作者，在参考国内外有关可靠性、维修性工程方面的著作并结合工程实践的基础上编成此书，以使读者能够对通用质量特性有较为全面的了解。本书可供有志于献身我国可靠性工作的工程师学习和参考，亦可供渴望了解可靠性、维修性知识的管理者、产品研发工程师和质量管理工程师参考。

本书编写过程中大量参考或引用了国内外相关的著译作，引用最多的是龚庆祥主编、赵宇和顾长鸿副主编的《型号可靠性工程手册》和任立明主编、何国伟和周海京副主编的《可靠性工程师必备知识手册》。在此，编者特向各位著译者表示衷心的感谢。

本书各章的编写者为：第 1 章李良巧，第 2 章李长福、冯欣，第 3 章李长福、李良巧、冯欣、钱云鹏、陈凤熹，第 4 章李长福，第 5 章姬广振，第 6 章李长福，第 7 章李良巧。张孔峰审阅了部分章节，全书由李良巧统稿和审定。

本书由中国质量协会可靠性推进工作委员会办公室组织编写，编写过程得到中国质量协会可靠性推进工作委员会陆燕荪主任、著名可靠性专家何国伟教授的指导。中国质量协会段一泓副秘书长，李文成、赵建坤、王丽林部长以及总装可靠性专业组顾问、导航与控制研究所领导夏建中研究员及诸多研究人员对本书的编辑出版给予了大力支持，在此致以衷心感谢。

由于编者水平有限，本书疏漏、不足及错误定然有之，恳请读者批评指正，以求不断改进完善。

《可靠性工程师手册》编委会

中国质量协会可靠性推进工作委员会

目　录

绪　　论

“质量是企业的生命”，几乎人人皆知。在国务院发布的《质量发展纲要（2011—2020年）》（以下简称《纲要》）中更是明确指出，质量发展是兴国之道、强国之策。质量反映了一个国家的综合实力，是企业和产业核心竞争力的体现，也是国家文明程度的体现。质量既是科技创新、资源配置、劳动者素质等因素的集成，又是法制环境、文化教育、诚信建设等方面的综合反映。质量问题是经济社会发展的战略问题，关系可持续发展，关系人民群众的切身利益，关系国家形象。《纲要》提出在全国开展质量提升工程（包括质量素质提升工程、可靠性提升工程、顾客满意度提升工程、质量对比提升工程和清洁生产提升工程）。在《中国制造2025》中更是把“质量为先”作为五条基本方针之一，把质量品牌建设作为九大战略任务和重点之一。可见质量是如此重要。那么，产品可靠性与质量是什么关系？为什么企业实施可靠性提升工程就能提高产品质量？产品质量除了强调可靠性，为什么还要强调维修性、测试性、保障性、安全性和环境适应性？这些特性之间又有什么联系？这些问题是企业开展可靠性提升工程必须清楚的，也是可靠性工程师必须掌握的。

Quality在GB/T 19000—2016《质量管理体系　基础和术语》中被译为质量。其定义是：客体的一组固有特性满足要求的程度。同时还有两条注释。注1：术语“质量”可使用形容词来修饰，如：差、好或优秀。注2：“固有”（其对应的是“赋予”）是指存在于客体中。

要全面理解质量的内涵，必须重点理解质量定义中的术语“客体”“特性”和“要求”包含的内容。这几个关键术语在GB/T 19000—2016中都有定义。“客体”的定义是：可感知或可想象到的任何事物。示例：产品、服务、过程、人员、组织、体系、资源。“特性”的定义是：可区分的特征。同时附有三条注释。注1：特性可以是固有的或赋予的。注2：特性可以是定性或定量的。注3：有各种类别的特性，如：

a）物理的（如：机械的、电的、化学的或生物等的特性）；

b）感官的（如：嗅觉、触觉、味觉、视觉、听觉）；

c）行为的（如：礼貌、诚实、正直）；

d）时间的（如：准时性、可靠性、可用性、连续性）；

e）人因功效的（如：生理的特性或有关人身安全的特性）；

f）功能的（如：飞机的最高速度）。

“要求”的定义是：明示的、通常隐含的或必须履行的需求或期望。

根据质量和客体的定义，质量就可以理解为产品、服务、过程、人员、组织体系、资源的一组固有特性满足要求的程度。也就有人们常说的产品质量、服务质量、体系质量……本书讲述的是产品的可靠性、维修性等特性，涉及的客体是产品。因此，我们讨论的是产品质量，即产品一组固有特性满足要求的程度。仔细分析“特性”定义中所包含的六种特性，很明显产品不可能具有行为的特性，行为的特性只存在于客体中的服务和人员等对象。因此，产品质量可理解为产品一组物理的、感官的、时间的、人因工效的和功能的等五种特性满足要求的程度。进一步对这五种固有特性进行分析，我们可以按是否能在物理空间独立存在分为两类：能在物理空间独立存在的物理的、感官的、人因功效的和功能的等四种特性为一类；不能在物理空间独立存在的时间的特性为另一类。前一类的四种特性以汽车为例作简要说明。汽车的物理特性：机械特性如车长、车高、车宽、发动机的缸数、轮胎的尺寸等；电的特性如发动机点火电压电流、自动导航设备的性能、显示器显示的参数、音响的参数等；化学的特性如燃油或燃气的成分等。汽车的感官特性：视觉特性如颜色，听觉特性如音响效果，触觉特性如车门把手的舒适度、嗅觉特性如车内味道等。汽车的人因功效特性如车内座椅的形状和位置、靠背的舒适程度、安全气囊等。汽车的功能特性如最高时速、手动排挡、自动排挡等。对于这一类特性在工程上我们习惯称为产品功能和性能，在产品开发过程中一般称为产品的技术要求。产品只有具备满足用户需要的功能和性能要求才能成为产品。近年来又将其称为“专用质量特性”。这一类特性是一种确定性的特性，可在物理空间独立存在。也就是GB/T 19000—2016 中“性能”所定义的“可测量的结果”。之所以称为“专用质量特性”，是因为不同的产品要用一组特定专用的参数来度量。例如，高铁要以最高时速、载客量、刹车距离等参数描述；计算机则要用另一组参数如计算速度、内存容量等描述。后一类不能在物理空间独立存在的就是时间的特性，它是用来度量产品的专用特性与时间有关的特性，也就是度量产品物理的、感官的、人因功效的和功能的特性与时间有关的特性，度量可采用可靠性、维修性、保障性、测试性、安全性和环境适应性等（通常简称为“六性”），在 GJB 9001C《质量管理体系要求》中，把这六性称为“通用质量特性”。下面分别对“六性”如何度量专用质量特性的时间特性作简要说明。

可靠性是指产品在规定条件下和规定时间内完成规定功能的能力。也就是产品出厂时各项功能和性能符合制造验收规范要求的合格水平在规定条件下所能保持的时间，合格水平保持的时间越长，说明产品越可靠。之所以称为通用质量特性，是因为只要是可修复类型的产品都可以用平均故障间隔时间（MTBF）这一通用参数来度量，不管是汽车、计算机、电视机还是空调等都可用 MTBF 度量；只要是不可修复类型的产品都可以用失效前平均时间（MTTF）这一通用参数来度量，不管是灯泡、弹药还是刹车片等都可用 MTTF 度量。由于产品什么时候发生故障或失效，即产品由合格水平变为不合格水平是一种随机事件，因此，通用质量特性是一个不确定的事件，规定的可靠性定量要求不能像专用质量特性那样可以用测量仪器测量其真值，可靠性的定量要求是一个统计量。

维修性是指产品在规定条件下和规定时间内，按照规定的程序和方法进行维修时，保持或恢复到规定状态的能力。产品维修性主要涉及预防性维修和修复性维修，核心是规定的时间，无论是预防性维修时间还是修复性维修时间，都期望越短越好。时间越短，产品的可用性就越好。与可修复产品的可靠性可用通用参数 MTBF 进行度量一样，可修复产品的修复性维修都可用通用参数平均修复时间（MTTR）度量。

测试性是指产品能及时并准确地确定其状态（可工作、不可工作或性能下降），并隔离其内部故障的能力。测试性所体现的产品质量的时间特性在于及时并准确地确定其状态和隔离其内部故障。及时确定产品的状态都可用通用参数故障检测率来度量，隔离其内部故障都可用通用参数故障隔离率来度量。

保障性是指装备的设计特性和计划保障资源满足平时战备和战时使用的要求的能力。保障性的这个定义虽然是针对武器装备的，但对民用产品同样适合，民用产品也有平时的操作训练和实际使用的问题。保障性主要涉及使用保障和维修保障。为了提高产品的可用性或装备的战备完好性都需要快速提供使用保障和维修保障。保障性所体现的质量的时间特性在于快速，只有快速才能达到高可用性或战备完好性要求。

安全性是指产品具有的不导致人员伤亡、装备损坏、财产损失或不危及人员健康和环境的能力。安全性所体现的产品质量的时间特性在于，在产品整个寿命周期的时间里应不发生或尽可能少发生因危险而造成的安全事故。

环境适应性是指装备（产品）在其寿命周期预计可能遇到的各种环境的作用下能实现其所有预定功能与性能和（或）不被破坏的能力。环境适应性所体现的产品质量的时间特性在于，其规定寿命期的时间内所有的专用质量特性不因环境效应的影响而引发故障。

综上所述，一种好的或优秀质量的产品既要具备优良的功能和性能，也就是要具有优良的物理的、感官的、人因功效的和功能的等专用质量特性，还必须具有优良的时间特性，也就是尽可能长的保持合格水平的时间，尽可能短的预防性和修复性维修时间，尽可能及时发现和隔离故障，尽可能快速地提供使用保障和维修保障，同时在寿命周期里不应发生因危险而造成的安全事故和不因环境效应而使产品发生故障。因此，产品的“六性”是产品质量的重要属性，企业开展可靠性提升工程是满足产品质量时间特性要求的必由之路。

值得注意的是，产品的“六性”是紧密联系的。在“六性”中，从重要性看，安全性最重要，因为安全性直接涉及人、财、物和环境，所以国家明确规定，涉及安全的标准都是强制执行的。安全性是所有产品必须首先满足的特性。产品可靠性与安全性关系十分密切，产品的很多安全性问题都是因为产品不可靠造成的，所以提高产品可靠性也能提高安全性，当然并非所有安全性问题都是不可靠引起的。环境适应性是产品在开发或型号研制定型时的要求，必须先满足，只有环境适应性验证通过后才能进行可靠性等的验证。维修性是对可靠性的补充，如果产品不发生故障就不需要修复性维修。注意，维修性和安全性也有关系，维修性设计不当或维修过程的失误也可能引起安全性问题。测试性是维修性的基础，产品要修理一定要先发现故障和隔离故障，所以测试性设计得好，维修时间就可大大缩短。保障性的一项重要工作是提供维修保障，保障性与可靠性、维修性和测试性紧密相关。

本书此次改版正是基于让读者能够比较全面系统地学习和掌握通用质量特性所包含的“六性”的基础知识。为此，将全书分为上篇和下篇，以可靠性工程为重点，共七章，作为上篇，将维修性、测试性、保障性、安全性和环境适应性作为下篇，每一种质量特性单独为一章，作简要介绍。

上篇

可靠性工程

第1章

可靠性概论

1.1 可靠性工程的发展及其重要性

1.1.1 可靠性工程的由来

从历史的观点看，只要是产品，就有可靠工作或不可靠工作的问题。日本的一位学者曾风趣地说，在石器时代，人类把石斧做好后套在木柄上，然后检查固定是否牢固的过程，就是可靠性试验。因此，从这个意义上讲，产品可靠性的历史似乎非常悠久。但是，可靠性作为一门科学却只有50多年的历史，是一门年轻的富有生命力的学科，日益受到人们的广泛关注和重视。

可靠性工程起源于第二次世界大战。日本的齐藤善三郎在《漫谈可靠性》一书中有一段简要的说明：

在第二次世界大战正处于高潮的时候，美国在南方布置了很多远东战略军用飞机，最初近半数飞机难以飞行。经过多次检查才搞清楚，原来是电子管发生了故障。用到的电子管半数以上出现了故障，无法继续使用，这种电子管是安装在飞机的重要部件上的。

这对美国政府来说是很严重的问题，随后他们采取了紧急措施。从生产开始，严格按图纸要求，加强了对制造过程的控制，终于制造出完全符合图纸要求的电子管。这种合格的电子管安装后，仍然不断地发生故障，尝试了多次，其结果都是一样。

为什么在工厂里检查是合格的电子管，一使用就出现故障呢？这使人们联想到，是否还有一种超越现有制造技术或检验能力的别的“因素”在起作用。

这种“因素”是什么呢？它是制止电子管发生故障的一种特性，人们把这种特性称为“可靠性”。只有在图纸设计时就预先考虑到它，再按图生产，才能制造出合格的产品。后来经过实践证明，这种可靠性很好的电子管，在使用时就很少发生故障。

于是，电子管的故障就成了可靠性的开端和可靠性的由来。

曾天翔主编的《可靠性及维修性工程手册》对可靠性的由来是这样阐述的：

20 世纪 50 年代初，美国在朝鲜战争中发现，不可靠的电子设备不仅影响战争的进行，而且耗费大量的维修费用。军用电子设备的维修费用达到了成本的两倍。为解决面临的军用电子设备的可靠性问题，美国军方、制造界及学术界都逐渐开展了可靠性研究。

1950 年 12 月 7 日，美国成立了“电子设备可靠性专门委员会”。在该委员会的建议下，美国国防部于 1952 年 8 月 21 日成立了一个由军方、工业部门及学术界组成的“电子设备可靠性咨询组”(AGREE)，其任务是提出改善电子设备可靠性的措施，推动可靠性工程的发展。该组织于 1955 年制定了一项可靠性发展计划，包括设计、研制、试验、生产、交货、贮存及使用等各个阶段的可靠性研究成果。1953 年，美国兰德公司在空军的资助下进行了可靠性的调查，给出了衡量一个武器系统优劣的七项参数——性能、可靠性、精度、易损性、可操作性、维修性及可用性。

AGREE 经过 5 年的研究，于 1957 年 6 月发表了研究报告——《军用电子设备可靠性》。这份报告从九个方面阐述了可靠性设计、试验等方法和程序，确定了美国可靠性发展的方向，成为美国可靠性工程发展的奠基性文件。这标志着可靠性已经成为一门独立的学科，是可靠性工程发展的重要里程碑。

1.1.2 可靠性工程的发展

可靠性工程自 1957 年问世以来，经历了 50 多年的发展，这种发展在杨为民主编的《可靠性、维修性、保障性总论》中做了很好的总结。

20 世纪 60 年代是可靠性工程全面发展的阶段，也是美国武器系统研制全面贯彻可靠性大纲的年代。在这 10 年中，美国先后研制出 F-111A 战斗机、F-15A 战斗机、M1 坦克、“民兵”导弹、“水星”和“阿波罗”宇宙飞船等装备，这些新一代装备对可靠性提出了严格要求。因此，1957 年 AGREE 报告提出的一套可靠性设计、试验及管理方法被美国国防部及航空航天局（NASA）接受，在新研制的装备中得到广泛应用并迅速发展，形成一套完善的可靠性设计、试验和管理标准，如 MIL-HDBK-217，MIL-STD-781 和 MIL-STD-785。在这些新一代装备的研制中，都不同程度地制定了较为完善的可靠性大纲，规定了定量的可靠性要求，进行了可靠性分配及预计、故障模式及影响分析（FMEA）和故障树分析（FTA），采用了冗余设计，开展了可靠性鉴定试验、验收试验和老炼试验，进行了可靠性评审等，使得这些装备的可靠性大幅提高，例如，20 世纪 50 年代的“先驱者号”卫星发射 11 次只有 3 次成功，而 60 年代的“阿波罗”登月舱，除了阿波罗 13 以外，每次发射都成功在月球上着陆并安全返回。在这 10 年中，法国、日本及苏联等国家也详细开展了可靠性研究。

20世纪70年代是可靠性发展步入成熟的阶段。在这10年中，尽管美国及整个资本主义世界遭遇了经济困难、军费紧缩，但是可靠性作为降低武器系统寿命周期费用的一种有效工具却得到了进一步发展。这个阶段的主要特点是建立了集中统一的可靠性管理机构，负责组织、协调国防部范围内的可靠性政策、标准、手册和重大研究课题；成立了全国性的数据交换网，加强政府机构与工业部门之间的技术信息交流；制定出一套较为完善的可靠性设计、试验及管理的方法及程序。为解决复杂武器系统投入使用后出现的战备完好性低和使用保障费用高的问题，从型号项目论证开始就强调可靠性设计，通过加强元器件控制、采用更严格的降额及热设计，强调环境应力筛选、可靠性增长试验和综合环境应力的可靠性试验，推行可靠性奖惩等一系列措施来提高武器装备的可靠性。美国空军的F-16A战斗机、海军的F/A-18A战斗机、陆军的M1主战坦克和英国皇家空军的“隼”式教练攻击机的研制体现了70年代可靠性发展的上述特点。

20世纪80年代以来，可靠性工程朝更深、更广的方向发展。在发展策略上，可靠性和维修性成为提高武器装备战斗力的重要工具，将可靠性放在了与武器装备性能、费用和进度同等重要的地位；在管理上，加强集中统一管理，强调可靠性及维修性管理应当制度化，为此，美国国防部于1980年首次颁布可靠性及维修性指令DODD 5000.40《可靠性及维修性》；在技术上，深入开展软件可靠性、机械可靠性、光电器件可靠性和微电子器件可靠性等的研究，全面推广计算机辅助设计（CAD）技术在可靠性领域的应用，积极采用模块化、综合化、容错设计、光导纤维和超高速集成电路等新技术来全面提高现代武器系统的可靠性。1985年，美国空军推行了“可靠性及维修性2000年行动计划”（R&M 2000），提出“可靠性翻一番，维修性减半”的目标。该计划从管理入手，依靠政策和命令来促进空军领导机构对可靠性工作的重视，加速观念转变，使可靠性工作在空军部队制度化，以最终实现提高武器装备作战能力、改善生存性、减少空军部队部署的运输量、降低维修保障人力要求和使用保障费用等5项目标。经过近6年的努力，在1991年的海湾战争中，美国空军的行动计划见到成效，F-16C/D战斗机及F-15E战斗机的战备完好性（能够执行任务率）都超过了95%。

在近半个世纪中，可靠性大致经历了如下重大的变化和发展：

（1）从重视武器装备性能、轻视可靠性，转变为树立可靠性与性能、费用及进度同等重要的观念，实现了观念转变。

（2）从分散的部门管理、部门负责到统一领导，成立由副司令、副总裁直接领导的可靠性机构，完善了管理体系。

（3）从电子管的失效机理研究到开发超高速集成电路，使电子元器件可靠性每年平均以20%的速度提高。

（4）从电子设备的可靠性研究开始，发展到重视机械设备、光电设备及其他非电子设备的可靠性研究，全面提高武器装备的可靠性。

（5）从硬件可靠性研究到重视软件可靠性研究，确保大型复杂系统的可靠性。

（6）从宏观统计估算到微观分析计算，更准确地确定产品的故障模式、可靠性及寿命。

（7）从手工定性的可靠性分析设计到计算机辅助可靠性分析设计，达到提高分析设计精度、缩短分析设计时间的目的。

（8）从重视可靠性统计试验到强调可靠性工程试验，通过环境应力筛选及可靠性增长试验来暴露产品故障，进而提高产品的可靠性。

（9）从单个可靠性参数指标发展到多个参数和指标，建立完善的可靠性参数和指标体系。

（10）从固有值作为武器系统的可靠性指标到强调以使用值作为指标，确保投入使用的武器装备具有规定的可靠性水平。

1.1.3 产品高可靠高质量是组织追求的永恒目标

组织的宗旨是向顾客（或用户）提供产品或者服务并使顾客（或用户）满意，从而获得利润，俗称“赚钱”。顾客满意的最重要的条件是产品必须是高质量的，而高质量的前提和核心是必须高可靠。世界著名质量管理大师朱兰博士早就指出，我们都是在质量大坝下生活。在科学技术日益发达的今天，这句名言愈发深刻。试想人们早晨醒来要打开电灯、使用电磁炉、乘坐电梯，出行要使用交通工具，办公要使用电脑，联系工作要使用电话……人们享受着现代文明带来的便利。这些产品若不可靠，不能正常工作，那就不是享受而是“受罪”了。顾客对产品不满意将直接导致不再购买该产品并影响周围的潜在客户。如果产品是武器装备，不可靠的装备在作战中或在平时训练中可能造成的后果是可以想象的，即不仅仅是用户满意不满意的事情，而是关系到战争结果和战斗人员生命的大事。绝对可靠的产品是不存在的，但必须尽可能可靠。同时，随着产品的更新换代，原来产品的可靠性提高了，而新的不可靠的隐患又会出现。正如矛盾论所说的旧矛盾解决了新的矛盾又会产生一样，质量管理基本原则指出改进总体业绩应当是组织的一个永恒目标。因此，组织追求高可靠高质量是一个永恒的主题。结合当前我国产品可靠性现状，可从以下几点理解开展可靠性工作的重要性和紧迫性。

（1）武器装备的可靠性是发挥作战效能的关键，民用产品的可靠性是用户满意的关键。武器装备是作战中使用的，必须发挥最大效能。效能是武器装备的可靠性、可用性和性能的综合反映。如果装备不可靠，再好的性能也不可能发挥出来，后果是将影响作战成败和作战人员的安全。民用产品不可靠带来的严重后果则是所有读者都能举例说明的。

（2）我国产品可靠性与国际相比的差距成为影响参与国际竞争的关键因素。据某汽车制造公司介绍，我国客车首次故障里程是1 000～5 000公里之间，而国际上是1.6万～2万公里之间；我国客车平均故障间隔里程（MMBF）为2 000～5 000公里，国际上的MMBF为1.4万～2万公里。我国某厨电公司介绍说，因受到德国米勒产品10年不坏的触动，公司在厨电行业率先提出5年保修的服务承诺。国内外产品可靠性的差距十分显著。一家汽车制造企业认为，从客车大国到客车强国，还有一大步要走，尤其是在安全性和可靠性方面。例如，运行中的汽车电器线路起火，制动管路失灵，刹车片寿命过短，电子控制装置故障频发，等等。客车的可靠性仍然问题很大，这是我国客车品牌参与国际竞争的最大“软胁”之一。

（3）产品可靠性是影响企业盈利的关键。高可靠高质量是企业追求的永恒目标，有很多人对此提出质疑，认为企业追求的是利益最大化，即盈利最大化。那么产品制造企业如何追求盈利的最大化呢？试问若某企业的产品在客户手中故障频发，售后服务成本居高不下，虽然拥有高的产值，但是实际的利润率、美誉度、品牌形象等却不高，何谈能够实现高盈利呢！据某企业介绍，以企业5年保有量为500万台产品来计算，每年维修率每增加一个百分点将直接带来200万元的维修服务成本的增加。另一家公司介绍，在美国服务人员一次上门的人力成本为75美元，如此之高的人力成本不允许家电企业存在质量缺陷。同时，信息化时代带给企业的不再只是“时间就是金钱”的传统理念，而转变为“下一个时间段更值钱”的理念。

近年来出现的因质量问题，其实是可靠性问题而召回产品的事件，无一不给企业造成巨大的经济损失。典型的案例就是国外某汽车企业发生的全球召回事件。此事件涉及全球汽车制造业并引起了多方的关注，也引发了大范围的讨论。该公司接连曝出油门脚踏板、驾驶座脚垫、刹车等部件缺陷，先后在全球召回多款车型达数百万辆，造成的直接经济损失达到了惊人的数字。其中引发此事件的缺陷的实质都是出厂合格的产品在使用过程中发生的影响安全和使用的质量缺陷，即可靠性问题。可见，企业要盈利，要赚钱，产品必须高可靠。

（4）产品可靠性是影响企业创建品牌的关键。改革开放以来，我国企业逐渐认识到了品牌的重要性，客户买名牌、用名牌已是当今消费的时尚。于是很多有作为的企业开始实施品牌战略，投入大量资金、人力和物力塑造自身品牌形象。

那么什么是支撑品牌树立的关键呢？商品的品牌是在消费者心目中普遍好评的标识代称。产品性能的好坏只是影响顾客是否购买产品的一个因素，性能参数高的产品比性能参数低的产品好卖，这只是顾客购买的一个原因。而顾客是否抱怨和后期维护则是顾客是否继续购买的决定性因素。抱怨的根源是故障，故障则是在正常使用一段时间后发生的，以至于影响使用功能甚至危及生命。按照市场营销的定律，一位顾客对于产品好的评价一般可以影响5位潜在顾客，而对于产品不好的评价将影响至少25位潜在顾客。

故障频发的产品在使用中会被顾客反复抱怨，这样的产品不可能有品牌形象，更不要奢望会有名牌效应带来的收益。20世纪八九十年代一些我们耳熟能详的品牌都在后来的竞争中，因为产品质量故障造成的负面影响，退出了市场。

因此，产品可靠、顾客没有抱怨是树立品牌形象的基础，是创立名牌的前提。这一点已经被越来越多的企业认同。很多企业在产品已经达到质量合格的基础上，都会进一步提高产品可靠性，为顾客创造价值。开展可靠性工作是提升品牌竞争力的必由之路。随着市场环境和消费心理的逐渐成熟，产品的可靠性已经成为市场竞争的制胜法宝；忽视质量将导致高维修率及服务成本、强烈的顾客抱怨、负面的品牌形象，潜在客户肯定会大量流失，最终也就没有品牌了，或是只剩下该品牌的不良声誉。

（5）可靠性是实现由制造大国向制造强国转变的必由之路。所谓制造大国，是在利用我国低廉的劳动力成本和材料成本的基础上，大量承接来料加工或代工生产，没有自主知识产权，利润的绝大部分都由上游的厂商赚取，我们的产值看似很高，实际上得到的利润却极其有限。而所谓制造强国，则应是能够独立设计、独立开发，而不是“依葫芦画瓢”。独立设计开发当中创意很重要，实现客户需求的产品性能和功能的技术实力也很重要，但是还有一个重要的问题，即独立设计开发的产品可靠性和安全性问题，或者说设计开发的合格产品在使用过程中能够保持多久不出故障。仿制或者照图生产时只要按照要求生产，严格控制制造过程，就一定能够生产出合格的产品。例如，一根轴承，规定用 45 号钢材，直径 10 毫米，公差为±0.01 毫米，按规定严格控制制造过程即可，但生产者往往不明白这样能否满足客户的使用要求。要独立设计开发一个新产品的一根轴承其实并不简单，采用何种材料、何种尺寸、何种用途、多少公差、何种工艺要求，才能满足产品在指定条件下的使用，经历多长时间不坏，即使出现故障还要易于维修、节约费用，这其中就会有几十种不同的解决方案。要一一回答这些问题，要做多少试验也就不言而喻了。上面仅仅是以一根轴承为例，若是针对一个部件或者一个系统的独立设计开发将更加复杂。考虑可靠性、维修性是独立开发的一个难题，因此，产品的可靠性是制约自主研发的一个瓶颈。

1.2 产品质量与可靠性的关系

20 世纪 90 年代，世界著名的质量管理大师朱兰博士曾经预言，21 世纪将是质量的世纪。进入 21 世纪的十多年来，这一伟大的预言正在变为事实。质量一词以前所未有的频率被人们不断地重复着。经济发展质量，生活质量，空气质量，产品质量，工作质量，等等。可见，质量一词包含极为广泛的内容。不同的人在不同的地方提到“质量”时，都有自己特定的含义。本书重点讨论的是产品的可靠性，因此明确产品质量与可靠性的关系有重要的意义。

产品的质量是需要管理的。回顾百年质量管理的历史，人们对产品质量的认识和理解也在不断深入，从最初的“符合性质量”发展到“适用性质量”，2000 年后又从“适用性质量”发展到“满意性质量”，即以顾客为关注焦点的质量。顾客满意的质量，也就是 ISO 9000 所定义的“客体的一组固有特性满足要求的程度”。固有是指产品本来就有的，尤其是那些永久性的特性。

可靠性是指产品在规定条件下和规定时间内，完成规定功能的能力。

维修性是指产品在规定条件下和规定时间内，按规定的程序和方法维修时，保持或恢复到规定功能的能力。

可见，产品本身就有的固有特性包含众所周知的顾客十分关心的产品性能、功能特性，例如时速 200 公里的汽车肯定比时速 100 公里的汽车质量好。但是，千万记住固有特性还应包含顾客也十分关心的可靠性、维修性、测试性、保障性和安全性。此外，还应包括产品的环境适应性、电磁兼容性、经济性和美观舒适性等。从这个意义上讲，可靠性、维修性等特性肯定是质量特性中的若干重要的特性，产品的质量本身包含可靠性、维修性等特性。

为了更直观地理解产品的质量，我们可以按产品寿命周期的不同阶段来讨论产品的质量及管理，即把产品寿命周期分成三个阶段：产品研发阶段、量产的生产制造阶段和使用至报废退役的阶段，分别对应着研发过程的设计质量、生产过程的质量和顾客使用产品过程中表现出来的使用质量，如图 1－1 所示。

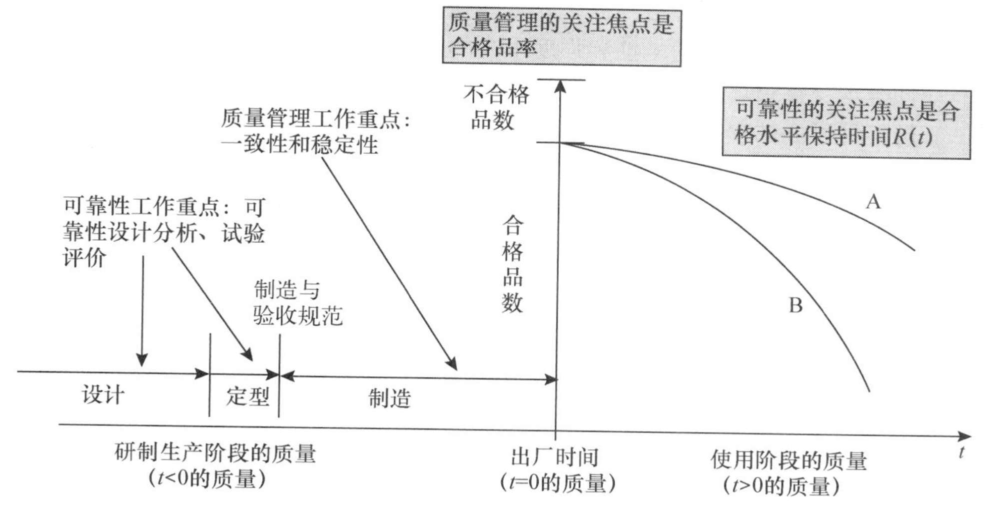

图 1－1　质量与可靠性关系示意图

把产品寿命周期作为横坐标，用时间表示，以产品的合格水平作为纵坐标，于是就有 $t=0$ 的质量、$t>0$ 的质量和 $t<0$ 的质量。在传统质量管理中，$t=0$ 的质量一般都用合格品率进行度量，用百分比表示，合格品率越高，说明内部质量损失越小。因此，质量管理关注的焦点是降低不合格品率，而要降低不合格品率，质量管理工作的重点是提高制造过程的一致性和稳定性。

$t<0$ 的质量体现在按照设计与开发时确认的或产品研制时的设计定型，以及对所确定的制造与验收规范进行的严格质量管理，对产品制造阶段的质量管理体现在出厂前进行严格检验，质量检验的结果，即合格品率。质量管理一开始就是从“符合性”质量开始的，质量管理关注的焦点一直是产品的合格品率，合格品率的提高就意味着产品的不良质量成本会“直接”降低，企业可以获得更多的短期“直接”利益。为了提高产品制造过程的合格品率，质量管理工作的重点应紧紧围绕如何保持生产过程的一致性和稳定性。针对制造过程的一致性和稳定性研究经历了一个多世纪的发展。世界著名质量管理专家费根鲍姆说过，质量管理的发展经历了 100 多年，从历史的观点看，解决质量管理工作的方法几乎每 20 年就会发生重大变革。质量管理已形成了一整套完整的技术方法，例如统计过程控制（SPC）、新老七种质量管理工具等。

$t>0$ 的质量体现在产品在用户使用过程中其合格水平的保持能力，本质上就是产品可靠性，即合格产品在规定的条件下在规定的时间内完成规定功能的能力。通俗地说，就是产品在用户使用过程中无故障或保持正常工作不发生故障的时间，或故障发生的可能性。因此，可靠性关注的是产品合格水平随着时间的保持能力，在

图 1-1 中，A 产品显然比 B 产品的合格水平保持能力更强，也就是 A 产品比 B 产品更可靠。

可靠性研究的就是为什么出厂合格的产品会随着使用时间的增加而变成不合格，也就是为什么会发生故障。究其根源是出厂时判定产品是否合格的合格判据出了问题，而合格判据正是研发阶段结束时形成的制造与验收规范中所确认或规定的要求，因此要改变合格判据，就必须在产品研发设计时事先考虑到产品使用过程中承受的应力及各种随机性和强度本身的随机性及其随时间的退化性，如材料及元器件等本身抗损坏的强度的随机性，使用环境及承载应力的随机性，还要考虑使用人员各种可能的误操作及安全等。在设计时就预先充分考虑上述各种可能引起故障的因素，采取预防措施，从而改变制造与验收规范，就可避免或减少使用中发生的故障，这就是预防的质量。所以提高 $t<0$ 的设计质量必须从产品开发时就考虑所开发产品在 $t>0$ 用户使用中合格水平保持能力着眼，从可能引起的故障或缺陷入手。可靠性工程经历了半个多世纪的发展，形成了比较完整的可靠性设计与分析、试验与评价及监督和控制的多种技术与方法。

简单地说，质量管理常用百分比来表示，如合格品率为 95%的肯定比合格品率为 90%的要好，95%的水平肯定比 90%的水平高。可靠性常用时间表示，如汽车平均故障间隔里程（MMBF）从 1 万公里提高到 2 万公里时，说明产品可靠性提高了，也即产品 $t>0$ 的质量提高了。

为了进一步说明质量管理及可靠性的关系，再看一个实例。例如，设计一根车轴，设计结果是（10±0.01）mm，若制造过程结束时，其检验实际尺寸为（10±0.1）mm，说明该轴为不合格品或者超差品，质量管理就必须进行不合格品管理，不是报废就是返工；若检验实际尺寸为（10±0.01）mm，则说明车轴是合格品；若检验结果是（10±0.001）mm，就可以称为“精品”。但是该轴装配到汽车上后行驶 1 万公里就断了，这就是典型的可靠性问题，也即典型的 $t>0$ 的质量问题，说明该轴承在设计时没有进行可靠性设计与分析，试验与评价进行得很不充分，导致这种设计缺陷居然没有在研发过程中暴露出来。

由此可见，$t<0$ 的质量是多么重要，它决定了 $t=0$ 的质量和 $t>0$ 的质量。$t<0$ 的制造过程质量管理决定着 $t=0$ 的质量，可以减少企业的内部质量损失，可以给企业带来“直接”的效益；而 $t<0$ 的研发过程的设计质量，即可靠性设计分析、试验与评价、监督与控制等工作直接决定着 $t>0$ 的质量。合格产品的合格水平保持能力，即可靠性，是顾客最关心的质量，是企业减少外部质量损失和售后服务成本，将企业的产值最大限度地变成企业的利润，也是取得顾客满意的最重要的条件。

总之，质量是一个含义广泛的概念，可靠性、维修性等质量特性的若干重要特性，是质量特性中性能和功能得以发挥的基础和前提，若产品不可靠，再好的性能也无法发挥。传统质量管理关注的焦点是 $t=0$ 时刻的合格品率，为了提高合格品率，质量管理工作重点是保证制造过程的一致性和稳定性。可靠性关注的焦点是合格的产品在 $t>0$ 后为什么会变成“不合格”，即为什么会发生故障，而工作的重点是研发过程中的质量设计，在研发设计时就事先考虑产品在未来用户使用过程中可能发生的故障或缺陷，并在设计时采取预防措施加以解决，这也就是质量管理大师克劳士比所说的质量是免费的道理所在。

1.3 可靠性工程

可靠性工程是一门研究产品缺陷或故障的发生和发展的规律，进而解决缺陷或故障的预防和纠正从而使缺陷或故障不发生或尽可能少发生的学科。因此，有学者说可靠性工程是一门与故障做斗争的学科。产品的可靠性问题是产品使用过程中暴露的影响使用的典型的工程实践问题，而不是有人误称的可靠性工程是很“玄”、非常难以琢磨的高深的数学问题。数学在可靠性工程中的作用不可否认，它可以用来描述产品故障发生的规律及对可靠性试验和使用信息进行产品可靠性水平的评定。产品的可靠性不是算出来的，不是试出来的，而是设计出来、制造出来和管理出来的，是在产品的全寿命周期中坚持与缺陷和故障出来的。这与人们的健康是与疾病斗争出来的道理一样，与防止火灾保证平安是与火做斗争的道理一样，都必须首先从预防故障或缺陷入手。继而若存在薄弱环节或隐患，能早发现，发现后能及时进行纠正，采取纠正措施。采取措施后就要对措施进行验证并对可靠性指标进行验证，这种过程可用图 1-2 表示。下面分别对预防、发现、纠正、验证做一说明。

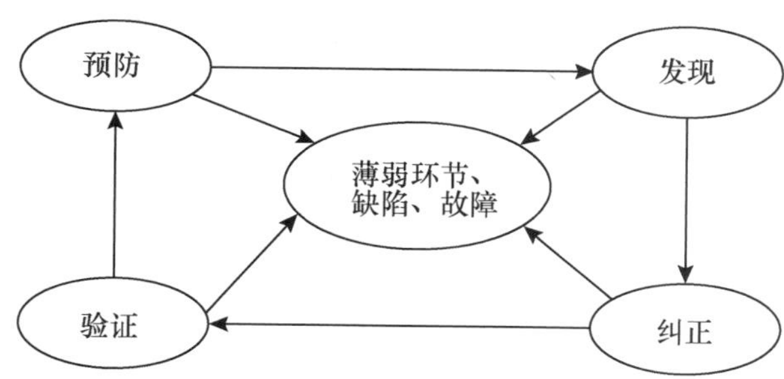

图 1-2　与故障和缺陷做斗争

重视预防故障和缺陷是斗争的最重要的一步，是可靠性工程的核心，也充分体现了质量管理大师克劳士比提出的第一次就把事情做正确的思想。可靠性工程经过 50 多年的发展，已经形成了一套比较完整的故障与缺陷的预防控制技术和方法。这些技术和方法都体现在产品研发过程的可靠性设计与分析之中，即在设计产品性能和功能时，采取一系列的可靠性设计与分析的专门方法，应用并行工程的方法对可靠性与性能进行一体化设计。把产品的可靠性设计落实到设计图纸、制造与验收规范里。GJB 450A—2004《装备可靠性工作通用要求》中规定的预防故障的可靠性设计与分析技术有 13 种：建立可靠性模型，可靠性分配，可靠性预计，故障模式、影响及危害性分析，故障树分析，潜在分析，电路容差分析，制定可靠性设计准则，元器件、零部件和原材料选择与控制，确定可靠性关键产品，确定功能测试、包装、贮存、装卸、运输和维修对产品可靠性的影响，有限元分析，耐久性分析等。这些方法的应用其实就是质量管理中所说的预防措施的体现。

尽早发现缺陷和故障是可靠性工程的又一个重要组成部分。俗话说，智者千虑，必有一失。工程师在设计或制造过程中尽管已经针对产品使用过程可能发生的故障尽可能采取了各种预防措施，但难免会有疏漏，因此尽早发现缺陷或故障就显得非常重要，发现得越早损失越小。在可靠性工程的发展中也形成了诸多尽早发现缺陷和故障的技术和方法。例如，故障模式、影响及危害性分析，故障树分析，可靠性评审，环境应力筛选，可靠性研制试验，可靠性增长试验等。这些方法或管理手段无非都是发现产品形成过程中可能存在的缺陷或薄弱环节的早期暴露。

及时纠正缺陷和故障是实现产品研发过程可靠性增长的重要手段，也是可靠性工程的又一重要组成部分。发现缺陷和故障不是目的，解决缺陷和故障才是目的，才能提高产品的可靠性。解决产品的具体故障，必须充分依靠专业学科的知识，例如解决因强度不够而断裂的故障，因磨损造成机器动作失调的故障，等等。但可靠性工程在纠正故障的过程中也形成了一些方法，最典型的就是建立故障报告、分析和纠正措施系统，也有人称之为建立故障报告、分析和纠正措施制度。针对产品从研发开始的全寿命周期里建立一套运行有效的故障报告、分析和纠正措施系统，以便对产品可靠性增长过程进行有效管理。在纠正故障方面，我国军工行业在实践中形成的故障归零管理也是一种十分有效的方法，如技术问题五归零，也就是说产品一旦发生故障须从技术层面上开展五方面的工作，即定位准确、机理清楚、问题复现、措施有效和举一反三。同时，还要从管理层面开展五方面的工作，也称管理五归零，即过程清楚、责任明确、措施落实、严肃处理、完善规章。

有效验证纠正措施的有效性和产品的可靠性、维修性指标是产品可靠性工程的另一重要组成部分。纠正措施制定后必须经过工程验证，以证明纠正的有效性，要防止工程中常出现的“小改出大错”。一定要记住“牵一发动全身”的道理。某一故障件的改进很可能会引起新的问题，所以必须对纠正进行验证。只有把故障定位准确了，机理清楚了，制定了有效的措施并经验证，产品可靠性才有保证。可靠性工程中关于可靠性指标的验证已经有许多成熟的方法，如可靠性鉴定试验、可靠性验收试验、加速寿命试验等。针对寿命服从成败型分布的产品和寿命服从指数分布的产品都已有国家标准和国家军用标准。

在实施与产品的缺陷和故障做斗争中形成的“预防、发现、纠正和验证”一系列技术方法的过程中离不开可靠性管理，缺少系统有效的管理，很多技术活动是难以有效开展的。有人把可靠性技术与管理形容为一部车子的两个轮子，缺一不可。可靠性管理是可靠性工程中一个重要的组成部分，在 GJB 450A—2004《装备可靠性工作通用要求》中列出的可靠性管理的工作项目有：制定可靠性计划，制定可靠性工作计划，对承制方、转承制方和供应方的监督与控制，可靠性评审，建立故障报告、分析和纠正措施系统，建立故障审查组织，可靠性增长管理等。

1.4 可靠性定义及分类

产品可靠性是产品质量的一个重要的组成部分。可靠性技术是提高产品质量的一种重要手段，它本身已形成一门独立的学科。可靠性工程已从电子产品可靠性发展到机械和非电子产品的可靠性；从硬件的可靠性发展到软件的可靠性；从重视可靠性统计试验发展到强调可靠性工程试验，通过环境应力筛选及可靠性强化试验来暴露产品故障，进而通过设计达到提高产品可靠性的目的；从基于统计的可靠性发展到基于故障物理的可靠性；从可靠性工程发展为包括维修性工程、测试性工程、保障性工程在内的可信工程；从军事装备的可靠性发展到民用产品的可靠性。

可靠性的定义是产品在规定的条件下和规定的时间内，完成规定功能的能力。可靠性的概率度量称为可靠度。

产品是一个非限定性的术语，泛指任何元器件、零部件、组件、设备、分系统或系统，也可以指硬件、软件或两者的结合。

产品按发生故障后是否能维修，分为可修复产品和不可修复产品（也称为一次性使用产品）。可修复产品是指发生故障后可以通过修复性维修恢复到规定状态并值得修复的产品，否则称为不可修复产品，如汽车、坦克、飞机等为可修复产品，而弹药、日光灯等为不可修复产品。

理解可靠性定义要抓住“三个规定”。“规定条件”包括使用时的环境条件和工作条件。产品可靠性与其工作的条件密切相关。同一个产品在不同的条件下表现出的可靠性水平有很大差别，一辆汽车在水泥路面上和在砂石路面上行驶同样的里程，显然在后一种情况下汽车发生故障的可能性要大于前一种情况。也就是说，使用条件越恶劣，产品可靠性水平越低。“规定时间”和产品可靠性的关系也极为密切。可靠性定义中的时间是广义的，亦称寿命单位，它是对产品使用持续期的度量，如工作小时、年、公里、次数等。同一辆汽车行驶1万公里时发生故障的可能性肯定比相同条件下行驶1 000公里时发生故障的可能性大，也就是说，工作时间越长，产品的可靠性越低，产品的可靠性随着使用时间的延长肯定会逐渐降低。产品的可靠性是随时间延长的递减函数。“规定功能”是指产品规格说明书规定的正常工作的性能指标，它是用于判断产品是否发生故障的标准。在评价产品可靠性时一定要给出故障的判据，例如电视机图像的清晰度低于多少线就判为故障，否则会引起争议。在工程实践中，产品发生的异常算得上是一个困扰可靠性评价的重要问题，所以必须具体明确地规定功能和性能。这与人生病一样，要明确究竟身体异常到什么水平才能称为生病。因此，在规定产品可靠性指标要求时，一定要对规定条件、规定时间和规定功能予以详细具体的描述和规定，如果规定不明确、不具体，仅仅给出一个可靠性指标要求是难以验证的，或在验证中产品研制方和订购方会因各自利益和理解的不同而发生争议。

在理解“规定条件”时，一定要了解寿命剖面和任务剖面。寿命剖面是指产品从制造到寿命终结或退出使用这段时间内所经历的全部事件和环境的时序描述，它包括一个或几个任务剖面。任务剖面是指产品在完成规定任务这段时间内所经历的事件和环境的时序描述，其中包括任务完成或致命性故障的判断准则。

“能力”是产品本身的固有特性，是指产品在规定条件下和规定时间内完成规定功能的水平。由于产品在规定条件下和规定时间内完成规定功能的能力不是一个确定值，而是一个随机变量，所以在定量表述时，要用概率来度量。

产品可靠性可分为固有可靠性和使用可靠性。固有可靠性是通过设计和制造赋予产品的，并在理想的使用和保障条件下所具有的可靠性，是产品的一种固有属性，也是产品开发者可以控制的。使用可靠性则是产品在实际使用条件下所表现出的可靠性，它反映产品设计制造、使用、维修、环境等因素的综合影响。固有可靠性水平肯定比使用可靠性水平要高。

产品可靠性还可分为基本可靠性和任务可靠性。基本可靠性是产品在规定条件下和规定时间内无故障工作的能力，它反映产品对维修资源的要求。因此在评定产品基本可靠性时，应统计产品的所有寿命单位和所有的关联故障，而不局限于发生在任务期间的故障，也不局限于是否危及任务成功的故障。任务可靠性是产品在规定的任务剖面内完成规定功能的能力。评定产品任务可靠性时，仅考虑在任务期间发生的影响任务完成的故障。因此，要明确任务故障的判据。提高任务可靠性可采用冗余或替代工作模式，不过这将增加产品的复杂性，从而降低基本可靠性。在实际使用时要在两者之间进行权衡。因此，同一产品的基本可靠性水平肯定比任务可靠性水平要低。

1.5 故障（失效）及其分类

故障（失效）在可靠性工程中是一个极为重要的概念。在工程中要提高产品可靠性，就要与故障做斗争。要评价产品可靠性，就要明确故障的定义及其分类。

故障是指产品不能执行规定功能的状态，通常指功能故障，因预防性维修或其他计划性活动或缺乏外部资源不能执行规定功能的情况除外。失效是指产品丧失完成规定功能的能力的事件。在实际应用中，特别是对硬件产品而言，故障与失效很难严格区分。一般对于不可修复的产品习惯采用失效，如弹药、电子元器件等。而对可修复产品一般用故障表示，例如汽车、电视机、飞机等。在我国的可靠性工程应用中，一般不对故障与失效进行严格的区分，如失效树分析也称为故障树分析，故障模式、影响分析也称为失效模式、影响分析。因此本书也不做严格区分，多数情况下故障一词也可用失效代替。但仔细分析故障与失效的定义后还是可以看到，故障与失效有一个小的区别，故障是指产品不能执行规定功能的一种状态，而失效是一种事件，故障可能在失效前就存在。故障与失效可以通俗地理解为人的生病和死亡，人好比是可修复产品，生病好比是产品出现故障，死亡好比是产品失效报废。人在死亡之前，可能得过很多次病，疾病通过治疗好比产品出现故障经过维修一样。

故障模式是指故障的表现形式，如短路、开路、断裂、过度耗损、漏油等。故障机理是指引起故障的物理的、化学的和生物的或其他的过程，如轴的断裂是材料强度的物理特性不够所导致的。故障原因是指引起故障的设计、制造、使用和维修等有关的因素。

故障的分类有多种，不同的分类就是要从不同的方面来揭示故障的不同侧面的规律，以便为预防故障、发现故障、分析故障、纠正故障和评价产品可靠性提供支持。

单点故障是指会引起系统故障，而且没有冗余或替代的操作程序作为补救的产品故障。例如，一旦发动机发生故障，汽车就不能行驶了，因为它没有冗余，这就是单点故障，而飞机发动机有冗余，发生故障时就不能称为单点故障。这样说只是为了理解单点故障的含义，而绝不是说飞机发动机的可靠性不重要。

间歇故障是指产品发生故障后，不经修理而在有限时间内或适当条件下能够自行恢复功能的故障。

渐变故障是指产品性能随时间的推移逐渐变化而产生的故障。这种故障一般可以通过事前的检测或监控来预测，有时可通过预防性维修加以避免。机械产品的渐变故障有很多种，如磨损故障、腐蚀故障、疲劳断裂等。

独立故障与从属故障：独立故障是指不是由于另一产品故障引起的故障，亦称原发故障。从属故障是指由于另一产品故障引起的故障，亦称诱发故障。例如，自行车车轮的辐条断了是独立故障，而车轮因辐条断了而产生车圈变形，则车圈故障是从属故障。

系统性故障与偶然故障：系统性故障是指由某一固有因素引起、以特定形式出现的故障。它只能通过修改设计、制造工艺、操作程序或其他关联因素来消除。偶然故障是指产品由于偶然因素引起的故障，只能通过概率或统计方法来预测。

早期故障和耗损故障：早期故障是指产品在寿命的早期由于设计、制造、装配的缺陷等原因发生的故障，其故障率随着寿命单位数的增加而降低。耗损故障是指产品由于疲劳、磨损、老化等原因引起的故障，其故障率随寿命单位数的增加而增加。

关联故障与非关联故障：非关联故障是指已经证实未按规定的条件使用而引起的故障，或已经证实仅属某项将不采用的设计所引起的故障，否则即称为关联故障。关联故障在可靠性试验与评价中经常用到，即关联故障才能作为评价产品可靠性的故障数。

责任故障与非责任故障：非责任故障是指非关联故障或事先已经规定不属于某个特定组织提供的产品的故障，否则称为责任故障。

灾难故障与严重故障：灾难故障是指导致人员伤亡、系统毁坏、重大财产损失的故障，亦称灾难性故障。严重故障是指导致产品不能完成规定任务使命的故障，亦称致命性故障。

1.6　可靠性和产品性能

可靠性工程是一门研究产品故障的发生和发展的规律，进而采取有效预防和控制措施，从而使缺陷或故障不再发生或者尽可能少发生的一门工程学科。产品可靠性与产品性能相比具有明显不同的特点。产品的性能一般来说是一个确定性概念，是可以不断重现、用各种通用或专用的测试设备加以测量的，也就是说，性能的真值是可以知道的。例如，汽车的最高时速是150公里，火炮的最大射程是20公里，可以重现，可以测量。提高产品性能和功能必须应用各种专业知识，在美国的工程系统工程学科中把它称为传统学科知识。而产品可靠性涉及的是产品工作一段时间后是否发生故障，什么时间发生故障，故障在哪个部位发生，发生故障影响的严重程度等，是一个不确定的概念。现在正常工作的产品在未来某一时刻可能还能正常工作，但也可能发生故障，即产品发生故障是一个随机事件。由于产品是否发生故障是一个随机事件，是一个不确定的概念，是不能重复的，所以不可能有专门的测试设备可以测量产品的可靠性。一辆汽车行驶1万公里发生故障并不意味着再行驶1万公里还会发生故障。一件产品出厂时，其可靠性的真值是多少并不知道，只有用完才能知道。虽然产品是否会发生故障是一个随机事件，但大量的随机事件必然会呈现出规律性，也就是说可以用概率和数理统计的知识描述产品故障的发生规律和评价其可靠性的水平。这也就是产品的故障分布可以有指数分布、正态分布、对数正态分布和威布尔分布等的道理，也是产品可靠性验证中要利用生产方风险、使用方风险和检验上限、检验下限、鉴别比等概念的道理。

充分认识产品可靠性这种不确定的特点，就能深刻理解可靠性工作必须从设计与分析、试验与评价、监督与控制等方面全面系统开展，必须谨防各种可能存在的缺陷和薄弱环节的道理。

1.7　可靠度、累积故障和故障密度分布函数

产品可靠度是产品在规定条件下和规定时间内完成规定功能的概率，描述的是产品功能性能随时间保持的概率。因此，产品可靠度是时间的函数，一般用$R(t)$表示，产品可靠度函数的定义为：

$$R(t)=P(T>t)$$

式中，T为产品发生故障（失效）的时间；t为规定的时间。

因此，产品在规定条件下和规定时间内，不能完成规定功能的概率，也是时间的函数，一般用$F(t)$表示，$F(t)$称为累积故障分布函数，即

$$F(t)=P(T\leqslant t)$$

关于产品所处的状态，为了方便研究，一般假定为要么处于正常工作状态，要么处于故障状态。产品发生故障和不发生故障是两个对立的事件，因此

$$R(t)+F(t)=1$$

累积故障分布函数和可靠度函数可以通过大量产品的试验分析得到。为了便于理解，下面用一个简单的实例加以说明。设有 100 件产品做寿命试验，试验发生的故障数随时间的变化如表 1-1 所示。将试验数据作成直方图，可得图 1-3。假设试验产品数逐渐增加，并趋于无穷大，时间间隔逐渐缩短并趋于 0，理论上可得到一条光滑的曲线，这条曲线即为累积故障分布函数 $F(t)$。

表 1-1　　产品试验故障统计表

时间（小时）	故障数（个）	累积故障数（个）	时间（小时）	故障数（个）	累积故障数（个）
0～100	0	0	500～600	2	6
100～200	1	1	600～700	2	8
200～300	1	2	700～800	1	9
300～400	1	3	800～900	0	9
400～500	1	4	900～1 000	0	9

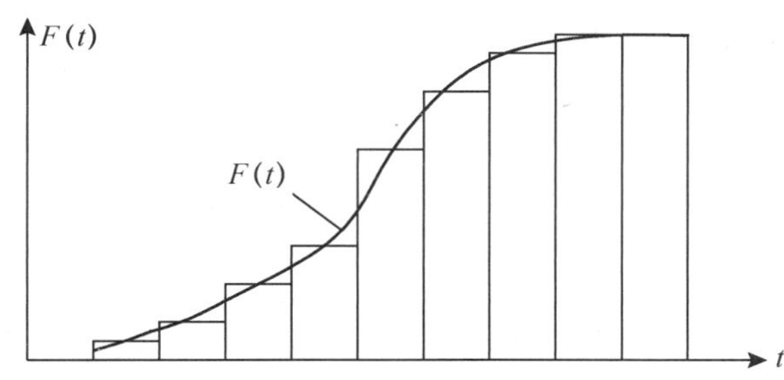

图 1-3　累积故障分布函数示意图

故障密度分布函数 $f(t)$ 是累积故障分布函数 $F(t)$ 的导数。它可以看成是在 t 时刻后的一个单位时间内发生故障的概率，即

$$f(t)=\frac{\mathrm{d}F(t)}{\mathrm{d}t} \quad 或 \quad F(t)=\int_0^t f(u)\mathrm{d}u \quad 或 \quad R(t)=\int_t^{\infty} f(u)\mathrm{d}u$$

因此，累积故障分布函数 $F(t)$、可靠度函数 $R(t)$ 和故障密度分布函数 $f(t)$ 三者之间的关系可表示为图 1-4。产品的累积故障分布完全可以通过大量样品的试验获得。一旦知道了分布规律，就可以应用概率统计理论来研究产品的可靠性规律。产品故障密度分布函数可以是指数分布、威布尔分布或对数正态分布等，但最简单的分布是指数分布。在可靠性工程中经常使用分布的概念，指的就是故障密度分布函数 $f(t)$。

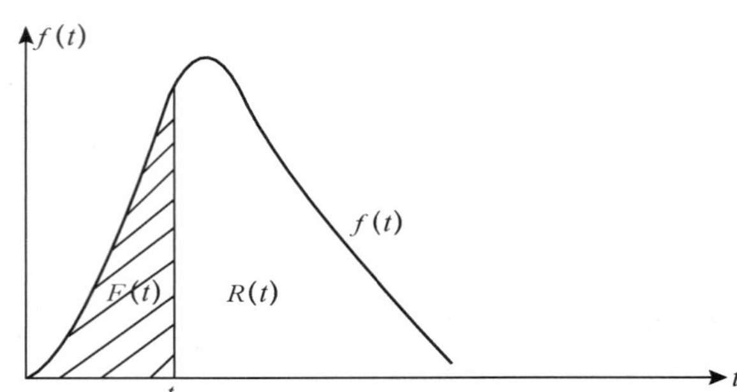

图 1-4 **$F(t)$，$R(t)$ 和 $f(t)$ 的关系**

1.8 可靠性常用度量参数

1. 可靠度

产品在规定的条件下和规定的时间内，完成规定功能的概率称为可靠度，一般用 $R(t)$ 表示。若产品的总数为 N_0，工作到 t 时刻产品发生故障数为 $r(t)$，则产品在 t 时刻的可靠度的观测值为：

$$R(t)=\frac{N_0-r(t)}{N_0}$$

例 1-1 设 $t=0$，投入工作的 10 000 只灯泡，以天作为度量时间的单位，在 $t=365$ 天时，发现有 300 只灯泡坏了，求这时的工作可靠度。

解： 已知 $N_0=10\,000$，$r(t)=300$，故

$$R(365)=\frac{10\,000-300}{10\,000}=0.97$$

2. 故障率

工作到某时刻尚未发生故障（失效）的产品，在该时刻后单位时间内发生故障（失效）的概率，称为产品的故障（失效）率。故障率一般用 $\lambda(t)$ 表示。

在工程实践中，$\lambda(t)$ 一般用下式进行计算：

$$\lambda(t)=\frac{\Delta r(t)}{N_s(t)\Delta t}$$

式中，$\Delta r(t)$ 为 t 时刻后 Δt 时间内发生故障的产品数；Δt 为所取时间间隔；$N_s(t)$ 为在 t 时刻没有发生故障的产品数。

对于低故障率的元器件，常以 $10^{-9}/\mathrm{h}$ 作为故障率的单位，称为菲特（Fit）。

当产品的故障服从指数分布时，故障率为常数，此时可靠度为：

$$R(t)=\mathrm{e}^{-\lambda t}$$

在可靠性工程中，假设产品寿命分布服从指数分布的情况很多，一是复杂产品一般都可用指数分布来表示。理论上可以证明：一个复杂产品不论组成部分的寿命分布是什么分布，只要出故障后即予维修，修后如新，则较长时间后，产品的故障分布就可近似于指数分布。二是指数分布只有一个变量，即故障率。三是指数分布具有无记忆性。因此，上述产品可靠度的表达式是一个十分重要的公式。

例 1-2 在上例中，若一年后的一天又有1只灯泡坏了，求故障率。

解： 已知 $\Delta t=1$，$\Delta r(t)=1$，$N_s(t)=9\,700$，则

$$\lambda(t)=\frac{1}{9\,700\times 1}=\frac{1}{9\,700}\approx 0.000\,103/\text{天}$$

3. 平均失效前时间

平均失效前时间（MTTF）是表示不可修复产品可靠性的一种基本参数。其度量方法为：在规定的条件下和规定的时间内产品寿命单位总数与失效产品总数之比。

设 N_0 个不可修复的产品在同样条件下进行试验，测得其全部失效时间为 t_1，t_2，…，t_{N_0}，则其平均失效前时间（MTTF）为：

$$MTTF=\frac{1}{N_0}\sum_{i=1}^{N_0}t_i$$

由于对不可修复的产品，失效时间就是产品的寿命，故MTTF即为产品平均寿命。

例 1-3 设有5个不可修复产品进行寿命试验，它们失效的时间分别是1 000h，1 500h，2 000h，2 200h，2 300h，求该产品的MTTF观测值。

解： $MTTF=(1\,000+1\,500+2\,000+2\,200+2\,300)/5=9\,000/5=1\,800\text{h}$

4. 平均故障间隔时间

平均故障间隔时间（MTBF）是表示可修复产品可靠性的一种基本参数。其度量方法为：在规定的条件下和规定的时间内产品的寿命单位总数与故障次数之比。

设一个可修复产品在使用过程中发生了 N_0 次故障，每次故障修复后又重新投入使用，测得其每次工作持续时间为 t_1，t_2，…，t_{N_0}，则其平均故障间隔时间（MTBF）为：

$$MTBF=\frac{1}{N_0}\sum_{i=1}^{N_0}t_i=\frac{T}{N_0}$$

式中，T 为产品总的工作时间；N_0 为故障总次数。

对于完全修复产品，因修复后的状态与新产品一样，一个产品发生了 N_0 次故障相当于 N_0 个新产品工作到首次故障。

当产品的寿命服从指数分布时，产品的故障率为常数 λ，则

$$MTBF=1/\lambda$$

上式在可靠性工程中也是很常用的公式，特别是在可靠性预计和分配中会经常用到。

例 1-4 设某电子产品工作 1 万小时，共发生故障 5 次，求该产品的 MTBF 的观测值。

解： $MTBF=10\,000/5=2\,000\text{h}$

例 1-5 若某一产品寿命服从指数分布，其故障率 $\lambda=0.001/\text{h}$，求其 MTBF。

解： $MTBF=1/\lambda=1/0.001=1\,000\text{h}$

5. 平均严重故障间隔时间

在规定的一系列任务剖面中，产品任务总时间与严重故障总数之比称为平均严重故障间隔时间（MTBCF）。这里的严重故障在以前的标准或书籍中曾称为致命故障，意思是故障使产品的任务使命不能完成。

6. 可靠寿命

可靠寿命是指给定的可靠度所对应的寿命单位，如图 1-5 所示。

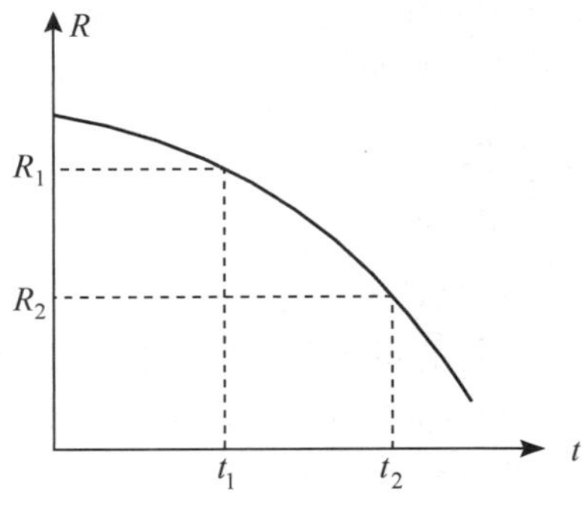

图 1-5 可靠寿命示意图

当可靠度等于 R_1 时，对应的寿命是 t_1；当可靠度为 R_2 时，对应的寿命是 t_2。可靠寿命不能理解为寿命是可靠的寿命。可靠度要求高，对应的寿命就短，反之则相反。

7. 储存寿命

产品在规定的储存条件下能够满足规定要求的储存期限称为储存寿命。储存寿命在武器装备中是一个重要的可靠性参数，因为武器装备都需要长期储存，以备战争发生时使用，但在民用产品中一般较少使用。

8. 使用寿命

产品使用到无论从技术上还是经济上考虑都不宜再使用，而必须大修或报废时的寿命单位数称为使用寿命。度量使用寿命时需要规定允许的故障率，允许故障率越高，使用寿命就越长。如果没有允许故障率的要求和规定，对可修复产品而言，使用寿命是难以评定的。

9. 首次大修期限

在规定条件下，产品从开始使用到首次大修的寿命单位数称为首次大修期限，也称首次翻修期限。

1.9 产品故障率浴盆曲线

大多数产品的故障率随时间的变化曲线形似浴盆，如图 1－6 中曲线（1）所示，故将故障率曲线称为浴盆曲线。虽然产品的故障机理不同，但产品的故障率随时间的变化大致可以分为以下三个阶段。

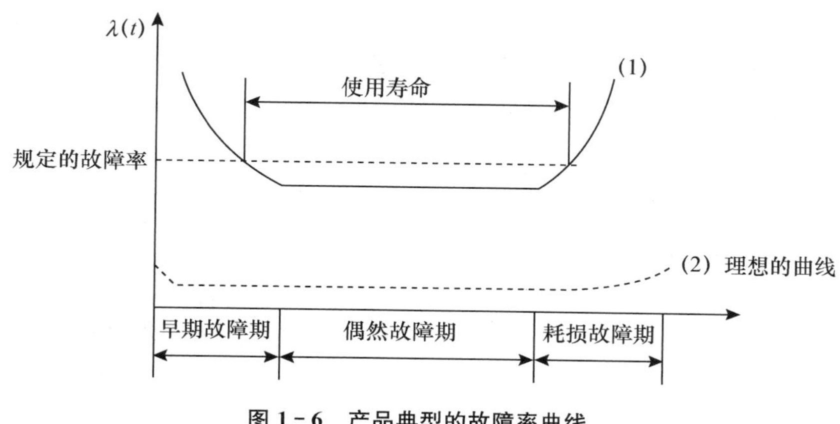

图 1－6 产品典型的故障率曲线

1. 早期故障期

在产品投入使用的初期，产品的故障率较高，且具有迅速下降的特征。这一阶段产品的故障主要是设计与制造中的缺陷，如设计不当、材料缺陷、加工缺陷、安装调整不当等，产品投入使用后很容易较快地暴露出来。可以通过加强质量管理及采用环境应力筛选等方法来减少甚至消除早期故障。

2. 偶然故障期

在产品投入使用一段时间后，产品的故障率可降到一个较低的水平，且基本处于平稳状态，可以近似认为故障率为常数，这一阶段就是偶然故障期。在这个时期产品的故障主要是由偶然因素引起的，偶然故障期是产品的主要工作期间。

3. 耗损故障期

在产品投入使用相当长的时间后，就会进入耗损故障期，其特点是产品的故障率随时间迅速上升，很快出现产品故障大量增加直至最后报废。这一阶段产品的故障主要是由老化、疲劳、磨损、腐蚀等耗损性因素引起的。通过对产品试验数据进行分析，可以确定耗损阶段的起始点，在耗损起始点到来之前停止使用并进行预防性维修，这样可以延长产品的使用寿命。

值得注意的是，并非所有产品的故障率曲线都会有明显的三个阶段。对于高质量等级的电子产品，其故障率曲线在其寿命期内基本是一条平稳的直线。而质量低劣的产品可能存在大量的早期故障或很快进入耗损故障期。

产品故障率表现出的三段式的浴盆曲线并不是顾客希望的，也是顾客不满意或抱怨的根源。因此可靠性工作说到底就是为了改变这条浴盆曲线，即尽量减少并消除早期故障，尽量延长偶然故障期并尽量降低偶然故障率，同时通过完善预防性维修，尽量延缓故障率的增加，把图 1－6 中的浴盆曲线（1）改造成一条近似直线形状且故障率尽量低的理想曲线（2）。可靠性工程的所有方法都是围绕改造浴盆曲线形成的，例如，一是采取各种措施，例如环境应力筛选以降低早期故障率，使产品到用户手中即进入偶然故障期；二是采取预防性维修或使用长寿命的元器件和零部件以及各种耐久性设计，使耗损故障期尽量延后；三是应用各种可靠性设计分析技术使产品的偶然故障率尽可能降低，这是可靠性工作的重点。

1.10　产品可靠性要求

产品可靠性要求是开展可靠性设计、分析和试验工作的依据，也是产品研发结束前定型阶段或设计与开发确认阶段对产品进行考核与验证的依据。根据“需要”和“可能”的原则，科学、合理地确定可靠性要求是产品研发过程中开展一系列可靠性工作的前提。产品研发中有了可靠性要求，研发中的可靠性工作才有目标，才有“动力”，研发结束前要进行可靠性考核，这样可靠性工作才会有“压力”。可靠性要求一般分为可靠性定性要求和可靠性定量要求。

1.10.1　可靠性定性要求

可靠性定性要求是从产品使用要求出发，为了保证产品的可靠性对产品设计提出的技术要求和设计要求，也是产品研发中制定可靠性设计准则的基本依据之一。

可靠性定性要求包括简化设计、冗余设计、降额设计、采用成熟技术设计、环境适应性设计、人一机可靠性设计等。表 1－2 给出了可靠性定性要求的示例。

表 1－2　主要的可靠性定性要求示例

要求名称	目的
制定和贯彻可靠性设计准则	将可靠性定性要求转换为设计条件，为设计人员规定专门的技术要求和设计准则
简化设计	减少复杂性，提高可靠性
降额设计	降低元器件和零部件的故障率
冗余设计	提高安全性和关键任务的可靠性
元器件、零部件选择与控制	正确选择元器件、零部件并从设计上加以控制，减少故障率
确定关键件和重要件	明确可靠性设计和控制的重点，提高关键件和重要件的可靠性
环境保护设计	采取减轻环境影响的措施，减缓强度的衰减以提高可靠性

1.10.2 可靠性定量要求

可靠性定量要求是产品可靠性水平的度量。可靠性定量要求由可靠性参数及其指标（量值）两部分组成。装备可靠性定量要求的确定可参照 GJB 1909A—2009《装备可靠性维修性保障性要求论证》。

1. 可靠性参数

装备可靠性参数分为使用参数和合同参数。可靠性使用参数是直接反映对装备使用需求的参数；可靠性合同参数是在研制总要求和研制任务书中表述订购方对装备可靠性要求的参数，是研制方在研制与生产过程中能够控制的参数。这两类参数的关系和区别如表 1－3 所示。

表 1－3　可靠性使用参数与可靠性合同参数

可靠性使用参数	可靠性合同参数
描述产品在计划环境中使用时的可靠性水平	用于度量和评价产品研制的可靠性工作水平
使用需求导出	根据使用参数转换
典型参数 基本可靠性参数，如平均维修间隔时间（MTBM） 任务可靠性参数，如任务成功概率（MCSP）	典型参数 基本可靠性参数，如 MTBF，MTTF 任务可靠性参数，如 MTBCF

2. 可靠性指标

对选择的可靠性参数赋予量值称为可靠性指标。可靠性使用参数的量值称为可靠性使用指标，可用目标值和门限值表示。可靠性合同参数的量值称为可靠性合同指标，可用规定值和最低可接受值表示。目标值和门限值、规定值和最低可接受值的定义如下。

● 目标值。期望装备达到的使用指标。它能满足装备的使用要求，是确定最低可接受值的依据，也是现场验证的依据。

● 门限值。装备必须达到的使用指标。它能满足装备的使用需求，是确定最低可接受值的依据，也是现场验证的依据。

● 规定值。研制总要求和研制任务书中规定的期望装备达到的合同指标。它是研制方进行可靠性设计的依据。

● 最低可接受值。研制总要求和研制任务书中规定的装备必须达到的合同目标。它是可靠性验证的依据。

研制方更关注的是合同指标中的规定值和最低可接受值，尤其关注最低可接受值。若研制总要求和研制任务书中只规定了一个指标，即认为是最低可接受值，因为最低可接受值将在可靠性统计试验中作为检验下限 θ_1 进行验证。可靠性指标为什么不能像性能指标一样只用一个值表示？因为性能指标是一种确定性的概念，而可靠性指标是要对属于不确定性的故障这种随机事件进行度量。这点已在本章 1.6

节中说明。正是由于可靠性指标有这一特点，所以在确定可靠性指标时还应特别注意下列问题。

（1）应明确产品的寿命剖面和任务剖面。如前所述，寿命剖面是指产品在从交付到寿命终结或退出使用这段时间内所经历的全部事件和环境的时序描述；任务剖面是指产品在完成规定任务这段时间内所经历的事件和环境的时序描述。它们表述了可靠性定义中的规定条件和规定时间。

（2）应明确故障判据和规定评价。产品基本可靠性和任务可靠性的故障判据是可靠性定义中规定的功能的具体化。故障判据很重要，没有具体的判据，在评估产品是否达到可靠性指标要求时将会遇到很多争议。

（3）应明确可靠性指标的验证方法。例如，置信度要求等。

参考文献

[1] 龚庆祥，等. 型号可靠性工程手册. 北京：国防工业出版社，2007.
[2] 康锐. 可靠性维修性保障性工程基础. 北京：国防工业出版社，2012.
[3] 李良巧. 兵器可靠性技术与管理. 北京：兵器工业出版社，1991.
[4] GJB 450A—2004 装备可靠性工作通用要求.
[5] GJB 451A—2005 可靠性维修性保障性术语.

第 2 章

可靠性数学基础

2.1 概率论基础

2.1.1 随机现象

在实践中，人们遇到的各种自然现象和社会现象，按其结果可分为两大类：确定现象和不确定现象。确定现象是指在一定条件下必然发生或必然不发生的现象。例如，向上抛石子必然落回地面。不确定现象是指在一定条件下，某个结果可能出现，也可能不出现。例如，卡车行驶 2 000 公里后可能继续行驶，也可能发生故障不能行驶。

实践表明，绝大多数不确定现象都具有统计规律性。因此，把具有统计规律性的不确定现象称为随机现象。

产品可靠性所研究的正是各种随机现象。例如，在一定时间间隔内，产品可能正常工作，也可能发生故障；发生故障的产品，经历 t 时间后，已经修复，或者还在检修等。

2.1.2 随机事件

随机现象的某种可能结果称为随机事件，简称事件。一般用大写英文字母 A，B，C……表示。

随机事件的特点是，在事件出现之前，人们不能确定它将出现还是不出现。例如，有一台发动机进行试车，在这台发动机出故障之前，人们不能确定它将在什么时间、在哪个部件上出故障。因此，发动机出故障是一个随机事件。

2.1.3 随机试验

研究随机现象各种可能发生的结果的过程称为随机试验。随机试验的特点是：

（1）每次试验的可能结果不止一个，但试验的全部可能结果的集合是可以确定的。

（2）在条件不变的情况下，试验可以无限重复。

（3）反复试验的结果以随机的形式发生。有些试验虽然条件相同，但结果却不一定相同。

2.1.4 频率和概率

随机事件在一次试验中可能发生，也可能不发生，因此就有一个发生可能性大小的问题。这可用事件的频率或概率来度量。

在相同条件下进行 n 次试验，事件 A 出现的次数 m 称为频数，而比值

$$P^*(A)=m/n$$

称为事件 A 发生的频率。

用频率度量一个事件发生的可能性大小是基本合理的，但还有缺点，即频率有波动性，说明频率具有随机性。人们在实践研究中发现，在大量重复同一个试验时，事件发生的频率有一个稳定值，这个稳定值称为该随机事件的概率。

在同一条件下进行 n 次试验，事件 A 出现的频率 $P^*(A)$ 随着试验次数 n 的无限增加而稳定于某一个常数。这个数值即为事件 A 的统计概率，用 $P(A)$ 表示。著名的抛硬币试验说明了这一点。皮尔逊抛硬币 24 000 次，正面朝上的次数为 12 012，$P^*(A)=0.500\,5$。

可见，事件的频率是个试验值，会有波动，只能近似反映事件发生可能性的大小。事件的概率是个理论值，它是由事件的本质属性决定的，能精确反映事件发生可能性的大小。所以，从理论上讲，概率比频率更完善，便于推理和计算。而从实用上看，可以用频率去估计概率，并且试验次数越多，这样的估算越精确，然而试验次数的增加无疑要增加大量物力、人力和时间。

2.2 可靠性工程中常用的概率分布

产品的可靠性参数都是随机变量，要运用概率论的理论和方法来研究这些随机变量的规律。虽然概率分布能很好地描述随机变量的性质，但在工程中人们往往不清楚随机变量的分布属于哪一种类型。因此，通常的做法是先讨论几种典型的重要的分布类型，再把某产品的可靠性随机变量的现场数据或试验数据，用概率纸或计算机对其进行统计处理，若处理结果与某种分布函数符合，则称某随机变量服从某种分布。把分布函数描绘在函数坐标纸上，则称为分布函数曲线。运用分布函数曲

线可以简便地估计出函数在某一时刻的数值。在可靠性工程中，常用的分布函数有：两点分布、二项分布、泊松分布、均匀分布、正态分布、对数正态分布、指数分布、威布尔分布等。

2.2.1 随机变量

随机变量是在试验的结果中能取得不同数值的量。在试验前，要预知一个随机变量取得的数值是不可能的。

概率分布表示随机变量 X 所有的可能取值及其与对应的概率 $P(X)$ 的关系。

按照随机变量可能取值的不同，可以分为两种类型，即离散型随机变量和连续型随机变量。

1. 离散型随机变量

如果随机变量可能取的值为有限个，则该随机变量称为离散型随机变量。研究离散型随机变量不仅需要知道随机变量 X 可能取的数值 x_1，x_2，…，x_n，更重要的是要知道取得这些值的概率。其每一个取值的概率为：

$$P(X=x_i)=p_i \quad i=1,2,\cdots,n$$

离散型随机变量一般用如下概率分布列表示，即把随机变量的所有可能取值 x_i 及其对应的概率列成一个表格。

X	x_1	x_2	$\cdots$	x_k	$\cdots$
P	p_1	p_2	$\cdots$	p_k	$\cdots$

概率分布列具有下面两个性质：

（1）随机变量 X 取任何可能值时，满足

$$0\leqslant P(X=x_i)=p_i\leqslant 1$$

（2）当任何事件都可能发生时，概率分布列中随机变量 X 所取得的一切可能值的概率和等于 1，即

$$\sum_{i=1}^{n} p_i = 1$$

2. 连续型随机变量

在给定区间（或无限区间）内可取得任意数值的随机变量，称为连续型随机变量。

大多数产品的寿命是一个连续型随机变量，如电子元器件的寿命、车辆的大修里程等，理论上它们可在 $0\sim\infty$ 区间内取值。

当 X 为连续型随机变量时，其累积故障分布函数表示为：

$$F(x)=P(X\leqslant x)$$

如果分布函数的导数存在，则

$$f(x)=\frac{\mathrm{d}F(x)}{\mathrm{d}x}$$

称 $f(x)$ 为概率密度函数。

概率密度函数或概率分布反映了随机变量的统计规律，因而用不同的分布，如正态分布、指数分布等，可描述不同产品的寿命分布。

2.2.2 离散型随机变量的分布

可靠性工程中常用的离散型统计分布类型有二项分布和泊松分布，这两种分布的故障概率分布和累积故障分布函数如表 2－1 所示。

表 2－1 常用离散型统计分布

分布类型	故障概率分布	累积故障分布函数	备注
二项分布	$P(x)=\mathrm{C}_n^x p^x q^{n-x}$	$F(x)=\sum_{x=0}^{r}\mathrm{C}_n^x p^x q^{n-x}$	n——样本量 x，r——失败次数 p——失败的概率 q——成功的概率
泊松分布	$P(x)=\frac{(np)^x}{x!}\mathrm{e}^{-np}$	$F(x)=\sum_{x=0}^{r}\frac{(np)^x}{x!}\mathrm{e}^{-np}$	

1. 二项分布

如果随机变量的基本结果只有两个：成功与失败，例如导弹是否爆炸，则把这类试验称为贝努里试验。

如果随机现象是由 n 次相同的贝努里试验组成的，并且每次试验结果互不影响，每次试验只有两个结果——成功与失败，则把这种试验称为 n 重贝努里试验。

在 n 重贝努里试验中，若设每次成功的概率为 q，则失败的概率为 $p=1-q$。此时失败的次数 X 是一个可能取 0，1，2，…，r，…，n 等 $n+1$ 个值的随机变量，它的分布列是

X	0	1	2	…	r	…	n
P	b_0	b_1	b_2	…	b_r	…	b_n

其中，b_r 为恰好发生 r 次失败的概率。可以算得

$$b_r=P(X=r)=\mathrm{C}_n^r p^r q^{n-r} \tag{2-1}$$

由于 $\mathrm{C}_n^x p^x q^{n-x}$ 是二项式 $(p+q)^n$ 展开式中出现 p^x 的那一项，故称 X 服从参数为 n，p 的二项分布。二项分布的均值 $\mu=np$，方差 $\sigma^2=npq$。

二项分布在可靠性工程和质量管理中很有用处。

例 2－1 某新产品在规定的生产条件下废品率为 0.2，从批量较大的产品中随机抽出 20 个，有 r（$r=0$，1，2，…，10）个废品的概率是多少？

解： 令 X 为 20 个产品中的废品数，它是随机变量，并服从 $n=20$，$p=0.2$ 的

二项分布。代入式（2-1）有

$$P(X=r)=C_{20}^{r}(0.2)^{r}(1-0.2)^{20-r} \qquad r=0,1,2,\cdots,10$$

对于不同的 r 值，可得如表 2-2 所示的结果。

表 2-2　　例 2-1 的计算结果

$P(X=0)=0.012$	$P(X=4)=0.218$	$P(X=8)=0.022$
$P(X=1)=0.058$	$P(X=5)=0.175$	$P(X=9)=0.007$
$P(X=2)=0.137$	$P(X=6)=0.109$	$P(X=10)=0.002$
$P(X=3)=0.205$	$P(X=7)=0.055$	$P(X=11)=0.0005$

从表 2-2 中可以看出，废品的概率先从小到大，$P(X=4)=0.218$ 时最大，又从大到小。当 $r=11$ 以后，概率值非常小。

2. 泊松分布

由于二项分布在实际计算中较为烦琐，因此希望能找到一个便于计算的近似公式。泊松分布被认为是当 n 为无限大时的二项分布的扩展。事实上，当 $n>20$，并且 $p\leqslant 0.05$ 时，就可以用泊松分布近似表示二项分布。

泊松分布的表达式为：

$$P(X=r)=\frac{(np)^{r}}{r!}e^{-np}=\frac{\lambda^{r}}{r!}e^{-\lambda} \tag{2-2}$$

式中，$\lambda=np$；$P(X=r)$ 为在 n 次试验中发生 r 次事件的概率。泊松分布的均值 $\mu=\lambda$，方差 $\sigma^{2}=\lambda$。

例 2-2　控制台指示灯平均失效率为每小时 0.001 次。如果指示灯的失效数不能超过 2 个，该控制台指示灯工作 500 小时的可靠度是多少？

解： 已知 $p=0.001$，$n=500$，$r\leqslant 2$，由式（2-2）得

$$P(X\leqslant 2)=\sum_{r=0}^{2}\frac{(np)^{r}}{r!}e^{-np}$$

$$=e^{-0.5}+0.5e^{-0.5}+\frac{(0.5)^{2}}{2}e^{-0.5}=0.986$$

因此，该控制台指示灯工作 500 小时的可靠度是 0.986。

2.2.3　连续型随机变量的分布

可靠性工程中常用的连续型统计分布类型有指数分布、正态分布、对数正态分布和威布尔分布，这些分布的故障密度函数、可靠度函数、故障率函数如表 2-3 所示。

表 2-3　　常用的连续型统计分布

分布形式	故障密度函数 $f(x)$	可靠度函数 $R(x)$	故障率函数 $\lambda(x)$
正态分布	$\frac{1}{\sigma\sqrt{2\pi}}e^{-\frac{(x-\mu)^2}{2\sigma^2}}$	$\frac{1}{\sigma\sqrt{2\pi}}\int_x^{\infty}e^{-\frac{(t-\mu)^2}{2\sigma^2}}dt$	$\frac{e^{-(x-\mu)^2/(2\sigma^2)}}{\int_x^{\infty}e^{-(t-\mu)^2/(2\sigma^2)}dt}$
	$f(x)$ O μ x	$R(x)$ 1 O x	$\lambda(x)$ λ O x
对数正态分布	$\frac{1}{x\sigma\sqrt{2\pi}}e^{-\frac{(\ln x-\mu)^2}{2\sigma^2}}$	$\frac{1}{\sigma\sqrt{2\pi}}\int_x^{\infty}\frac{1}{t}e^{-\frac{(\ln t-\mu)^2}{2\sigma^2}}dt$	$\frac{\frac{1}{x}e^{-(\ln x-\mu)^2/(2\sigma^2)}}{\int_x^{\infty}\frac{1}{t}e^{-(\ln t-\mu)^2/(2\sigma^2)}dt}$
	$f(x)$ O x	$R(x)$ 1 O x	$\lambda(x)$ O x
指数分布	$\lambda e^{-\lambda x}$	$e^{-\lambda x}$	λ
	$f(x)$ λ O x	$R(x)$ 1 O x	$\lambda(x)$ λ O x
威布尔分布 $\gamma=0$	$\frac{m}{\eta}\left(\frac{x}{\eta}\right)^{m-1}e^{-\left(\frac{x}{\eta}\right)^m}$	$e^{-\left(\frac{x}{\eta}\right)^m}$	$\frac{m}{\eta}\left(\frac{x}{\eta}\right)^{m-1}$
	$f(x)$ m=3 m=1 O x	$R(x)$ 1 m=3 m=1 O x	$\lambda(x)$ m=1 m=3 O x

1. 正态分布

在可靠性工程中，正态分布是很有用处的。一种用途是分析由于磨损（如机械装置）而发生故障的产品。磨损故障往往最接近正态分布，所以正态分布可以有效地预计或估算产品的可靠性。另一种用途是对制造的产品及其性能是否符合规范进行分析。按照同一规范制造出来的两个零件是不会完全相同的，各零件的差别会使由它们组成的系统产生差别。设计时必须考虑这种差别，否则这些零件差别的综合影响会导致系统不符合规范要求。还有一种用途是用于机械可靠性概率设计。正态分布的密度函数 $f(x)$ 是一条钟形曲线。这条曲线对于直线 $x=\mu$ 是对称的，在 $x=\mu$ 处达到最大值 $1/(\sqrt{2\pi}\sigma)$，而当 $x\rightarrow\pm\infty$ 时，有 $f(x)\rightarrow 0$，即 x 轴是 $f(x)$ 的渐近线。

正态分布具有对称性，它的主要参数是均值 μ 和方差 σ^2，正态分布记为

$N(\mu, \sigma^2)$。均值 μ 决定正态分布曲线的位置，代表分布的中心倾向。而方差 σ^2 决定正态分布曲线的形状，表示分布的离散程度。

正态分布的累积分布函数 $F(x)$ 为：

$$F(x) = 1 - \int_x^{\infty} f(t)\mathrm{d}t \tag{2-3}$$

$$F(x) = \frac{1}{\sigma\sqrt{2\pi}}\int_{-\infty}^{x} \mathrm{e}^{-\frac{(t-\mu)^2}{2\sigma^2}}\mathrm{d}t \tag{2-4}$$

标准正态分布是为了便于计算。若将正态分布曲线的均值移到 $\mu=0$，同时使标准差 $\sigma=1$，则可得到标准正态分布，表示为 $N(0, 1)$。习惯上把标准正态分布的密度函数记为 $\varphi(z)$，累积分布函数记为 $\Phi(z)$，即

$$\varphi(z) = \frac{1}{\sqrt{2\pi}}\mathrm{e}^{-\frac{z^2}{2}} \tag{2-5}$$

$$\Phi(z) = \int_{-\infty}^{z}\varphi(z)\mathrm{d}z = \frac{1}{\sqrt{2\pi}}\int_{-\infty}^{z}\mathrm{e}^{-\frac{z^2}{2}}\mathrm{d}z \tag{2-6}$$

$\Phi(z)$ 的值可查正态分布表得到。

当遇到一般正态分布 $N(\mu, \sigma^2)$ 时，可将随机变量 X 作一变换 $z=(x-\mu)/\sigma$，化为标准正态变量。任何正态分布都可以用标准正态分布来计算。

正态分布的可靠度函数为：

$$R(t)=1-\Phi\left(\frac{t-\mu}{\sigma}\right) \tag{2-7}$$

例 2-3 假设发电机的寿命服从正态分布，其 $\mu=300$ 小时，$\sigma=40$ 小时。试求当工作时间为 250 小时时，发电机的可靠度是多少？

解： 已知发电机寿命服从正态分布 $N(300, 40^2)$，由式（2-7）可得

$$\begin{aligned} R(250) &= 1-\Phi\left(\frac{250-300}{40}\right) \\ &= 1-\Phi(-1.25)=1-0.11=0.89 \end{aligned}$$

因此，发电机工作 250 小时的可靠度为 0.89。

2. 对数正态分布

对数正态分布是正态分布随机变量的自然对数 $y=\ln x$，常记为 $\mathrm{LN}(\mu, \sigma^2)$。其累积分布函数为：

$$F(x) = \frac{1}{\sigma\sqrt{2\pi}}\int_0^{x}\frac{1}{t}\mathrm{e}^{-\frac{(\ln t-\mu)^2}{2\sigma^2}}\mathrm{d}t \tag{2-8}$$

式中，μ 和 σ^2 分别是 $\ln x$ 的均值和方差。

x 的均值和方差分别为：

$$E(x)=\exp\left(\mu+\frac{\sigma^2}{2}\right)$$

$$\mathrm{Var}(x)=\exp(2\mu+\sigma^2)\cdot[\exp(\sigma^2)-1]$$

对数正态分布的可靠度函数为：

$$R(x)=1-\Phi\left(\frac{\ln x-\mu}{\sigma}\right) \tag{2-9}$$

对数变换可以使较大的数缩小为较小的数，且越大的数缩小得越明显。这一特性使较为分散的数据通过对数变换后，可以相对地集中起来，所以常把跨几个数量级的数据用对数正态分布去拟合。

对数正态分布常用于半导体器件的可靠性分析和某些类型机械零件的疲劳寿命分析，还用于维修性分析中对维修时间数据的分析。

例 2-4　假设人们观察到炮管寿命服从对数正态分布，$\mu=9$，$\sigma=2$。（注意 μ 和 σ 是 $\ln x$ 的均值和标准差。）求发射 1 000 发炮弹时的可靠度。

解：由式（2-9）可得

$$\begin{aligned}R(1\ 000)&=1-\Phi\left(\frac{\ln 1\ 000-9}{2}\right)\\&=1-\Phi(-1.046)=1-0.15=0.85\end{aligned}$$

因此，炮管发射 1 000 发炮弹时的可靠度为 0.85。

3. 指数分布

指数分布是可靠性工程最重要的一种分布。当产品工作进入浴盆曲线的偶然故障期后，产品的故障率基本接近常数，其对应的故障分布函数就是指数分布。

指数分布具有许多优点：

- 参数估计简单容易，只有一个变量；
- 在数学上非常容易处理；
- 适用范围非常广；
- 大量指数分布的独立变量之和还是指数分布，即具有可加性。

指数分布的密度函数是

$$f(x)=\begin{cases}\lambda e^{-\lambda x}, & x\geqslant 0\\ 0, & x<0\end{cases} \tag{2-10}$$

指数分布的累积失效分布函数为：

$$F(x)=1-e^{-\lambda x} \tag{2-11}$$

指数分布的均值 $\mu=1/\lambda$，方差 $\sigma^2=1/\lambda^2$。

指数分布的性质如下：

- 指数分布的失效率 λ 等于常数。
- 指数分布的平均寿命 θ 与失效率互为倒数，即

$$\theta=1/\lambda$$

- 指数分布“无记忆性”。无记忆性是指故障分布为指数分布的系统的失效率，

在任何时刻都与系统已工作过的时间长短没有关系。

例 2-5 机载火控系统的平均故障间隔时间是 100 小时，即 $\theta=100$ 小时，工作 5 小时不发生故障的概率是多少？

解： 火控系统的故障分布函数为指数分布，则有

$$R(5)=\mathrm{e}^{-\lambda t}=\mathrm{e}^{-\frac{1}{\theta}t}=\mathrm{e}^{-\frac{5}{100}}=0.95$$

因此，工作 5 小时不发生故障的概率是 0.95。

4. 威布尔分布

威布尔分布是由最弱环节模型导出的，例如链条的寿命就服从威布尔分布。

威布尔分布在可靠性工程中很有用，因为它是通用分布，通过调整分布参数可以构成各种不同的分布，可以为各种不同类型的产品的寿命特性建立模型。

威布尔分布的累积分布（故障概率）函数为：

$$F(x)=1-\mathrm{e}^{-\left(\frac{x}{\eta}\right)^m} \tag{2-12}$$

式中，m 为形状参数；η 为尺度参数。

威布尔分布既包括故障率为常数的模型，也包括故障率随时间变化的递减（早期故障）和递增（耗损故障）模型，因而，它可以描述更为复杂的失效过程。许多产品的故障率是单调递增的，威布尔分布可以很好地描述产品疲劳、磨损等耗损故障。

由威布尔分布描述产品寿命特征的经验可知，三参数威布尔分布中的位置参数经常可以假设为 0。此时，则变成两参数威布尔分布。威布尔分布的公式如表 2-4 所示。

表 2-4 威布尔分布的公式

两参数公式	三参数公式
概率密度函数 $f(t)=\frac{m}{\eta}\left(\frac{t}{\eta}\right)^{m-1}\exp\left[-\left(\frac{t}{\eta}\right)^m\right]$	概率密度函数 $f(t)=\frac{m}{\eta}\left(\frac{t-\gamma}{\eta}\right)^{m-1}\exp\left[-\left(\frac{t-\gamma}{\eta}\right)^m\right]$
分布（故障概率）函数 $F(t)=1-\exp\left[-\left(\frac{t}{\eta}\right)^m\right]$	分布（故障概率）函数 $F(t)=1-\exp\left[-\left(\frac{t-\gamma}{\eta}\right)^m\right]$
可靠度函数 $R(t)=\exp\left[-\left(\frac{t}{\eta}\right)^m\right]$	可靠度函数 $R(t)=\exp\left[-\left(\frac{t-\gamma}{\eta}\right)^m\right]$
故障率函数 $\lambda(t)=\frac{m}{\eta}\left(\frac{t}{\eta}\right)^{m-1}$	故障率函数 $\lambda(t)=\frac{m}{\eta}\left(\frac{t-\gamma}{\eta}\right)^{m-1}$
符号含义	t——随机变量，$t\geqslant 0$（两参数），$t\geqslant\gamma$（三参数） m——形状参数，无量纲，$m>0$ η——尺度参数，其单位同 t，$\eta>0$ γ——位置参数，其单位同 t，$\gamma>0$

例 2－6 人们发现某种特定的发射管的失效时间服从威布尔分布，其 $m=2$，$\eta=1\,000$ 小时，试确定当任务时间为 100 小时时这种发射管的可靠度。

解：$R(100)=\mathrm{e}^{-\left(\frac{100}{1\,000}\right)^m}=\mathrm{e}^{-(0.1)^2}=0.99$

因此，当任务时间为 100 小时时，这种发射管的可靠度是 0.99。

2.3 参数估计

在可靠性工程中，数理统计是进行数据整理和分析的基础，其基本内容是统计推断。随机变量的概率分布虽然能很好地描述随机变量，但通常不能对研究对象的总体都进行观测和试验，只能从中随机地抽取一部分子样进行观察和试验，获得必要的数据，进行分析处理，然后对总体的分布类型和参数进行推断。

总体是指研究对象的全体，也称为母体。

个体是指组成总体的每个基本单元。

样本是指在总体中随机抽取的部分个体，也称为子样。

样本值是指在每次抽样之后测得的具体的数值，记为 x_1，x_2，…，x_n。

样本容量是指样本所包含的个体数目，记为 n。

随机抽样是指不掺入人为的主观因素而具有随机性的抽样，即具有代表性和独立性的抽样。

样本统计量是指子样 x_1，x_2，…，x_n 是从母体 X 中随机抽取的。它包含母体的各种信息，因此，子样是很宝贵的。若不对子样进一步提炼和加工处理，母体的各种信息仍然分散在子样中。为了充分利用子样所包含的各种信息，可以把子样加工成一些统计量，例如：

（1）子样均值 $\bar{x}=\dfrac{1}{n}\sum\limits_{i=1}^{n}x_i$，它集中反映了母体数学期望的信息。

（2）子样方差 $S^2=\dfrac{1}{n-1}\sum\limits_{i=1}^{n}(x_i-\bar{x})^2$，它集中反映了母体方差的信息。

（3）样本极差 $R=\max(x_1，x_2，\cdots，x_n)-\min(x_1，x_2，\cdots，x_n)$，它可以粗略地反映母体的分散程度，但不能直接用于估计母体的方差。

2.3.1 分布参数的点估计

对母体参数的点估计，是用一个统计量的单一值去估计一个未知参数的数值。

如果 X 是一个具有概率分布 $f(x)$ 的随机变量，样本容量为 n，样本值为 x_1，x_2，…，x_n，则与其未知参数 θ 相应的统计量 $\hat{\theta}$ 称为 θ 的估计值。这里，$\hat{\theta}$ 是一个随机变量，因为它是样本数据的函数。在样本已经选好之后，就能得到一个确定的 $\hat{\theta}$ 值，这就是 θ 的点估计。

在点估计的解析法中，有很多方法可以选择，如矩法、最小二乘法、极大似然法、最好线性无偏估计、最好线性不变估计、简单线性无偏估计和不变估计等。矩法只适用于完全样本；最好线性无偏估计和不变估计已有国家标准 GB 2689.4—

1981《寿命试验和加速寿命试验的最好线性无偏估计法（用于威布尔分布）》，但只适用于定数截尾情况，在一定样本量下有专用表格；极大似然法和最小二乘法适用于所有情况，极大似然法是精度最好的方法。

极大似然估计（maximum likelihood estimate，MLE）是一种重要的估计方法，它利用总体分布函数表达式及样本数据这两种信息来建立似然函数。它具有一致性、有效性和渐近无偏性等优良性质，但它的求解方法是最复杂的，需用迭代法并借助计算机求解。

例如，设随机变量 X 服从正态分布，其母体的均值 μ 和方差 σ^2 未知，但可证明，样本的均值 $\bar{x}$ 就是未知的母体均值 μ 的点估计，即 $\mu=\bar{x}$；样本的方差 S^2 是母体方差 σ^2 的点估计，即 $\sigma^2=S^2$。

当满足

$$E(\hat{\theta})=\theta$$

时，$\hat{\theta}$ 则为未知参数 θ 的无偏估计值。

子样均值 $\bar{x}$ 和子样方差 S^2 分别作为母体均值 μ 和方差 σ^2 的估计，就是最常用的无偏估计。

例 2－7 已知从 4 条钢琴钢丝获取的抗拉强度分别为：0.198，0.192，0.201，0.183（单位：Mpa）。基于这些数据，可以推导出点估计的下列表达式：

$$\bar{x}=\frac{\sum x_i}{n}=\frac{0.198+0.192+0.201+0.183}{4}=0.1935$$

且样本标准差为：

$$S=\sqrt{\frac{1}{4-1}\sum_{i=1}^{4}(x_i-0.1935)^2}=0.0079$$

2.3.2 分布参数的区间估计

在实际问题中，对于未知参数 θ，并不以求出它的点估计 $\hat{\theta}$ 为满足，还希望估计出一个范围，并希望知道这个范围内包含未知参数 θ 真值的置信概率，这种形式的估计称为区间估计。

1. 置信区间与置信度

设总体分布中有一个未知参数 θ，若由样本确定两个统计量 θ_L 和 θ_U，对于给定的 α（$0\leqslant\alpha\leqslant1$），满足

$$P(\theta_L<\theta<\theta_U)=1-\alpha \tag{2-13}$$

则称随机区间（θ_L，θ_U）是 θ 的 $100(1-\alpha)\%$ 置信区间。θ_L 和 θ_U 称为 θ 的 $100(1-\alpha)\%$ 置信限，并称 θ_L 和 θ_U 分别为置信下限和置信上限，百分数 $100(1-\alpha)\%$ 称为置信度，也称为置信水平，而 α 称为显著性水平。

假如计算置信度为 90% 的置信区间，就是说，在 90% 的情况下，母体参数

的真值会处于计算的置信区间内，或者说，有10%的情况下，真值会处于置信区间外。假如要求99%地相信在给定样本容量的情况下，真值处于一定置信区间内，则必须扩大区间，或者如果希望保持规定的置信区间，就必须增加样本的数量。

总之，置信区间表示计算估计的精确程度，置信度表示估计结果的可信性。

这里要注意置信度与可靠度的区别：置信度是样品的试验结果在母体的概率分布参数（如均值或标准差）的某个区间内出现的概率；可靠度是样品在规定条件下和规定时间内正常工作的概率，反映的是产品本身的质量状况。

2. 双侧区间估计

在给定置信度（$1-\alpha$）的情况下，对未知参数的置信上限和置信下限作出估计的方法称为双侧区间估计，又称双边估计。

例 2-8 对某产品进行寿命估计，说它有90%的可能在4 000～5 000小时之间，即置信度为90%，置信上限为5 000小时，置信下限为4 000小时，可表示为：

$$P(4\,000<\theta<5\,000)=0.9$$

3. 单侧区间估计

如果只要求对未知数的置信下限或置信上限作出估计，而置信度为$1-\alpha$，即

$$P(\theta_L\leqslant\theta)=1-\alpha$$

$$P(\theta_U\geqslant\theta)=1-\alpha$$

这种区间的估计称为置信度为$1-\alpha$的单侧区间估计，也称单边估计。

单侧区间估计应用较多。例如，对于产品的寿命，通常人们并不关心最长是多少，而很关心不低于某个值。

若已知随机变量X的方差σ^2，样本容量n，样本值x_1，x_2，…，x_n，则对于母体均值μ的置信区间估计可以由其样本值$\bar{x}$的抽样分布得到，即已知方差，对母体均值μ进行区间估计。

由中心极限定理可知，若随机变量X为正态或近似正态分布，则样本均值$\bar{x}$的抽样分布也为正态分布。因此，统计量$z=(\bar{x}-\mu)/(\sigma/\sqrt{n})$的分布为一标准正态分布。统计量$z$介于$-z_{\alpha/2}$和$z_{\alpha/2}$之间的概率为：

$$P(-z_{\alpha/2}\leqslant z\leqslant z_{\alpha/2})=1-\alpha$$

或

$$P\left(-z_{\alpha/2}\leqslant\frac{\bar{x}-\mu}{\sigma/\sqrt{n}}\leqslant z_{\alpha/2}\right)=1-\alpha$$

因此，母体均值μ的置信下限和上限分别为：

$$\mu_L=\bar{x}-\frac{z_{\alpha/2}\sigma}{\sqrt{n}} \tag{2-14}$$

$$\mu_U = \bar{x} + \frac{z_{\alpha/2}\sigma}{\sqrt{n}} \tag{2-15}$$

由以上各式可知，置信区间都与样本量 n 有关。

例 2-9 设总体 $X \sim N(\mu, 0.09)$，随机抽得 4 个独立观察值 x_1，x_2，x_3，x_4，其均值为 5。求总体 μ 的 95%置信区间。

解：已知 $\alpha = 1 - 0.95 = 0.05$，$n = 4$。

$\sigma = \sqrt{0.09} = 0.3$，相应的标准变量 $z_{\alpha/2} = z_{0.025}$，查正态分布表可得 $z_{0.025} = 1.96$，因此，由式（2-14）和式（2-15）可得 μ 的上限值和下限值分别为：

$$\mu_L = 5 - \frac{z_{\alpha/2}\sigma}{\sqrt{n}} = 5 - \frac{1.96 \times 0.3}{2} = 5 - 0.294 = 4.706$$

$$\mu_U = 5 + \frac{z_{\alpha/2}\sigma}{\sqrt{n}} = 5 + \frac{1.96 \times 0.3}{2} = 5 + 0.294 = 5.294$$

因此，母体均值 μ 的 95%置信度下的置信区间为 [4.706，5.294]。

习题与答案

一、单项选择题

1. 在可靠性工程中，不常用的分布函数是（　　）。

A. 二项分布、泊松分布　　B. 正态分布、对数正态分布

C. 指数分布、威布尔分布　　D. 极小值分布、极大值分布

2. 已知某产品的累积失效分布函数为 $F(x) = 1 - e^{-\lambda x}$，则其可靠度函数为（　　）。

A. $R(x) = 1 - e^{-\lambda x}$　　B. $R(x) = \lambda e^{-\lambda x}$

C. $R(x) = e^{-\lambda x}$　　D. $R(x) = \lambda$

3. 某产品的寿命为指数分布，故障率为 0.1/小时，则工作 3 小时不发生故障的概率是（　　）。

A. 0.259 2　　B. 0.3

C. 0.740 8　　D. 0.1

4. 关于参数估计说法不正确的是（　　）。

A. 对母体参数的点估计是单侧下限估计

B. 在给定置信度（$1-\alpha$）的情况下，对未知参数的置信上限和置信下限做出估计的方法是双侧区间估计，又称双边估计

C. 在给定置信度（$1-\alpha$）的情况下，只对未知参数的置信下限或置信上限做出估计的方法是单侧区间估计，又称单边估计

D. 对母体参数的点估计使用一个统计的单一值去估计一个未知参数的数值

5. 关于置信区间和置信度说法不正确的是（　　）。

A. 置信区间表示计算估计的精确程度，置信度表示估计结果的可信性

B. 置信区间表示估计的可靠性，置信度表示估计结果的精确程度

C. 置信度为 90%，是指在 90%的情况下，母体参数的真值会处于置信区间内

D. 置信度为 90%，是指在 10%的情况下，母体参数的真值会处于置信区间外

二、多项选择题

1. 下列属于连续型随机变量分布的有（　　）。

A. 二项分布　　B. 正态分布

C. 指数分布　　D. 泊松分布

2. 关于正态分布说法正确的有（　　）。

A. 正态分布的失效率 λ 等于常数

B. 正态分布具有对称性，它的主要参数是均值 μ 和方差 σ^2，记为 $N(\mu, \sigma^2)$

C. 均值 μ 决定正态分布曲线的位置，代表分布的中心倾向

D. 方差 σ^2 决定正态分布曲线的形状，表征分布的离散程度

3. 关于分布参数点估计说法正确的有（　　）。

A. 在点估计的解析法中，有很多方法可以选择，如矩法、最小二乘数法、极大似然法、最好线性无偏估计等

B. 极大似然法的求解方法是最简单的

C. 极大似然法和最小二乘数法适用于所有情况

D. 极大似然法是精度最好的方法

一、单项选择题答案

1. D　2. C　3. C　4. A　5. B

二、多项选择题答案

1. BC　2. BCD　3. ACD

参考文献

[1] 茆诗松，等. 可靠性统计. 上海：华东师范大学出版社，1984.

[2] 费鹤良，等. 产品寿命分析方法. 北京：国防工业出版社，1988.

[3] 贺国芳，等. 可靠性数据的收集与分析. 北京：国防工业出版社，1995.

[4] 戴树森，等. 可靠性试验及其统计分析. 北京：国防工业出版社，1983.

[5] 康锐. 可靠性维修性保障性工程基础. 北京：国防工业出版社，2012.

[6] 赵宇. 可靠性数据分析. 北京：国防工业出版社，2011.

[7] GB/T 3358.1—2009 统计学词汇及符号　第 1 部分：一般统计术语与用于概率的术语.

[8] GB/T 3358.2—2009 统计学词汇及符号　第 2 部分：应用统计.

[9] GB/T 3359—2009 数据的统计处理和解释　统计容忍区间的确定.

第3章

可靠性设计与分析

3.1 概　述

产品的可靠性是设计出来的，制造出来的，管理出来的，但首先是设计出来的。这一点从第1章论述的在 $t=0$ 时合格的产品为什么在 $t>0$ 后还有可能会发生故障，就可以清楚地了解。在 $t>0$ 后又发生故障，也就是说本来产品在 $t=0$ 是合格的，在 $t>0$ 后又变成“不合格”，即不能满足用户的使用要求了。这说明 $t=0$ 时检验依据存在缺陷，而检验的依据或判据是产品研发结束的设计定型或产品确认时确定的制造与验收规范的内容，这说明确定的制造与验收规范有缺陷，而制造与验收规范是产品研发时经过设计和试验最后确定的，这进一步说明设计是有缺陷的。

因此，在产品研发过程中开展系统化的可靠性设计与分析非常重要，抓住设计中的可靠性设计就是落实“预防为主”质量管理思想。

那么，产品为什么会发生故障或失效呢？产品在 $t>0$ 的工作过程中是否会发生失效或故障，主要取决于产品在设计时所赋予的产品强度和产品使用中所承受的载荷或应力这对矛盾因素的博弈结果。在可靠性工程中所说的应力和强度都是广义的，强度是指抵抗破坏或失效的一切因素组合（如尺寸、材料等），应力是指可能引起产品失效的一切因素的组合（如负载、温度、振动等）。在产品应力与强度的博弈中，当强度大于应力时，产品处于可靠状态；当强度等于应力时，产品处于极限状态；当强度小于应力时，产品处于失效状态。这就是可靠性工程中应力—强度干涉模型的原理。

因此，产品可靠性设计就是要把产品的强度设计得足够大，以使其在整个使用过程中始终保持大于所有可能的应力及其组合，否则就可能发生失效。据此就可以把产品为什么失效简要归纳为：

（1）产品设计时对使用中可能承受的应力分析和估计不足，尤其对应力的随机性（变异）估计不足，如可能消耗的功率或在错误的频率上的共振等，导致设计的产品可能以某种方式处于过应力状态，如电子产品承载的电应力（电流、电压或功率）超过其能承受的应力而导致失效，又如机械支柱承载的应力超过其屈服强度而导致屈曲等。尽管在设计时都会有安全裕度或降额设计，但这种考虑不足、分析不够的情况还是时有发生，所以可靠性分析就是要仔细、全面地分析产品所有可能的应力。

（2）强度不够导致失效的发生。产品的可靠性设计就是要根据其使用过程中承受的所有可能的应力，将产品设计得具有足够的强度。强度设计不够，产品就会发生失效。一般来说，$t=0$ 是合格的产品，说明产品在 $t=0$ 时强度是大于应力要求的，在 $t>0$ 以后发生失效或故障肯定是其强度随着使用时间的推移而降低了，强度降低的原因可能是机械构件反复受力而疲劳，遭遇腐蚀或磨损而使强度降低。此外，产品设计时选用的元器件、原材料和零部件的不当，以及制造装配过程的潜在缺陷也会使强度随使用时间的推移而下降。当然，强度的降低还可能是因为设计所依据的规范本身没有很好地考虑这种强度降低的规律而使设计本身就有缺陷。在产品设计时对维修考虑不当也会使产品发生失效。

了解产品为什么会失效或发生故障，我们就知道可靠性设计与分析的重要性和如何开展的思路。世上的产品千差万别，它们承受的应力也有很大的区别，应力的分布规律也不尽相同，产品本身强度也因产品的不同而具有不同的内涵，强度的分布规律也不相同。因此，产品可靠性设计与分析一定要根据产品的不同特点，再结合可靠性设计与分析的具体方法进行。

开展产品设计与分析的方法很多，在 GJB 450A—2004《装备可靠性工作通用要求》中规定了可靠性设计与分析工作有 13 项工作项目，即建立可靠性模型，可靠性分配，可靠性预计，故障模式、影响及危害性分析，故障树分析，潜在分析，电路容差分析，制定可靠性设计准则，元器件、零部件和原材料选择与控制，确定可靠性关键产品，确定功能测试、包装、贮存、装卸、运输和维修对产品可靠性的影响，有限元分析和耐久性分析。

可靠性设计与分析的这些通用方法只有紧密结合产品的具体特点，进行有针对性的应用才能有效地提高产品的可靠性。这些通用方法都是成熟的，相当多的方法都有国家标准和国家军用标准，但为什么这么多年来的推广应用效果不理想呢？非常重要的一点就是结合产品的具体实际不够。例如，很多产品研发过程都建立了可靠性模型，开展了可靠性预计和分配，但都没有真正影响设计，没有找出故障率高的元器件、零部件；开展故障模式、影响及危害性分析，但都不是设计人员或设计团队自己开展的，因而故障模式找不全，发生概率估计不准，预防或纠正措施过于笼统，不可操作，等等。

本章 3.2 节至 3.5 节主要介绍可靠性建模，可靠性预计与分配，故障模式、影响及危害性分析，故障树分析，制定可靠性设计准则，这些方法无论是对电子产品还是机械产品都是通用且有效的。之后再对电子产品和机械产品的可靠性设计与分析分别予以论述。这样安排有助于读者的学习和应用。

3.2 可靠性建模、分配和预计

3.2.1 可靠性建模

可靠性模型是对系统及其组成单元之间的可靠性/故障逻辑关系的描述。可靠性模型包括可靠性框图及其相应的数学模型。根据用途，可靠性模型可分为基本可靠性模型和任务可靠性模型。建立可靠性模型的主要目的有：

- 明确各单元之间的可靠性逻辑关系及其数学模型；
- 利用模型进行可靠性定量分配和预计，发现设计中的薄弱环节，以改进设计；
- 对不同的设计方案进行比较，为设计决策提供依据。

3.2.1.1 建立可靠性模型的一般程序

建立可靠性模型从新产品研发的方案论证开始，随着设计的细化和改动，应不断修改完善。

可靠性建模的一般程序包括明确产品定义、绘制可靠性框图、建立可靠性数学模型等步骤。

1. 明确产品定义

包括明确产品及其单元的构成、功能、接口、故障判据等。功能框图是在对产品各层次功能进行静态分组的基础上，描述产品的功能和各子功能之间的相互关系，以及系统的数据（信息）流程。对于各功能间有时序关系的产品，一般采用功能流程图的形式。功能流程图是动态的，可以描述系统各功能之间的时序相关性。功能框图或功能流程图是绘制可靠性框图的基础。

2. 绘制可靠性框图

可靠性框图是以图的形式逻辑地描述产品正常工作的情况。可靠性框图应描述产品每次完成任务时所有单元功能组之间的相互关系，绘制可靠性框图需要充分了解产品的任务定义和寿命剖面。建立产品可靠性框图的基础是产品的原理图和功能框图。

在最终的可靠性框图中，通常一个方框只对应一个功能单元；所有方框均应按要求以串联、并联、旁联或其组合形式连接；每一方框都应进行标志。

3. 建立可靠性数学模型

可靠性数学模型用于表达可靠性框图中各方框的可靠性与系统可靠性之间的函数关系。

3.2.1.2 常用的可靠性模型

常用的可靠性模型包括串联模型、并联模型、表决模型、桥联模型和旁联模型。这些模型又可以划分为工作贮备模型、非工作贮备模型和非贮备模型三类，如图 3-1 所示。

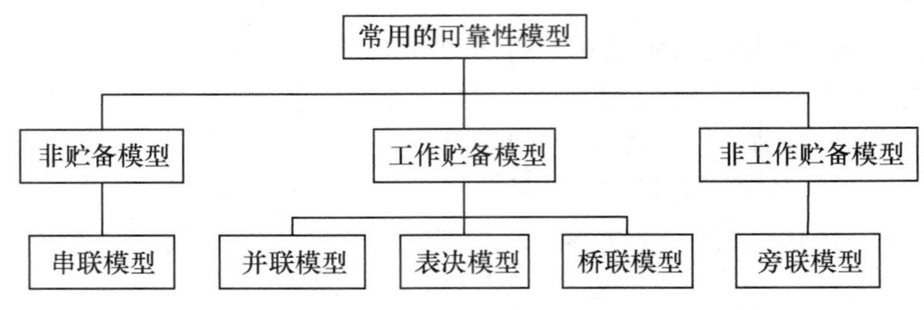

图 3-1 常用可靠性模型分类

工程中最常用而且最简单的可靠性模型是串联模型和并联模型。

1. 串联模型

组成产品的所有单元中任一单元发生故障，均会导致整个产品故障的模型称为串联模型。串联模型既可用于基本可靠性建模，也可用于任务可靠性建模。串联模型的可靠性框图如图 3-2 所示。

图 3-2 串联模型的可靠性框图

串联模型的数学模型为:

$$R_s(t)=\prod_{i=1}^{n}R_i(t) \tag{3-1}$$

式中，$R_s(t)$ 为产品 t 时刻的可靠度；$R_i(t)$ 为第 i 个单元 t 时刻的可靠度。

很多电子产品和机电产品的寿命都服从指数分布。一个由较多单元组成的复杂产品，不论单元的寿命是什么分布，只要发生故障就修复，则一定时间后，产品的寿命也渐近于指数分布。

若串联模型中各单元独立且寿命服从指数分布，则可靠度为:

$$R_i(t)=\mathrm{e}^{-\lambda_i t}$$

整个产品也服从指数分布，其可靠度为:

$$R_s(t)=\mathrm{e}^{-\lambda_s t}$$

整个产品的故障率为:

$$\lambda_s=\sum_{i=1}^{n}\lambda_i \tag{3-2}$$

式中，λ_s 为整个产品的故障率；λ_i 为第 i 个单元的故障率。

整个产品的平均故障间隔时间（MTBF）为：

$$MTBF=\frac{1}{\lambda_s}$$

可见，产品的可靠度是各单元可靠度的乘积，单元越多，产品越复杂，其可靠度越低。从设计方面考虑，为提高串联系统的可靠度，可从下列三方面着手：

- 尽可能减少串联单元数量，即简化设计；
- 提高单元的可靠度，降低其故障率；
- 缩短工作时间。

串联系统的特点是：产品的可靠度小于任何一个单元的可靠度。若产品由 10 个单元组成，每个单元的可靠度均为 0.9，则产品的可靠度不到 0.35。由此可以看出，简化设计是提高产品可靠性的最重要途径。

2. 并联模型

组成产品的所有单元都发生故障时，产品才发生故障的模型称为并联模型，也称冗余模型。并联模型是最简单的工作贮备模型。并联模型的可靠性框图如图 3－3 所示。

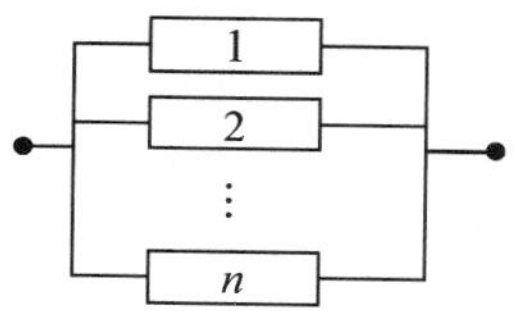

图 3－3　并联模型的可靠性框图

并联模型的数学模型为：

$$R_s(t)=1-\prod_{i=1}^{n}[1-R_i(t)] \tag{3-3}$$

式中，$R_s(t)$为产品 t 时刻的可靠度；$R_i(t)$为第 i 个单元 t 时刻的可靠度。

在并联模型中，当系统各单元的寿命分布为指数分布时，系统的寿命分布不再是指数分布。对于最常用的两单元并联系统，有

$$\lambda_s(t)=\frac{\lambda_1 e^{-\lambda_1 t}+\lambda_2 e^{-\lambda_2 t}-(\lambda_1+\lambda_2)e^{-(\lambda_1+\lambda_2)t}}{e^{-\lambda_1 t}+e^{-\lambda_2 t}-e^{-(\lambda_1+\lambda_2)t}} \tag{3-4}$$

$$MTBF=\frac{1}{\lambda_1}+\frac{1}{\lambda_2}-\frac{1}{\lambda_1+\lambda_2} \tag{3-5}$$

可见，尽管单元故障率 λ_1，λ_2 都是常数，但并联系统的故障率 $\lambda_s(t)$ 不再是常数。

对于 n 个相同单元的并联系统，有

$$R_s(t)=1-(1-e^{-\lambda t})^n \tag{3-6}$$

$$MTBF=\frac{1}{\lambda}+\frac{1}{2\lambda}+\cdots+\frac{1}{n\lambda} \tag{3-7}$$

对于 n 个相同单元的并联系统，尤其是 $n=2$ 时，可靠度的提高更显著。当并联单元过多时，可靠度提高的速度大为减慢。例如，当单元 $R=0.9$ 时，随着 n 的增大，后一个并联系统相对前一个系统可靠度的变化情况如表 3-1 所示。

表 3-1　单元 $R=0.9$ 时并联系统可靠度的变化情况

单元数 n	并联系统 R	相对提高率
1	0.9	0
2	0.99	10%
3	0.999	0.9%
4	0.999 9	0.09%

并联系统的特点是：产品的可靠度大于任何一个单元的可靠度。因此，为了提高产品的可靠性，可以采用冗余技术，但采用冗余设计，必然会增加费用、体积及重量，它提高的是任务可靠性，而基本可靠性会降低，因此，需要权衡利弊。一般只在影响安全和任务关键的地方才考虑应用。

3. 其他模型

（1）旁联模型。组成系统的 n 个单元只有一个单元工作，当工作单元发生故障时，通过故障监测与转换装置转接到另一个单元继续工作，直到所有单元都发生故障时系统才发生故障，称为非工作贮备模型，又称旁联模型。旁联模型用于任务可靠性建模。旁联模型的可靠性框图如图 3-4 所示。

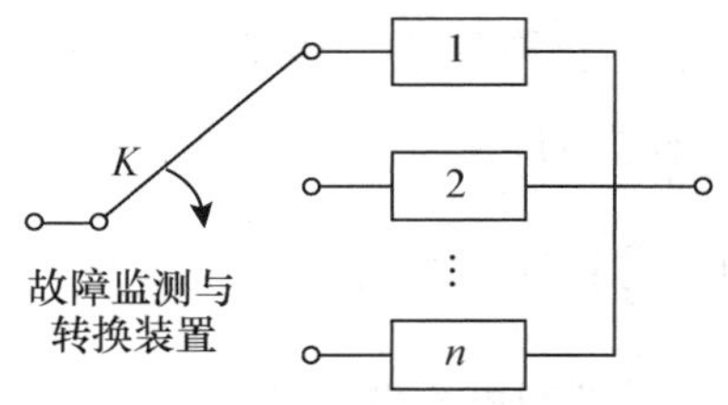

图 3-4　旁联模型的可靠性框图

假设故障监测与转换装置的可靠度为常数 R_D，对于两个不相同单元组成的系统，若两个单元的故障率分别为 λ_1，λ_2，则系统的可靠度数学公式为：

$$R_{sm}(t)=e^{-\lambda_1 t}+R_D\frac{\lambda_1}{\lambda_1-\lambda_2}(e^{-\lambda_2 t}-e^{-\lambda_1 t}) \tag{3-8}$$

当两个单元相同且寿命服从 $\lambda_1=\lambda_2=\lambda$ 的指数分布时，系统的可靠度为：

$$R_{sm}(t)=e^{-\lambda t}(1+R_D\lambda t)$$

非工作贮备模型的优点是能大大提高系统的可靠度，其缺点是：由于增加了故障监测与转换装置而加大了系统的复杂度；要求故障监测与转换装置的可靠度非常高，否则贮备带来的好处会被严重削弱。

(2) r/n(G) 表决模型。n 个单元及一个表决器组成的表决系统，当表决器正常时，正常的单元数不小于 r 个 ($1\leqslant r\leqslant n$)，系统不会发生故障，这样的系统模型是 r/n(G) 模型，它是工作贮备模型的一种形式。r/n(G) 表决模型用于任务可靠性建模。r/n(G) 模型的可靠性框图如图 3-5 所示。

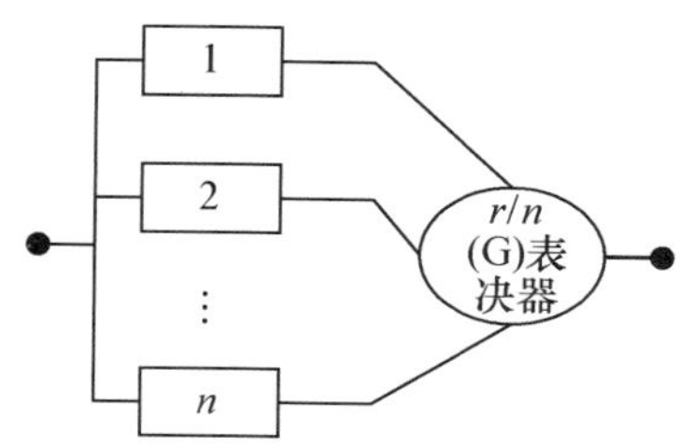

图 3-5　r/n(G) 表决模型的可靠性框图

假设表决器的可靠度为 R_m，各单元的可靠度同为 $R(t)$，则对应的数学模型为：

$$R_{sm}(t)=R_m\sum_{i=r}^{n}C_n^iR(t)^i[1-R(t)]^{n-i}$$

3.2.1.3　基本可靠性模型和任务可靠性模型

1. 基本可靠性模型

基本可靠性模型主要用于计算故障率或平均故障间隔时间。基本可靠性模型是产品的所有组成单元串联而成的产品的串联模型。

在利用基本可靠性模型计算故障率或平均故障间隔时间时，需要考虑产品的不同环境条件。当一个单元由于在多个任务阶段下工作而具有不同的环境条件时，对该单元应采用可靠性水平最差的数据进行分析。

2. 任务可靠性模型

产品的任务可靠性模型可能是串联模型，也可能是各种可靠性常用模型的组合。在任务可靠性模型的基础上，可以进行任务可靠度和平均致命性故障间隔时间的计算。

在建立任务可靠性模型时，对不同任务剖面应该分别建立任务可靠性模型。

当产品中采用冗余设计时，其任务可靠性建模过程较为复杂。首先需要将产品划分为不同的层次，如组件、部件、分系统等，然后建立产品的初始可靠性框图。对于初始可靠性框图中的每个单元，再利用组件作为子单元建立其细化的可靠性框图。以此类推，就可以得到最终的可靠性框图。

利用任务可靠性框图，可以建立相应的数学模型，并进行任务可靠度和平均致命性故障间隔时间的计算。

例 3-1　一个闸系统的原理图如图 3-6 所示，物理意义上是串联，根据任务，建立闸系统的可靠性模型。

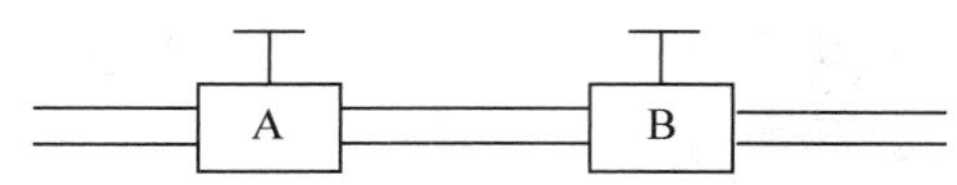

图 3-6　闸系统的原理图

解： 这是一个由两个独立的阀门组成的一个闸系统。它有两个功能，一是流通功能，即完全放开，使水流过；二是截流功能，即关紧阀门，使水流不过去。

（1）完成流通功能（任务一）时，两个阀门任何一个都不能出故障（如打不开），闸系统才能完成流通功能。其可靠性模型是串联模型，可靠性框图如图 3-7 所示。

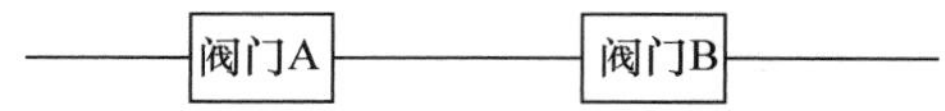

图 3-7　闸系统完成流通功能（任务一）的可靠性模型

任务一的可靠性数学模型为：

$$R_s = R_A \times R_B$$

式中，R_A，R_B 分别为阀门 A 和 B 的可靠度。

（2）完成截流功能（任务二）时，只要两个阀门中有一个不出故障（如关不上），系统就能完成截流功能。其可靠性模型是并联模型，可靠性框图如图 3-8 所示。

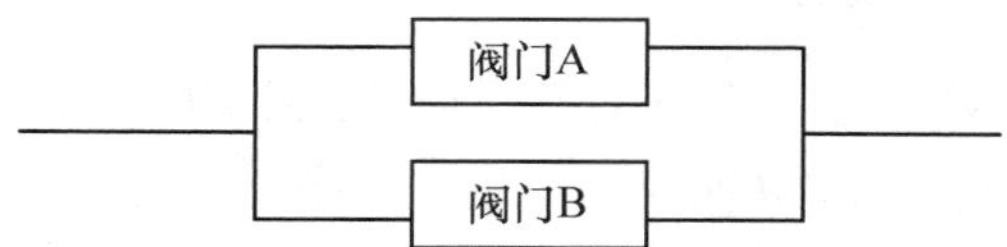

图 3-8　闸系统完成截流功能（任务二）的可靠性模型

任务二的可靠性数学公式为：

$$R_s = 1-(1-R_A)(1-R_B)$$

3.2.1.4　可靠性建模的工程应用要点

（1）可靠性模型的建立在初步设计阶段就应进行，并为产品可靠性预计或分配及拟定改进措施的优先顺序提供依据。随着产品设计工作的进展，可靠性框图应不断修改完善；随着设计工作从粗到细地展开，可靠性框图亦应随之按级展开。

（2）在建立基本可靠性模型时，要包括产品的所有组成单元。当单元工作在多个环境条件下时，应该采用可靠度最低的数据进行分析。

（3）不同的任务剖面应该分别建立各自的任务可靠性模型，模型中应该包括在该任务剖面中工作的所有单元。

（4）当提高单元的可靠性所花的费用高于使用冗余模型的费用时，则应采用冗余模型。

（5）对于简单并联模型来说，$n=2$ 时，可靠度的提高最显著；当冗余单元超过一定数量时，可靠性提高的速度大大减慢，因此需要进行权衡。

（6）当采用冗余时，在产品层次较低的地方采用冗余的效果比层次较高的地方好。例如，在元件级采用冗余比部件级采用冗余，产品可靠性提高更明显。但工程上有时不允许采用级别低的冗余，工程上常用的是部件级及设备的冗余。

（7）采用并联模型可以提高产品的任务可靠性，但也会降低产品的基本可靠性，同时增加产品的重量、体积、复杂度、费用及设计时间。因此，必须进行综合权衡。

3.2.2 可靠性分配

可靠性分配是将产品可靠性的定量要求合理分配到分系统、设备、组件、元器件等单元上的分解过程。通过分配使单元的可靠性定量要求得到明确，使产品整体和单元的可靠性要求协调一致。这是一个由整体到局部、由上到下的分解过程。可靠性分配的目的有：

- 明确各单元的可靠性定量要求；
- 发现设计中的薄弱环节；
- 对不同的设计方案进行比较，为设计决策提供依据；
- 作为可靠性试验与评估的依据之一。

可靠性分配方法有很多种，不同的产品、不同的研制阶段应采用不同的可靠性分配方法。在工程上常用的分配方法有评分分配法、比例组合分配法、考虑重要度和复杂度分配法（AGREE 法）等。这些方法的区别在于可获得的单元信息和分配精度不同。表 3－2 给出了基本可靠性分配方法的特点、应用条件和适用阶段，表 3－3给出了任务可靠性分配方法的特点、应用条件和适用阶段。

表 3－2　基本可靠性分配方法的特点、应用条件和适用阶段

方法名称	特点	应用条件	适用阶段
评分分配法	主观因素较多；方法成熟，应用广泛	需要有经验的技术人员和专家参与可靠性设计工作	论证、方案、初步（初样）设计
比例组合分配法	方法简单；需要老系统的可靠性信息	新、老系统具有相似性，且老系统可靠性数据充分	论证、方案

表 3－3　任务可靠性分配方法的特点、应用条件和适用阶段

方法名称	特点	应用条件	适用阶段
AGREE 法	应用较多；计算量较小	各单元复杂程度、重要程度、工作时间可知	方案、初步（初样）设计
直接分配法	满足约束条件的寻优过程，可得到相对最优解，计算量较小	多约束条件，假定单元可冗余	初步（初样）设计

3.2.2.1 可靠性分配的一般程序

可靠性分配的一般程序包括：

第一步：明确所分配的产品可靠性参数和指标，如任务可靠度、故障率等。

第二步：选择可靠性分配方法。

第三步：进行可靠性分配，发现薄弱环节。

第四步：确定分配结果是否满足产品可靠性要求，如果满足要求，完成分配工作；否则，返回第三步。

3.2.2.2 评分分配法

评分分配法是在缺少可靠性数据的情况下，通过有经验的设计人员或专家对影响产品可靠性的重要因素进行打分，并对评分值进行综合计算从而获得各单元产品之间的可靠性相对比值，根据相对比值给每个单元分配可靠性指标。应用这种方法时，时间一般应以产品工作时间为基准。各单元之间应为串联关系，若有冗余单元，先将其等效为串联模型。该方法适用于任何设计阶段。

1. 评分因素和原则

评分分配法考虑的因素一般包括：组成产品各单元的复杂度、技术成熟度、重要度、环境严酷度等因素。在工程实践中可以根据产品的特点，增加或减少评分因素。每种因素的分值在 1～10 之间。常用的四种评分因素和原则如下：

（1）复杂度——根据组成单元的零部件数量以及它们组装的难易程度评定。最复杂的单元评 10 分，最简单的单元评 1 分。

（2）技术成熟度——根据组成单元的技术成熟程度评定。技术成熟程度最低的评 10 分，技术成熟程度最高的单元评 1 分。

（3）重要度——根据组成单元的重要程度评定。重要程度最低的单元评 10 分，最高的单元评 1 分。

（4）环境严酷度——根据组成单元所处的环境评定。单元工作过程中会经受恶劣且严酷的环境条件的单元评 10 分，环境条件最好的单元评 1 分。

2. 所需数据

所需数据是任务书规定的产品故障率指标 λ_s^* 或平均故障间隔时间（MTBF）或可靠度指标 R_s^*。一般应按高于指标最低可接受值的 10%～20%或更高进行分配，不能直接用指标的最低可接受值进行分配。

3. 分配模型

设产品的故障率指标为 λ_s^*，则分配给每个单元的故障率 λ_i 为：

$$\lambda_i = \lambda_s^* \times C_i \tag{3-9}$$

式中，C_i 为第 i 个单元的评分系数。

4. 一般步骤

第一步：明确产品的可靠性指标，分析待分配产品的特点，确定评分因素。

第二步：请有经验的专家按评分因素和原则为每个单元评分。

第三步：将每个单元的评分数值相乘，计算每个单元的评分数 ω_i。

$$\omega_i = \prod_{j=1}^{4} r_{ij}$$

式中，ω_i 为第 i 个单元的评分数；r_{ij} 为第 i 个单元的第 j 个因素的评分数（$j=1$ 代表复杂度，$j=2$ 代表技术成熟度，$j=3$ 代表重要度，$j=4$ 代表环境严酷度）。

第四步：计算单元的评分系数 C_i。

$$C_i = \frac{\omega_i}{\omega}$$

式中，ω_i 为第 i 个单元的评分数；ω 为产品的总评分数，$\omega = \sum_{i=1}^{n} \omega_i$。

第五步：计算分配给单元的故障率 λ_i。

$$\lambda_i = \lambda_s^* \times C_i$$

第六步：验算。如果下列不等式成立，分配工作完成，否则，返回第一步，但要增加专家人数。

$$\sum_{i=1}^{n} \lambda_i < \lambda_s^*$$

5. 适用范围

（1）各单元之间应为串联关系。若有冗余单元，先将其等效为串联模型。

（2）用于由系统级分配到各单元，单元可以是分系统、零部件或元器件。

（3）用于设计阶段。

例 3-2 要求由 10 个分系统组成的飞机故障率不大于 0.333/h，已知其中 2 个分系统的故障率共为 0.15/h，现要对其余 8 个分系统进行改进，试进行可靠性分配。

解：数据见表 3-4。

表 3-4　某型号飞机 8 个分系统的可靠性分配

分系统名称	第二步				第三步	第四步	第五步
	复杂度 r_{i1}	技术成熟度 r_{i2}	重要度 r_{i3}	环境严酷度 r_{i4}	分系统的评分数 ω_i	分系统的评分系数 C_i	分配给分系统的故障率 λ_i
动力装置	8.1	1.1	1.1	7.9	77.427 9	0.010	0.002
燃油装置	5.1	2.1	9.9	8.1	858.8	0.112	0.018

续前表

分系统名称	第二步				第三步	第四步	第五步
	复杂度 r_{i1}	技术成熟度 r_{i2}	重要度 r_{i3}	环境严酷度 r_{i4}	分系统的评分数 ω_i	分系统的评分系数 C_i	分配给分系统的故障率 λ_i
液压装置	5.1	1.9	8.1	6.9	541.6	0.071	0.012
前轮装置	3.8	5.1	8.3	2.8	450.4	0.059	0.010
失速告警装置	6.3	4.9	9.9	7.1	2 169.9	0.283	0.047
电子对抗系统	5.8	1.1	4.9	5.7	178.2	0.023	0.004
座舱	2.7	1.0	6.2	2.6	43.5	0.006	0.001
航空电子	9.1	6.8	8.1	6.7	3 358.2	0.437	0.072
总计					7 678.027 9	1.000	0.165

第一步：飞机属于复杂系统，可认为服从指数分布，各分系统之间为串联关系，可以用评分法进行分配，评分因素见表 3－4。8 个分系统的故障率不大于 0.333－0.15＝0.183/h，按 10％的分配余量，即按 0.183－0.018 3＝0.165 进行分配。

第二步：请有经验的 7 位专家按评分原则评分，计算平均值。

第三步、第四步、第五步的计算结果见表 3－4。

第六步：验算，$\sum_{i=1}^{8}\lambda_i = 0.164\,8 < \lambda_s^* = 0.183$，完成分配。

结论：分配合理。

3.2.2.3 比例组合法

比例组合法是根据相似的老产品中各单元故障率占产品故障率的比例，对新研发的产品进行可靠性分配的方法。如果一个新设计的产品与老产品相似，对于新产品只是提出新的可靠性要求，就可以采用该方法根据相似产品中各单元的故障率所占的比例，按新产品的可靠性要求，给新产品各组成单元分配故障率。

1. 所需数据

- 新产品的故障率指标；
- 相似老产品的故障率指标；
- 相似老产品中各单元的故障率或故障数的百分比。

2. 分配模型

$$\lambda_{i新}^{*}=\lambda_{s新}^{*}\times K_i \tag{3-10}$$

式中，$\lambda_{i新}^{*}$ 为分配给新产品第 i 个单元的故障率；$\lambda_{s新}^{*}$ 为新产品的故障率指标；K_i 为分配比例系数。

3. 一般步骤

第一步：明确新产品的可靠性指标，分析新产品的特点，选择相似的老产品，收集相似老产品及其各组成单元的故障统计数据，可以是故障率，也可以是故障数。

第二步：计算比例系数。分三种情况：

（1）如果已知故障率数据，则

$$K_i=\frac{\lambda_{i老}}{\lambda_{s老}}$$

式中，$\lambda_{i老}$ 为老产品中第 i 个单元的故障率；$\lambda_{s老}$ 为老产品的故障率。

（2）如果已知故障数，则

$$K_i=\frac{r_i}{\sum_{i=1}^{n}r_i}$$

式中，r_i 为收集到的老产品第 i 个单元的故障数；n 为老产品单元的个数。

（3）如果已知故障百分比，则 K_i 就是该数值。

第三步：按分配模型式（3－10）计算各单元分配的故障率。

第四步：验算。如果下列不等式成立，分配工作完成，否则，返回第一步。

$$\sum_{i=1}^{n}\lambda_{i新}^{*}<\lambda_{s新}^{*}$$

4. 适用范围

- 新、老产品结构及类型相似，且有故障数据；
- 各单元或零部件之间应为串联关系，若有冗余单元，先将其等效为串联模型；
- 方案阶段和初步设计阶段。

例 3－3 公司现有一液压动力系统，其平均故障间隔时间 $MTBF=3\,900\text{h}$，即故障率 $\lambda_{s老}=252\times10^{-6}/\text{h}$，现要设计一个可靠性更高、故障率更低的新的液压动力系统，其主要组成部分与老的基本一样，新系统的 $MTBF=5\,000\text{h}$，即故障率为 $\lambda_{s新}^{*}=200\times10^{-6}/\text{h}$，试把指标分配给各单元。

解： 数据见表 3－5。

表 3-5　液压动力系统的可靠性分配

序号	单元名称	第一步	第二步	第三步
		老产品的故障率 $\lambda_{i老}\times10^{-6}/h$	比例系数 K_i	新产品的故障率 $\lambda_{i新}^{*}\times10^{-6}/h$
1	油箱	3	0.012	2.16
2	拉紧装置	1	0.004	0.72
3	油泵	75	0.298	53.64
4	电动机	46	0.182	32.76
5	止回阀	30	0.119	21.42
6	安全阀	26	0.103	18.54
7	油滤	4	0.016	2.88
8	启动器	67	0.266	47.88
总计		252	1.00	180.00

第一步：液压动力系统属于复杂系统，假设其服从指数分布，各单元之间为串联关系，能收集到老产品的故障率，可以用该方法进行分配。留出 10%的分配余量，即按 $(200-20)\times10^{-6}/h=180\times10^{-6}/h$ 进行分配。

第二步：计算，以油箱为例。

$$K_1=\frac{3\times10^{-6}}{252\times10^{-6}}=0.012$$

第三步：计算，以油箱为例。

$$\lambda_{1新}^{*}=\lambda_{s新}^{*}\times K_1=180\times10^{-6}\times0.012=2.16\times10^{-6}/h$$

第四步：验算。

$$\sum_{i=1}^{8}\lambda_{i新}^{*}=180<\lambda_{s新}^{*}=200$$

分配工作完成。

结论：分配合理。其中油泵和启动器的故障率较高，属于薄弱环节，应重点加以控制。

3.2.2.4　可靠性分配的工程应用要点

(1) 可靠性分配应在研制阶段早期进行。这样可以使设计人员尽早明确其设计的可靠性要求，研究达到这个要求的可能性；为外购件及外协件提出可靠性指标提供初步依据；也可根据所分配的可靠性要求估算所需的人力和资源管理信息。

(2) 为了尽量减少可靠性分配的重复次数，在规定的可靠性指标基础上，可考虑留出一定的余量。

(3) 对于有并联的分系统，应先把可靠性方框图逐步简化，形成一个串联系统，然后再进行分配。

（4）对于已有可靠性指标的货架产品或使用成熟的成品，不再进行可靠性分配。

（5）根据专家对影响各单元可靠性的因素评分的高低，技术人员和管理人员可以明确控制的重点。如某单元环境严酷度评分结果比较高，应多考虑耐环境设计；如某单元技术成熟度评分比较高，则应加强验证，促使其成熟。

3.2.3 可靠性预计

可靠性预计是为了估计产品在给定的工作条件下的可靠性而进行的工作。它根据组成产品的单元可靠性来推算产品是否满足规定的可靠性要求。这是一个由局部到整体、由下到上的综合过程。可靠性预计的主要目的有下列几点：

- 将预计结果与要求的可靠性指标相比较，看是否能够达到规定的要求；
- 在方案阶段，通过对不同方案预计值的相对比较，选择优化方案；
- 在研制阶段，通过预计，发现设计中的薄弱环节，以便加以改进；
- 为可靠性增长试验、验证试验及费用核算等提供数据；
- 通过预计为可靠性分配的合理性提供对照依据。

可靠性预计方法有很多种，不同的产品、不同的研制阶段应使用不同的可靠性预计方法。在工程上常用的预计方法有评分预计法、元器件计数法、应力分析法和相似产品法等。表 3－6 给出了可靠性预计方法的应用条件和适用阶段。

表 3－6　可靠性预计方法的应用条件和适用阶段

方法名称	可预计的参数	应用条件	适用阶段
评分预计法	MTBF，λ	需要有经验的技术人员和专家参与可靠性设计工作	论证、方案、初步（初样）设计
元器件计数法	λ，$R_m(t)$	元器件种类、数量、质量等级、工作环境已基本确定；能找到相关的数据	研发阶段的早期
应力分析法	λ，$R_m(t)$	元器件的具体种类、数量、质量等级、工作环境等已确定；能找到相关的数据手册，可提供经验公式和数据	研发阶段的中后期
相似产品法	MTBF，λ，$R_m(t)$	具有相似产品的可靠性数据	论证、方案、初步（初样）设计

3.2.3.1 可靠性预计的一般程序

第一步：明确所预计的可靠性指标，如任务可靠度、故障率等。

第二步：选择可靠性预计方法。

第三步：进行可靠性预计。

第四步：确定预计结果是否满足可靠性要求，如果满足要求，完成预计工作；否则，返回第三步。

3.2.3.2 评分预计法

评分预计法是依靠有经验的工程技术人员，按照几种因素进行评分。评分考虑的因素可由产品特点而定。按评分结果，由已知的某单元可靠性数据，根据评分系数算出其余单元的预计值。

1. 评分因素和原则

常用的评分预计法考虑的因素一般有 4 种，即复杂度、技术成熟度、工作时间比率、环境严酷度等。在工程实践中，可根据具体产品特点适当增加或减少因素。每种因素的分数在 1～10 之间。

（1）复杂度——根据组成单元的零部件数量以及组装的难易程度评定。最复杂的单元评 10 分，最简单的单元评 1 分。

（2）技术成熟度——根据组成产品的单元技术成熟程度评定。最不成熟的单元评 10 分，最成熟的单元评 1 分。

（3）工作时间比率——根据组成产品的单元工作时间长短来评定。系统工作时，一直工作的单元评 10 分，工作时间最短的单元评 1 分。

（4）环境严酷度——根据组成产品的单元所处的环境来评定。工作过程中会经受恶劣和严酷的环境条件的单元评 10 分，环境条件最好的单元评 1 分。

2. 所需数据

已知产品中某一单元的故障率数据。

3. 预计模型

已知某单元的故障率为 λ^*，则其他单元的故障率 λ_i 为：

$$\lambda_i = \lambda^* C_i \tag{3-11}$$

式中，C_i 为第 i 个单元的评分系数。

4. 预计步骤

第一步：明确待预计产品的可靠性指标，如故障率，分析待预计产品的特点，确定评分因素。

第二步：请多位有经验的专家按评分原则为每个单元评分。

第三步：计算每个单元的评分数 ω_i，将每个单元的评分数值相乘。

$$\omega_i = \prod_{j=1}^{4} r_{ij}$$

式中，ω_i 为第 i 个单元的评分数；r_{ij} 为第 i 个单元的第 j 个因素的评分数（$j=1$ 代表复杂度，$j=2$ 代表技术成熟度，$j=3$ 代表工作时间比率，$j=4$ 代表环境严酷度）。

第四步：计算每个单元的评分系数 C_i，用每个单元的评分数 ω_i 除以已知故障

率的单元的评分数 ω^*。

$$C_i=\frac{\omega_i}{\omega^*}$$

第五步：计算每个单元的故障率 λ_i，用每个单元的评分系数 C_i 乘以已知单元的故障率 λ^*。

$$\lambda_i=\lambda^*\times C_i$$

第六步：计算系统的故障率 λ_s，将各单元的故障率相加。

$$\lambda_s=\sum_{i=1}^{n}\lambda_i$$

5. 适用范围

（1）各单元之间应为串联关系。若有冗余单元，先将其等效为串联。

（2）产品中仅个别单元有故障率数据。

例 3-4 某飞行器由 6 个分系统组成，要求故障率不大于 900×10^{-6}/h。已知制导装置故障率 $\lambda^*=284.5\times10^{-6}$/h，试预计系统及其他分系统的故障率。

解： 数据见表 3-7。

表 3-7　某飞行器可靠性预计

序号	分系统名称	第二步				第三步	第四步	第五步
		复杂度 r_{i1}	技术成熟度 r_{i2}	工作时间比率 r_{i3}	环境严酷度 r_{i4}	分系统评分数 ω_i	分系统评分系数 C_i	各分系统故障率 $\times10^{-6}$/h λ_i
1	动力装置	5	6	5	5	750	0.3	85.4
2	装填物	7	6	10	2	840	0.336	95.6
3	制导装置	10	10	5	5	2 500（ω^*）	1	284.5（λ^*）
4	飞行控制装置	8	8	5	7	2 240	0.896	254.9
5	机体	4	2	10	8	640	0.256	72.8
6	辅助动力装置	6	5	5	5	750	0.3	85.4

第一步：该飞行器比较复杂，服从指数分布，各分系统之间为串联关系，可以用评分法进行预计，评分因素见表 3-7。

第二步：请有经验的 7 位专家按评分原则评分，计算平均值并取整。

第三步、第四步、第五步的计算结果见表 3-7。

第六步：计算得飞行器故障率 $\lambda_s=878.6\times10^{-6}$/h。完成预计。

结论：预计值满足要求。从专家评分结果可以看出，制导装置的复杂度和技术成熟度评分最高，故障率也最高，应作为重点控制，尽量简化设计、加强新技术验证等。此外，飞行控制装置的复杂度、技术成熟度和环境严酷度也较高，同样应重点采取措施。

3.2.3.3 元器件计数法

元器件计数法适用于电子产品初步设计阶段的可靠性预计，此时元器件的种类和数量已大致确定，但具体的工作应力和环境等尚未明确。

1. 所需数据

- 所用元器件的种类；
- 所用元器件的数量；
- 元器件质量等级；
- 产品工作环境。

2. 预计模型

$$\lambda_s = \sum_{i=1}^{n} N_i \lambda_{G_i} \pi_{Q_i} \tag{3-12}$$

式中，λ_s 为产品总故障率的预计值；λ_{G_i} 为第 i 种元器件的通用故障率，查 GJB/Z 299C—2006《电子设备可靠性预计手册》或美国军用标准 MIL-HDBK-217F《电子设备可靠性预计手册》；π_{Q_i} 为第 i 种元器件的通用质量系数，查 GJB/Z 299C—2006《电子设备可靠性预计手册》或美国军用标准 MIL-HDBK-217F《电子设备可靠性预计手册》；N_i 为第 i 种元器件的数量；n 为产品所用元器件的种类数目。

3. 一般步骤

第一步：确定产品所用元器件的种类、数量、质量等级、工作环境类别；

第二步：根据工作环境类别，查阅预计手册，得到元器件的通用故障率；

第三步：根据质量等级，查阅预计手册，得到元器件的通用质量系数；

第四步：按公式（3-12）计算单元的总故障率，并填入相关表格中，表格式样如表 3-8 所示。

表 3-8　　元器件计数法预计表

单元名称：

编号	元器件类别	数量 N	质量等级	质量系数 π_Q	$\lambda_G(10^{-6}/h)$	$N\lambda_G\pi_Q(10^{-6}/h)$

例 3-5　某电子产品初步选用的元器件种类、数量、质量等级如表 3-9 所示。工作环境为地面固定，产品总故障率要求小于 $25\times10^{-6}/h$。试进行可靠性预计。

解：根据 GJB/Z 299C—2006 和 MIL-HDBK-217F 查出各元器件在地面固定条件下的故障率 λ_{G_i} 和质量系数 π_{Q_i}，如表 3-9 所示。

表 3-9 某产品可靠性预计

编号	元器件类别	数量 N	质量等级	π_{Q_i}	λ_{G_i} (10^{-6}/h)	$N\lambda_{G_i}\pi_{Q_i}$ (10^{-6}/h)
1	CMOS 数字电路 10 门	3	C_2	10	0.166	4.98
2	CMOS 数字电路 101～500 门	2	C_1	3	0.361	2.17
3	金属膜电阻	8	C	5	0.004 6	0.18
4	铝电解电容	16	C	5	0.187	14.96
5	1 类瓷介电容	20	C	5	0.025	2.5
6	通用继电器	4	C	5	0.995	19.9
7	印制板Ⅰ（200 个金属化孔）	1	C	4	0.058	0.23

根据元器件计数法，计算出电子产品初始设计的总故障率为 44.92×10^{-6}/h。

可见故障率未能满足要求，需要改进设计。改进设计一般有几种方法，应针对在总故障率中占有比例较多的元器件提出改进方案，如提高元器件质量等级，或选用故障率低的元器件，举例如下：

- 将铝电解电容换成固体钽电解电容：故障率由 0.187×10^{-6}/h 减少为 $0.035\,4\times10^{-6}$/h；
- 通用继电器质量等级由 C 级提高到 B_2 级，即 π_Q 由 5 减少为 1。

重新计算总故障率为 16.87×10^{-6}/h。

结论：满足要求。但 CMOS 数字电路 10 门的故障率比较高，建议重点控制或简化设计。

3.2.3.4 应力分析法

应力分析法用于电子产品详细设计阶段的故障率预计。在详细设计阶段，已有元器件清单及元器件的应力数据，此时用应力分析法对电子产品的可靠性进行预计。

1. 所需数据

- 选用的元器件种类；
- 选用的元器件数量；
- 选用的元器件质量等级；
- 产品工作环境；
- 选用的元器件使用应力。

对于国产电子元器件，可查阅 GJB/Z 299C—2006；对于进口电子元器件，可查阅 MIL-HDBK-217F。

2. 预计模型

预计的计算过程较为烦琐，不同类别的元器件有不同的故障率计算模型，如普通二极管的工作故障率计算模型（GJB/Z 299C—2006）如下：

$$\lambda_P=\lambda_b\pi_E\pi_Q\pi_r\pi_A\pi_{S2}\pi_C \tag{3-13}$$

式中，λ_P 为元器件工作故障率（10^{-6}/h）；λ_b 为元器件基本故障率（10^{-6}/h）；π_E 为环境系数；π_Q 为质量系数；π_r 为额定电流系数；π_A 为应用系数；π_{S2} 为电压应力系数；π_C 为结构系数。

上述各个 π 系数是按照影响元器件可靠性的应用环境类别及其参数对基本故障率进行修正得到的，这些系数有的可查阅预计手册获得，有的应由设计师根据设计结果提供。

3. 一般步骤

第一步：明确预计单元所用元器件的种类、数量、质量等级、环境类别、工作温度、降额等详细设计资料。

第二步：计算元器件的故障率。根据不同的元器件类型，查阅 GJB/Z 299C—2006 或 MIL-HDBK-217F，得到各类元器件的故障率计算模型及各种修正系数，然后计算。

第三步：将同种类元器件的故障率相加。

第四步：将各种类元器件的故障率相加，从而得出单元的故障率。

例 3-6 已知按 GB 4936.1—85 Ⅰ类生产的冶金键合普通硅二极管，在移动设备的电源整流电路中使用，在 0.3 倍的额定电流（额定电流为 1 安培）及 0.4 倍的额定电压下工作，工作环境温度为 60℃，$T_S=25$℃，$T_M=175$℃。计算其工作故障率。

第一步：计算电应力比。

$$s=\frac{I_{OP}}{I_M}\times C=\frac{0.3}{1}\times 1=0.3$$

第二步：根据 $S=0.3$，$T=60$℃，查 GJB/Z 299C—2006 中的表 5.3.8-1，得 $\lambda_b=0.033$。

第三步：根据环境类别为平稳地面移动 G_{M1}，查 GJB/Z 299C—2006 中的表 5.3.8-3，得 $\pi_E=5.5$。

第四步：根据 GB 4936.1—85 Ⅰ类的质量等级为 B_2，查 GJB/Z 299C—2006 中的表 5.3.8-4，得 $\pi_Q=1$。

第五步：根据额定电流为 1 安培，查 GJB/Z 299C—2006 中的表 5.3.8-5，知对应的 $\pi_r=1$。

第六步：根据电源整流的应用，查 GJB/Z 299C—2006 中的表 5.3.8-6，得 $\pi_A=1.5$。

第七步：根据 0.4 倍的额定电压，查 GJB/Z 299C—2006 中的表 5.3.8-7，得 $\pi_{S2}=0.4$。

第八步：根据冶金键合的结构，查 GJB/Z 299C—2006 中的表 5.3.8-8，得 $\pi_C=1$。

第九步：用预计模型计算。

$$\lambda_P = \lambda_b \pi_E \pi_Q \pi_A \pi_{S2} \pi_r \pi_C$$
$$= 0.033 \times 5.5 \times 1 \times 1 \times 1.5 \times 0.4 \times 1 = 0.109 \times 10^{-6}/h$$

3.2.3.5 相似产品法

相似产品法是利用成熟的相似产品的经验数据来估计新产品可靠性的预计方法。这种方法预计速度快，方法直观简便。当在标准手册中查不到故障率数据时，尤其是非电产品，可以采用该方法。预计的精度取决于历史数据的质量和新老产品之间的相似程度。

1. 相似性分析

相似性分析是对新产品与相似产品之间的相似程度进行对比分析的过程。主要包括下列内容：

（1）性能相似性，根据主要性能值的接近程度进行对比。如一种 10W 的动力装置与一种 1 000W 的动力装置不具有可比性。

（2）设计相似性，根据组成产品的材料、结构等的接近程度进行对比。

（3）制造相似性，根据产品生产工艺的接近程度进行对比。

（4）寿命剖面相似性，根据产品储存环境、运输条件、使用环境等的接近程度进行对比。

2. 所需数据

- 对于可修复产品，已知相似老产品的故障率；
- 对于不可修复产品，已知相似老产品的可靠度。

成熟的相似产品的可靠性数据来自现场使用结果和实验室的试验结果。

3. 预计模型

已知相似老产品的故障率为 $\lambda_{i老}^*$ 或可靠度 $R_{i老}^*$，则新产品的故障率 $\lambda_{i新}^*$ 或可靠度 $R_{i新}^*$ 为：

$$\lambda_{i新}^* = \lambda_{i老}^* \times K_i$$

$$R_{i新}^* = R_{i老}^* \times K_i$$

式中，K_i 为相似系数。一般由工程经验丰富的专家判断或相似性评分法给出相似系数。

4. 预计步骤

第一步：相似性分析。通过分析判断新老产品的相似程度，相似程度越高，预计结果越精确。相似程度较低时，不能采用此方法。

第二步：请有经验的专家给出相似系数，或按相似性评分并计算出相似系数。

第三步：获取相似老产品的故障率或可靠度数据。

第四步：按预计模型计算新产品的故障率或可靠度。

5. 适用范围

(1) 在研制的任何阶段都可采用此方法，但主要适用于研制初期。

(2) 由于同一个单元(零部件)可以用于不同的系统级产品，所以相对于系统级预计，此方法更适用于单元级(零部件)的预计。

3.2.3.6 可靠性预计的工程应用要点

(1) 可靠性预计工作应与功能/性能设计同步进行。在产品研制的各个阶段，可靠性预计应逐步深入，以使预计结果与产品的技术状态保持一致。

(2) 由于电子产品的更新换代很快，有些产品的寿命周期仅一年半左右，因此元器件的可靠性数据获得和积累相当困难，模型中有些因素没有考虑，以及实际工作环境有差异等，所以准确预计是不可能的。可靠性预计的绝对值与产品实际的可靠性相差数十倍是常有的，但不同方案预计结果的相对值是很有意义的，可以比较不同方案的可靠性的优劣。

(3) 可靠性预计可以发现设计中的薄弱环节，为改进设计和加强控制提供依据。

(4) 在选择元器件计数法、应力分析法、评分预计法和相似产品法预计产品可靠性时，一般认为只要相似产品有完整的数据，则相似产品法的预计结果更接近于工程实际。

3.3 故障模式、影响及危害性分析

3.3.1 概述

故障模式、影响及危害性分析(fault modes, effects and criticality analysis, FMECA)是分析产品中所有潜在的故障模式及其对产品所造成的所有可能影响，并按每一个故障模式的严酷度及其发生概率予以分类的一种自下而上进行归纳的分析方法。FMECA由“故障模式及影响分析”(FMEA)和“危害性分析”(CA)组成。CA是FMEA的补充和扩展，只有进行FMEA，才能进行CA。FMECA是产品可靠性分析的一项重要工作，也是开展维修性分析、安全性分析、测试性分析和保障性分析的基础。

FMEA可以描述为一组系统化的活动，其目的是：发现和评价产品/过程中的潜在的失效及失效后果；找到能够避免或减少这些潜在失效发生的措施；将上述过程文件化。

FMEA是对设计过程的完善化，以明确什么样的设计和过程才能满足顾客的需要。所有的FMEA无论是用在设计产品还是工艺制造过程中，重点都在于设计。

适时性是成功实施FMEA的最重要因素之一，它是事发前的行为，而不是“后

见之明”的行动。为了达到最佳效果，FMEA必须在设计或过程失效模式被无意纳入产品或过程之前进行。事前花时间适当完成FMEA能够更容易低成本地对产品/过程进行修改，从而减少事后修改的危机。FMEA小组应有充分的沟通和整合。

FMEA按使用阶段的不同，一般又可分为设计FMEA（简称DFMEA）和过程FMEA（简称PFMEA）。

设计FMEA主要是负责设计的工程师/小组采用的一种分析技术，用于保证在可能范围内已充分考虑到并指明各种潜在的失效模式及其相关的起因/机理。它以其严密的形式总结了设计一个零部件、子系统或系统时一个工程师和设计小组的设计思想（包括根据以往的经验和教训，对可能出现问题的分析）。这种系统化的方法可体现工程师在任何设计过程中正常经历的思维过程，并使之规范化、文件化。

设计FMEA能够通过以下几方面支持设计过程，以降低失效的风险。

（1）有助于对设计要求和设计方案进行客观评价；

（2）有助于制造、装配、服务和回收的最初设计；

（3）有助于考虑潜在失效模式及其对产品可靠性的影响；

（4）为全面、有效的设计实验和开发项目的策划提供更多信息；

（5）根据潜在失效模式对顾客的影响程度进行分级，进而建立一套设计改进的优先控制程序；

（6）为建议和跟踪降低风险的措施，提供一种公开讨论形式；

（7）为将来分析研究售后市场情况，评价设计更改及展开更先进的设计提供参考。

FMEA应该是一个小组的活动，负责设计的工程师应直接、主动地联系有关部门的代表，如设计、分析/实验、制造、装配、可靠性、材料、服务等部门。同时，还应联系系统不同层次的设计部门的代表。FMEA应成为促进相关部门间充分交换意见的催化剂，从而提高整个产品的工作水平。除非负责设计的工程师具有FMEA和小组协调的经验，否则在活动中拥有一位有经验的FMEA专家对协助FMEA小组工作是有很大帮助的。

设计FMEA是一份动态文件，且应该在一个设计概念最终形成之时或之前就开始；在产品开发各阶段中，当设计有变更或获得信息增加时要及时修改；在最终产品加工图样完成之前全部完成。

设计FMEA不是靠过程控制来克服设计中潜在的缺陷，但的确要考虑制造/装配过程中技术/物质的限制。例如，表面处理的限制、装配空间、公差等。

FMEA是一种有效的可靠性分析技术，得到了广泛的应用。目前有两个使用比较广泛的标准：一是美国军用标准MIL-STD-1629A《故障模式、影响和危害性分析》，我国已将其转化为GJB/Z 1391—2006《故障模式、影响及危害性分析指南》。二是美国三大汽车厂商联合制定的QS 9000《潜在失效模式、影响分析》。之后国际标准化组织在此基础上制定了标准ISO 16949。虽然两个标准的形式不同，即有两种不同的FMEA表，但其实质都是一样的，即在性能设计或工艺设计中进行潜在失效的分析并进行有效的纠正改进，以提高产品的可靠性。考虑读者既有从事武器装备研制的，主要应用GJB/Z 1391—2006，也有大量从事民用产品研发的，主要应用 QS 9000，下面分别给予介绍。

GJB/Z 1391—2006 把 FMECA 分为设计 FMECA 和过程 FMECA 两大类，设计 FMECA 包括功能 FMECA、硬件 FMECA、嵌入式软件 FMECA 等，本节只介绍功能及硬件 FMECA、过程 FMECA。

3.3.2 GJB/Z 1391—2006 规定的功能及硬件 FMECA

功能及硬件 FMECA 的目的是找出产品在功能及硬件设计中所有可能的潜在故障模式、原因及影响，并针对其薄弱环节，提出设计改进和使用补偿措施。

功能法和硬件法都属于设计 FMECA，至于采用哪一种方法，取决于产品的复杂程度和可利用信息的多少。对复杂产品进行分析时，可以考虑综合采用功能法与硬件法。功能及硬件 FMECA 的主要步骤如图 3－9 所示。

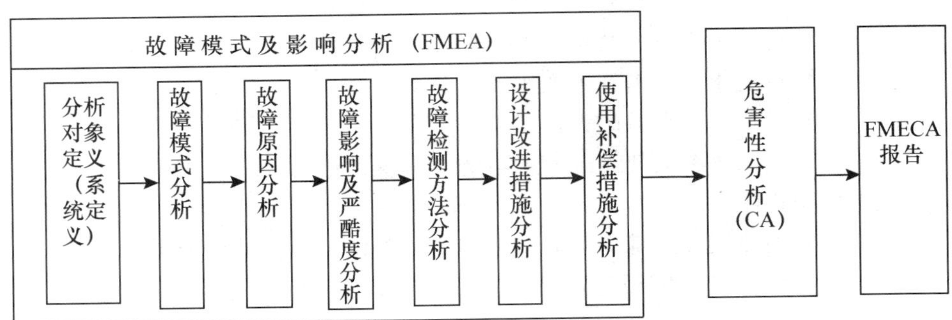

图 3－9　功能及硬件 FMECA 的主要步骤

3.3.2.1　功能及硬件 FMEA 的步骤与实施

1. 分析对象定义（系统定义）

分析对象定义是 FMEA 整个活动的前提，应尽可能对被分析产品进行系统的、全面的和准确的定义。分析对象的定义可概括为任务功能分析和绘制框图（功能框图、任务可靠性框图）两个部分。

（1）任务功能分析。在描述产品任务后，对产品在不同任务剖面下的主要功能、工作方式（如连续工作、间歇工作）和工作时间等进行分析，并充分考虑产品接口的分析。

（2）绘制功能框图和任务可靠性框图。

1）绘制功能框图。描述产品的功能可以用功能框图表示。它不同于产品的原理图、结构图、信号流程图，而是表示产品各组成部分所承担的任务或功能间的相互关系，以及产品每个约定层次间的功能逻辑顺序、数据（信息）流、接口的一种功能模型。

2）绘制任务可靠性框图。可靠性框图是描述产品整体可靠性与其组成部分的可靠性之间的关系。它不反映产品间的功能关系，而只表示故障影响的逻辑关系。如果产品存在多项任务或多个工作模式，则应分别建立相应的任务可靠性框图。

2. 故障模式分析

故障模式分析是从被分析产品的功能描述或硬件特征、故障判据的要求中，找出所有可能的功能或硬件故障模式。产品故障模式一般可以通过下列方法获取：

（1）以相似产品在过去使用中所发生的故障模式为基础，根据使用环境的异同进行分析，判断新的故障模式；

（2）对新研发产品，可根据该产品的功能原理或结构特点进行分析、预测，或以相似功能和相似结构的产品曾发生的故障模式为基础，分析判断其可能的故障模式；

（3）对引进国外货架产品，应向外商索取其故障模式，或以相似功能和相似结构的产品曾发生的故障模式为基础，分析判断其可能的故障模式；

（4）对常用的元器件、零部件，可从国内外的标准、手册中找出其故障模式，例如，GJB/Z 299C—2006《电子设备可靠性预计手册》；MIL-HDBK-338B《电子设备可靠性设计手册》或 MIL-HDBK-217F《电子设备可靠性预计手册》；《非电子零部件可靠性数据》（NPRD）、《故障模式与机理分析》（FMD—91，RAC）等。

表 3－10 给出了产品常见的典型故障模式，供读者参考。

表 3－10　　典型的故障模式

序号	故障模式	序号	故障模式	序号	故障模式
（1）	结构故障（破损、断裂）	（13）	间歇性工作	（25）	输入过小
（2）	捆结或卡死	（14）	漂移性工作	（26）	输出过大
（3）	共振	（15）	错误指示	（27）	输出过小
（4）	不能保持正常位置	（16）	错误动作	（28）	无输入
（5）	打不开	（17）	流动不畅	（29）	无输出
（6）	关不上	（18）	不能关机	（30）	短路
（7）	误开	（19）	不能开机	（31）	开路
（8）	误关	（20）	不能切换	（32）	参数漂移
（9）	内部泄漏	（21）	提前运行	（33）	裂纹
（10）	外部泄漏	（22）	滞后运行	（34）	松动
（11）	超出允差（上限）	（23）	意外运行	（35）	脱落
（12）	超出允差（下限）	（24）	输入过大	（36）	变形

3. 故障原因分析

（1）必须分析产生每一个故障模式的所有可能原因。应当注意，一种故障模式往往有多个原因。

（2）分析故障原因一般从两个方面着手：一是导致产品功能故障或潜在故障的产品设计缺陷、制造缺陷等方面的直接原因；二是由外部因素（如其他产品故障、试验测试设备、使用、环境和人为因素等）引起产品故障的间接原因。

（3）应正确区分故障模式与故障原因。故障模式一般是可观察到的故障表现形式，而故障原因则是由设计缺陷、制造缺陷或外部因素造成的。另外，下一约定层次产品的故障模式往往是上一约定层次的故障原因，故可以从相邻约定层次间的关系进行故障原因分析。

4. 故障影响及严酷度分析

故障影响是指产品的每一个故障模式对产品自身或其他产品的使用、功能、状态和经济的影响。故障影响分析不仅分析该故障模式对该产品所在相同层次的影响，还应分析对更高层次产品的影响。故障影响通常分为局部影响、高一层次影响和最终影响，其定义如表 3－11 所示。

表 3－11　　按约定层次划分故障影响分级表

名称	定义
局部影响	某产品的故障模式对该产品自身所在约定层次产品的使用、功能或状态的影响
高一层次影响	某产品的故障模式对该产品所在约定层次的紧邻上一层次产品的使用、功能或状态的影响
最终影响	某产品的故障模式对初始约定层次产品的使用、功能或状态的影响

严酷度是根据产品每一个故障模式的最终影响的严重程度确定的。一般按照下列严酷度的定义，分析和确定每一故障模式的严酷度等级。

（1）Ⅰ类（灾难的）——引起人员死亡或产品（如飞机、汽车及船舶等）毁坏及重大环境损害。

（2）Ⅱ类（致命的）——引起人员的严重伤害或重大经济损失或导致任务失败、产品严重损坏及严重环境损害。

（3）Ⅲ类（中等的）——引起人员中等程度伤害或中等程度的经济损失或导致任务延误或降级、产品中等程度损坏及中等程度的环境损害。

（4）Ⅳ类（轻度的）——不足以导致人员伤害或轻度经济损失或产品轻度损坏及环境损害，但它会导致非计划性维护或修理。

对已采用冗余设计、备用工作方式设计或故障检测与保护设计的产品，在分析中应暂不考虑这些设计措施而直接分析产品故障模式的最终影响，并根据最终影响确定其严酷度等级。

5. 故障检测方法分析

故障检测方法分析是对每一个故障模式是否存在能发现该故障模式的检测方法进行分析，从而为产品的故障检测与隔离设计、维修性与测试性设计以及维修等工作提供依据。

故障检测方法一般包括目视检查、原位测试、离位检测等，其手段如 BIT（机内测试）、自动传感装置、传感仪器、音响报警装置、显示报警装置、遥测等。故障检测按时机一般分为事前检测与事后检测两类。对于潜在故障模式，应尽可能在设计中采用事前检测的方法。

当某故障模式确无故障检测手段时，应在FMEA表中的相应栏填写“无”，并在设计中予以关注。必要时，应提供不可检测的故障模式清单。

根据需要，增加必要的检测点，以便区分是由哪个故障模式导致产品故障，并应及时对冗余系统的每一个组成部分进行故障检测和及时维修，以保持或恢复冗余系统的固有可靠性。

6. 设计改进与使用补偿措施分析

设计改进与使用补偿措施分析是FMEA工作中一个重要环节，必须进行认真分析，提出相应的设计改进与使用补偿措施，应尽量避免在填写FMEA表中相应栏时均填“无”。设计改进与使用补偿措施主要包括：

(1) 设计改进措施：当产品发生故障时，采用能够继续工作的冗余设备；采用安全或保险装置（如监控及报警装置）；采用环境防护设计技术；优选元器件、降额设计等。

(2) 使用补偿措施：指产品在使用和维护过程中，一旦出现某故障模式，操作人员应采取的最恰当的补救措施。

7. 功能及硬件FMEA的实施

实施FMEA主要是填写FMEA表格。GJB 1391A—2004的FMEA表格如表3-12所示。表中，约定层次是指根据分析的需要，按产品的功能关系或组成特点所划分的产品功能层次或结构层次。初始约定层次是指要进行FMECA总的、完整的产品所在的最高层次。“约定层次产品”处填写正在被分析的产品紧邻的上一层次产品；“任务”处填写初始约定层次产品所需完成的任务，若初始约定层次具有不同的任务，则应分开填写FMEA表。

表3-12　　功能及硬件故障模式及影响分析（FMEA）表

初始约定层次产品　　任　务　　审核　　第　页·共　页
约定层次产品　　分析人员　　批准　　填表日期

代码	产品或功能标志	功能	故障模式	故障原因	任务阶段与工作方式	故障影响			严酷度等级	故障检测方法	设计改进措施	使用补偿措施	备注
						局部影响	高一层次影响	最终影响					
对每一产品采用一种编码体系进行标识	填写被分析产品或功能的名称与标志	填写产品所具有的主要功能	根据故障模式分析的结果，依次填写每一产品的所有故障模式	根据故障原因分析结果，依次填写每一故障模式的所有故障原因	根据任务剖面依次填写发生故障的任务阶段与该阶段内产品的工作方式	根据故障影响分析的结果，依次填写每一个故障模式的局部、高一层次和最终影响			根据最终影响分析的结果，按每个故障模式确定其严酷度等级	根据产品故障模式原因、影响等分析结果，依次填写故障检测方法	根据故障影响、故障检测等分析结果，依次填写设计改进与使用补偿措施		对其他栏的注释和补充说明

3.3.2.2 功能及硬件危害性分析

危害性分析（CA）是对每一个故障模式的严重程度及其发生的概率所产生的综合影响进行分类，以全面评价产品中所有可能出现的故障模式的影响。常用的CA分析方法有评分排序法和危害性矩阵方法，危害性矩阵方法又可分为定量分析方法和定性分析方法。

1. 评分排序法

该方法是对产品每一个故障模式的评分值进行排序，并采取相应的措施，使评分值达到可接受的最低水平。

产品某一个故障模式的评分值 C_{EO} 等于该故障模式的严酷度等级（ESR）和发生概率等级（OPR）的乘积，即

$$C_{EO}=ESR\times OPR \tag{3-14}$$

C_{EO} 值越高，则该故障模式的危害性越高，其中ESR和OPR的评分准则如下。

（1）ESR评分准则。ESR是评定某个故障模式最终影响的严重程度。表3-13给出了ESR的评分准则。

表3-13　影响的严酷度等级（ESR）的评分准则

ESR评分等级	严酷度等级	故障影响的严重程度
1，2，3	轻度的	不足以导致人员伤害或轻度经济损失或产品轻度损坏及环境损害，但它会导致非计划性维护或修理
4，5，6	中等的	导致人员中等程度伤害或中等程度的经济损失或导致任务延误或降级、产品中等程度损坏及中等程度的环境损害
7，8	致命的	导致人员的严重伤害或重大经济损失或导致任务失败、产品严重损坏及严重环境损害
9，10	灾难的	导致人员死亡或产品毁坏及重大环境损害

（2）OPR评分准则。OPR是评定某个故障模式实际发生的可能性。表3-14给出了OPR的评分准则示例，其中“故障模式发生概率 P_m 参考范围”是对应各评分等级给出的预计该故障模式在产品的寿命周期内发生的概率。

表3-14　发生概率等级（OPR）的评分准则

OPR评分等级	故障模式发生的可能性	故障模式发生概率 P_m 参考范围
1	极低	$P_m\leqslant 10^{-6}/\text{h}$
2，3	较低	$1\times 10^{-6}/\text{h}<P_m\leqslant 1\times 10^{-4}/\text{h}$
4，5，6	中等	$1\times 10^{-4}/\text{h}<P_m\leqslant 1\times 10^{-2}/\text{h}$
7，8	高	$1\times 10^{-2}/\text{h}<P_m\leqslant 1\times 10^{-1}/\text{h}$
9，10	非常高	$P_m>10^{-1}/\text{h}$

对于 C_{EO} 高的故障模式，应从降低故障发生概率等级和故障影响严酷度等级两个方面提出改进措施。当所提出的各种改进措施在产品设计或保障方案中落实后，应重新计算各故障模式新的 C_{EO} 值，并按改进后的 C_{EO} 值对故障模式进行排序，直至 C_{EO} 值降到一个可接受的水平。

2. 危害性矩阵方法

危害性矩阵分析分为定性分析和定量分析两种方法。当不能获得产品故障数据时，应选择定性分析方法；当可以获得产品较为准确的故障数据时，则选择定量分析方法，但在工程实践中要获得产品中每个单元发生故障的概率、影响的概率及故障模式频数等很困难，所以进行定量的危害性分析比较困难。

（1）定性的危害性矩阵分析方法。该方法是将每个故障模式发生的可能性分成离散的级别，进而按其定义的级别对每个故障模式进行评定。根据每个故障模式出现概率大小划分为 A，B，C，D，E 等五个不同的等级（见表 3－15）。结合工程实际，其等级及概率可以修正。完成故障模式发生概率等级的评定后，采用危害性矩阵图对每个故障模式进行危害性分析。

表 3－15　故障模式发生概率的等级划分

等级	定义	特征	故障模式发生概率（在产品使用期内）
A	经常发生	高概率	某个故障模式发生概率大于产品总故障概率的 20%
B	有时发生	中等概率	某个故障模式发生概率大于产品总故障概率的 10%，小于 20%
C	偶然发生	不常发生	某个故障模式发生概率大于产品总故障概率的 1%，小于 10%
D	很少发生	不大可能发生	某个故障模式发生概率大于产品总故障概率的 0.1%，小于 1%
E	极少发生	近乎为零	某个故障模式发生概率小于产品总故障概率的 0.1%

（2）危害性矩阵图的绘制及应用。危害性矩阵是在某一特定严酷度级别下，对每个故障模式危害程度或产品危害度的相对结果进行比较，因此危害性矩阵与评分值 C_{EO} 一样具有指明风险优先顺序的作用，进而可以为确定改进措施或改进措施的先后顺序提供依据。

绘制危害性矩阵图的方法是：横坐标一般按等距离表示严酷度类别（Ⅰ，Ⅱ，Ⅲ，Ⅳ）；纵坐标为产品危害度 C_r 或故障模式危害度 C_{mj} 或故障模式概率等级（指采用定性分析方法时），如图 3－10 所示。其做法是：首先按 C_r 或 C_{mj} 的值或故障模式概率等级在纵坐标上查到对应的点，再在横坐标上选取代表其严酷度类别的直线上标注产品或故障模式的代码，从而构成产品或故障模式的危害性矩阵图。

危害性矩阵图的应用：从图 3－10 中所标记的故障模式分布点向对角线（图中 *OP*）作垂线，以该垂线与对角线的交点到原点的距离作为故障模式（或产品）危害性大小的度量，距离越长，其危害性越大。例如，图中因点 1 距离比点 2 距离长，故障模式 M1 比故障模式 M2 的危害性大。当采用定性分析时，大多数分布点

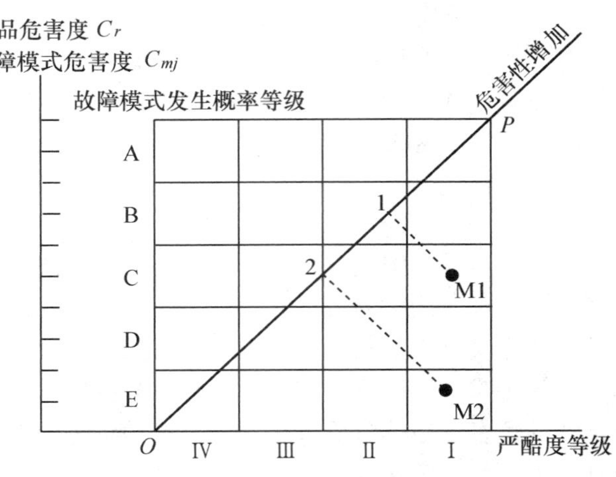

图 3－10　危害性矩阵示意图

是重叠在一起的，此时应按区域进行分析。

3. 功能及硬件危害性分析的实施

危害性分析的实施采用填写表格的方式进行。评分排序法的危害性分析表格如表 3－16 所示。

表 3－16　　功能及硬件危害性分析表（评分排序法）

初始约定层次产品　　任　务　　审核　　第　页·共　页

约定层次产品　　分析人员　　批准　　填表日期

产品名称	产品功能/要求	故障模式	故障原因	故障影响	ESR	OPR	C_{EO}	改进措施	改进措施执行后的 C_{EO}			备注
									ESR	OPR	C_{EO}	

3.3.3　GJB/Z 1391—2006 规定的过程 FMECA

过程 FMECA 简称 PFMECA，主要用于产品生产过程中的工艺设计，所以有人认为译成工艺设计 FMECA 更便于理解。

产品可靠性是由设计确定的，是由制造实现的。对于保持制造过程的工序和工艺的一致性与稳定性，在质量管理行业已有一整套方法加以保证。但工序和工艺设计如何保证产品要求的实现仍是一个需要重视的问题，因为不同的工序和工艺对产品在 $t>0$ 时的表现是有重大影响的。例如，车床分别以较高转速和较大进刀量加工，与用较低转速和较小进刀量加工的两根轴，尽管检验都是合格品，但两根轴因加工工艺不同留下的残余明显不同，前一根轴会比后一根轴失效更快。因此，认真开展 PFMECA 就显得很重要。

PFMECA 是在工艺工序设计时，发现和分析不同的方案可能存在的影响产品

$t>0$表现的各种可能薄弱环节、原因、后果等，并制定改进措施，以减少风险优先数（RPN）值，达到提高产品可靠性的目的。

3.3.3.1 PFMECA的步骤

PFMECA的主要步骤如图3-11所示。

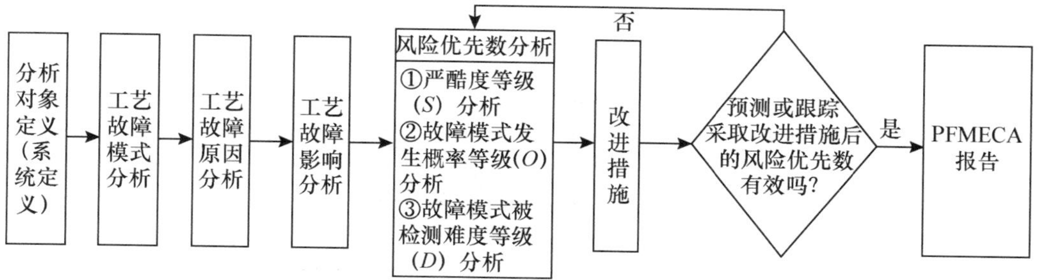

图3-11 PFMECA的主要步骤

1. 分析对象定义（系统定义）

与功能及硬件FMECA一样，PFMECA也应对分析对象进行定义。其内容可概括为功能分析、绘制工艺流程表及零部件—工艺关系矩阵。

（1）功能分析：对被分析过程的目的、功能、作用及有关要求等进行分析。

（2）绘制工艺流程表及零部件—工艺关系矩阵。

1）绘制工艺流程表（见表3-17）。它表示各工序相关的工艺流程的功能和要求，是PFMECA的准备工作。

表3-17 工艺流程表

零部件名称　　生产过程
零部件号　　部门名称　　审核　　第　页·共　页
产品名称　　分析人员　　批准　　填表日期

过程流程	输入	输出结果
工序1		
工序2		
⋮		

2）绘制零部件—工艺关系矩阵（见表3-18）。它表示零部件特性与工艺操作各工序间的关系。

表3-18 零部件—工艺关系矩阵

零部件名称　　生产过程
零部件号　　部门名称　　审核　　第　页·共　页
产品名称　　分析人员　　批准　　填表日期

零部件特性	工艺操作			
	工序1	工序2	工序3	…
特性1				
特性2				
⋮				

工艺过程流程表、零部件—工艺关系矩阵均应作为PFMECA报告的一部分。

2. 工艺故障模式分析

工艺故障模式是指不能满足产品加工、装配过程要求和/或设计意图的工艺缺陷。它可能是引起下一道（下游）工序故障模式的原因，也可能是上一道（上游）工序故障模式的后果。一般情况下，在PFMECA中不考虑产品设计中的缺陷。典型的工艺故障模式示例（不局限于）如表3-19所示。

表3-19　典型的工艺故障模式示例（不局限于）

序号	故障模式	序号	故障模式	序号	故障模式
(1)	弯曲	(7)	尺寸超差	(13)	表面太光滑
(2)	变形	(8)	位置超差	(14)	未贴标签
(3)	裂纹	(9)	形状超差	(15)	错贴标签
(4)	断裂	(10)	(电的) 开路	(16)	搬运损坏
(5)	毛刺	(11)	(电的) 短路	(17)	脏污
(6)	漏孔	(12)	表面太粗糙	(18)	遗留多余物

说明：故障模式应采用物理的、专业性的术语，而不要采用所见的故障现象进行故障模式的描述。

3. 工艺故障原因分析

工艺故障原因是指与工艺故障模式相对应的工艺缺陷为何发生。典型的工艺故障原因示例（不局限于）如表3-20所示。

表3-20　典型的工艺故障原因示例（不局限于）

序号	故障原因	序号	故障原因
(1)	扭矩过大或过小	(11)	工具磨损
(2)	焊接电流、时间、电压不正确	(12)	零件漏装
(3)	虚焊	(13)	零件错装
(4)	铸造浇口/通气口不正确	(14)	安装不当
(5)	粘接不牢	(15)	定位器磨损
(6)	热处理时间、温度、介质不正确	(16)	定位器上有碎屑
(7)	量具不精确	(17)	破孔
(8)	润滑不当	(18)	机器设置不正确
(9)	工件内应力过大	(19)	程序设计不正确
(10)	无润滑	(20)	工装或夹具不正确

4. 工艺故障影响分析

工艺故障影响是指与工艺故障模式相对应的工艺缺陷对“顾客”的影响。“顾客”是指下道工序/后续工序和/或最终使用者。工艺故障影响可分为对下道工序、组件和系统的影响。

(1) 对下道工序/后续工序而言，工艺故障影响应该用工艺/工序特性进行描述（见表3-21）（不局限于）。

表 3-21 典型的工艺故障影响示例（对下道工序/后续工序而言）

序号	故障影响	序号	故障影响
(1)	无法取出	(6)	无法配合
(2)	无法钻孔/攻丝	(7)	无法加工表面
(3)	不匹配	(8)	导致工具过程磨损
(4)	无法安装	(9)	损坏设备
(5)	无法连接	(10)	危害操作者

（2）对最终使用者而言，工艺故障影响应该用产品的特性进行描述（见表 3-22）（不局限于）。

表 3-22 典型的工艺故障影响示例（对最终使用者而言）

序号	故障影响	序号	故障影响
(1)	噪音过大	(9)	工作性能不稳定
(2)	振动过大	(10)	损耗过大
(3)	阻力过大	(11)	漏水
(4)	操作费力	(12)	漏油
(5)	散发讨厌的气味	(13)	表面缺陷
(6)	作业不正常	(14)	尺寸、位置、形状超差
(7)	间歇性作业	(15)	非计划维修
(8)	不工作	(16)	废弃

5. 风险优先数分析

风险优先数（risk priority number，RPN）是工艺故障模式的严酷度等级（S）、工艺故障模式的发生概率等级（O）和工艺故障模式的被检测难度等级（D）的乘积，即

$$RPN=S\times O\times D \tag{3-15}$$

RPN 是对工艺潜在故障模式风险等级的评价，它反映了对工艺故障模式发生的可能性及其后果严重性的综合度量。RPN 值越大，该工艺故障模式的危害性越大。

（1）工艺故障模式的严酷度等级（S），是指产品加工、装配过程中的某个工艺故障模式影响的严重程度。其等级的评分准则如表 3-23 所示。

表 3-23 工艺故障模式的严酷度等级（S）的评分准则

影响程度	工艺故障模式的最终影响（对最终使用者而言）	工艺故障模式的最终影响（对下道工序/后续工序而言）	S 的评分等级
灾难的	产品毁坏或功能丧失	人员死亡/严重危及作业人员安全及重大环境损害	10，9
严重的	产品功能基本丧失而无法运行/能运行但性能下降/最终使用者非常不满意	危及作业人员安全、全部产品可能废弃/产品需在专门修理厂进行修理及严重环境损害	8，7

续前表

影响程度	工艺故障模式的最终影响（对最终使用者而言）	工艺故障模式的最终影响（对下道工序/后续工序而言）	S 的评分等级
中等的	产品能运行，但运行性能下降/最终使用者不满意，大多数情况（>75%）发现产品有缺陷	可能有部分（<100%）产品不经筛选而被废弃/产品在专门部门或下生产线进行修理及中等程度的环境损害	6，5，4
轻度的	有 25%～50%的最终使用者可发现产品有缺陷或没有可识别的影响	导致产品非计划维修或修理	3，2，1

（2）工艺故障模式的发生概率等级（O），是指某个工艺故障模式发生的可能性。发生概率等级（O）的级别数在 PFMECA 范围中是一个相对比较的等级，不代表工艺故障模式真实的发生概率。其评分准则如表 3-24 所示。

表 3-24　　工艺故障模式的发生概率等级（O）的评分准则

工艺故障模式发生的可能性	可能的工艺故障模式发生的概率（P_o）	O 的评分等级
很高（持续发生的故障）	$P_o \geqslant 10^{-1}$	10
	$5\times10^{-1} \leqslant P_o < 10^{-1}$	9
高（经常发生的故障）	$2\times10^{-2} \leqslant P_o < 5\times10^{-1}$	8
	$1\times10^{-2} \leqslant P_o < 2\times10^{-2}$	7
中等（偶尔发生的故障）	$5\times10^{-3} \leqslant P_o < 1\times10^{-2}$	6
	$2\times10^{-3} \leqslant P_o < 5\times10^{-3}$	5
	$1\times10^{-3} \leqslant P_o < 2\times10^{-3}$	4
低（很少发生的故障）	$5\times10^{-4} \leqslant P_o < 1\times10^{-3}$	3
	$1\times10^{-4} \leqslant P_o < 5\times10^{-4}$	2
极低（不大可能发生的故障）	$P_o < 1\times10^{-4}$	1

（3）工艺故障模式的被检测难度等级（D），是指产品加工过程中工艺故障模式被检测出的可能性。被检测难度等级（D）也是一个相对比较的等级。为了得到较低的被检测难度数值，产品加工、装配过程需要不断改进。其评分准则如表 3-25所示。

表 3-25　　工艺故障模式被检测难度等级（D）的评分准则

被检测难度	评分准则	检查方式*			推荐的检测方法	D 的评分等级
		A	B	C		
几乎不可能	无法探测	—	—	√	无法检测或无法检查	10
很微小	现行检测方法几乎不可能检测出	—	—	√	以间接的检查进行检测	9

续前表

被检测难度	评分准则	检查方式*			推荐的检测方法	D评分等级
		A	B	C		
微小	现行检测方法只有微小的机会检测出	—	—	√	以目视检查来进行检测	8
很小	现行检测方法只有很小的机会检测出	—	—	√	以双重的目视检查进行检测	7
小	现行检测方法可以检测	—	√	√	以现行检测方法进行检测	6
中等	现行检测方法基本上可以检测出	—	√	√	在产品离开工位之后以量具进行检测	5
中上	现行检测方法有较多机会可以检测出	√	√	—	在后续的工序中实行误差检测，或进行工序前测定检查	4
高	现行检测方法很可能检测出	√	√	—	在当场可以测错，或在后续工序中检测（如库存、挑选、设置、验证）。不接受缺陷零件	3
很高	现行检测方法几乎肯定可以检测出	√	√	—	当场检测（有自动停止功能的自动化量具）。缺陷产品不能通过	2
肯定	现行检测方法肯定可以检测出	√	—	—	过程/产品设计了防错措施，不会生产出有缺陷的产品	1

* 检查方式：A——采用防错措施；B——使用量具测量；C——人工检查。

6. 改进措施

改进措施是指以降低工艺故障模式的严酷度等级（S）、发生概率等级（O）和被检测难度等级（D）为出发点的任何工艺改进措施。一般不论工艺故障模式 RPN 的大小如何，对严酷度等级（S）为 9 或 10 的项应通过工艺设计上的措施或产品加工、装配过程控制或预防/改进措施等手段，满足降低该风险的要求。在所有的状况下，当某个工艺故障模式的后果可能对制造/组装人员产生危害时，应该采取预防/改进措施，以排除、减轻、控制或避免该工艺故障模式的发生。对确无改进措施的工艺故障模式，则应在 PFMECA 表相应栏中填写“无”。

7. RPN 值的预测或跟踪

制定改进措施后，应进行预测或跟踪改进措施执行后的落实结果，对工艺故障模式的严酷度等级（S）、发生概率等级（O）和被检测难度等级（D）的变化情况进行分析，并计算相应的 RPN 值是否符合要求。当不满足要求时，需进一步改进，并按上述步骤反复进行，直到 RPN 值满足最低可接受水平为止。

3.3.3.2 PFMECA 实施

实施 PFMECA 的主要工作是填写 PFMECA 表（见表 3－26）。应用时，可根据实际情况对表中的内容进行增减。

表 3－26 工艺 FMECA 表

产品名称（标识） 过程名称 审核 第 页·共 页

所属系统 分析人员 批准 填表日期

工序名称	工序功能/要求	故障模式	故障原因	故障影响	改进前的 RPN				改进措施	责任部门	改进措施执行情况	改进措施执行后的 RPN				备注
					严酷度等级 S	发生概率等级 O	被检测难度等级 D	RPN				严酷度等级 S	发生概率等级 O	被检测难度等级 D	RPN	

3.3.3.3 FMECA 应用示例

1. 手电筒设计的 FMEA

（1）手电筒的组成、功能和框图（系统定义）。常用的手电筒一般包括开关及其弹簧片、后盖弹簧、灯座、前盖、电池、灯泡和壳体。手电筒的功能是照明。手电筒的功能框图略。可靠性框图如图 3－12 所示。

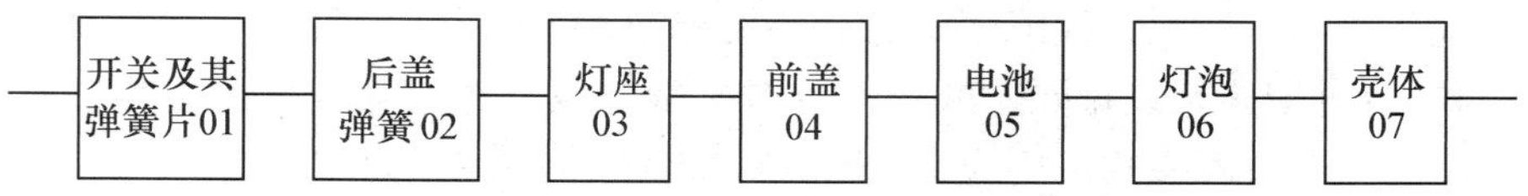

图 3－12 手电筒的可靠性框图

（2）手电筒的 FMEA 表。填写手电筒 FMEA 表，如表 3－27 所示。其中自身影响均为故障模式本身，因此表中没有列出自身影响一栏。由于电池是寿命较短的易耗品，所以不进行分析。

表 3-27　　手电筒设计 FMEA 表

初始约定层次手电筒　　任　　务照明　　审核×××　　第 1 页共 1 页

约定层次手电筒　　分析人员×××　　批准×××　　填表日期2015 年 1 月 8 日

代码	产品或功能标志	功能	故障模式	故障原因	任务阶段与工作方式	故障影响		严酷度类别	故障检测方法	设计改进措施	使用补偿措施	备注
						对高一层影响	最终影响					
01	开关及其弹簧片	接通电源	弹性降低	疲劳	使用	开关接不通	灯不亮	Ⅱ	目测	选用弹性好的簧片	无	
02	后盖弹簧	接通电源	弹性降低	疲劳	使用	开关接不通	灯不亮	Ⅱ	目测	选用弹性好的簧片	无	
03	灯座	固定灯泡；接通电源	接触不良	灯座直径公差大	使用	时断时通	时亮时不亮	Ⅲ	仪器测试	减少公差	无	
04	前盖	保护灯泡；调焦	松动	公差大；磨损	使用	影响聚焦	影响聚焦	Ⅳ	仪器测试	减少公差；改进工艺	无	
			拧不上	公差小								
06	灯泡	发光	不亮	灯丝断	使用	不亮	灯不亮	Ⅱ	目测	选用好的灯丝材料	更换灯泡	
07	壳体	装电池	变形	材料薄	使用	电池装不上、开关接不通	灯不亮	Ⅱ	目测	选用好的材料	无	

2. 某型发动机壳体圆筒的 PFMECA

（1）分析对象定义（系统定义）。某型发动机由壳体圆筒、前端环、后端环、弹翼、固定片等零件焊接而成。其中壳体圆筒的材料选用超高强度钢（0018Ni 马氏体时效钢），其特点是热处理后强度和硬度高，热处理后的加工困难。壳体圆筒属薄壁筒形零件，圆筒通过旋压成形，可能产生一定的圆度误差和挠度，这对保证产品的圆度和全长跳动有一定难度。而且，由于薄壁零件在加工中容易变形，不利于满足各尺寸精度、形状和位置公差的要求。

建立壳体圆筒的工艺流程表（见表 3-28），以确定该产品与工艺有关的流程功能和要求；依据工艺的流程特性建立壳体圆筒的零件—工艺关系矩阵表（见表3-29），并选择其中部分工序进行分析。

表 3-28　　零件壳体圆筒的工艺流程表（部分）

零组件名称：壳体圆筒　　生产过程：壳体圆筒加工　　审核：×××　　第 1 页·共 1 页

零组件号：×××××　　部门名称：机加车间　　批准：×××

产品名称：某型发动机　　分析人员：×××　　填表日期：2015 年 1 月 8 日

工艺流程	输入	输出结果
15～45 车：加工内孔与外圆及侧角供第一次旋压	机床转速、走刀速度、进给量	有关几何尺寸、形状和位置误差，表面粗糙度
55 旋压：将加工好的圆筒进行第一次旋压	旋压芯棒安装、旋轮零点、错距、旋轮引入角、旋轮圆角半径	有关几何尺寸、形状和位置误差，表面粗糙度和表面波纹度
70～95 车：加工内孔、外圆及端面	机床转速、走刀速度、进给量	有关几何尺寸、形状和位置误差，表面粗糙度和表面波纹度
115 旋压：将圆筒旋压到所要求的尺寸	旋压芯棒安装、旋轮零点、错距、旋轮引入角、旋轮圆角半径	有关几何尺寸、形状和位置误差，表面粗糙度和表面波纹度
135～145 车：平端面	机床转速、走刀速度、进给量	有关几何尺寸、形状和位置误差，表面粗糙度

表 3-29　　壳体圆筒的零件—工艺关系矩阵（部分）

零组件名称：壳体圆筒　　生产过程：壳体圆筒加工　　审核：×××　　第 1 页·共 1 页

零组件号：×××××　　部门名称：机加车间　　批准：×××

产品名称：某型发动机　　分析人员：×××　　填表日期：2015 年 1 月 8 日

特性	操作过程（部分）				
	55	90	115▲	135	145
壳体壁厚	√	√	√	√	√
壳体长度	—	—	—	√	√
壳体直径	√	√	√	√	—
壳体圆度	√	—	√	—	—
孔口尺寸	√	—	√	√	√
表面质量	√	—	√	√	√

√表示某工艺过程涉及的零件特性。▲表示关键/重要工序。

下面选择关键/重要工序 115 进行 PFMECA。

(2) 壳体圆筒 PFMECA 的实施（部分）。根据相关格式，填写壳体圆筒的 PFMECA 表（见表 3-30）。

表 3-30　　壳体圆筒 PFMECA 表（部分）

产品名称（标识）：壳体圆筒　生产过程：壳体圆筒机械加工　审核：×××　第1页·共2页
所属产品：某型发动机　分析人员：×××　批准：×××　填表日期：2015年1月8日

工序名称	工序功能/要求	故障模式	故障原因	故障影响	*S*	*O*	*D*	RPN	改进措施	责任部门	措施执行情况	措施执行后的RPN			
												S	*O*	*D*	RPN
工序115（旋压）	加工出最终内孔和部分外圆尺寸	壁厚小	旋压参数选择不当	对下道工序：无法加工 对组件：发动机破坏 对火箭：火箭解体	9	5	2	90	调整加工参数	机加车间	改进有效	9	3	2	54
		壁厚大	加工失误	对下道工序：焊接错位量大 对组件：无法安装药柱 对火箭：增加装配难度	4	3	3	36	加工时及时测量	机加车间	改进有效				
		圆度误差大	旋压参数选择不当	对下道工序：焊接错位量大 对组件：影响装药时包覆层的贴合，导致点火器出现隐患 对火箭：火箭解体	7	3	3	63	调整加工参数	机加车间	改进有效				
		焊接后接头部分变形	旋压时产生的应力在焊接时释放造成变形	对下道工序：壳体组合圆焊缝错位最大 对组件：影响装药时包覆层的贴合，导致点火器出现隐患 对火箭：火箭解体	9	7	3	189	在旋压工序后增加时效工序	机加车间	增加时效工序很有效	9	3	3	81

（3）结果分析与评价。

1）故障模式“焊接后接头部分变形”的风险优先数（RPN 为 189）最大，原因是“旋压时产生的应力在焊接时释放”。该模式的严酷度（*S*）及其发生概率（*O*）等级也是最高的，是改进的主要目标，并制定其相应的改进措施：“在旋压工序后增加时效工序”，即增加热处理时效工序，以消除或减少产品在旋压时基体材料受挤压产生内应力的影响。此措施保证了进行对焊时壳体圆筒不会产生应力变形，并使错位量减小。实践表明，该措施的效果是明显的，改进措施执行后的 RPN 值由 189 减小为 81（即 RPN 减少 57%）。

2）其他故障模式的 RPN 值虽不大，但为了保证工艺质量，也采取了改进措施，且执行后有效，因此，执行后的 RPN 值未做分析。

3.3.4　QS 9000 规定的潜在失效模式、影响分析

QS 9000《潜在失效模式、影响分析》（国际标准 ISO 16949）给出了设计 FMEA（DFMEA）的专用表格，如表 3-31 所示，表中给出了分析时必须填写的 22 项内容。表中还以车门内板不完整的失效模式为例，说明如何分析及填写这 22 项内容。

表 3－31　　**汽车 DFMEA 案例**

________系统
________子系统
________零部件　B
型号年度/项目　D
核心小组　G

设计责任　C
关键日期　E

FMEA 编号　A
页码　/
编制　H
FMEA 日期(原始)　F

项目 功能	要求	潜在失效模式	潜在失效后果	严重度	分类	潜在失效机理/起因	现有设计 控制预防	频度	控制探测	探测度	RPN	建议措施	责任和目标完成日期	措施结果 采取措施和生效日期	S	O	D	RPN
LH 前门 H8HX-0000-A	维护内门板的完整	内门板不完整，有空气进入	车门内下部腐蚀，车门寿命降低，导致： 1)因漆面生锈，使客户对外观不满 2)损坏车门内附件的功能	5		车门内板之上方边缘保护蜡喷涂太低	设计要求(♯31268)和最好实践(BP3455)	3	车辆耐久性试验 T-118(7)	7	105	增加实验室加速腐蚀试验	李大海—车身工程师 98.09.03	根据试验结果（1481号试验），上方喷涂规格提高 125mm 98.10.01	5	2	3	30
						蜡层厚度规定不足	设计要求(♯31268)和最好实践(BP3455)	3	车辆耐久性试验 T-118 (7)	7	105	增加实验室加速腐蚀试验 就蜡层厚度进行设计试验分析	李大海—车身工程师 98.09.03 张山—车身工程师 99.01.15	试验结果（1481号试验）显示要求的厚度是合适的 98.10.01 在规定厚度 25%范围内变化，可接受 99.02.15	5	2	3	30
						规定的蜡层厚度不足	MS-1983 工业标准	2	物理和化学试验室试验-报告编号:1265(5) 车辆耐久性试验 T-118 (7)	5	50	无						
						角落设计影响喷枪喷到所有面积		5	用功能不彰的喷头进行设计辅助调查 车辆耐久性试验 T-118(7)	7	175	利用正式量产喷蜡设备和特定的蜡，进行小组评价	李寺—车身工程师和总装部门 98.11.15	基于试验结果，在受影响的区域增加 3 个排气孔	5	2	4	40
						车门板之间空间不够，容不下喷头作业		4	喷头作业图纸评估车辆耐久性试验 T-118 (7)	4	80	利用辅助设计模型和喷头进行小组评价	车身工程师和总装部门 98.09.15	评价显示入口合适 98.10.15	5	1	1	5
a1	a2	b	c	d	e	f	h	g	h	i	j	k	l	m	—	n	—	—

下面按照表中的序号对每项内容分别简要说明。

（1）FMEA 编号（A）。填入数字列以便识别 FMEA 文件，用于文件控制。

（2）系统、子系统或零部件名称及编号（B）。系统 FMEA 重点是确保所有接口和互动都涵盖了整个由不同子系统所组成的系统；子系统的重点是确保所有接口和互动都涵盖了整个由不同零部件所组成的子系统；一个零部件 FMEA 的重点在于子组件的 FMEA。

（3）设计责任（C）。填入负有设计责任的组织和部门或小组。适当时，也输入供方名称。

（4）车型年度/项目（D）。填入将使用和/或被分析的设计影响的预期车型年度/类型。如 1998 年/4 门旅行车。

（5）关键日期（E）。填入 DFMEA 初次预定完成的日期，该日期不应该超过计划的量产设计发布日期。

（6）FMEA 日期（F）。填入编制 FMEA 原始稿的完成日期及最新修订日期。如（原始）98.03.22（修改）98.07.15。

（7）核心小组（G）。填入负责开发 FMEA 小组成员。联系信息（如名字、组织、电话号码和电子邮箱）可附在补充文件中。

（8）编制（H）。填入负责编制 FMEA 工作的工程师姓名、电话和所在公司的名称。如张妙可—66778112—车身工程师。

（9）项目/功能（a1）。用尽可能简洁的文字清楚说明被分析项目要满足设计意图的功能，如该项目有多种功能，且有不同的失效模式，则要把所有功能都单独列出。

（10）要求（a2）。填入需要分析的每一个功能的要求（基于顾客的要求和小组的讨论），如果在不同的失效模式下，功能有一个以上的要求，高度建议单独列出每一项要求和功能。

（11）潜在失效模式（b）。所谓失效模式，是指系统、子系统或零部件有可能未达到功能和要求中所描述的设计意图。这是假设要发生的失效模式，但不一定会发生，因此使用措辞“潜在”。潜在失效模式应用专业性的术语来描述，而不同于顾客所见的现象。每一种功能可能有多种失效模式。潜在失效模式可能是更高一级子系统或系统的潜在失效模式的原因，也可能是比它低一级的零部件潜在失效模式的后果。汽车典型的失效模式如松动、泄漏、断裂、变形、无法传递扭力等。

（12）潜在失效后果（c）。应根据顾客可能发现或经历的情况来描述失效的后果，顾客可能是内部的，也可能是外部产品最终的顾客。汽车典型的失效后果如噪音、外观不良、发热、不稳定等。也包括影响安全或与法律法规不符的后果。后果应根据所分析的系统、子系统或部件来阐述。要注意部件、子系统和系统级别之间存在的等级关系，例如，一个零件的破裂可能使部件振动，导致间歇性系统运作，间歇性运作会导致性能的降级和最终导致顾客不满意。目的是以小组的知识水准预防潜在失效后果。

（13）严重度 S（d）。严重度是一个已假定失效模式的最严重影响的评价等级。要降低失效后果等级，只能通过设计变更。严重度是在单独 FMEA 范围内的相对排序。建议分析小组在评价准则和排序体制上意见应一致并一贯使用，即使对单个过程分析的修改。不建议修改排序值为 9 和 10 的准则。严重度为 1 的失效模式不应再进行进一步分析。汽车推荐的 FMEA 严重度评价准则如表 3 - 32 所示。

表 3 - 32　　推荐的严重度（*S*）评价准则

后果	判定准则：后果的严重度	级别
未能符合安全和/或法规要求	潜在失效模式影响车辆安全运行和/或包含不符合政府法规情况。失效发生时无预警。	10
	潜在失效模式影响车辆安全运行和/或包含不符合政府法规情况。失效发生时有预警。	9
基本功能丧失或降级	基本功能丧失（车辆不能运行，但不影响安全操作）。	8
	基本功能降级（车辆可运行，但功能等级降低）。	7
次要功能丧失或降级	次要功能丧失（车辆可运行，但舒适性/便利性方面丧失）。	6
	次要功能减弱（车辆可运行，但舒适性/便利性性能等级降低）。	5
其他功能不良	外观和噪音不符合要求，车辆可运行，大多数顾客（大于 75%）抱怨不舒适。	4
	外观和噪音不符合要求，车辆可运行，较多顾客（大于 50%）抱怨不舒适。	3
	外观和噪音不符合要求，车辆可运行，被有识别能力的顾客（大于 25%）抱怨不舒适。	2
无	没有可识别的影响。	1

（14）分类（e）。根据特性分类，如关键、重要、一般等。特性在 DFMEA 中没有识别出相关的失效是设计过程中存在弱点的一种表示。

（15）潜在失效起因/机理（f）。失效起因是指一个设计弱点的迹象，其结果就是失效模式。典型的失效起因如规定的材料不正确，流程规范错误，规定公差不当，润滑能力不足等。典型的失效机理如屈服、疲劳、磨损等。在识别失效的潜在起因时，应进行简明描述，如规定电镀螺钉允许氢脆化，而不应使用不足的设计或不恰当的设计这样不明确的短语。起因的调查需要聚焦于失效模式而不是后果。

通常情况是一种失效模式可能由多种起因导致，这使得失效起因有多栏。在可能的范围内，对每一种失效模式/失效机理列出每一种潜在起因，分开列出会使每一种起因得到聚焦分析，可能引出不同的测量、控制和措施计划。在 DFMEA 编制中，应假设设计是可制造和可安装的。当历史资料显示制造过程的不足时，小组可作为例外来排除。

（16）频度 *O*（g）。频度指在设计的寿命中某一特定失效起因/机理发生的可能性。描述频度级别数重在其含义，而不是具体数值。通过设计更改或设计过程更改（如设计查验表、设计评审）来预防或控制该失效模式的起因/机理是降低频度级别数的唯一途径。频度级别数是在 FMEA 范围中的一个比较等级，它可能无法反映出真实发生的可能性。推荐的评价准则如表 3 - 33 所示。

表 3-33　　**频度（*O*）评价准则**

失效的可能性	评价准则	可能的失效率	频度
非常高	没有历史的新技术/新设计	≥100 次每 1 000 个，≥1 次每 10 辆车	10
高	新设计、新应用或使用寿命/操作条件改变的情况下，不可避免的失效	50 次每 1 000 个，1 次每 20 辆车	9
	新设计、新应用或使用寿命/操作条件改变的情况下，很可能发生失效	20 次每 1 000 个，1 次每 50 辆车	8
	新设计、新应用或使用寿命/操作条件改变的情况下，不一定发生失效	10 次每 1 000 个，1 次每 100 辆车	7
中等	与类似设计相关或在设计模拟和测试中频繁失效	2 次每 1 000 个，1 次每 500 辆车	6
	与类似设计相关或在设计模拟和测试中偶然发生失效	0.5 次每 1 000 个，1 次每 2 000 辆车	5
	与类似设计相关或在设计模拟和测试中较少发生失效	0.1 次每 1 000 个，1 次每 10 000 辆车	4
低	仅在几乎相同的设计相关或在设计模拟和测试中发生失效	0.01 次每 1 000 个，1 次每 100 000 辆车	3
	仅在几乎相同的设计相关或在设计模拟和测试中观察不到失效	0.001 次每 1 000 个，1 次每 1 000 000 辆车	2
非常低	通过预防控制就能消除失效	通过预防控制就能消除失效	1

（17）现有设计控制。现行设计控制指的是那些已经用于相同或相似设计的方法。FMEA 小组应把重点放在设计控制的改进上。设计控制有两种基本方法：一是预防，即预防起因/机理或失效模式的出现，或减少其出现的频度；二是探测，即在该项目投产之前，以任何解析的或物理的方法，查出失效。应优先应用预防控制措施。因此，在表中现行设计控制对应有两栏，这有助于 FMEA 小组对这两种控制能有清楚的辨识。例如：

预防控制：

- 基准研究；
- 自动防故障装置设计；
- 给出设计和材料标准（内部的和外部的）；
- 给出准则——类似设计中最好实践的记录、以往的教训等；
- 模拟研究——确定设计要求的概念分析；
- 防错设计。

探测控制：

- 设计评审；
- 原型试验；

- 验证试验；
- 模拟研究——设计验证；
- 设计试验，包括可靠性试验；
- 使用类似零部件的模型；

（18）探测度 D（i）。探测度是结合了现有设计控制中最佳的控制探测等级。探测度是在单独的FMEA范围中的一个比较的等级。为了取得较低的探测度数值，计划的过程控制需要不断改进。现有设计控制探测度的建议方法是假设失效已经发生，然后评价现有设计控制探测失效模式的能力。推荐的探测度评价准则如表3-34所示。

表3-34　探测度（D）评价准则

探测机会	评价准则：由设计控制可探测的可能性	探测度	探测可能性
没有探测机会	没有现有设计控制，不能探测或不能分析	10	几乎不可能
在任何阶段不可能探测	设计控制只有极少机会找出潜在的起因/机理及后续的失效模式	9	很微小
快速冻结设计，预先投放	设计控制有非常少机会找出潜在的起因/机理及后续的失效模式	8	微小
	设计控制有很少机会找出潜在的起因/机理及后续的失效模式	7	很低
	设计控制有较少机会找出潜在的起因/机理及后续的失效模式	6	低
预先冻结设计	设计控制有中等机会找出潜在的起因/机理及后续的失效模式	5	中等
	设计控制有中上机会找出潜在的起因/机理及后续的失效模式	4	较高
	设计控制有较多机会找出潜在的起因/机理及后续的失效模式	3	高
实质性分析—有相关	设计控制有很多机会找出潜在的起因/机理及后续的失效模式	2	很高
不用探测，预防失效	设计控制几乎肯定找出潜在的起因/机理及后续的失效模式	1	几乎一定

（19）风险优先数RPN（j）。风险优先数是产品失效影响严重度（S）、频度（O）和探测度（D）的乘积。在FMEA分析时，RPN值（1～1 000之间）可用来对设计中关注的等级排序。

（20）建议措施（k）。在实施中，不论RPN大小如何，对严重度为9或10的失效模式必须给予特别注意。在所有状态下，当一个已被鉴别的潜在失效模式的后果可能对最终使用者产生危害的时候，应该考虑预防/纠正措施，以排除、减轻或控制该起因，避免失效模式的发生。在对9或10等级严重度给予特别的关注之后，

FMEA小组应针对其他失效模式，以达到降低严重度、频度及探测度的目的。建议的措施如修改设计几何尺寸或公差、修改材料规范等。

- 降低严重度级别：只有设计修改才能降低严重度等级。

高严重度等级的失效模式可通过设计修改来降低，设计修改可弥补或减轻失效导致的严重度。例如，轮胎要求是“在使用中保持空气压力”。对于一个“跑平地”的轮胎“空气压力快速损失”失效模式的后果严重度是低的。任何设计更改小组都应该进行评审以确定对产品功能和过程导致的后果。为了达到这种方法的最好效果和最大效率，产品和过程的设计更改应在开发过程的早期执行。替换材料需要在开发周期的早期进行考虑以降低严重度。

- 降低频度等级（*O*）：频度等级的降低可能受由设计修改消除或控制失效模式的一种或多种起因或机理的影响。以下措施应予以考虑，但不限于这些：

√ 为消除失效模式的防错设计；

√ 修改设计几何尺寸和公差；

√ 修改设计以降低压力或替代不耐用（高失效可能性）零部件；

√ 增加冗余；

√ 修改材料规范；

- 降低探测度级别（*D*）：推荐方法是使用防错装置。设计确认/验证措施的增加仅仅导致探测度级别的降低。在一些案例中，为增加探测的可能性（也就是降低探测度级别），特定零部件的设计更改是必需的。此外，以下应予以考虑：

√ 试验设计（特别是多种或相互作用的起因存在时）；

√ 修改试验计划。

如果对于一种特定的失效模式/起因/控制组合的评价没有建议措施，则应在这栏填入“无”来指明。如果填入“无”，这种符合基本原理的做法是有助于理解的，尤其是在高严重度案例中。

对于设计措施考虑使用下列建议：

- 试验设计（DOE）结果或可靠性试验结果；
- 确定方案的有效性，不引进新的潜在失效模式的设计分析结果；
- 设计评审的结果；
- 对给定的工程标准或设计指南进行更改；
- 可靠性分析结果。

（21）责任和目标完成日期（l）。把负责执行每项建议措施的组织和个人名称、预计完成日期填入本栏。负有设计责任的工程师/小组领导有责任确保所有建议措施得到实施或充分阐述。

（22）采取措施和生效日期（m）。当实施某一项措施后，简要记录具体的措施和生效日期。

（23）严重度、频度、探测度和RPN（n）。当确定了预防/纠正措施后，估算并记录执行结果的严重度、频度和探测度级别。计算并记录纠正后的风险优先数（RPN）。如未采取措施，将相关的等级栏留空即可。

- 维护DFMEA。DFMEA是一种动态性的文件。所有更改后的等级都应该被评审，而且如果有必要考虑进一步的措施，则应重复该分析过程。重点应该随时放在持续改进上。

● 跟踪行动。负责设计的工程师要确保所有的建议措施已被实施或已妥善地落实。FMEA 是一个动态文件，它不仅应该随时体现最新的设计版本，还应该体现最新的有关纠正措施，包括开始批量生产后发生的事件。

3.3.5 FMECA 工程应用要点

（1）重视 FMECA 计划工作。实施中应贯彻边设计、边分析、边改进和“谁设计、谁分析”的原则。可在可靠性工程师的协助下，由产品设计、工艺设计人员完成，最好由各相关部门的代表组成一个分析小组，以便发挥各方面专家的特长，全面发现潜在缺陷。

（2）加强规范化工作。产品总体单位应明确与各转承制单位之间的职责与接口分工，统一规范、技术指导，并跟踪其效果，以保证 FMECA 分析结果的正确性、可比性。

（3）及时性。在不同阶段应及时开展 FMECA，同时必须与设计工作保持同步。FMECA 的结果应作为进一步设计的参考，在设计中加以改进。FMECA 的有效与否很大程度上取决于分析及纠正是否及时，应在产品研发的各评审点及其之前提供有用的信息，否则它就是不及时的和没有作用的。

（4）层次性。各约定层次间存在一定的关系，即低层次产品的故障模式是相邻上一层次的故障原因。FMECA 是一个由下而上的分析迭代过程。

（5）有效性。改进措施的有效与否是 FMECA 改善产品可靠性的关键，为使这些措施是合理有效的，应注意以下四点：

1）改进措施首先从设计、工艺等方面考虑。仅用换件、维修等是不能提高产品固有可靠性的。

2）在确定是否采取进一步的改进措施时，应进行可靠性与经济性的权衡。

3）书写建议改进措施的原则是使上级领导及负责人易于理解，并决定是否采取这些措施。

4）应把 FMECA 的结果补充到图纸、技术资料及标准、质量文件当中，以体现纠正措施的有效性。

（6）完整性。彻底弄清产品各功能级别的全部可能的故障模式是至关紧要的，因为整个 FMECA 的工作就是以这些故障模式为基础进行的。这里强调的是全部故障模式，绝不可不经分析就想当然认为某种或某些故障模式不重要，放弃分析，这样做有时会导致严重后果。

（7）对于 RPN 高的故障模式，应从降低故障发生概率等级、故障影响严酷度等级和改进故障检测手段方面提出改进措施；在 RPN 分析中，不同的故障模式可能出现 RPN 相同的情况，对此分析人员应对严酷度等级高的故障模式给予更大的关注。

（8）在一般零件的故障模式严酷度评级中，若出现法规中不允许发生的故障模式，原则上应评定其严酷度为最高等级。

(9) 开展 FMEA 时的 S，O，D 值只有相对的意义，只能比较在具体的 FMEA 时不同失效模式的相对等级和关注等级。

3.4 故障树分析

3.4.1 概述

故障树是一种特殊的倒立树状的逻辑因果关系图。故障树分析（fault tree analysis，FTA）是以一个不希望发生的产品故障事件或灾难性危险事件即顶事件作为分析的对象，通过由上向下的严格按层次的故障因果逻辑分析，逐层找出故障事件的必要而充分的直接原因（包括硬件、软件、环境、人为因素等），画出故障树，最终找出导致顶事件发生的所有可能原因和原因组合，在有基础数据时可计算出顶事件发生的概率和底事件重要度等。FTA 是产品安全性和可靠性分析的重要工具之一。

FTA 的主要目的如下：

(1) 在产品设计的同时进行 FTA，可以帮助判明潜在的故障模式和灾难性危险因素，发现可靠性和安全性薄弱环节，以便采取改进设计，提高产品的固有可靠性或安全性。

(2) 在生产、使用阶段，FTA 可以帮助诊断故障，改进使用维修方案；发生重大故障或事故后，FTA 是事故调查的一种有效手段，可为故障归零提供依据。

FTA 具有以下特点：

(1) 具有很大的灵活性，即不是局限于对系统可靠性做一般的分析，而是可以分析系统的各种故障状态。不仅可以分析某些零部件故障对系统的影响，还可以对导致故障的特殊原因（例如环境的、人为的原因）进行分析，并进行统一考虑。

(2) FTA 是一种图形演绎方法，是故障事件在一定条件下的逻辑推理方法。它可以围绕某些特定的故障状态做层层深入的分析，因而在清晰的故障树图形下，表达了系统内在联系，并指出零部件故障与系统故障之间的逻辑关系，找出系统的薄弱环节。

(3) 进行 FTA 的过程也是一个更深入认识系统的过程。它要求分析人员把握系统的内在联系，弄清各种潜在因素对故障发生影响的途径和程度，因而许多问题在分析的过程中就被发现了。

(4) 通过故障树可以定量地计算复杂系统的故障发生概率，为改善和评估系统可靠性提供定量数据。

(5) 故障树建成后，对不曾参与系统设计的管理和维修人员来说，相当于一个形象的故障诊断指南，因此对培训使用系统的人员很有意义。

FMECA 是采用自下而上的逻辑归纳法，从最基本的零部件故障分析到最终产品故障，从故障的原因分析到故障的后果。FTA 是采用自上而下的逻辑演绎法，从最终的故障分析到基本零部件的故障，从故障的后果分析到故障的原因。FMECA 本质上说是一种单因素分析法，方法比较简单，它针对单个故障进行分析，在反映环境条件对系统可靠性的影响方面具有局限性。FTA 却能克服这些不足，与 FMECA 相结合，能够较完善地进行系统的故障分析。FMECA 是 FTA 必不可少的基础工作，只有认真完成了 FMECA，将所有基本的故障模式都分析清楚之后，进行 FTA 时，底事件才不会出现重大遗漏。

从方案阶段到产品报废的任何阶段都可进行 FTA，既可以用作研制阶段的设计分析，也可以用作使用阶段的事故分析。

3.4.2 故障树中常用的术语与符号

（1）顶事件：FTA 中所关心的最后结果事件，位于树的顶端，它只是逻辑门的输出事件而不是输入事件。

（2）底事件：仅导致其他事件的原因事件，位于树的底端，它只是逻辑门的输入事件而不是输出事件。底事件分为基本事件与未探明事件。

故障树中常用事件的符号如表 3－35 所示。

表 3－35　故障树常用事件及其符号

序号	符号	名称	说明
1		基本事件	在故障树分析中无须探明其发生原因的底事件。
2		未探明事件	原则上应进一步探明其原因但暂时不必或者不能探明其原因的底事件。
3		结果事件	由其他事件或者事件组合所导致的事件。其中，位于故障树顶端的结果事件为顶事件，位于顶事件和底事件之间的结果事件为中间事件。

故障树中常用的逻辑门及符号如表 3－36 所示。

表 3－36　故障树常用逻辑门及其符号

序号	符号	名称	说明
1	·	与门	表示仅当所有输入事件发生时，输出事件才发生。
2	+	或门	表示至少一个输入事件发生时，输出事件就发生。
3	—	非门	表示输出事件是输入事件的对立事件。
4	r/n	表决门	表示仅当 n 个输入事件中有 r 个或者 r 个以上的事件发生时，输出事件才发生（$1 \leqslant r \leqslant n$）。

续前表

序号	符号	名称	说明
5	+ 不同时发生	异或门	表示仅当单个输入事件发生时，输出事件才发生。
6	顺序条件	顺序与门	表示仅当输入事件按规定的顺序发生时，输出事件才发生。
7	禁门打开的条件	禁门	表示仅当禁门条件事件发生时，输入事件的发生方能导致输出事件的发生。

故障树中常用转移符号如表 3－37 所示。

表 3－37　　故障树常用转移符号

序号	符号	名称	说明
1	(子树代号字母数字)	相同转出符号	表示“下面转到以字母数字为代号所指的子树去”。
2	(子树代号字母数字)	相同转入符号	表示“由具有相同字母数字的符号处转到这里来”。
3	(相似的子树代号) 不同的事件标号 ××～××	相似转出符号	表示“下面转到以字母数字为代号所指结构相似而事件标号不同的子树去”。
4	(子树代号)	相似转入符号	表示“相似转移符号所指子树与此处子树相似但事件标号不同”。

3.4.3　FTA 的一般步骤

FTA 的一般步骤如图 3－13 所示。

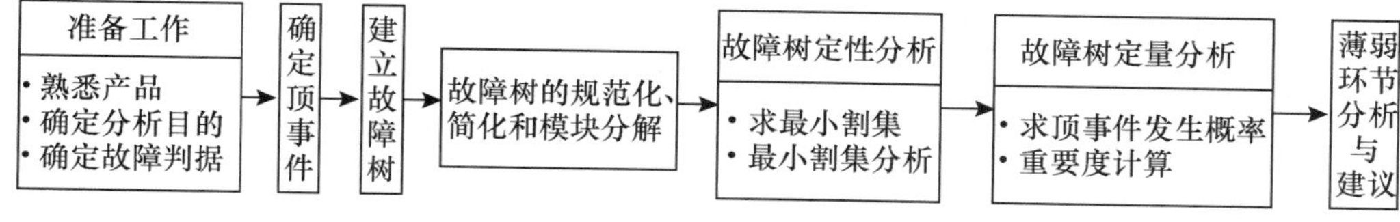

图 3－13　FTA 的一般步骤

第一步：FTA 的准备工作：包括熟悉产品、确定分析目的和确定故障判据。

第二步：确定顶事件：根据分析的需要，选择一个最不希望发生的事件作为顶事件。

第三步：建立故障树：利用故障树专用的事件和逻辑门符号，将故障事件之间的逻辑推理关系表达出来。

第四步：故障树的规范化、简化和模块分解：将建立的故障树规范化，成为仅含有底事件、结果事件以及与门、或门及非门三种逻辑门的故障树。同时进行简化和模块分解，以节省分析工作量。

第五步：故障树的定性分析：根据建立的故障树，采用上行法或者下行法进行分析，确定故障树的割集和最小割集，并进行最小割集和底事件的对比分析。

第六步：故障树的定量分析：根据故障树的底事件发生概率计算故障树顶事件的发生概率，并进行底事件的重要度计算。

第七步：薄弱环节分析与建议：根据故障树定性分析结果和定量分析结果，确定哪些底事件或者最小割集是产品最为薄弱的环节，并提出相应的改进建议。

3.4.4 确定顶事件

顶事件是建立故障树的基础，确定的顶事件不同，则建立的故障树也不同。确定顶事件的方法如下：

（1）在设计过程中进行 FTA，一般从那些显著影响产品技术性能、经济性、可靠性和安全性的故障中选择确定顶事件。

（2）在 FTA 之前若已进行了 FME（C）A，则可以从严酷度等级为Ⅰ和Ⅱ的系统故障模式中选择某个故障模式确定为顶事件。

（3）发生重大故障或者事故后，可以将此类事件作为顶事件，通过故障树分析为故障归零提供依据。

对于顶事件必须严格定义，否则建立的故障树将达不到预期的目的。大多数情况下，产品会有多个不希望事件，应对它们一一确定，分别作为顶事件建立故障树并进行分析。

3.4.5 建立故障树

3.4.5.1 建立故障树的方法

建立故障树的方法可分为两大类：演绎法和计算机辅助建树的合成法或决策表法。演绎法的建树方法为：将已确定的顶事件写在顶部矩形框内，将引起顶事件的全部必要且充分的直接原因事件置于相应原因事件矩形框内，根据实际的逻辑关系用适当的逻辑门把顶事件与原因事件连接起来，如此逐级建立，一直到所有的底事件为止。这样，就建立了一棵以给定顶事件为“根”，中间事件为“节”，底事件为“叶”的倒置的多级故障树。应注意，原因事件可以是硬件故障、软件故障、环境因素、人为因素等。

3.4.5.2 建立故障树的基本规则

1. 明确建树边界条件，确定简化系统图

建树前应根据分析目的，明确定义所分析的系统和其他系统（包括人和环境）的接口，同时给定一些必要的合理假设（如不考虑一些设备或接线故障，对一些设备故障作出偏安全的保守假设、暂不考虑人为故障等），从而由真实系统图得到一个主要逻辑关系等效的简化系统图。建树的出发点不是真实系统图，而是简化系统图。

2. 故障事件应严格定义

各级故障事件都必须严格定义，应明确地表示为“故障是什么”和“什么情况下发生”，即说明故障的表现状态。例如，“泵启动后压力罐破裂”，“开关合上后电机不转动”。

3. 从上向下逐级建树

从顶事件开始，应该不断利用直接原因事件作为过渡，逐步、无遗漏地将顶事件演绎为基本原因事件。

4. 建树时不允许门—门直接相连

本规则是防止建树者不从文字上对中间事件下定义即去建立该子树，而且门—门直接相连的故障树使评审者无法判断对错。

5. 用直接事件逐步取代间接事件

为了向下建立故障树，必须用等价的比较具体的直接事件逐步取代比较抽象的间接事件，这样在建树时也可能形成不经任何逻辑门的事件—事件串。

6. 处理共因事件和互斥事件

共同的故障原因会引起不同的部件故障甚至不同的系统故障。共同原因故障事件简称为共因事件。对于故障树中存在的共因事件，必须使用同一事件标号。不可能同时发生的事件（如一个元部件不可能同时处于通电及不通电的状态）为互斥事件。对于与门输入端的事件和子树应注意是否存在互斥事件，若存在则应该采用异或门变换处理（即表示为不同时发生）。

3.4.6 故障树的规范化、简化和模块分解

3.4.6.1 故障树的规范化

为了对故障树进行统一的描述和分析，必须将建好的故障树规范化，成为仅含有顶事件、底事件、结果事件以及与门、或门、非门三种逻辑门的故障树。故障树规范化的主要内容包括：

（1）将未探明事件当作基本事件或删去；

（2）将顺序与门变换为与门；

（3）将表决门变换为或门和与门的组合；

（4）将异或门变换为或门、与门和非门的组合；

（5）将禁门变换为与门。

3.4.6.2 故障树的简化和模块分解

故障树的简化和模块分解是缩小故障树规模从而节省分析工作量的有效措施。

故障树的简化工作包括:

(1) 去掉明显的逻辑多余事件和明显的逻辑多余门。

(2) 用相同转移符号表示相同子树,用相似转移符号表示相似子树。

故障树的模块分解工作包括:

(1) 按模块和最大模块的定义,找出故障树中的尽可能大的模块。

(2) 单个模块构成一个模块子树,可单独进行定性分析和定量分析。

(3) 对每个模块子树用一个等效的虚设底事件来代替,使原故障树的规模缩小。

(4) 在故障树定性分析和定量分析后,可根据实际需要,将顶事件与各模块之间的关系转换为顶事件与底事件之间的关系。

3.4.7 故障树的定性分析

故障树定性分析的目的在于寻找导致顶事件发生的原因和原因组合,识别导致顶事件发生的所有故障模式。它可以帮助设计人员判明潜在的故障,以便改进设计;可以用于指导故障诊断,改进运行和维修方案。

3.4.7.1 割集和最小割集

割集的含义是:故障树中一些底事件的集合,当这些底事件同时发生时,顶事件必然发生。

最小割集的含义是:若将割集中所含的底事件任意去掉一个就不再成为割集,这样的割集就是最小割集。

如图 3-14 所示的故障树是一个由三个部件组成的串并联系统。

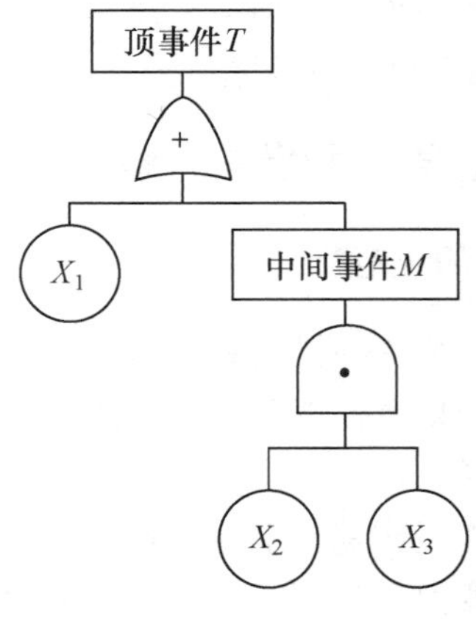

图 3-14

该故障树有三个底事件:X_1,X_2,X_3;

该故障树有三个割集:$\{X_1\}$,$\{X_2, X_3\}$,$\{X_1, X_2, X_3\}$;

该故障树有两个最小割集：$\{X_1\}$，$\{X_2, X_3\}$。

3.4.7.2 求最小割集的方法

故障树定性分析的任务之一就是要寻找故障树的全部最小割集。确定最小割集的方法较多，常用的有上行法和下行法。

1. 上行法

从底事件开始，自下而上逐步地进行事件集合运算，将或门输出事件表示为输入事件的并，将与门输出事件表示为输入事件的交。这样向上层层代入，在逐步代入过程中按照布尔代数吸收律和等幂律来化简，将顶事件表示成底事件积或和的最简单的表达式。其中每一积项对应于故障树的一个最小割集。上行法步骤如下。

（1）故障树的最下一级为：

$$M = X_2 \cap X_3$$

（2）最上一级为：

$$T = X_1 \cup M = X_1 \cup (X_2 \cap X_3)$$

（3）得到全部最小割集为：

$$\{X_1\}, \{X_2, X_3\}$$

2. 下行法

从顶事件开始，逐级向下寻查，找出割集。因为只就上下相邻两级来看，与门只增加割集阶数；或门只增加割集个数，不增加割集阶数，所以规定在下行过程中，顺次将逻辑门的输出事件置换为输入事件。遇到与门就将其输入事件排在同一行，遇到或门就将其输入事件各自排成一行，这样直到全部换成底事件为止，这样得到的割集再通过两两比较，划去那些非最小割集，剩下即为故障树的全部最小割集。

下行法步骤如表 3-38 所示。

表 3-38　　下行法步骤

步骤	展开第 1 个门	展开第 2 个门
下行法	X_1	X_1
	M	X_2，X_3

下一步就是把割集通过集合运算规则加以简化、吸收，得到相应的全部最小割集，即 $\{X_1\}$，$\{X_2, X_3\}$

3.4.7.3 最小割集的定性比较

在求得全部最小割集后，当数据不足时，可按以下原则进行定性比较，以便将定性比较的结果应用于提示改进设计的方向、指导故障诊断、确定维修次序。根据每个最小割集所含底事件数目（阶数）排序，在各个底事件发生概率比较小、其差别相对不大的条件下：

（1）阶数越小的最小割集越重要；

（2）在低阶最小割集中出现的底事件比高阶最小割集中的底事件重要；

（3）在最小割集阶数相同的条件下，在不同最小割集中重复出现的次数越多的底事件越重要。

3.4.8 故障树的定量分析

故障树定量分析的主要任务是在底事件互相独立和已知其发生概率的条件下，计算顶事件发生概率和底事件重要度等量值。复杂系统的故障树定量计算一般是很繁杂的，特别是当产品寿命不服从指数分布时，难以用解析法求得精确结果，这时可用蒙特卡罗仿真的方法进行估计。

3.4.8.1 顶事件发生概率

在大多数情况下，某个底事件可能在几个最小割集中重复出现，也就是说最小割集之间是相交的。这时精确计算顶事件发生的概率就必须用相容事件的概率公式：

$$\begin{aligned} P(T) &= P(K_1 \cup K_2 \cup \cdots \cup K_i \cup \cdots \cup K_N) \\ &= \sum_{i=1}^{N} P(K_i) - \sum_{i<j=2}^{N} P(K_i K_j) + \sum_{i<j<k=3}^{N} P(K_i K_j K_k) + \cdots \\ &\quad + (-1)^{N-1} P(K_1 K_2 \cdots K_N) \end{aligned}$$

式中，K_i，K_j，K_k 分别为第 i，j，k 个最小割集；N 为最小割集的个数。

当最小割集的个数 N 足够大时，就会产生组合爆炸的问题，即使计算机也难以胜任。在许多实际工程问题中，这种精确计算是不必要的，因为统计得到的基本数据往往不太准确，所以使用精确计算公式没有实际意义。其次，多数零件的可靠度比较高，也就是底事件发生的概率很小，精确概率计算公式中起主要作用的是首项及第二项。因此，在实际计算时常取首项来近似：

$$P(T) \approx \sum_{i=1}^{N} P(K_i) \tag{3-16}$$

3.4.8.2 底事件重要度

底事件对发生顶事件的贡献称为该底事件的重要度。一般情况下，系统中各零部件对系统的影响并不相同，因此，按照重要度来对底事件进行排队，对改进产品设计是十分有用的。在工程设计中，重要度分析可应用于以下几方面：改善产品设计、确定产品需要监测的部位、制定产品故障诊断时的核对清单等。

1. 底事件概率重要度

底事件概率重要度的含义是：底事件发生概率的微小变化而导致的顶事件发生

概率的变化率。计算公式如下：

$$I_i^P=\frac{\partial F_s}{\partial F_i}$$

式中，I_i^P 为第 i 个底事件的概率重要度；F_i 为第 i 个底事件的发生概率，$F_i=P(x_i)$；F_s 为故障树的故障概率函数（即顶事件发生概率表达式），$F_s=P(T)$。

例如，图 3－14 所示的故障树中，底事件发生概率为：$F_1=0.01$，$F_2=0.2$，$F_3=0.3$。顶事件发生概率 F_s 为：$F_s=F_1+F_2F_3=0.07$。

底事件的概率重要度计算如下：

$$I_1^P=\frac{\partial F_s}{\partial F_1}=1$$

$$I_2^P=\frac{\partial F_s}{\partial F_2}=F_3=0.3$$

$$I_3^P=\frac{\partial F_s}{\partial F_3}=F_2=0.2$$

2. 底事件相对概率重要度

底事件相对概率重要度的含义是：底事件发生概率微小的相对变化而导致的顶事件发生概率的相对变化率。计算公式如下：

$$I_i^C=\frac{F_i}{F_s}\cdot\frac{\partial F_s}{\partial F_i}$$

式中，I_i^C 为第 i 个底事件的相对概率重要度；F_i 为第 i 个底事件的发生概率；F_s 为故障树的故障概率函数。

例如，图 3－14 所示的故障树中，底事件发生概率为：$F_1=0.01$，$F_2=0.2$，$F_3=0.3$。顶事件发生概率 F_s 为：$F_s=F_1+F_2F_3=0.07$。

底事件的相对概率重要度计算如下：

$$I_1^P=\frac{F_1}{F_s}\cdot\frac{\partial F_s}{\partial F_1}=\frac{F_1}{F_1+F_2F_3}=\frac{1}{7}=0.143$$

$$I_2^P=\frac{F_2}{F_s}\cdot\frac{\partial F_s}{\partial F_2}=\frac{F_2F_3}{F_1+F_2F_3}=\frac{6}{7}=0.857$$

$$I_3^P=\frac{F_3}{F_s}\cdot\frac{\partial F_s}{\partial F_3}=\frac{F_2F_3}{F_1+F_2F_3}=\frac{6}{7}=0.857$$

3.4.9 FTA 应用实例

下面给出一个实例——滑油压力指示和警告系统故障树分析。

3.4.9.1 系统概述

滑油压力指示系统（见图 3－15）装有滑油压力传感器和滑油压力表。滑油压力传感器直接装在发动机油滤上，它感受滑油滤出口处的压力，也就是感受发动机滑油进口压力。压力传感器将感受到的滑油压力转变为电信号，通过电缆组件传输到滑油压力表处。滑油压力表根据电信号使指针指到相应的滑油压力值上，供驾驶员判读。滑油压力指示系统选用的电源是28V交流电，其频率为400Hz。当断开电源时，滑油压力表指针位于零刻度以下。

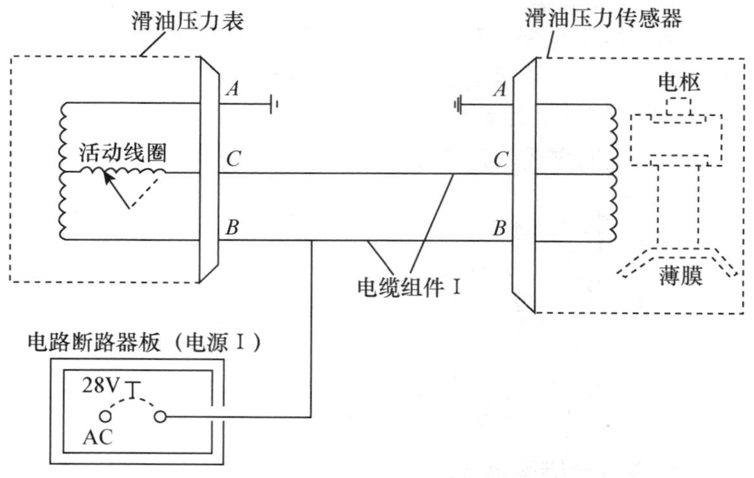

图3-15　滑油压力指示系统原理图

滑油压力警告系统（见图3-16）装有滑油低压电门和滑油滤压差电门。滑油低压电门通过感压管感受发动机滑油进口压力，当发动机滑油进口压力下降到0.25MPa时，接通电路，使警告灯亮，向驾驶员发出警告信号。滑油滤压差电门感受滑油滤进出口压差，当滑油滤进出口压差超过0.35MPa时，表示滑油不经滑油滤而由旁通阀流向系统，压差电门接通电路，发出报警信号。

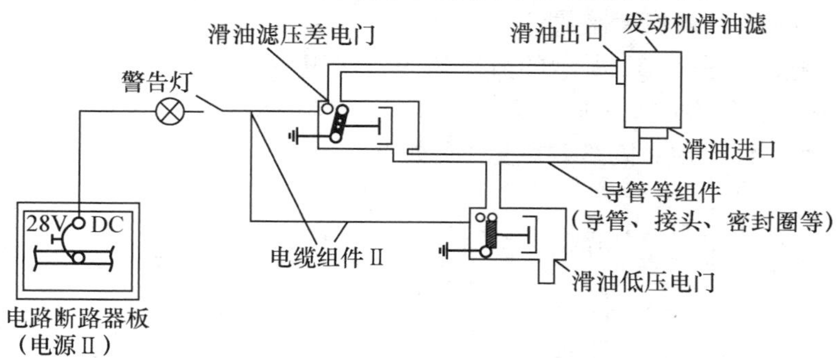

图3-16　滑油压力警告系统原理图

3.4.9.2　安全性分析

为保证飞机安全飞行，需要从危害飞机安全的角度进行分析。滑油压力指示和警告系统故障会使发动机损坏，继而影响飞机安全。通过初步分析已知，可能严重危害发动机的故障有两种情况：一种是滑油系统进口压力过低，滑油压力指示系统没有给出指示，并且滑油压力警告系统也没有发出警告信号，致使发动机因缺油而损坏。另一种是滑油滤塞住，滑油压力警告系统没有发出滑油滤堵塞警告信号，未经过滤的滑油通往轴承处，有可能堵塞喷嘴，造成类似的严重事件。

1. FTA 的假设条件

- 不考虑人为操作失误引起的故障；
- 故障树中的底事件之间是相互独立的；
- 每个底事件和顶事件只考虑其发生或不发生两种状态；
- 寿命分布都为指数分布。

2. 确定顶事件

滑油压力过低而引起发动机损坏。

3. 建立故障树

建好的故障树如图 3－17 所示。事件描述如下：

T——滑油压力过低而引起发动机损坏；

M_1——滑油压力低于 0.25MPa 时灯不亮；

M_2——滑油压力指示故障；

M_3——滑油压力警告系统低限压力部分故障；

M_4——滑油压力指示系统故障；

X_1——发动机滑油系统压力过低；

X_2——电源Ⅱ故障；

X_3——电源Ⅰ故障；

X_4——滑油低压电门故障；

X_5——电缆组件Ⅱ故障；

X_6——警告灯故障；

X_7——压力表故障；

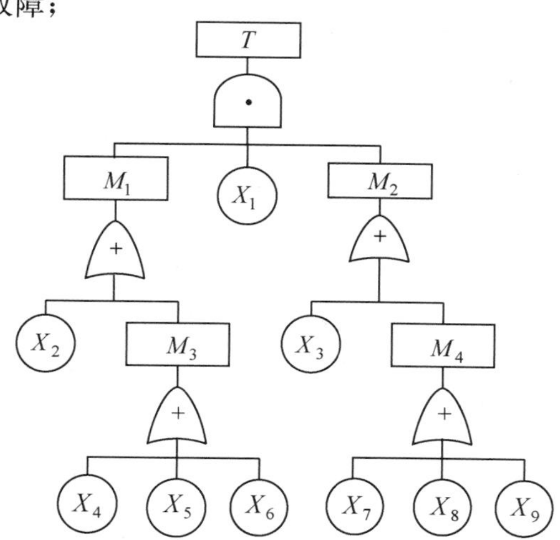

图 3－17　故障树

X_8——传感器故障；

X_9——电缆组件Ⅰ故障。

4. 定性分析

用上行法求最小割集：

$$M_4 = X_7 + X_8 + X_9$$
$$M_3 = X_4 + X_5 + X_6$$
$$M_2 = X_3 + M_4 = X_3 + X_7 + X_8 + X_9$$
$$M_1 = X_2 + M_3 = X_2 + X_4 + X_5 + X_6$$
$$\begin{aligned} T = X_1 M_1 M_2 = & X_1X_2X_3 + X_1X_2X_7 + X_1X_2X_8 + X_1X_2X_9 + X_1X_3X_4 \\ & + X_1X_3X_5 + X_1X_3X_6 + X_1X_4X_7 + X_1X_4X_8 + X_1X_4X_9 + X_1X_5X_7 \\ & + X_1X_5X_8 + X_1X_5X_9 + X_1X_6X_7 + X_1X_6X_8 + X_1X_6X_9 \end{aligned}$$

定性分析首先是找出全部最小割集，滑油压力过低而引起发动机损坏故障树的最小割集为：$\{X_1X_2X_3\}$，$\{X_1X_2X_7\}$，$\{X_1X_2X_8\}$，$\{X_1X_2X_9\}$，$\{X_1X_3X_4\}$，$\{X_1X_3X_5\}$，$\{X_1X_3X_6\}$，$\{X_1X_4X_7\}$，$\{X_1X_4X_8\}$，$\{X_1X_4X_9\}$，$\{X_1X_5X_7\}$，$\{X_1X_5X_8\}$，$\{X_1X_5X_9\}$，$\{X_1X_6X_7\}$，$\{X_1X_6X_8\}$，$\{X_1X_6X_9\}$。

这 16 个最小割集中，只要有一个出现，顶事件就会发生。这 16 个最小割集均为三阶的割集。但在底事件 1 至 9 中，底事件 1 在最小割集中出现了 16 次，其余的均出现 4 次。因此，定性分析的结果是底事件 1 最重要。也就是说，要提高飞机的安全性，首先要解决“发动机滑油系统压力过低”的问题。

5. 定量分析

定量计算的目的是计算顶事件发生的概率，看是否能满足安全性要求。采用首项近似公式计算。已知各底事件故障概率为：

$$F_1 = 1\times10^{-3},\ F_2 = F_3 = 1.5\times10^{-3},\ F_4 = 1\times10^{-8},$$
$$F_5 = F_9 = 0.8\times10^{-3},\ F_6 = 0.5\times10^{-8},\ F_7 = F_8 = 1.2\times10^{-8}$$

顶事件发生的故障概率为：

$$\begin{aligned} P(T) = & P(K_1 \cup K_2 \cup \cdots \cup K_i \cup \cdots \cup K_N) \\ = & P(2)P(3)P(1) + P(2)P(7)P(1) + P(2)P(8)P(1) \\ & + P(2)P(9)P(1) + P(4)P(3)P(1) + P(4)P(7)P(1) \\ & + P(4)P(8)P(1) + P(4)P(9)P(1) + P(5)P(3)P(1) \\ & + P(5)P(7)P(1) + P(5)P(8)P(1) + P(5)P(9)P(1) \\ & + P(6)P(3)P(1) + P(6)P(7)P(1) + P(6)P(8)P(1) \\ & + P(6)P(9)P(1) \\ = & 1.786\times10^{-8} \end{aligned}$$

6. 分析结论和建议

顶事件的发生概率为 1.786×10^{-8}，低于飞机的安全性指标要求。

根据上述分析，底事件1即“发动机滑油系统压力过低”，在改进设计时应引起重视。

3.4.9.3 结论和建议

滑油压力指示系统和滑油压力警告系统在监控发动机滑油进口最低压力时，都具有类似的功能，可以说是双重系统。比较原理图可知，如采用共同的电缆组件和电源，只要电缆组件或电源某一部分故障就会严重影响系统工作。为了提高可靠性，不至于由于共同部件故障而使低压指示和警告同时发生故障，在该飞机上，不但应选用两套独立的电缆组件，而且应选用两套性质完全不同的电源体制。

为了防止滑油滤堵塞，在该飞机上主要是采用规定时间间隔的检查来避免滑油滤堵塞，提高滑油系统工作可靠性，该飞机上滑油滤压差警告部分就是用来监控滑油滤是否堵塞的装置。

3.4.10 FTA工程应用要点

（1）FTA应以设计人员为主并协同进行。贯彻“谁设计、谁分析”的原则，在可靠性工程师的协助下，FTA主要由产品的设计人员完成，并邀请经验丰富的制造、使用和维修人员参与FTA工作。

（2）研制阶段的FTA应与设计工作同步进行。FTA能够找到系统的薄弱环节，提出改进方向。只有与设计工作同步进行，FTA的结果对于设计才是及时有效的。

（3）FTA应随设计的深入逐步细化并应做合理的简化。故障树的建立比较烦琐，容易错漏，因此需在确定合理的边界条件下，深入细致地建立一棵完备的故障树，同时进行合理的简化。

（4）应恰当选择顶事件。顶事件的选择可以参考类似系统发生过的故障事件，也可以在初步故障分析的基础上，结合FMECA进行，选择那些危害性大的影响安全、任务完成的关键的事件进行分析。

（5）FTA应落到实处。FTA对系统设计是否有帮助，关键在于能否找到系统的薄弱环节，采取恰当的改进或补偿措施，并落实到实际设计工作之中。

3.5 可靠性设计准则的制定与实施

3.5.1 概述

可靠性工程的核心是持续不断地与故障做斗争。与故障做斗争的设计分析方法又可以分为可靠性定性设计分析和可靠性定量设计分析。工程实践表明，可靠性的定量设计分析方法的应用需要有大量的基础数据，而基础数据的获得一方面需要开展大量的基础工作，另一方面由于影响产品的可靠性的因素很多，加之科学技术的发展迅速，产品的更新换代很快，要想得到准确的可靠性基础数据是非常困难的，因此可靠性的定性设计分析方法就非常重要。可靠性定性设计分析方法是在产品设计和开发中制定和实施产品可靠性设计准则，这是提高设计开发产品可靠性最为有效的方法。

新产品可靠性设计准则的制定依据：一是本单位的相似产品在开发、生产和使用过程中，与故障做斗争的成功经验和失败教训的总结和升华；二是国内外相关专业和产品的标准、规范和手册中提出的可靠性设计准则；三是使用方或用户方的可靠性要求。

制定和实施可靠性设计准则是新产品设计开发中应开展的一项保证可靠性的重要工作，也是可靠性工程师和有经验的工程技术人员紧密配合、共同开展的一项重要的具体工作。可靠性设计准则是工程设计人员进行产品设计的重要依据，也是产品设计开发评审时的重要依据，凡是不符合可靠性设计准则要求的都必须加以说明。

目前，在国内可靠性工程的著作中，关于可靠性设计准则多有介绍，但《型号可靠性工程手册》(北京：国防工业出版社，2007）应是介绍最多的。下面分别介绍其中的通用可靠性设计准则、总体可靠性设计准则、电子产品可靠性设计准则和机械产品可靠性设计准则，供可靠性工程师和设计人员在制定可靠性设计准则时参考。

3.5.2 通用可靠性设计准则

3.5.2.1 简化设计

(1) 应对产品功能进行分析权衡，合并相同或相似功能，消除不必要的功能。

(2) 应在满足规定功能要求的条件下，使其设计简单，尽可能减少产品层次和组成单元的数量。

(3) 尽量减少执行同一或相近功能的零部件、元器件数量。

(4) 应优先选用标准化程度高的零部件、紧固件、连接件、管线、缆线等。

(5) 最大限度地采用通用的组件、零部件、元器件，并尽量减少其品种。

(6) 必须使故障率高、容易损坏、关键的单元具有良好的互换性和通用性。

(7) 采用不同工厂生产的相同型号成品件必须能安装互换和功能互换。

(8) 产品的修改不应改变其安装和连接方式以及有关部位的尺寸，使新旧产品可以互换安装。

3.5.2.2 冗余设计

(1) 当简化设计、降额设计及选用的高可靠性的零部件、元器件仍然不能满足任务可靠性要求时，则应采用冗余设计。

(2) 在重量、体积、成本允许的条件下，选用冗余设计比其他可靠性设计方法更能满足任务可靠性要求。

(3) 影响任务成功的关键部件如果具有单点故障模式，则应考虑采用冗余设计技术。

(4) 硬件的冗余设计一般在较低层次（设备、部件）使用，功能冗余设计一般在较高层次（分系统、系统）进行。

(5) 冗余设计中应重视冗余切换装置的设计，必须考虑切换装置的故障概率对系统的影响，尽量选择高可靠的切换装置。

(6) 冗余设计应考虑对共模/共因故障的影响。

3.5.2.3 热设计

(1) 传导散热设计。例如，选用导热系数大的材料；加大与导热零件的接触面积；尽量缩短热传导的路径；在传导路径中不应有绝热或隔热件等。

(2) 对流散热设计。例如，加大温差，即降低周围对流介质的温度；加大流体与固体间的接触面积；加大周围介质的流动速度，使它带走更多的热量等。

(3) 辐射散热设计。例如，在发热体表面涂上散热的涂层以增加黑度系数；加大辐射体的表面面积等。

(4) 耐热设计。例如，接近高温区的所有操纵组件、电线、线束和其他附件均应采取防护措施并用耐高温材料制成；导线间应有足够的间隙，在特定高温源附近的导线要使用耐高温绝缘材料。

(5) 保证热流通道尽可能短，横截面尽量大。

(6) 尽量利用金属机箱或底盘散热。

(7) 力求使所有的接触面都能传热，必要时，加一层导热硅胶提高传热性能。尽量加大热传导面积和传导零件之间的接触面积，提高接触表面的加工精度、加大接触压力或垫入可展性导热材料。

(8) 器件的方向及安装方式应保证最大热对流。

(9) 将热敏部件装在热源下面，或将其隔离，或加上光滑的热屏蔽涂层。

(10) 安装零件时，应充分考虑到周围零件辐射出的热，以使每一器件的温度都不超过其最大工作温度。

(11) 尽量确保热源具有较好的散热性能。

(12) 玻璃环氧树脂线路板是不良散热器，不能全靠自然冷却。若它不能充分散发所产生的热量，则应考虑加设散热网络和金属印制电路板。

(13) 选用导热系数大的材料制造热传导零件。例如，银、紫铜、铜、氧化铍陶瓷及铝等。

(14) 尽可能不将通风孔及排气孔开在机箱顶部或面板上。

(15) 尽量减低气流噪音与振动，包括风机与设备箱间的共振。

(16) 尽量选用以无刷交流电动机驱动的风扇、风机和泵，或者适当屏蔽的直流电动机。

3.5.3 总体可靠性设计准则

(1) 应将产品的可靠性要求转化为可考核验证的可靠性设计要求，作为可靠性设计依据。

(2) 总体应根据寿命剖面、任务剖面确定载荷谱、工作模式和环境条件，确定应力条件。

(3) 应对性能、可靠性、维修性、安全性、经济性等指标进行综合权衡。

(4) 对已投入使用的相似产品，应对其常见故障模式、薄弱环节及对可靠性有显著影响的因素等进行分析，确定提高当前研制产品可靠性的有效措施。

(5) 应对可能危及安全的主要故障模式进行分析，提出消除不安全因素的措施。

(6) 严重影响任务可靠性的主要装置应有完全独立的应急设施。

(7) 对影响产品安全的关键系统应进行冗余设计。

(8) 对于一旦发生故障易引起严重后果的零部件、不易接近检查的部件应进行高可靠性设计。

(9) 应进行系列化设计。在原成熟产品上逐步扩展构成系列，优先选用经过充分验证、技术成熟的设计方案，提高产品设计的继承性，不能采用未经验证的新技术、新工艺、新材料。

(10) 严格控制新技术采用比例，新技术系数一般情况下不应高于20%。

(11) 应制定元器件优选清单，严格控制元器件的选择。

(12) 在满足技术性能要求的前提下，应简化设计，减少零部件、元器件的规格、数量，并满足标准化、通用化要求。

(13) 产品设计时应考虑生产工艺对产品可靠性的影响。

(14) 零件应有合理的设计基准，并尽量与工艺基准一致。

(15) 充分考虑人机工程学要求。产品的噪声、振动、照明、温度等条件，都应在人体的承受能力范围内。各种操纵装置的操纵力、操纵行程、机件的重量等，都应在人力所能及的范围之内。

(16) 当系统、分系统的重要工况参数超过正常范围时，应设有报警信号或显示装置。

(17) 应考虑环境对产品可靠性的影响，进行环境防护设计，尤其是防盐雾、防腐蚀、防潮湿、防霉菌设计等。

(18) 设计应使产品能满足在预期的极限环境中或产品诱发的极限环境中工作。

(19) 总体设计应使人员不会接近高温、有毒性的物质和化学制剂、放射性物质以及处于其他有危害的环境。否则，应设防护与报警装置。

(20) 尽量避免采用在工作时或在不利条件下可燃或产生可燃物的材料；必须采用时，应与热源、火源隔离。

(21) 对可能发生火险的器件，应该用防火材料封装。容易起火的部位，应安装有效的报警器和灭火设备。

(22) 通过高温区的所有管、线及其设施应具有耐高温措施或防护装置。

(23) 应进行接口可靠性设计，保证接口局部故障不会引起故障的扩散。

(24) 应考虑安装对产品可靠性的影响，避免由于安装设计不当而引起的定位困难、安装差错、相互之间干涉等。

(25) 设计中应考虑功能测试、包装、贮存、装卸、运输、维修对可靠性的影响。

3.5.4 电子产品可靠性设计准则

(1) 尽量实施通用化、系列化、模块化设计，采用成熟的标准零部件、元器件、材料等。

(2) 采用新技术、新工艺、新材料、新元器件时，必须经验证合格，提供论证、验证报告和通过评审或鉴定。

(3) 应对电子、电气系统和设备进行电/热应力分析，并进行降额设计。电子元器件应遵照国家军用标准 GJB/Z 35—1993《元器件降额准则》的要求进行降额使用。

(4) 应根据型号元器件大纲和型号元器件优选目录的要求进行元器件的选择和控制。

(5) 应选用军用等级并符合相应的国家军用标准要求的元器件，如：

1) 半导体分立器件应符合 GJB 33 的要求；

2) 微电路应符合 GJB 597 的要求。

(6) 应当按最恶劣的气象条件和作战条件设计产品及其有关硬件，使之具有在严酷条件下正常工作的能力。

(7) 为保证运输和储存期间的可靠性，产品在出厂时应按有关标准进行包装，做到防潮、防雨、防振、防霉菌等。

(8) 产品内各单元之间的接口应密切协调，确保接口的可靠性。

(9) 系统某一部件或设备的故障或损坏不应导致其他部件或设备的故障。

(10) 硬件、软件都应尽量标准化。

(11) 应进行简化设计，在简化设计过程中应考虑：

1) 所有的部件和电路对完成预定功能是否都是必要的；

2) 不会给其他部件施加更高的应力或者超常的性能要求。

(12) 如果用一种规格的元器件来完成多个功能时，应对所有的功能进行验证，并且在验证合格后才能采用。

(13) 应保证一个模块的故障只影响本模块的输出，以使备份功能不受其影响，同时可降低线路的复杂性，提高可靠性。

(14) 当采用简化设计，降额设计，选用高可靠性的零部件、元器件及设备等措施仍然不能满足任务可靠性和安全性要求时，应在体积、重量、费用与可靠性等之间进行权衡，采用必要的冗余设计。

(15) 元器件、接插件、印制板应有相应的编号，这些编号应便于识别。某些易装错的连接件和控制板应有机械的防错措施，如采用不同型号或不同形状的接插形式。具有安装方向要求的结构件也应有防差错措施。

(16) 电线的接头和端头尽量少，电缆的插头（座）及地面检测插座的数量也应尽量少。

(17) 应尽可能地使用固定式而不是可变式（或需要调整的）的元器件（如电阻器、电容器、电感线圈等）。

(18) 所有电气接头均应予以保护，以防产生电弧火花。

(19) 对电气调节装置（导电刷与滑环）、电动机件（微电机等）、指示器和传感器应尽量加以密封并充以惰性气体，以提高其工作可靠性与寿命。

(20) 电路设计要考虑输入电源的极性保护措施，保证一旦电源极性接错时，即使电路不能正常工作，也不会损坏电路。

(21) 根据需要电缆应该合理组合成束，或分路，或互相隔开，以便载有大电流的电缆发生故障时，对重要电路的损害减至最低限度。

（22）应防止因与各种多余物接触造成短路。

（23）电路设计应考虑到各部件的击穿电压、功耗极限、电流密度极限、电压增益的限制、电流增益的限制等有关因素，以确保电路工作的稳定性和减少电路故障。

（24）电子、电气设备应规定装配方法及程序，以防止在装配过程中损坏元器件。

（25）对重要结构件应进行损伤容限及耐久性设计。

（26）对轴承、电机及其他各种结构等应选用足够的安全系数，以确保安全。

（27）线束的安装和支撑应当牢固，以防在使用期间绝缘材料被磨损。在强烈振动和结构有相对运动的区域中，要采用特殊的安装预防措施，包括排得很密的支撑卡箍来防止电线磨损，连接在运动件上的电线要防止电线与运动件的相对运动。

3.5.5 机械产品可靠性设计准则

（1）在满足功能和性能要求的前提下，机械设计应尽可能考虑采用简单结构形式，减少不必要的环节，部组件之间的装配关系和传力路线应尽可能简化。

（2）关键设计变量应进行灵敏度分析，考虑外部条件的变化对设计的影响。

（3）构件设计时尽量减少应力集中，减少或避免附加弯矩，控制应力水平。

（4）机械结构应进行应力—强度优化设计，找出应力与强度的最佳匹配。

（5）承受动载的重要结构，应进行动力响应分析、模态分析、动强度校核，以及可靠性分析。

（6）应进行结构裕度设计，可通过提高平均强度、降低平均应力、减小应力变化和减小强度变化来实现。

（7）为防止某个构件失效引起的连锁失效，在设计时应采用止裂措施、多路传力设计、多重元件设计等。

（8）大型复杂结构设计时，应进行结构刚度和可靠性设计，提高抗弯和抗扭刚度。结构必须能够承受限制的峰值载荷而不产生有害变形。

（9）应考虑公差配合和表面粗糙度对可靠性的影响。

（10）正确选择结构的表面处理方法，如正确选择金属镀层及化学处理方法，优选防腐漆、防霉剂等。

（11）严格控制结构的相对位置，考虑在静力、热力和动力下产生变形对可靠性的影响。

（12）相邻结构若有较大温差，设计时必须注意因热变形引起过应力而发生松脱、胀裂等故障。

（13）应进行环境防护设计，特别是暴露于恶劣环境的关键机械结构。

（14）为了提高抗振动、抗冲击的能力，应尽可能使产品小型化，使产品结构紧凑和惯性力小。

（15）紧固件建议采用系留式结构。

（16）机械防松结构可广泛采用防松性能好的紧固件，如错齿垫圈、尼龙圈螺母、钢丝螺套等。

（17）应保证受力较大的锻件关键部位流线方向与最大拉应力方向一致。例如，航空零件中承受高应力部位上的金属流线，必须与主应力方向平行，不能有穿流和明显的涡流。

（18）焊接件应具有可焊性，焊缝的布置应有利于减小焊接应力及变形，便于采用自动、半自动焊。应合理确定焊接接头的形式、位置和尺寸。

（19）抗电磁干扰的结构设计所选用的材料和结构形式应对电磁发射和敏感性产生固有衰减，使设备既能满足抗电磁干扰要求又不会降低其他机械要求。

（20）机构设计应有适宜的防磨损措施或采用安全裕量准则。

（21）对易磨损的部位，应选择耐磨损的材料，并采用防磨损的机构设计。

（22）机构设计应有适宜的防卡滞措施。卡滞失效指机构在需要运动或启动时，被卡住或动作滞慢至不能接受的程度。

（23）机构设计应防运动终止产生过大冲击。为防止因终止运动过大的冲击载荷引起结构变形或破坏发生，对于终止阶段的速度变化应有一定的要求，在需要时配合一定的缓冲装置。

（24）连接解锁机构的高强度钢连接件的工艺选择须防止脆性断裂。

（25）真空低温情况下，运动副要有防冷焊设计措施；高低温交变情况下，运动副间隙及材料间膨胀系数应匹配。

（26）尽量继承成熟技术或成熟产品，并采取合理的冗余设计措施。

3.5.6 工程实施要点

（1）研制单位应该根据产品特点，制定相应的产品可靠性设计准则。

（2）可靠性设计准则应该充分吸收国内外相似产品设计的成熟经验和失败教训。

（3）应保证可靠性设计准则的贯彻实施与产品的性能设计同步。

（4）设计人员必须在产品设计过程中逐条对可靠性设计准则予以贯彻落实，并分阶段（初步设计阶段、详细设计阶段）写出设计准则符合性报告。

（5）当产品设计更改时，应该重新进行可靠性设计准则的符合性检查。

（6）当外购成品存在严重违反可靠性设计准则的情况时，应分析对系统的影响，并采取必要手段在系统设计中予以补偿。

（7）可靠性设计准则应该逐步完善，即根据产品研制情况增加有效的条款和去除无效的条款。

（8）可靠性设计准则的内容应该具有可操作性，便于设计人员贯彻。

3.6 电子产品可靠性设计与分析

电子产品是指由电子元件、电子器件和电路板等组成的设备、装置或系统。随着电子技术的迅速发展，电子产品几乎无处不在，从玩具到家电，从民品到武器装备。电子产品的可靠性历来备受关注，可靠性工程这门学科的诞生和发展就是从研究电子产品的可靠性开始的。电子产品可靠性经过了50多年的发展，已经形成一套较为完整和成熟的技术和方法。其标志性成果是美国国防部于20世纪80年代制定的军用标准 MIL-HDBK-338B《电子设备可靠性设计手册》。电子产品可靠性建模、预计和分配、故障模式及影响分析和故障树分析等内容在前面已经做了介绍，下面介绍电子产品可靠性的其他技术方法，主要包括电子元器件的选用与控制、降额设计、热设计、电路容差分析、潜在电路分析等。

3.6.1 电子元器件的选用与控制

电子元器件是电子产品可靠性的基础。国内外对电子产品的大量故障统计分析表明，电子产品的故障有1/3～1/2是由于元器件的选择和使用不当引起的，因此，提高电子产品的可靠性，必须首先对元器件的使用全过程进行控制。必须正确选择并压缩元器件的品种、规格；必须压缩元器件的制造厂家；必须正确选择质量等级；必须对元器件的采购、监制、验收、筛选、保管、静电防护、评审和信息管理等进行控制。这里既有设计分析工作，也有管理工作。

3.6.1.1 元器件的选用原则和顺序

1. 元器件选用原则

设计人员必须按照《开发产品元器件优选目录》（PPL）选择合适的元器件。如需选用目录外的元器件必须遵循下列原则：

- 选择的元器件，其技术性能和质量等级应满足开发产品的要求；
- 选择成熟的、质量稳定的、有质量等级的标准元器件；
- 选择有发展前途的元器件，尽量减少或不选择限制使用的元器件；
- 不允许选择已经淘汰的或者国外已经停产的或将要停止生产的元器件。

2. 元器件选用顺序

（1）国产元器件选用顺序：

1）《开发产品元器件优选目录》中规定的元器件；

2）经军用电子元器件质量认证委员会认证的符合《军用合格产品目录》（QPL）及《军用电子元器件合格制造厂商目录》（QML）中的元器件；

3）有成功应用经验、符合开发产品的使用环境要求的元器件；

4）通过质量管理体系认证的生产厂商生产的元器件。

（2）进口元器件选用顺序：

1）《开发产品元器件优选目录》中规定的进口元器件；

2）国外权威机构的 QPL 和 PPL 中的元器件；

3）生产过程中经过严格老炼的筛选的高可靠元器件，或者有可靠性指标的元器件；

4）国外能够提供符合开发产品要求的著名元器件厂商和良好信誉的代理商的元器件。

3.6.1.2 元器件选用与控制

1. 元器件选用过程控制原则

元器件使用全过程控制包括对元器件的选择、采购、监制、验收、筛选、破坏性物理分析（DPA）、保管、使用、静电防护、失效分析、评审、信息管理等的控制。

元器件使用全过程控制原则如下：

（1）控制选择《开发产品元器件优选目录》外的元器件；

（2）设计时元器件降额、热设计应满足产品的要求；

（3）对超出元器件采购清单的采购进行严格控制；

（4）对关键、重要或“七专”质量等级及以上的半导体器件应到元器件生产单位进行监制和验收；

（5）除国家军用标准合格产品目录及国外合格产品目录中的元器件，原则上元器件应100%进行二次筛选；

（6）对关键、重要的元器件应按各产品类型（如航天、航空产品）的规定进行破坏性物理分析；

（7）控制好受控库房的保管条件和对元器件定期测试及超期复验；

（8）装机的元器件应检查是否有检测和二次筛选标志；

（9）从元器件验收到装机调试过程各使用环节对元器件的防静电要求的执行和监督；

（10）对关键、重要元器件或重复出现失效的元器件应进行专门的失效分析；

（11）对元器件质量和可靠性工作进行评审和检查；

（12）对元器件质量和可靠性信息收集、传递、反馈、统计、分析和处理的监控。

2. 元器件选用控制的具体要求

（1）在新产品设计开发策划时应制定《开发产品元器件优选目录》。

（2）元器件的选择要求：

1）应按《开发产品元器件优选目录》选择元器件；

2）选用元器件优选目录外元器件，必须按规定办理审批手续；

3）不应选择低于产品开发时规定的元器件选用的最低质量等级，选用元器件优选目录外元器件的型号一般不应超出元器件型号总数的30%；

4）控制需要研制的新元器件，一般不应超过元器件型号的20%；

5）从国外进口的元器件，型号也应实施总量控制；

6）关键件、重要件不应选用工业品级元器件；

7）国外器件，当国内无法复测和筛选时，应严格控制这类器件的选择，一般不选择，如果选择应加强整机的测试和筛选等工作。

（3）元器件的采购要求：

1）应按元器件采购规范或采购要求进行采购；

2）采购合同中除型号、规格、数量、价格、交付日期外，还应填写技术标准、质量等级、是否下厂监制和验收、包装以及要求提供的有关信息等；

3）采购的元器件一般应是当年生产的产品；

4）应对国外元器件的供应商和代理商进行调研，并编制合格供货商目录，以便予以控制。

（4）监制与验收要求：

1）应按型号制定的元器件监制和验收实施细则进行；

2）高质量等级关键半导体器件，应在半导体器件封帽前到器件生产厂进行产品生产工艺质量监制；

3）对监制中发现的工艺质量存在问题的元器件，应进一步做键合力和剪切力的试验；

4）元器件监制的淘汰率不应大于8％～10％（或按合同执行），否则应作出元器件不合格结论；

5）下厂验收的元器件，最好应贮存1个月后进行；

6）元器件生产厂生产的元器件在通过各项交付试验、有完整质量证明等文件后，下厂验收。

（5）元器件二次筛选要求（补充筛选）：

1）应按产品开发中元器件二次筛选规范或要求的规定项目和方法进行，不能仅做部分项目，原则上应对所用元器件100％进行二次筛选；

2）应执行元器件二次筛选规定中对总的不合格品率和单项不合格品率控制的要求，如不满足上述两项中任意一项的规定，该批不能装机使用（总的不合格品率，对航空、航天产品一般为15％～20％，其他产品，可适当放宽）；

3）对国内无法进行二次筛选的元器件，应报批，并按有关要求采取弥补措施和加强监控。

（6）元器件装机的使用要求：

1）元器件保管的受控库房应做到按元器件分类、分批、不同质量等级等要求，分别进行保管；

2）对有定期测试要求的元器件进行质量检验，发现不合格元器件应按要求进行处理；

3）对超贮存期的元器件，应按细则要求进行处理。

（7）元器件的静电防护要求：

1）应按元器件防静电要求和细则进行；

2）从元器件入厂验收（或复验）到电装操作和调试，均应按要求采取必要的防静电措施；

3）加强对静电敏感器件的静电防护。

（8）元器件的失效分析要求：

1）应按失效分析工作要求和程序进行；

2）对关键件、重要件以及多次出现失效的元器件应进行失效分析（失效物理分析），以便了解元器件失效机理，采取有效纠正措施；

3）对批次性质量问题的元器件失效，应组织专家确认分析结论，并及时发出质量问题报警。

(9) 元器件的评审要求:

1) 元器件是否从优选目录选用?对关键、重要元器件的选择是否符合要求?

2) 是否按规定进行了元器件验收、复验、二次筛选和破坏性物理分析?

3) 元器件的使用(降额、热设计、安装工艺等)是否符合要求?

4) 元器件失效分析、信息反馈以及纠正措施等。

(10) 元器件的信息管理:

1) 按元器件质量信息(包括收集、传递、反馈、统计、分析与处理等)管理办法进行。

2) 要建立元器件使用全过程的质量档案,包括文件和元器件各种数据资料。

3) 信息管理应能提供下列查询:

- 元器件优选目录、目录外选用的元器件、实际使用的元器件目录;
- 元器件验收(复验)、二次筛选、失效分析等有关数据;
- 各种试验、性能调试、环境试验、环境应力筛选、可靠性试验中有关元器件问题及数据;
- 元器件发放去向与装机元器件清单;
- 合格元器件供应商名单;
- 国外进口元器件型号、规格、质量等级、数量及货源等。

3.6.2 电子产品的降额设计

电子产品的降额设计是指通过有目的的设计使元器件或设备工作时所承受的工作应力低于元器件或设备规定的额定值,从而达到降低元器件或设备的故障率,并提高电子产品工作可靠性的目的。

降额设计是电子产品或机电产品可靠性设计的重要内容。其工作内容是确定产品使用的元器件应采用的降额等级、降额参数和降额因子。降额因子是指元器件实际工作应力与额定应力之比。

关键的元器件一定要保证满足标准规定的降额因子,一般的元器件的降额因子可根据实际情况做适当的调整。

元器件降额是有一定限制的,通常在相关标准中给出的降额范围是最佳的。若过度降额会使效益下降,产品的体积、重量和成本都会增加,有时甚至还会使某些元器件不能正常工作。不应采用过度的降额来弥补选用低于要求质量等级的元器件;同样也不能由于采用高质量等级的元器件而不进行降额设计。

国产的元器件降额设计可以按照GJB/Z 35—1993《元器件降额准则》进行,美国元器件降额设计可按照美国国防部可靠性分析中心(RAC)规定的降额要求进行。

3.6.2.1 推荐的降额等级

1. 降额等级的划分

降额等级表示产品中的元器件降额的程度。军用标准GJB/Z 35—1993把元器件在最佳降额范围内划分为三个降额等级，具体的划分情况如表 3－39 所示。

表 3－39　　降额等级的划分与比较

情况＼降额等级	Ⅰ级	Ⅱ级	Ⅲ级
降额程度	最大	中等	最小
元器件使用	最大	适中	较小
适用情况	设备故障导致人员伤亡或装备与保障设备的严重破坏	设备故障引起装备与保障设备损坏	设备故障不会造成人员和设备的破坏
	对设备有高可靠性要求	对设备有较高可靠性要求	采用成熟的标准的设计
	采用新技术、新工艺设计	采用某些专门设计	故障设备可迅速、经济地加以修复
	故障设备无法或不宜维修	故障设备的维修费用较高	
	设备内部的结构紧凑，散热条件差		
降额设计的实现	较难	一般	容易
降额增加的费用	略高	中等	较低

2. 推荐应用的降额等级

GJB/Z 35—1993 对不同类型的武器装备推荐应用的降额等级如表 3－40 所示，民用电子产品可根据产品特点参照表 3－40 的应用范围选择合适的降额等级。

表 3－40　　不同类型装备应用的降额等级

应用范围	降额等级	
	最高	最低
航天器与运载火箭	Ⅰ	Ⅰ
战略导弹	Ⅰ	Ⅱ
战术导弹系统	Ⅰ	Ⅲ
飞机与舰船系统	Ⅰ	Ⅲ
通信电子系统	Ⅰ	Ⅲ
武器与车辆系统	Ⅰ	Ⅲ
地面保障设备	Ⅱ	Ⅲ

3. 降额等级的确定

对于开发的新产品，其降额等级除了参考上述推荐的降额等级，还可以根据开发的新产品的可靠性、维修性、安全性、尺寸、重量及寿命期内的维修费用等因素来确定。美国国防部可靠性分析中心给出了降额等级选择时应考虑的因素及计分（见表 3－41）。表 3－42 给出了根据总的计分值确定的降额等级。

表 3-41　元器件降额等级确定的考虑因素及计分

因素	情况	分数
可靠性	● 采用标准的元器件能完成的设计 ● 有高可靠性要求，需进行专门的设计 ● 采用新概念、新工艺的设计	1 2 3
系统维修	● 能很容易、很快和经济地对系统进行维修 ● 系统维修费用高，对维修有一定限制，要求较高的维修技术以及只允许很短的维修时间 ● 对不可能进行维修的设备系统或者难以承受的维修费用	1 2 3
安全	● 通常对安全不会有影响 ● 为了安全系统或设备可能要较高的成本 ● 可能危及人员生命	1 2 3
尺寸、重量	● 通常没有对设计者的特殊限制 ● 进行专门的设计并对满足设备尺寸、重量要求有一定困难 ● 要求设计紧凑	1 2 3
寿命周期内修理的费用	● 修理费用低，通常备件费用也不高 ● 修理费用可能高或备件费用高 ● 对各系统要求备有全部的替换产品	1 2 3

表 3-42　降额等级与计分的关系

降额等级	总计分数
Ⅰ	11～15
Ⅱ	7～10
Ⅲ	6 或 6 以下

3.6.2.2　元器件降额参数

降额参数是指影响电子产品中元器件失效率的元器件有关参数及环境应力参数。

对元器件失效率有影响的主要降额参数和关键降额参数如表 3-43 所示。降额设计应主要针对关键降额参数，但也应适当考虑其他的主要降额参数。

表 3-43　各类元器件的主要降额参数和关键降额参数

元器件类型		主要降额参数和关键降额参数
模拟电路	放大器 比较器 模拟开关	电源电压、输入电压、输出电流、功率、最高结温*
	电压调整器	电源电压、输入电压、输入输出电压差、输出电流、最高结温*
数字电路	双极型	频率、输出电流、最高结温*、电源电压
	MOS 型	电源电压、输出电流、频率、最高结温*、电源电压
混合集成电路		厚、薄膜功率密度、最高结温*

续前表

元器件类型		主要降额参数和关键降额参数
存储器	双极型 MOS 型	频率、输出电流、最高结温*、电源电压
微处理器	双极型 MOS 型	频率、输出电流、扇出、最高结温*、电源电压
大规模集成电路		最高结温*
晶体管	普通 微波	反向电压、电流、功率、最高结温*、功率管安全工作区的电压和电流 最高结温*
二极管	普通 微波、基准	电压（不包含稳压管）、电流、功率、最高结温* 最高结温*
可控硅		电压、电流、最高结温*
半导体光电器件		电压、电流、最高结温*
电阻器		电压、功率*、环境温度
热敏电阻器		功率*、环境温度
电位器		电压、功率*、环境温度
电容器		直流工作电压*、环境温度
电感元件		热点温度*、电流、瞬态电压/电流、介质耐压、扼流圈电压
继电器		触点电流*、触点功率、温度、振动、工作寿命
开关		触点电流*、触点电压、功率
电连接器		工作电压、工作电流*、接插件最高温度
导线与电缆		电压、电流*
旋转电器		工作温度*、负载、低温极限
灯泡		工作电压*、工作电流*
电路断路器		电流*、环境温度
保险丝		电流*
晶体		最低温度、最高温度*
电真空器件	阴极射线管 微波管	温度* 温度、输出功率*、反射功率、占空比
声表面波器件		输入功率
纤维光学器件	光源	输出功率、电流*、结温
	探测器	反向压降*、结温
	光纤与光缆	环境温度*、张力、弯曲半径
	光纤连接器	环境温度*

* 为关键降额参数。

3.6.2.3 典型元器件降额设计示例

不同的元器件有不同的降额参数，不同的降额等级有不同的降额因子。表3-44给出了几种不同的典型元器件的降额参数、降额等级和降额因子。

表3-44 国产元器件降额参数、降额等级与降额因子

元器件种类			降额参数	降额等级		
				Ⅰ	Ⅱ	Ⅲ
集成电路	模拟电路	放大器	电源电压	0.70	0.80	0.80
			输入电压	0.60	0.70	0.70
			输出电流	0.70	0.80	0.80
			功率	0.70	0.75	0.80
			最高结温（℃）	80	95	105
		比较器	电源电压	0.70	0.80	0.80
			输入电压	0.70	0.80	0.80
			输出电流	0.70	0.80	0.80
			功率	0.70	0.75	0.80
			最高结温（℃）	80	95	105
		电压调整器	电源电压	0.70	0.80	0.80
			输入电压	0.70	0.80	0.80
			输入输出电压差	0.70	0.80	0.85
			输出电流	0.70	0.75	0.80
			功率	0.70	0.75	0.80
			最高结温（℃）	80	95	105
		模拟开关	电源电压	0.70	0.80	0.85
			输入电压	0.80	0.85	0.90
			输出电流	0.75	0.80	0.85
			功率	0.70	0.75	0.80
			最高结温（℃）	80	95	105
	数字电路	双极型电路	频率	0.80	0.90	0.90
			输出电流	0.80	0.90	0.90
			最高结温（℃）	85	100	115
		MOS型电路	电源电压	0.70	0.80	0.80
			输出电流	0.80	0.90	0.90
			频率	0.80	0.80	0.90
			最高结温（℃）	85	100	115

续前表

元器件种类		降额参数			降额等级 I	降额等级 II	降额等级 III
分立电路	晶体管	反向电压	一般晶体管		0.60	0.70	0.80
			功率 MOSFET 的栅源电压		0.50	0.60	0.70
		电流			0.60	0.70	0.80
		功率			0.50	0.65	0.75
		功率管安全工作区		集电极发射极电压	0.70	0.80	0.90
				集电极最大允许电流	0.60	0.70	0.80
		最高结温（T_{JM}）（℃）		200	115	140	160
				175	100	125	145
				≤150	$T_{JM}-65$	$T_{JM}-40$	$T_{JM}-20$
	二极管（基准管除外）	电压（不适用于稳压管）			0.60	0.70	0.80
		电流			0.50	0.65	0.80
		功率			0.50	0.65	0.80
		最高结温（T_{JM}）（℃）		200	115	140	160
				175	100	125	145
				≤150	$T_{JM}-60$	$T_{JM}-40$	$T_{JM}-20$
固定电器	合成型电阻器	电压			0.75	0.75	0.75
		功率			0.50	0.60	0.70
		环境温度			按元件负荷特性曲线降额		
	薄膜型电阻器	电压			0.75	0.75	0.75
		功率			0.50	0.60	0.70
		环境温度			按元件负荷特性曲线降额		
	线绕电阻	电压			0.75	0.75	0.75
		功率	精密型		0.25	0.45	0.60
			功率型		0.50	0.60	0.70
		环境温度			按元件负荷特性曲线降额		
电位器	非线绕电位器	电压			0.75	0.75	0.75
		功率	合成、薄膜型微调		0.30	0.45	0.60
			精密塑料型		不采用	0.50	0.50
		环境温度			按元件负荷特性曲线降额		

续前表

元器件种类	降额参数	降额等级 Ⅰ	降额等级 Ⅱ	降额等级 Ⅲ
电位器 / 线绕电位器	电压	0.75	0.75	0.75
电位器 / 线绕电位器	功率 / 普通型	0.30	0.45	0.50
电位器 / 线绕电位器	功率 / 非密封功率型	—	—	0.70
电位器 / 线绕电位器	功率 / 微调线绕型	0.30	0.45	0.50
电位器 / 线绕电位器	环境温度	按负荷特性曲线降额		
电容器 / 固定玻璃釉型	直流工作电压	0.50	0.60	0.70
电容器 / 固定玻璃釉型	最高额定环境温度（T_{AM}）（℃）	$T_{AM}-10$	$T_{AM}-10$	$T_{AM}-10$
电容器 / 固定云母型	直流工作电压	0.50	0.60	0.70
电容器 / 固定云母型	最高额定环境温度（T_{AM}）（℃）	$T_{AM}-10$	$T_{AM}-10$	$T_{AM}-10$
电容器 / 固定陶瓷型	直流工作电压	0.50	0.60	0.70
电容器 / 固定陶瓷型	最高额定环境温度（T_{AM}）（℃）	$T_{AM}-10$	$T_{AM}-10$	$T_{AM}-10$
电容器 / 电解电容器 / 铝电解	直流工作电压	—	—	0.75
电容器 / 电解电容器 / 铝电解	最高额定环境温度（T_{AM}）（℃）	—	—	$T_{AM}-20$
电容器 / 电解电容器 / 钽电解	直流工作电压	0.50	0.60	0.70
电容器 / 电解电容器 / 钽电解	最高额定环境温度（T_{AM}）（℃）	$T_{AM}-20$	$T_{AM}-20$	$T_{AM}-20$
电感元件	热点温度（T_{HS}）（℃）	$T_{HS}-(40\sim25)$	$T_{HS}-(25\sim10)$	$T_{HS}-(15\sim0)$
电感元件	工作电流	0.6～0.7	0.6～0.7	0.6～0.7
电感元件	瞬态电压/电流	0.90	0.90	0.90
电感元件	介质耐压	0.5～0.6	0.5～0.6	0.5～0.6
电感元件	扼流圈工作电压	0.70	0.70	0.70
继电器	连续触点电流 / 小功率负荷（<100mW）	不降额		
继电器	连续触点电流 / 电阻负载	0.50	0.75	0.90
继电器	连续触点电流 / 电容负载（最大浪涌电流）	0.50	0.75	0.90
继电器	连续触点电流 / 电感负载 / 电感额定电流	0.50	0.75	0.90
继电器	连续触点电流 / 电感负载 / 电阻额定电流	0.35	0.40	0.75
继电器	连续触点电流 / 电机负载 / 电感额定电流	0.50	0.75	0.90
继电器	连续触点电流 / 电机负载 / 电阻额定电流	0.15	0.20	0.75
继电器	连续触点电流 / 灯丝负载 / 电感额定电流	0.50	0.75	0.90
继电器	连续触点电流 / 灯丝负载 / 电阻额定电流	0.07～0.08	0.10	0.30
继电器	线圈吸合电压 / 最小维持电压	0.90	0.90	0.90
继电器	线圈吸合电压 / 最小线圈电压	1.10	1.10	1.10

续前表

元器件种类		降额参数		降额等级		
				Ⅰ	Ⅱ	Ⅲ
继电器		线圈释放电压	最大允许值	1.10	1.10	1.10
			最小允许值	0.90	0.90	0.90
		最高额定环境温度（T_{AM}）（℃）		$T_{AM}-20$	$T_{AM}-20$	$T_{AM}-20$
		振动限值		0.60	0.60	0.60
		工作寿命（循环次数）		0.50		
电连接器		工作电压		0.50	0.70	0.80
		工作电流		0.50	0.70	0.85
		最高接触对额定温度（T_M）（℃）		T_M-50	T_M-25	T_M-20
电机		最高工作温度（T）（℃）		$T-40$	$T-20$	$T-15$
		低温极限（℃）		0	0	0
		轴承载荷额定值		0.75	0.90	0.90
灯泡	白炽灯	工作电压（如可行）		0.94	0.94	0.94
	氖/氩灯	工作电流（如可行）		0.94	0.94	0.94

3.6.2.4 元器件降额设计效果

元器件降额设计效果如表 3-45 所示。

表 3-45　元器件降额设计效果比较表

元器件名称	额定下实际失效率（$\times10^{-9}$）	降额后实际失效率（$\times10^{-9}$）
电阻器	147	25.2
电容器	1 080	120
二极管	31 500	1 417
稳压二极管	2 250	375
三极管	1 687	202
电位器	9 000	4 300
变压器	2 400	120

3.6.3 电子产品的热设计

电子产品的热设计指的是控制电子产品内部的所有电子元器件的温度使其在产品所处的工作环境条件下不超过规定的最高允许温度，从而保证电子产品正常、可靠地工作。

大量的工程实践表明，温度对电子产品的可靠性影响十分显著，过高的温度将使元器件的失效率大幅增加。从 GJB/Z 299—1998《电子设备可靠性预计手册》中，可以查到不同工作温度下元器件的基本失效率，如表 3-46 所示。

表 3-46　不同温度下的典型元器件基本失效率（λ_b）

元器件类别	$\lambda_b(10^{-6}/h)$		温度差（℃）	λ_b 升高倍数	备注
	室温（25℃）	高温			
锗普通二极管	0.038	0.387（75℃）		10.2	应力比 0.3
锗 PNP 晶体管	0.125	1.205（75℃）		5.6	
硅普通二极管	0.030	0.273（125℃）	100	9.1	
硅 PNP 晶体管	0.206	1.084（125℃）		5.3	
金属膜电阻器	0.003 5	0.011（125℃）		3.1	
2 类瓷介质电容器	0.005 5	0.007 1（125℃）		1.3	

从表 3-46 可见，不同的元器件在高温下工作将使基本失效率上升，但上升的幅度随着元器件类型的不同而有很大差异，其中半导体分立元器件、电阻器等发热元器件基本失效率上升幅度较大；锗半导体元器件失效率上升的幅度又大于硅的元器件。而对于发热很少的瓷介质电容，其失效率上升的幅度较小。但是，不论上升幅度大小如何，元器件的基本失效率都是随着温度的升高而增加，即元器件的工作寿命在一定的条件下都是随着温度的升高而降低，所以必须采取措施降低元器件的工作温度。降低元器件工作温度有两种途径：一是通过降额设计降低元器件的功耗和温度；二是通过元器件所在的电子设备或印制电路板进行热设计以达到降低元器件的温度，从而提高元器件的工作寿命和降低失效率。

1. 热设计的基本原则

（1）应通过控制散热量的大小来控制温度上升。

（2）选择合理的热传递方式（传导、对流、辐射）；传导冷却可以解决许多热设计问题，对于中等发热的产品，采用对流冷却往往是合适的。

（3）尽量减小各种热阻，控制元器件的温度。电子产品热设计中可能遇到三种热阻：内热阻、外热阻和系统热阻。内热阻是指产生热量的点或区域与器件表面指定点（安装表面）之间的热阻；外热阻是指器件上任意参考点（安装表面）与换热器间，或与产品、冷却流体和环境交界面之间的热阻；系统热阻是指产品外表面与周围空气间或冷却流体间的热阻。

（4）采用的冷却系统应该简单经济，并适应电子产品所在的环境条件的要求。

（5）应考虑尺寸和重量、耗热量、经济性、与失效率对应的元器件最高允许温度、电路布局、产品的复杂程度等因素。

（6）应与电气及机械设计同时进行。

（7）不得有损于产品的电性能。

（8）最佳热设计与最佳电路设计有矛盾时，应采用折中的解决方法。

（9）应尽量减少热设计中的误差。

2. 热设计的方法和流程

电子产品热设计应首先根据产品的可靠性指标及产品所处的环境条件确定热设

计目标，热设计目标一般为产品内部元器件允许的最高温度。热设计应根据热设计目标及产品的结构、体积、重量等要求进行，主要的热设计方法包括冷却方法的选择、元器件的安装与布局、印制电路板散热结构的设计和机箱散热结构的设计。常见的热设计流程如图 3-18 所示。

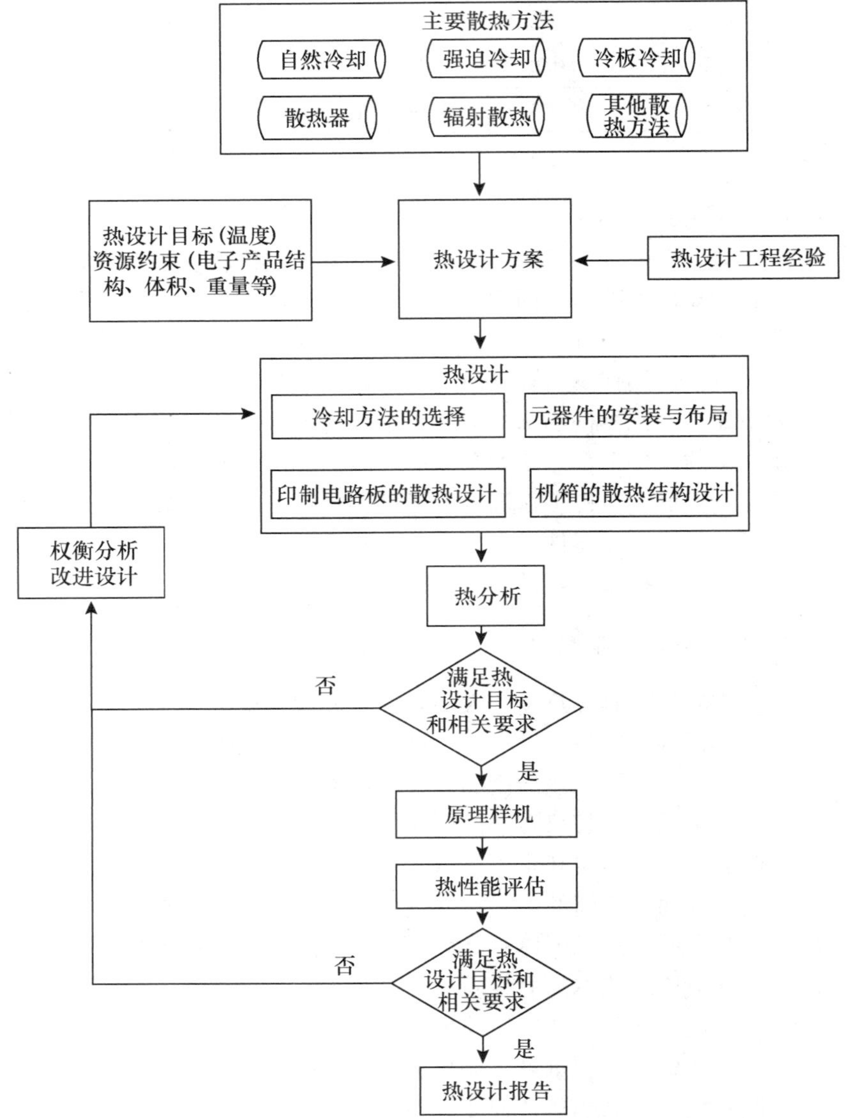

图 3-18　电子产品热设计流程

3. 热设计目标的确定

热设计目标通常根据产品的可靠性指标与工作的环境条件来确定。已知可靠性指标，依据 GJB/Z 299—1998《电子设备可靠性预计手册》中元器件失效率与工作温度之间的关系，可以计算出元器件允许的最高工作温度，此温度即为元器件的热设计目标。工程上为了简便计算，通常采用元器件经降额设计后允许的最高温度值作为热设计目标。

4. 常用冷却方法的选择及设计要求

(1) 常用的冷却方法。电子产品的冷却方法包括自然冷却、强迫空气冷却（也称强迫风冷）、强迫液体冷却、蒸发冷却、热电制冷（半导体制冷）、热管传热和其他冷却方法（如导热模块、冷板技术、静电制冷等），其中自然冷却、强迫空气冷却、强迫液体冷却和蒸发冷却是常用的冷却方法。

(2) 冷却方法的选择。常用冷却方法的优选顺序：自然冷却、强迫风冷、液体冷却、蒸发冷却。冷却方法的确定流程如图3-19所示。在所有的冷却方法中应优先考虑自然冷却，因为这种冷却方法无须外加动力源，且成本低，但其热流密度小，散热效果有限。当自然冷却无法满足要求时，则应选择其他的散热方式。图3-20给出了自然散热、金属导体散热、强迫风冷、直接液冷和蒸发冷却的体积功率密度。

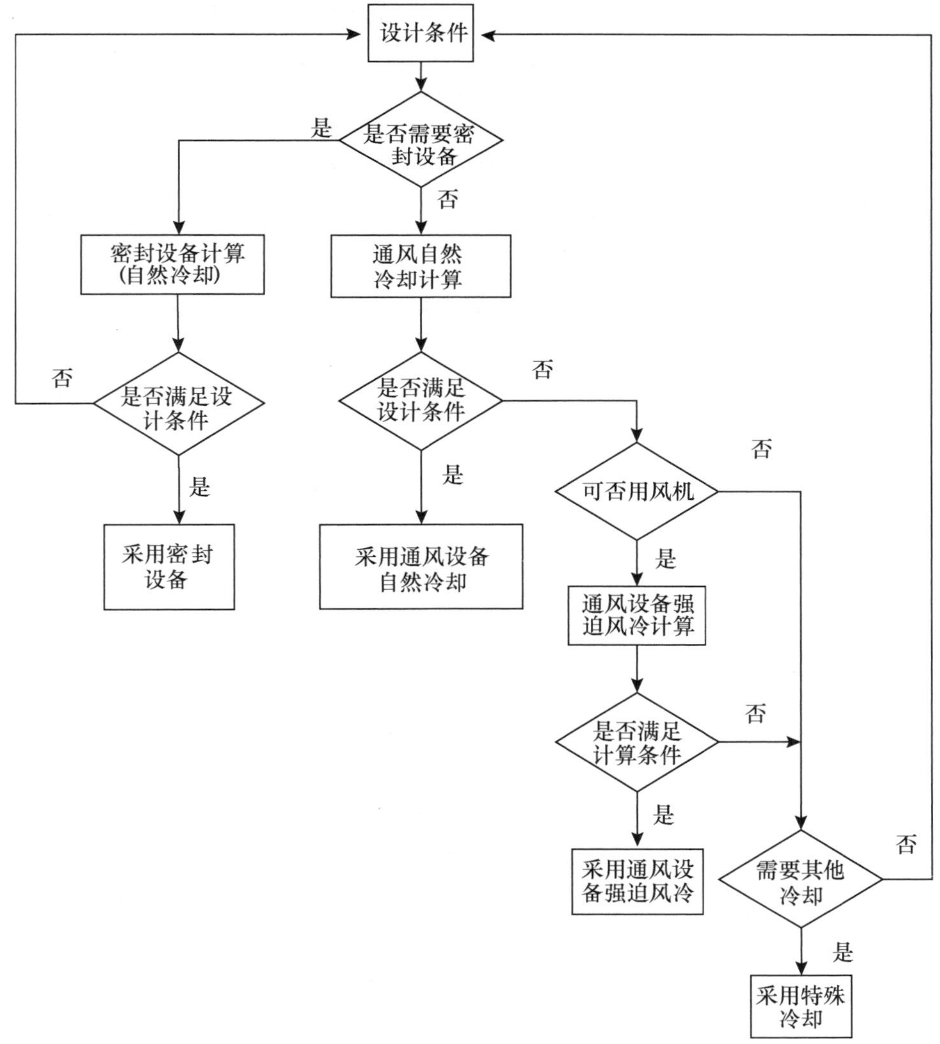

图3-19 冷却方法的确定流程

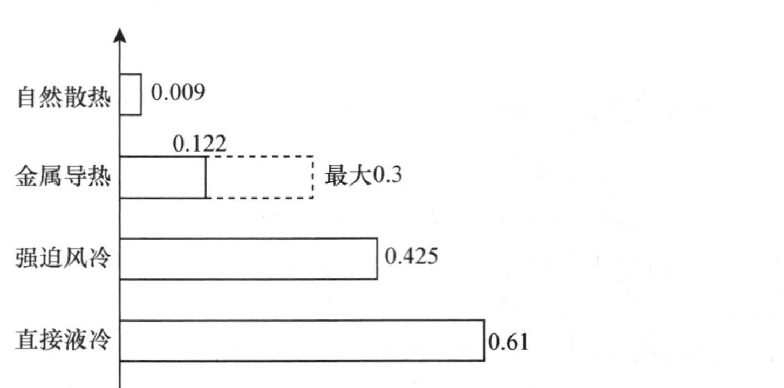

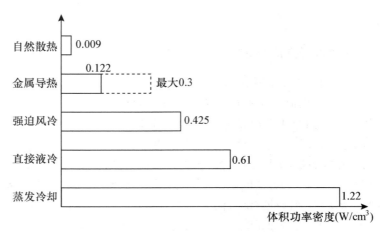

图 3－20　常用冷却方法的体积功率密度

（3）常用冷却方法的设计要求。常用冷却方法的设计要求如表 3－47 所示。

表 3－47　常用冷却方法的设计要求

冷却方法	设计要求
自然冷却	● 最大限度地利用导热、自然对流和辐射散热； ● 缩短传热路径，增大换热或导热面积； ● 减小安装时的接触热阻，元器件的排列有利于流体的对流换热，采用散热印制电路板、热阻小的边缘导轨； ● 印制板组装件之间的距离控制在 19～21mm； ● 增大机箱表面黑度，增强辐射换热。
强迫空气冷却	● 用于冷却设备内部元器件的空气必须经过过滤； ● 强迫空气流动方向与自然对流空气流动方向应一致； ● 入口空气温度与出口空气温度的温差一般不超过 14℃； ● 冷却空气入口与出口位置应远离； ● 通风孔尽量不开在机箱的顶部； ● 在湿热环境中工作的风冷电子设备，应避免潮湿空气与元器件直接接触，可采用空芯印制电路板或采用风冷冷板冷却的机箱； ● 尽量减小气流噪声和通风机的噪声； ● 大型机柜强迫风冷时，应尽量避免机柜缝隙漏风； ● 设计机载电子设备强迫空气冷却系统时，应考虑飞行高度对空气密度的影响； ● 舰船电子设备冷却空气的温度不应低于露点温度。
强迫液体冷却	● 冷却剂优先选用蒸馏水，有特殊要求的应选用去离子水； ● 确保冷却剂在最高工作温度时不沸腾，在最低工作温度时不结冰； ● 应考虑冷却剂的热膨胀，机箱应能承受一定的压力； ● 直接液体冷却的冷却剂与电子元器件应相容； ● 应配置温度、压力（或流量）控制保护装置，并装有冷却剂过滤装置； ● 为提高对流换热程度，可在设备的适当位置安装紊流器。
蒸发冷却	● 保证沸腾过程处于核态沸腾； ● 冷却剂的沸点温度低于设备中发热元器件的最低允许工作温度； ● 直接蒸发冷却时，电子元器件的安装应保证有足够的空间，以利于气泡的形成和运动； ● 冷却液应黏度小、密度高、体积膨胀系数大、导热性能好，且具有足够的绝缘性能； ● 封闭式蒸发冷却系统应有冷凝器，其二次冷却可采用风冷或液冷； ● 冷却系统应易于维修。

5. 功率器件的热设计

功率器件发热量大，靠自身散热难以满足要求，一般需安装散热器来辅助散热。功率晶体管大多具有较大且平整的安装表面，并具有螺钉或导热螺栓将其安装在散热器上，管壳与集电极有电连接时，安装设计必须保证电绝缘。对某一特定的晶体管而言，内热阻是固定的。为减小管壳与散热器之间的界面热阻，应选用导热性能好的绝缘衬垫（如导热硅橡胶片、聚四氟乙烯、氧化铍陶瓷片、云母片等）和导热绝缘胶，并且增大接触压力。

（1）散热器的种类。散热器的种类很多，如平板式、柱式、扇顶式、辐射肋片式、型材和叉指形等。表 3－48 列出了几种常用散热器的特点。

表 3－48　　几种常用散热器的特点

散热器种类	特点
扇顶式散热器	管壳与散热器有良好的热接触，散热效果较好，适用于小功率晶体管的散热。耗散功率范围为 0.5～2W。
型材散热器	可根据需要截取长度，其热阻并不直接随长度的增加而减小。
叉指形散热器	体积小，重量轻，散热效果好。

（2）散热器的选择和使用原则。

- 根据功率器件的功耗、环境温度及允许的最大结温（T_{JM}），并保证工作结温 $T_j \leqslant (0.5 \sim 0.8) T_{JM}$ 的原则下，选择合适的散热器；
- 散热器与功率器件的接触平面应保持平直光洁，散热器上的安装孔应去毛刺；
- 在功率器件、散热器和绝缘片之间的所有接触面处应涂导热膏或加导热绝缘硅橡胶片；
- 型材散热器应使肋片沿其长度方向垂直安装，以便于自然对流；
- 散热器应进行表面处理，以增强辐射换热；
- 应考虑体积、重量及成本的限制和要求。

6. 元器件的安装

（1）元器件的安装与布局的原则：

- 元器件的安装位置应保证元器件在允许的工作温度范围内工作。
- 元器件的安装位置应得到最佳的自然对流。
- 元器件应牢靠地安装在底座、底板上，以保证得到最佳的传导散热。
- 热源应接近机架安装，与机架有良好的热传导。
- 元器件、部件的引线腿的横截面应大，长度应短。
- 温度敏感元件应放置在低温处。若邻近有发热量大的元件，则需对温度敏感元件进行热防护，可通过在发热元件与温度敏感元件之间放置较为光滑的金属片来实现。
- 元器件的安装板应垂直放置，以利于散热。

（2）元器件的安装方法。常用元器件的安装方法如表 3－49 所示。

表 3-49　　常用元器件的安装方法

元器件种类	安装方法
电阻器	大功率电阻器发热量大，不仅要注意自身的冷却，而且应考虑减少对附近元器件的热辐射。长度超过 100mm 的电阻器要水平安装，如果元器件与功率电阻器之间的距离小于 50mm，则需要在大功率电阻器与热敏元件之间加热屏蔽板。
半导体器件	小功率晶体管、二极管及集成电路的安装位置应尽量减少从大热源及金属导热通路的发热部分吸收热量，可以采用隔热屏蔽板。对功率等于或大于 1W，且带有扩展对流表面散热器的元器件，应采用自然对流冷却效果最佳的安装方法与取向。
变压器和电感器	电源变压器是重要的热源，当铁芯器件的温度比较高时，要特别注意其热安装，应使其安装位置最大限度地减小与其他元器件间的相互作用，最好将它安装在外壳的单独一角或安装在一个单独的外壳中。
传导冷却的元器件	最好将元器件分别安装在独立的导热构件上，如果将其安装在一个共同的散热金属导体上，可能会出现明显的热的相互作用。
不发热元器件	置于温度最低的区域，一般是靠近与散热器之间热阻最低的部分。
温度敏感元器件	与发热元器件间采用热屏蔽和热隔离措施，具体有： ● 尽可能将热通路直接连接至热沉； ● 加热屏蔽板形成热区和冷区。

7. 印制电路板的热设计

印制电路板热设计的目的是实现印制电路板良好的散热，以保证印制电路板上元器件和功能电路正常工作，从而保证电子产品的可靠性。

（1）常用的印制电路板。常用的覆铜箔层压板及其主要适用的工作温度范围和特性如表 3-50 所示。

表 3-50　　常用覆铜箔层压板的工作温度范围和特性

类型	工作温度范围	特性
覆铜箔环氧酚醛玻璃布层压板	低于 100℃	适用于制作工作频率较高的电子/电器设备中的印制板。
覆铜箔环氧玻璃布层压板	可达 130℃	透明程度好，适用于制作电子、电器设备中的印制板。
覆铜箔聚四氟乙烯玻璃布层压板	可在 200℃以下长期工作	介质损耗小，介电常数低，价格昂贵，适用于制作国防尖端产品和高频微波设备中的印制板。

（2）印制电路板的散热设计。目前采用的环氧玻璃板导热性能差，为了提高其导热能力，通过在其上敷设导热系数大的金属（铜、铝）条或金属（铜、铝）板，从而成为散热印制电路板（见图 3-21）。

（3）印制电路板导轨的热设计。插入式印制电路板往往需要导轨，以使印制电路板能对准插座。导轨的主要作用是导向和导热。起导热作用时，应保证导轨与印制板之间有足够的接触压力和接触面积，并且导轨与机箱壁有良好的热接触。导轨

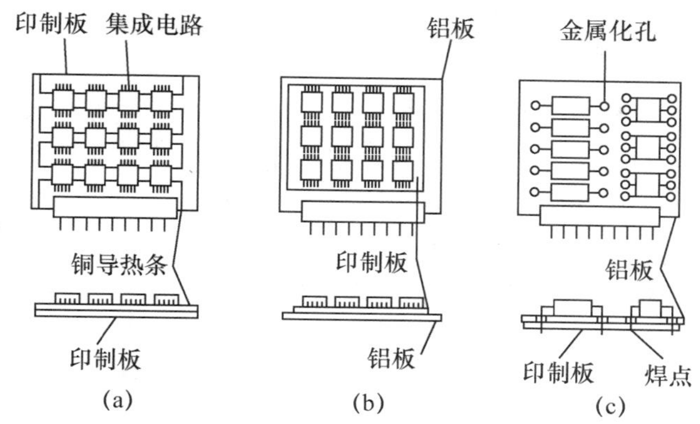

图 3-21　常用的散热印制电路板

的热阻是选择导轨的主要依据，导轨的热阻越小，导热的性能越好。

8. 机箱的热设计

机箱热设计的任务是在保证产品承受外界各种环境和机械应力的前提下，采用各种必要的散热手段，最大限度地把产品产生的热量散发出去，以满足产品内电子元器件规定的温度要求。常用机箱的形式主要有密封机箱、通风机箱和强迫风冷机箱，强迫风冷机箱又可分为箱内强迫通风机箱和冷板式强迫风冷机箱两种。这四种机箱的特性及适用范围如表 3-51 所示。

表 3-51　四种机箱的特性和适用范围

机箱类型	主要散热途径	主要设计要素	特性	适用范围
密封机箱	机箱表面散热和向机座的热传导	机箱表面积和机箱安装等，在机箱的外侧，一般均考虑设计散热槽，以增加机箱的有效散热面积	散热性能较差	应用于系统功耗小、对散热要求不高的电子产品中
通风机箱	机箱表面散热和自然通风散热	机箱表面积和通风口面积等	散热性能较好	系统功耗较小，通过通风孔的散热就可满足温度要求
箱内强迫通风机箱	机箱表面散热和强迫通风散热	选用合适的风机和设置合理的风道，包括通风路径、气流的分配与控制、空气出入口障碍物的影响、风机与通风口的距离、通风进出口设计、空气过滤器的采用等	散热性能好	有较强的散热性能，适用于功耗较大的系统。对冷却空气的温度、湿度及质量有严格的要求
冷板式强迫风冷机箱	机箱表面散热、冷板散热和强迫风冷散热	冷板的盖板、底板及多层冷板用的隔板材料一般用铝板。盖板、底板的厚度一般为 3～6mm，隔板的厚度取 0.4～2mm。根据冷板的工作环境条件，选取肋片的形状、肋间距、肋高和肋厚	散热性能好，可减少各种污染，结构紧凑	传热效率高，无污染，结构简单，广泛应用于电子产品的热设计，尤其是体积和重量受到严格限制的飞行器电子产品

3.6.4 电路容差分析

容差是在给定条件下一个物理量可能值的最大范围。容差分析技术是一种预测电路性能参数稳定性的方法。它主要研究电路组成部分的参数偏差，在规定的使用温度范围内，电参数容差及寄生参数对产品性能的影响。系统性能不稳定或发生漂移或退化的主要原因有：制造公差、环境条件及退化效应。制造公差是由于组成系统的元器件参数通常是以标称值表示的，其实际数值存在公差。这种偏差是固定的。例如，标称值 1 000 欧姆，精度为±10%的电阻，其实际值在 900～1 100 欧姆范围之内。忽略公差，电路参数还可能超出允许范围，发生电路参数漂移。环境条件是指温度的变化会使电子元器件参数发生漂移。这种漂移在许多情况下是可逆的，随条件而变，参数可能恢复到原来的数值。退化效应是指随着时间的积累电子元器件参数会发生变化。这种变化是不可逆的。因此，必须尽早提出需要进行容差分析的功能块和电路清单，并确定设备的使用温度范围和所分析元器件及电路的选择原则。由于容差分析中的计算比较烦琐，对于较复杂的电路需要借助计算机进行分析。

容差分析的方法很多，常用的方法有：最坏情况分析法、仿真、阶矩法。各种分析方法的比较如表 3－52 所示。

表 3－52　　各种容差分析方法的比较

名称	一般描述	应用方式	电路参数取值	分析结果	适用范围	优缺点
最坏情况分析法	在电路组成部分参数最坏组合情况下，分析电路性能参数偏差的一种非概率统计方法	手工计算；软件仿真	额定偏差值或寿命结束时的极限值	电路性能参数偏差	线性展开法适用于分析精度较低的电路；直接代入法适用于分析精度较高的电路	简便、直观，但分析结果偏于保守
仿真	当电路参数服从某种分布时，由其抽样值分析电路性能参数偏差的一种统计分析方法	软件仿真	额定偏差的分布值	电路性能参数的分布特性	适用于分析可靠性要求较高的电路	最接近实际情况，能用 CAD，但计算比较复杂
阶矩法	根据电路组成部分参数的均值和方差，分析电路性能参数偏差的一种概率统计方法	手工计算	均值和方差	电路输出参数均值和方差及容许偏差出现的概率	适用于分析线性电路和非线性电路	能反映实际情况，能用 CAD，但计算比较复杂

例 3－7　有一个简单的调谐电子电路设计方案。电路的组成部分包括一个$50\pm 10\%\mu H$ 的电感器和一个 $30\pm 5\%pF$ 的电容器。试对该电路进行最坏情况分析和灵敏度分析。若最大允许频移为±200KHz，该设计方案能否满足要求？若不能满足，应采取什么措施？

解：第一步，写出元件的名义值及公差：

$$L_0=50\mu\text{H},\quad \left|\frac{\Delta L}{L_0}\right|=10\%$$

$$C_0=30\text{pF},\quad \left|\frac{\Delta C}{C_0}\right|=5\%$$

第二步，建立数学模型，即建立频率 f 与电感 L 和电容 C 之间的函数关系：

$$f=\frac{1}{2\pi\sqrt{LC}}$$

为了计算方便，可把上式转换成对数形式，即

$$\ln f=-\ln 2\pi-\frac{1}{2}\ln L-\frac{1}{2}\ln C$$

第三步，计算灵敏度：

$$S_L=\left.\frac{\partial\ln f}{\partial\ln L}\right|_0=-\frac{1}{2}$$

$$S_C=\left.\frac{\partial\ln f}{\partial\ln C}\right|_0=-\frac{1}{2}$$

第四步，写出相应的偏差公式并计算：

$$\begin{aligned}\frac{\Delta f}{f_0}&=-\frac{1}{2}\left(\frac{\Delta L}{L_0}\right)-\frac{1}{2}\left(\frac{\Delta C}{C_0}\right)\\&=-\frac{1}{2}\times 10\%-\frac{1}{2}\times 5\%=-7.5\%\end{aligned}$$

第五步，计算频率的名义值：

$$f_0=\frac{1}{2\pi\sqrt{50\times 10^{-6}\times 30\times 10^{-12}}}=4.11\text{MHz}$$

第六步，写出允许频移值，并计算允许的相对频移值：

$$\Delta f_{最大}=200\text{KHz}$$

$$\frac{\Delta f_{最大}}{f_0}=\frac{200\times 10^3}{4.11\times 10^6}=4.9\%$$

第七步，将实际偏差与允许的频移值相比较（即把第四步与第六步的计算结果比较），发现：

$$\left|\frac{\Delta f}{f_0}\right|=7.5\%>\left|\frac{\Delta f_{最大}}{f_0}\right|=4.9\%$$

按最坏情况法分析后得出的结论为：原设计方案有漂移故障，不能满足规定的设计要求，需要改进原设计方案。

改进措施：根据分析结果，首先应减小电感器的公差范围，因为仅电感器所产生的频移偏差分量就大于允许的频移偏差（4.9%）。但是，减小电容的公差需要的资金可能少一些。合理的折中方案是把偏差的 2/3 分给电感器，1/3 分给电容器。

计算出新的实际频移：

$$\left(\frac{\Delta L}{L_0}\right)_{新}=4.9\%\times\frac{\frac{2}{3}}{\frac{1}{2}}=6.5\%$$

$$\left(\frac{\Delta C}{C_0}\right)_{新}=4.9\%\times\frac{\frac{1}{3}}{\frac{1}{2}}=3.3\%$$

$$\left|\left(\frac{\Delta f}{f_0}\right)_{新}\right|=\left(\frac{1}{2}\times6.5\%\right)+\left(\frac{1}{2}\times3.3\%\right)=4.9\%$$

所以新的设计方案中，电感器应为 50±6.5%μH，电容器应为 30±3.3%pF。这样就能满足设计规定的最大允许频移为±200KHz 的要求。

由这个例子可以看出，采用最坏情况分析法，一方面可以预测某系统的设计方案是否会产生漂移故障，另一方面也可以给改进设计提供方向。这是一种较为保守的方法。它适用于可靠性要求比较高的系统。虽然这种最坏情况不一定发生，但是可以作为一种较保守而可靠的措施。

工程应用要点如下：

(1) 电路容差分析一般在研制阶段的中后期开展，此时已经具备了电路的详细设计资料。

(2) 电路容差分析工作应该以设计人员为主来完成，并在可靠性工程师的配合下完成容差分析报告。

(3) 尽可能采用成熟的电子设计自动化（EDA）软件实现自动化的容差分析，这样不仅可以提高分析的精度，而且可以降低复杂电路的分析难度。

(4) 对于容差分析合格的电路，在设计改动后，应该再次进行容差分析。

(5) 对于容差分析不合格的电路，应该首先考虑缩小灵敏度最大的设计参数的偏差范围，然后再考虑缩小所有设计参数的偏差范围。

(6) 当采用缩小设计参数偏差范围的改进方法仍然不能满足要求时，应该考虑重新选择设计参数的标称值，使系统性能参数更稳定。如果没有更合理的设计参数可供选择，则应考虑修改电路的结构设计，采用更合理的电路结构来实现相同的功能。

(7) 在应用最坏情况分析法时，要注意在设计参数变化范围内电路性能参数的变化趋势是否单调，如果不单调，则应用最坏情况分析法会导致错误结果。

3.6.5 潜在电路分析

潜在电路是电子产品中存在的一种设计意图之外的状态，在一定的条件下，能够导致产品产生非期望功能或抑制期望功能。它具有潜藏性，而一旦激励条件得以满足，往往表现出突然发生、出人意料等特点。潜在电路对电子产品的危害很大。在新产品研发过程中，由于系统复杂，各部件的设计人员可能缺乏对产品的整体把握，对设计要求理解不一致等原因，很容易在设计中引进潜在电路。大多数潜在电路在某种特定条件下才会被激发，一般很难通过试验或仿真手段发现。潜在电路分析（SCA）的目的就是在假设所有元器件及部件均未失效的情况下，从系统工程的角度，通过事先进行的分析工作，发现电路中可能存在的或在一定的激励条件下可能产生非期望功能或抑制期望功能的潜在状态，并事先采取有效的预防措施，以保证电路安全可靠。

潜在电路分析技术原则上适用于任何电子产品系统，分析规模可以是一个功能电路、分系统或整个电路系统。由于潜在电路分析的工作强度较大，研制单位可以根据需要，着重对影响人员安全或任务成败的关键电路实施潜在电路分析。

对于元器件总数不超过50个的电子产品系统的潜在电路分析，可以采用人工方法进行，但超过上述规模时，建议借助潜在电路分析软件工具进行分析。

潜在电路分析是用来识别潜在的电路、设计、图纸差错的工程方法，通常不考虑环境变化的影响，也不识别由于硬件故障、制造或对环境敏感所引起的潜在通路。有时潜在电路并不是一种不良的状况，如当其他电路出现故障时，某些潜在通路却完成了其任务。因此在采取任何措施前，必须对潜在电路的内涵本质加以仔细研究，并确定它对电路功能的影响。

1. 潜在电路的类型

潜在电路是设计者无意中设计进系统的，属于非失效相关的设计问题。潜在电路包括四种表现形式：潜在路径、潜在时序、潜在指示、潜在标志。

（1）潜在路径：电流沿非预期的路径流动。

（2）潜在时序：数据或逻辑信号以非期望或矛盾的时间顺序，或在非期望的时刻，或延续一个非期望的时间段发生，从而使系统出现的异常状态。

（3）潜在指示：产品在正常运行状况出现的模糊或错误的指示。潜在指示可能误导产品或操作人员做出非期望的反应。

（4）潜在标志：产品功能（如控制、显示）的错误或不确切的标志。潜在标志可能会误导操作人员。

2. 潜在电路分析的常用方法

潜在电路分析的常用方法是基于网络树生成和拓扑图形识别的分析方法：首先对系统进行适当的划分以及结构上的简化，生成网络树；然后识别网络树中的拓扑图形；最后结合线索表对网络树进行分析，识别出系统中存在的潜在状态。

3.7 机械产品可靠性设计与分析

3.7.1 概述

机械产品的可靠性是在规定的使用条件和规定时间内，机械产品完成规定功能的能力。机械产品可靠性设计理论的基本任务是，在失效机理的基础上提出可供设计计算用的可靠度和寿命模型及方法，从而在设计阶段估计、预测机械产品及主要零部件在规定的工作条件下完成规定功能的概率或寿命，保证所设计的产品达到规定的可靠性要求。

机械产品可靠性设计方法主要可分为定性设计方法和定量设计方法。定性设计方法本质上是成功的设计经验。把这些经验有针对性地应用到产品设计中，可避免重复以前发生过的故障或设计缺陷。

概率设计法是机械产品可靠性定量设计的主要方法。概率设计法以应力—强度干涉模型和功能失效极限状态函数理论为基础，将与设计有关的载荷、强度、尺寸、寿命等都视为服从一定分布的随机变量，掌握它们的分布规律并利用概率方法计算出给定设计条件下产品的失效概率和可靠度，以保证所设计的机械产品符合给定的可靠性要求。

3.7.2 机械产品可靠性的特点

与电子产品可靠性相比，机械产品可靠性具有许多不同的特点。了解并分析这些特点，对于开展机械产品可靠性设计具有重要的意义。

（1）电子产品的失效模式比较简单，而机械产品的失效模式比较复杂。

（2）电子产品在使用过程中发生的故障主要是由偶然因素造成的，而机械产品的故障原因主要是疲劳、老化、磨损、腐蚀等，因而主要是耗损型故障。

（3）电子产品可以通过环境应力筛选等剔除早期失效，在经济上是合理、有效的，而机械产品要开展这项工作在经济上和方法上通常是困难的。

（4）电子产品一般都是由标准的元器件组成的，其基本失效率接近常数，可利用国家军用标准 GJB/Z 299—1998《电子设备可靠性预计手册》或美国的 MIL-HDBK-217F《电子设备可靠性预计手册》进行电子产品的可靠性预计。机械产品的零部件大多是专用件，标准件少，环境影响更严劣，因此难以有零部件通用的失效率数据。

（5）电子产品的维修主要以更换元器件为主，而机械产品的维修常采用预防性维修和更换相结合的方式进行。

（6）机械产品的寿命和可靠性试验一般是小子样，而且为了检测耗损型故障，所要求的试验时间较长，机械产品的寿命特别是零部件寿命往往不服从指数分布。

（7）电子产品的可靠性数据已经形成标准手册，而机械产品的可靠性数据还十分缺乏。

机械产品可靠性的上述特点导致了机械产品可靠性与电子产品可靠性设计之间的差异。当然，机械产品可靠性与电子产品可靠性设计的目标是一致的，都是要在有限经费和时间内获得尽可能可靠的产品。可靠性工程的基本方法，例如可靠性建模、预计、分配、故障模式及影响分析等对机械产品同样适用，其中许多方法都可直接用于机械产品的可靠性设计，本节仅叙述与机械可靠性设计和分析关系密切的有关方法。

3.7.3 机械产品的主要失效模式

机械产品可靠性设计的根本任务是预防潜在故障及纠正故障，因此从产品的故障现象入手，利用 FMEA 方法找出可能发生的故障模式，通过基于失效物理和化学的分析，找出失效的原因和机理，进而开展机械产品可靠性设计。

为了便于分析和统计失效模式，一般将失效模式进行分类。我国在相关的军用标准，如 GJB 3554—1999《车辆系统质量与可靠性信息分类和编码要求》中，将机械产品的失效模式主要分为 6 类：

（1）功能失效型，如操纵失灵、不启动、不工作、卡死等。

（2）功能失常型，如压力过高或过低、不到位、转速异常、功率不足等。

（3）损坏损伤型，如断裂、破碎、裂纹、扭曲变形、点蚀、剥落等。

（4）松脱漏堵型，如松动、脱落、漏油、漏水、漏气、堵塞等。

（5）退化变质型，如老化、变质、腐蚀、锈蚀、积碳等。

（6）其他类型。

尽管机械产品种类繁多，不同机械产品的失效模式和失效机理也各异，但由于疲劳、磨损、腐蚀而导致的失效在整个机械产品失效中所占比例超过 80%，因此机械可靠性定量设计也往往针对这三种失效机理进行分析计算，其中强度不足产生的断裂往往会引发重大安全事故，因此在机械产品设计时，强度是机械零件可靠性的最基本要求。

3.7.4 机械产品的可靠性度量参数

机械产品一般可分为机械产品整机（或称系统）和零部件。度量产品可靠性的参数比较多，例如可靠度、失效率、累积失效概率、平均寿命、平均故障间隔时间、可靠寿命等，但适合机械产品可靠性的度量参数，无论是机械系统还是机械零部件，最常用的就是可靠度、寿命或可靠寿命以及平均故障间隔时间/里程。

1. 可靠度

可靠度指的是产品在规定条件下、在规定时间内不发生故障的概率。有关文献中建议按照机械产品失效影响的重要性，以可靠度作为度量参数，并分成 5 级（见表 3－53）。具体设计计算时，可根据失效影响的重要性确定其可靠度级别，作为可靠度分析评价的依据。

表 3－53　　机械产品可靠度等级水平

失效影响	可靠度指标	可靠度级别
造成重大后果	0.999 99～1	5
损失重大	0.999	4
一般损失	0.99	3
影响较小	0.9	2
基本无影响，可更换	小于 0.9	1

对故障引起不同后果的零部件和系统，应结合产品的设计寿命选用不同的可靠度许用值。为了避免造成严重事故，关键零件的可靠度许用值应取高值。

2. 寿命或可靠寿命

任何机械产品均有使用寿命问题，例如汽车的寿命一般为 50 万公里，飞机的寿命为 60 000 飞行小时，因此除以可靠度作为可靠性度量参数外，一般还采用寿命或可靠寿命来度量产品的可靠工作能力。

在现代设计中，复杂的机械系统一般采用等寿命设计方法，因此其寿命本质上取决于关键零部件的寿命。对机械零部件而言，大多是不可修复的，如果出现失效，在维修时一般给予更换。所以设计机械零部件，不但要确保其可靠度，更为重要的是使其设计寿命达到要求，即寿命必须保证。

产品的可靠度与它的使用时间有关，也就是说，可靠度是工作时间 t 的函数，可靠度一般随工作时间的延长而逐渐下降。在设计寿命期内，并不是所有机械产品都能可靠工作，因此常采用可靠寿命来度量产品的可靠性，即可靠度为给定值 R 时的工作寿命。例如，轴承常采用可靠度为 0.9 时的寿命作为可靠性度量参数。

可靠寿命一般通过统计试验确定，其观测值是能完成规定功能的产品的比例恰好等于给定可靠度时所对应的时间。例如，对 100 个产品进行寿命试验，指定可靠度 $R=0.9$，若第 10 个产品发生失效时的时间为 250 小时，则可靠度为 0.9 的可靠寿命约为 250 小时。

3. 平均故障间隔时间/里程

平均故障间隔时间/里程（MTBF）常用于机械产品整机或系统可靠性的度量，其定义为在规定的条件下和规定的时间内产品工作总时间/里程与故障总次数之比。

MTBF 本质上是一种基于统计的可靠性度量参数，可以反映产品的可靠性水平。但对机械系统而言，由于各组成零部件的失效率非恒定，机械产品可靠性的特点决定了难以直接预计机械系统的 MTBF，往往只有借助大量统计或试验数据才能确定。

3.7.5 机械产品可靠性设计分析的主要步骤

机械产品可靠性设计分析的步骤如下：

（1）明确可靠性要求。明确所要设计的机械产品的可靠性要求是开展可靠性设计的前提。可靠性要求包括定性和定量的要求，如可靠度、寿命、平均故障间隔里程等。定性和定量要求的提出必须根据机械产品的使用要求，包括寿命剖面、任务剖面、故障判别准则等。

（2）调查分析相似产品的使用情况，如常见故障模式、故障发生频率、故障发生的原因、成功的设计经验和失败的教训，制定可靠性设计准则。

（3）可靠性分配。产品的可靠性依赖于产品的各组成单元，因此必须把产品整机的可靠性要求按一定的规则合理地依次分配到部件和零件。

（4）进行 FMEA 和 FTA 分析，发现影响产品可靠性的薄弱环节，进而确定可靠性的关键件、重要件。

（5）一般零件的可靠性设计。对于一般的非关键件、非重要件，可以借鉴以往成功的设计经验，采用常规设计方法进行设计。

（6）关键件、重要件的可靠性设计。对于可靠性关键件、重要件，除了借鉴成功的设计经验进行可靠性定性设计，还应积极创造条件开展可靠性的定量设计。采用定量设计必须明确给定设计工况和可靠性要求，然后利用概率设计法进行可靠性定量设计分析。

（7）可靠性分析计算。根据所设计的零部件，通过分析与计算，估计所设计零部件的可靠性，并与分配的可靠性要求进行分析比较，如达到规定的要求，则设计结束，如未能达到规定的要求则须重新设计。

（8）设计评审。为了保证设计与分析结果的正确性，应组织同行专家进行认真的设计评审，对发现的设计缺陷进行改进设计。

（9）可靠性增长。设计完成的图纸应严格按规定要求进行制造，制造出的产品必须进行充分的试验，以便进一步暴露设计缺陷，并采取措施加以改进。改进后一定要加以验证，以实现机械产品的可靠性提升。

3.7.6 概率设计的基本原理

传统的机械设计和强度校核方法是基于确定性分析，即设计中所采用的几何尺寸、载荷、材料性能等数据，都是它们的平均值，没有考虑数据的分散性。实际上，这些因素都带有一定的随机性。这些随机因素主要可以分为三类。

1. 几何尺寸

机械产品的几何尺寸的随机波动源于制造过程，不同制造工艺所能达到的尺寸精度也不相同。表 3－54 列出了常见的不同加工方法的尺寸误差。

表 3－54　　不同加工方法的尺寸误差

加工方法	误差/（±）mm		加工方法	误差/（±）mm	
	一般	最高		一般	最高
火焰切割	1.5	0.5	锯	0.5	0.125
冲压	0.25	0.025	车	0.125	0.025
拉拔	0.25	0.05	刨	0.25	0.025
冷轧	0.25	0.025	铣	0.125	0.025
挤压	0.5	0.05	滚切	0.125	0.025
金属模铸	0.75	0.25	拉	0.125	0.012 5
压铸	0.25	0.05	磨	0.025	0.005
蜡模铸	—	0.05	研磨	0.005	0.001 2
烧结金属	1.25	0.05	钻孔	0.25	0.05
烧结陶瓷	0.75	0.5	绞孔	0.05	0.012 5

2. 材料性能

材料经冶炼、轧制、锻造、机加工、热处理等工艺过程，其机械性能指标（如弹性模量、屈服应力、疲劳应力等）必然有分散性，呈现出随机变量的特性，这已被大量的金属材料试验数据证明。

表 3－55 列出了一些常用材料性能的变异系数（变异系数＝标准差/均值）。

表 3－55　　常用材料性能的变异系数

性能参数	变异系数
金属抗拉强度	0.05（0.05～0.10）
金属屈服强度	0.07（0.05～0.10）
金属疲劳极限	0.08（0.05～0.10），重要的最好做试验
焊接结构疲劳极限	0.1（0.05～0.15）
金属的断裂韧性	0.07（0.05～0.13）

3. 载荷

机械产品工作过程中承受的力、扭矩、温度等往往都在一个较宽的范围内波动，具有较强的随机性。

为了保证机械产品不发生故障，常规机械设计方法一般采用对载荷、强度等数据分别乘以各种系数，并引入安全系数来考虑这些随机因素的影响。这种方法是人们对这些因素的随机变化所做的经验估计，由于没有对这种随机性加以量化，而且安全系数的选取往往与设计者的经验和指导思想有很大关系，因此安全系数法不能回答所设计的产品在多大程度上是安全的，也不能预测产品在使用中发生失效的概率。

机械可靠性设计方法则不同，它将载荷、材料性能与强度、零部件结构尺寸等都视为服从某种概率分布的随机变量，利用概率论与数理统计理论及强度理论，计算出在给定设计条件下产品的失效概率和可靠度，甚至可以在给定可靠度要求下直接确定零部件的结构尺寸。从对可靠性的评价来看，常规机械设计只有安全系数一个指标，而机械可靠性设计则有可靠度和安全系数两个指标。

3.7.6.1　应力—强度干涉模型

从可靠性的角度考虑，影响机械产品失效的因素可概括为应力和强度两类。应力是引起产品失效的各种因素的统称，强度是产品抵抗失效发生的各种因素的统称。应力除通常的机械应力外，还包括载荷（力、力矩、转矩等）、位移、应变、温度、磨损量、电流、电压等。同样，强度除通常的机械强度外，还包括承受上述各种形式应力的能力。

机械可靠性理论认为，产品所受的应力小于其强度，就不会发生失效；应力大于强度，则会发生失效。显然，受工作环境、载荷等因素的影响，应力和强度都是服从一定分布的随机变量。设应力 X 的概率密度函数为 $f(x)$，强度 Y 的概率密度函数为 $g(y)$。在机械设计中由于应力和强度具有相同的量纲，因此可以将它们的概率密度绘制在同一个坐标系中，如图 3－22 所示。通常零件的强度高于其工作应力，但由于应力和强度的离散性，使应力和强度的概率密度函数曲线在一定条件下可能相交，这个相交的干涉区（图 3－22（b）中阴影部分）表示强度可能小于应力，有可能发生失效。通常把这种干涉称为应力—强度干涉模型。根据干涉情况就可以计算发生失效的概率和可靠度。

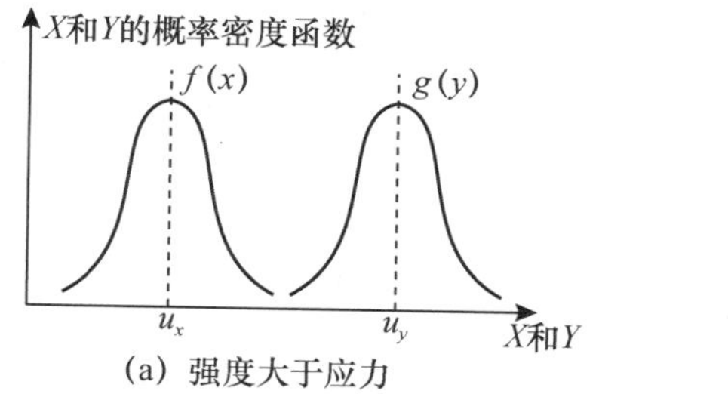

(a) 强度大于应力

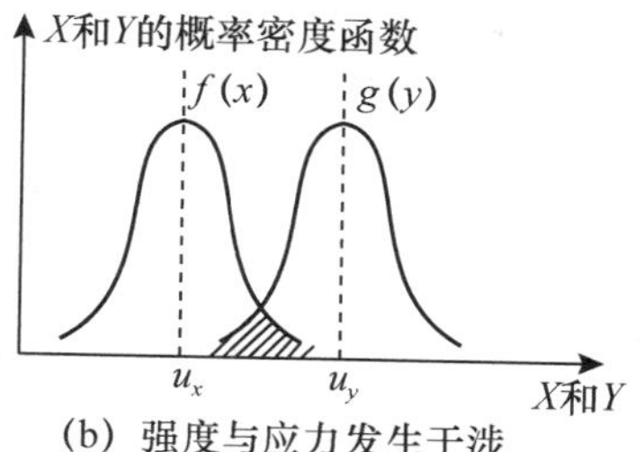

(b) 强度与应力发生干涉

图 3-22 应力和强度干涉情况

机械可靠性理论认为，产品所受的应力大于其强度就会发生失效，可靠度即为零件不发生失效的概率，故可靠度 R 和失效概率 P_f 分别为：

$$R=P(Y>X)=P(Y-X>0) \tag{3-17}$$

$$P_f=P(Y<X)=P(Y-X<0) \tag{3-18}$$

且有

$$P_f+R=1 \tag{3-19}$$

对于机械产品而言，即使应力和强度在工作初期没有干涉（见图 3-22（a）），但在动载荷、磨损、腐蚀、疲劳载荷的长期作用下，强度也会逐渐衰减，可能会发生图 3-22（b）中所示的干涉。因此，随着工作时间的延长，机械产品的可靠度一般逐渐降低直至产品失效（见图 3-23）。

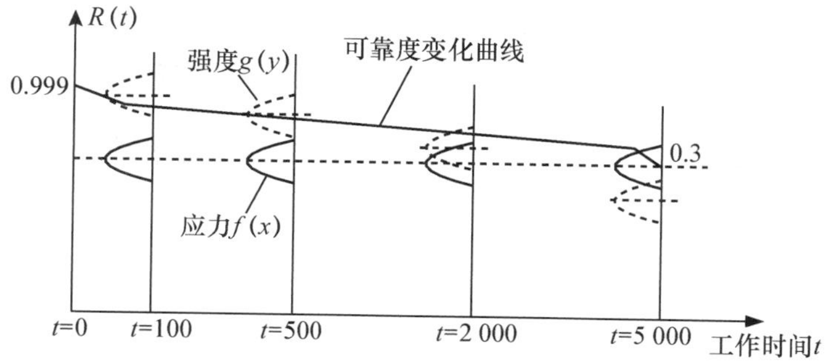

图 3-23 可靠度随工作时间降低

从图 3-23 可以看出，当零件的强度和工作应力的离散程度大时，干涉部分就会加大，零件的失效概率增大；当材料性能好、工作应力稳定而使应力与强度的离散程度小时，干涉部分就会减小，零件的可靠度就会增大。另外，由该图还可以看出，即使在安全系数大于 1 的情况下，也会存在一定的失效概率。所以，按常规机械设计方法只进行安全系数的计算是不够的，还需要进行可靠度计算，这正是可靠性设计与常规设计的最重要区别。机械可靠性设计就是要掌握零件应力和强度的分布规律，严格控制发生失效的概率，以满足设计要求。

公式（3-17）可以利用概率方法进行计算。设应力 X 和强度 Y 是相互独立的两个随机变量，令 $Z=Y-X$，故 Z 的联合概率密度函数为：

$$f(z)=f(x)g(y) \tag{3-20}$$

根据可靠度的定义，强度 Y 大于应力 X 的概率（即可靠度）R 为：

$$R=P(Y>X)=P(Z>0)=\iint_{y-x>0} f(x)g(y)\mathrm{d}x\mathrm{d}y \tag{3-21}$$

因此式（3-21）的积分区域为直线 $y-x=0$ 左上方的半平面（见图 3-24），化成累次积分，得到

$$\begin{aligned} R &= \int_{-\infty}^{\infty}\left[\int_{x}^{\infty} f(x)g(y)\mathrm{d}y\right]\mathrm{d}x = \int_{-\infty}^{\infty} f(x)\left[\int_{x}^{\infty} g(y)\mathrm{d}y\right]\mathrm{d}x \\ &= \int_{-\infty}^{\infty}\left[\int_{-\infty}^{y} f(x)g(y)\mathrm{d}x\right]\mathrm{d}y = \int_{-\infty}^{\infty} g(y)\left[\int_{-\infty}^{y} f(x)\mathrm{d}x\right]\mathrm{d}y \end{aligned} \tag{3-22}$$

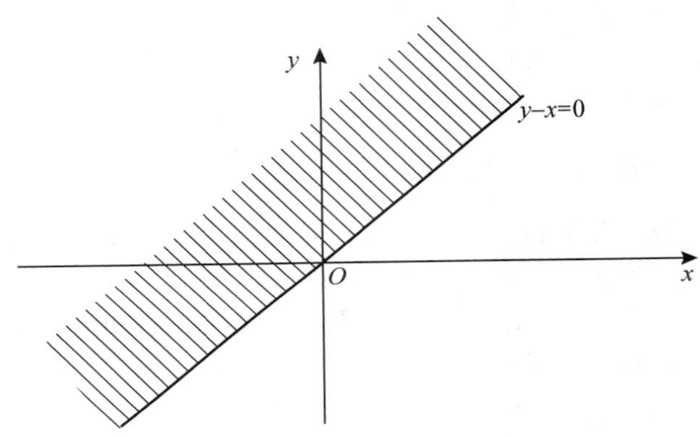

图 3-24　求可靠度的积分区域

3.7.6.2　应力、强度均为正态分布时的可靠度计算

当应力与强度均服从正态分布时，可靠度的计算可大大简化。设应力 X 和强度 Y 的概率密度函数为：

$$f(x)=\frac{1}{\sigma_x\sqrt{2\pi}}\mathrm{e}^{-\frac{1}{2}\left(\frac{x-u_x}{\sigma_x}\right)^2} \tag{3-23}$$

$$g(y)=\frac{1}{\sigma_y\sqrt{2\pi}}\mathrm{e}^{-\frac{1}{2}\left(\frac{y-u_y}{\sigma_y}\right)^2} \tag{3-24}$$

式中，u_x，u_y 为应力和强度的均值；σ_x，σ_y 为应力和强度的标准差。

因此，$Z=Y-X$ 也服从正态分布，利用概率论的知识可以得到 Z 的均值和标准差分别为：

$$u_z=u_y-u_x \tag{3-25}$$

$$\sigma_z=\sqrt{\sigma_x^2+\sigma_y^2} \tag{3-26}$$

故

$$R=P(Z>0)=\int_{0}^{\infty}\frac{1}{\sqrt{2\pi}\sigma_z}\mathrm{e}^{-\frac{1}{2}\left(\frac{z-u_z}{\sigma_z}\right)^2}\mathrm{d}z$$

$$=\int_{-\infty}^{\beta}\frac{1}{\sqrt{2\pi}}\mathrm{e}^{-\frac{1}{2}t^2}\mathrm{d}t=\Phi(\beta) \tag{3-27}$$

$$\beta=\frac{u_z}{\sigma_z}=\frac{u_y-u_x}{\sqrt{\sigma_y^2+\sigma_x^2}} \tag{3-28}$$

式中，$\Phi(\cdot)$ 为标准正态分布函数。

式（3－28）把应力的分布参数、强度的分布参数和可靠度三者联系起来，称为联结方程，是可靠性设计中一个重要的表达式。β 称为联结系数，又称为可靠度系数。利用式（3－28）即可求出 β，通过查标准正态分布表即得可靠度的值。

根据式（3－27）和式（3－28）可知：

（1）当 $u_y>u_x$ 时，$\beta>0$，可靠度 $R>0.5$。σ_x 和 σ_y 越小，说明应力和强度的分散性越小，则可靠度就越高。相反，应力和强度的分散性越大，可靠度则越小，失效概率越大。

（2）当 $u_y=u_x$ 时，$\beta=0$，可靠度 $R=0.5$。此时，可靠度 R 与应力和强度的方差无关。

（3）当 $u_y<u_x$ 时，$\beta<0$，可靠度 $R<0.5$。在设计中应避免这种情况出现。

例 3－8 设计某一汽车零件，根据应力分析，得知该零件的工作应力为拉应力，服从正态分布，均值和方差分别为：$u_{x0}=352\text{MPa}$，$\sigma_{x0}^2=40.2^2$。为了提高其疲劳寿命，制造时通过喷丸处理使其表面产生残余压应力，也服从正态分布 $N(100, 16^2)$。零件的强度也服从正态分布，均值为 $u_y=502\text{MPa}$。为了保证零件的可靠度不低于 99.9%，强度的标准差 σ_y 应该控制为多少？

解： 由概率论可知，有效应力也服从正态分布，可以求出：

$$u_x=352-100=252\text{MPa}$$

$$\sigma_x^2=40.2^2+16^2=1\,872.04=43.267^2$$

因为给定 $R=99.9\%$，查标准正态分布表可得到 $\beta=3.1$，代入联结方程（3－28），得到

$$3.1=\frac{u_y-u_x}{\sqrt{\sigma_x^2+\sigma_y^2}}=\frac{502-252}{\sqrt{\sigma_y^2+43.267^2}}$$

对上式进行计算可以得到：$\sigma_y^2=68.056^2$。因此，只要将强度标准差控制在 68.056MPa 内，可靠度就能达到给定的要求。

3.7.6.3 应力、强度服从其他分布时的可靠度计算

利用可靠度计算的一般公式（3－17）、公式（3－21）、公式（3－22）可以导出应力和强度服从其他分布时的可靠度计算公式，如表 3－56 所示。表 3－56 中的部分可靠度计算公式是积分的形式，可采用数值积分法进行计算，例如梯形法、辛普森法或高斯法等。这些数值积分法都可以找到现成的计算程序，这里不再赘述。

表 3-56　　几种典型应力、强度分布的可靠度计算公式

序号	应力	强度	可靠度公式
1	对数正态分布 $N(u_{\ln x},\ \sigma_{\ln x}^2)$	对数正态分布 $N(u_{\ln y},\ \sigma_{\ln y}^2)$	$R=\Phi(\beta)$，$\beta=\frac{u_{\ln y}-u_{\ln x}}{\sqrt{\sigma_{\ln y}^2+\sigma_{\ln x}^2}}$
2	指数分布 分布参数 λ_x	指数分布 分布参数 λ_y	$R=\frac{\lambda_x}{\lambda_x+\lambda_y}$
3	正态分布 $N(u_x,\ \sigma_x^2)$	指数分布 分布参数 λ_y	$R=e^{\frac{1}{2}\lambda_y^2\sigma_x^2-\lambda_y u_x}\Phi\left(\frac{\lambda_y-\lambda_y\sigma_x^2}{\sigma_x}\right)$
4	指数分布 分布参数 λ_x	正态分布 $N(u_y,\ \sigma_y^2)$	$R=\Phi\left(\frac{u_y}{\sigma_y}\right)-e^{\frac{1}{2}\lambda_x^2\sigma_y^2-\lambda_x u_y}\Phi\left(\frac{u_y-\lambda_x\sigma_y^2}{\sigma_y}\right)$
5	正态分布 $N(u_x,\ \sigma_x^2)$	威布尔分布 形状参数 β 尺度参数 η 位置参数 θ	$R=\Phi(A)+\frac{C}{\sqrt{2\pi}}\int_0^{\infty}e^{-\frac{1}{2}(Ct+A)^2-t^{\beta}}\mathrm{d}t$ 式中，$C=\frac{\eta}{\sigma_x}$，$A=\frac{\theta-u_x}{\sigma_x}$
6	指数分布 分布参数 λ_x	Γ 分布 分布参数 α 分布参数 β	$R=1-\left(\frac{\beta}{\beta+\lambda_x}\right)^{\alpha}$
7	Γ 分布 分布参数 α 分布参数 β	指数分布 分布参数 λ_y	$R=\left(\frac{\beta}{\beta+\lambda_y}\right)^{\alpha}$
8	威布尔分布 形状参数 β_x 尺度参数 η_x 位置参数 θ_x	威布尔分布 形状参数 β_y 尺度参数 η_y 位置参数 θ_y	$R=1-\int_0^{\infty}e^{-t-\left(\frac{\eta_y}{\eta_x}t^{\frac{1}{\beta_y}}+\frac{\theta_x+\theta_y}{\eta_x}\right)^{\beta_x}}\mathrm{d}t$

3.7.6.4　可靠度计算的工程方法

前面介绍了应力—强度干涉模型和可靠度计算的公式，它们是概率设计的基础，但很多情况下难以直接应用于工程，这主要是因为：

（1）应力—强度干涉模型要求已知应力和强度的分布，大多数情况下缺乏这样的数据。

（2）影响机械产品可靠性的随机变量不止两个，而是一个 n 维向量。这种情况下，应力—强度干涉模型无法直接应用。

例如，渐开线圆柱齿轮传动，其齿根弯曲应力的计算公式为：

$$\sigma_F=\frac{2\times 9\,549\times 10^3 P}{bdm_n n}Y_{FS}Y_{\varepsilon\beta}K_AK_VK_{F\beta}K_{F\alpha} \tag{3-29}$$

式中，P 为齿轮传递的功率，kw；n 为齿轮的转速，r/min；K_A 为使用系数；K_V 为动载系数；$K_{F\beta}$ 为齿向载荷分配系数；$K_{F\alpha}$ 为齿间载荷分配系数；Y_{FS} 为复合齿形系数，考虑齿形对齿根弯曲应力的影响；$Y_{\varepsilon\beta}$ 为重合度与螺旋角系数；d 为齿轮分度圆直径；b 为工作宽度；m_n 为法面模数。

齿根弯曲强度的计算公式为：

$$\sigma_{FS}=\frac{\sigma_{FE}Y_N Y_{\delta rel} Y_{Rrel} Y_X}{S_{F\min}} \tag{3-30}$$

式中，σ_{FE} 为齿轮材料弯曲强度的基本值；Y_N 为寿命系数；$Y_{\delta rel}$ 为相对齿根圆角敏感系数；Y_{Rrel} 为相对表面状况系数；Y_X 为尺寸系数；$S_{F\min}$ 为弯曲强度最小安全系数，$S_{F\min}\geqslant 1.5$。

上述应力和强度的计算公式虽然是针对圆柱渐开线齿轮的，但却反映了工程实践中的一种普遍情况，即机械产品的应力和强度都可以看做结构尺寸、载荷、材料性能、工况、加工制造因素等多个随机变量的函数。尽管从理论上可以利用应力和强度的计算公式对其分布参数进行推导，但计算量往往很大且计算比较烦琐，工程中难以应用。

因此，需要把应力—强度干涉模型推广到 n 个随机变量的一般情况。

如前所述，强度 Y 和应力 X 都是随机变量，都是结构尺寸、载荷、材料性能等随机变量的函数，而强度与应力差 $Z=Y-X$ 也是随机变量，可用一个多元函数来表示，即

$$Z=Y-X=G(x_1,x_2,\cdots,x_n) \tag{3-31}$$

式中，随机变量 x_i 表示影响机械产品功能的各种随机因素，如载荷、材料、尺寸、表面粗糙度、应力集中等。这个函数称为功能失效极限状态函数，简称功能函数，它表示产品所处的状态，即 $Z>0$，强度大于应力，产品能完成规定的功能；$Z<0$，强度小于应力，产品不能完成规定的功能，处于失效状态；$Z=0$，表示产品处在一种极限状态。

$$Z=G(x_1,x_2,\cdots,x_n)=0 \tag{3-32}$$

称为极限状态方程，由于其在空间几何上表示一个 n 维曲面，因此也称为极限状态曲面。

于是，机械产品的可靠度 R，也就是能完成规定功能的概率为：

$$R=P[Z=G(x_1,x_2,\cdots,x_n)>0] \tag{3-33}$$

机械产品不能完成该功能的概率，也就是失效概率 P_f 为：

$$P_f=P[Z=G(x_1,x_2,\cdots,x_n)<0] \tag{3-34}$$

绝大多数情况下 x_i（$i=1, 2, \cdots, n$）都是连续型随机变量，因此

$$P[Z=G(x_1,x_2,\cdots,x_n)=0]=0 \tag{3-35}$$

故有

$$R+P_f=1 \tag{3-36}$$

公式（3-33）的计算可以采用蒙特卡罗抽样方法来计算，基本思路是首先生成 0～1 之间均匀分布的随机数，根据各随机变量的分布类型变换为相应分布的随

机数，然后作为随机变量的值代入功能函数中计算功能函数是否大于 0，最后统计功能函数大于 0 的抽样次数与总抽样次数的比值作为可靠度。由于机械结构及零部件的可靠度要求通常比较高，要求的抽样次数比较多，因此工程上更多的是应用近似计算方法，其中最著名的就是一次二阶矩法。

1969 年康纳尔（Cornell）提出了可靠度系数的基本概念，初步建立了结构可靠度分析的一次二阶矩法。其基本思路是把功能函数在各随机变量的均值处泰勒线性展开，可靠度系数 β 定义为功能函数的均值和标准差之比（式 3－37）。由于功能函数是在各随机变量的均值处展开的，故也称为均值点法。

$$\begin{cases} Z = G(u_1, u_2, \cdots, u_n) + \sum_{i=1}^{n} (x_i - u_i) \left.\dfrac{\partial G}{\partial x_i}\right|_{u_i} \\ u_Z = G(u_1, u_2, \cdots, u_n) \\ \sigma_Z = \sqrt{\sum_{i=1}^{n} \left(\sigma_i \left.\dfrac{\partial G}{\partial x_i}\right|_{u_i} \right)^2} \\ \beta = \dfrac{u_Z}{\sigma_Z} \\ R = \Phi(\beta) \end{cases} \tag{3-37}$$

式中，u_i，σ_i 为随机变量 x_i 的均值和标准差，$i=1$，2，…，n。

随后，人们发现这种方法存在的最大问题是对于极限状态曲面相同而数学形式不同的功能函数，会得出不同的可靠度计算结果。1974 年哈索弗（Hasofer）和林德（Lind）针对随机变量服从独立标准正态分布的情况，将可靠度系数 β 定义为坐标原点到极限状态曲面切平面的最小距离，明确了可靠度系数的几何意义（见图 3－25）。相应的极限状态曲面上距离原点最近的点称为设计点（也称为最可能失效点）。哈索弗和林德提出用设计点作为唯一的泰勒展开点，从而避免了康纳尔方法的缺点。哈索弗和林德的方法只适用于随机变量服从独立标准正态分布的情况，拉克维茨（Rackwitz）和菲斯勒（Fiessler）提出等效正态变量的方法来处理非标准正态分布随机变量情况。上述工作奠定了一次二阶矩法的理论基础，并为国际结构安全委员会（JCSS）推荐使用，也称为 JC 法。

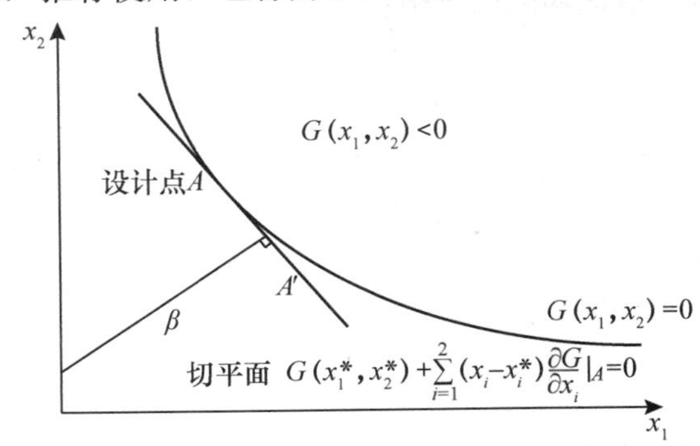

图 3－25　一次二阶矩法的几何意义示意图

可以看出，一次二阶矩法的核心在于确定设计点（x_1^*，x_2^*，…，x_n^*）。一旦确定了设计点，就可以沿用康纳尔的思路，可靠度计算公式如下：

$$\begin{cases} Z = G(x_1^*, x_2^*, \cdots, x_n^*) + \sum_{i=1}^{n} (x_i - x_i^*) \left.\dfrac{\partial G}{\partial x_i}\right|_{x_i^*} \\ \mu_Z = G(x_1^*, x_2^*, \cdots, x_n^*) \\ \sigma_Z = \sqrt{\sum_{i=1}^{n} \left(\sigma_i \left.\dfrac{\partial G}{\partial x_i}\right|_{x_i^*} \right)^2} \\ \beta = \dfrac{\mu_Z}{\sigma_Z} \\ R = \Phi(\beta) \end{cases} \tag{3-38}$$

从设计点的定义可知，设计点的确定本质上是一个求最小距离的数学优化问题。目前人们已经发展了多种迭代计算方法，比较常用的是线性搜索法，也称为验算点法或改进的一次二阶矩法。下面不做原理推导，直接给出线性搜索法的计算步骤。

设 $x_i(i=1, 2, \cdots, n)$ 服从正态分布，均值为 μ_i，标准差为 σ_i，各变量相互独立，则线性搜索法确定设计点的主要步骤如下：

(1) 给各随机变量赋初值 $x^*=(x_1^*, x_2^*, \cdots, x_n^*)$，一般可取各随机变量的均值。

(2) 计算功能函数在各随机变量当前取值点的偏微分 $\dfrac{\partial G}{\partial x_i}$ ($i=1, 2, \cdots, n$)。

(3) 按照式 (3-39) 计算灵敏度系数 λ_i ($i=1, 2, \cdots, n$)。

$$\lambda_i = \frac{\sigma_i \left.\dfrac{\partial G}{\partial x_i}\right|_{x^*}}{\sqrt{\sum_{i=1}^{n} \left(\sigma_i \left.\dfrac{\partial G}{\partial x_i}\right|_{x^*} \right)^2}} \tag{3-39}$$

(4) 按照式 (3-40) 计算功能函数在各随机变量当前取值点的可靠度系数 β。

$$\beta = \frac{\mu_Z}{\sigma_Z} = \frac{G(x_1^*, x_2^*, \cdots, x_n^*) + \sum_{i=1}^{n} (u_i - x_i^*) \left.\dfrac{\partial G}{\partial x_i}\right|_{x^*}}{\sqrt{\sum_{i=1}^{n} \left(\sigma_i \left.\dfrac{\partial G}{\partial x_i}\right|_{x^*} \right)^2}} \tag{3-40}$$

(5) 将求得的 β 代入式 (3-41)，求得 $x_i^*(i=1, 2, \cdots, n)$ 的新值。

$$x_i^* = u_i - \beta \lambda_i \sigma_i \tag{3-41}$$

重复步骤 (2)至步骤(5)，直到所得到的 β 值与上一次的 β 值之差小于容许误差。此时所求得 $x^*=(x_1^*, x_2^*, \cdots, x_n^*)$ 即为设计点，代入式 (3-38) 即可求得可靠度。

除了上述一次二阶矩法，还发展了其他很多方法，例如二次二阶矩法、响应面法、重要抽样法等，感兴趣的读者可进一步参考有关的文献。

下面通过算例说明一次二阶矩法的应用。

例 3-9 一个长为L，截面为$b\times h$矩形的悬臂梁，上面作用均匀载荷q（见图 3-26），梁的屈服强度为f。根据材料力学，梁的最危险截面的屈服应力的计算公式为$\sigma=3\frac{qL^2}{bh^2}$。按照应力—强度干涉理论，梁的屈服应力大于屈服强度时发生失效，因此可建立可靠度计算的功能函数为：

$$Z=f-\sigma=f-3\frac{qL^2}{bh^2} \tag{3-42}$$

式（3-42）中各随机变量均服从正态分布，且相互独立，其分布参数见表 3-57。

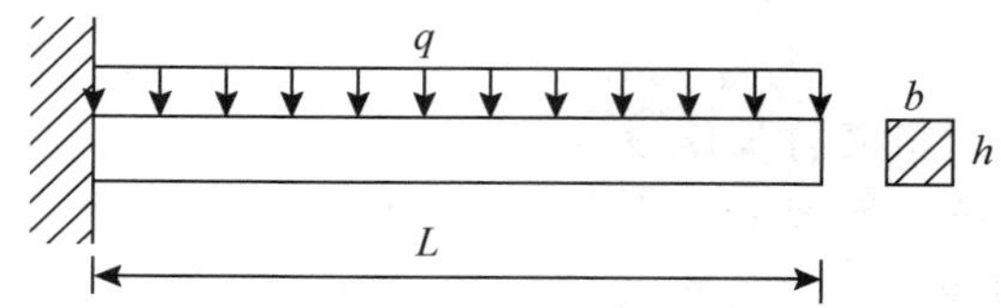

图 3-26 例 3-9 示意图

表 3-57　例 3-9 中随机变量的分布参数

随机变量	均值	标准差
q	1.15	0.033 3
L	60	0.6
b	4	0.12
h	1	0.03
f	3 600	300

下面利用均值点法和验算点法计算梁不发生屈服失效的可靠度。

（1）以各随机变量均值作为初值：

$$q^{(1)}=1.15,\ L^{(1)}=60,\ b^{(1)}=4,\ h^{(1)}=1,\ f^{(1)}=3\,600$$

（2）对功能函数求偏导，并将各随机变量值代入，得到：

$$\frac{\partial Z}{\partial q}=-2\,700,\ \frac{\partial Z}{\partial L}=-104,\ \frac{\partial Z}{\partial b}=768.6,\ \frac{\partial Z}{\partial h}=6\,118,\ \frac{\partial Z}{\partial f}=1$$

（3）计算灵敏度系数，得到：

$$\lambda_q=-0.236\,8,\ \lambda_L=-0.164\,4,\ \lambda_b=0.243,\ \lambda_h=0.483,\ \lambda_f=0.79$$

（4）计算在均值点的可靠度系数，得到$\beta=1.303\,7$，查标准正态分布表得到可靠度$R=0.903\,8$，即为均值点法计算的可靠度。

（5）将步骤（4）求得的β代入式（3-41），得到各随机变量的新值：

$$q^{(2)}=1.16,\ L^{(2)}=60.13,\ b^{(2)}=3.96,\ h^{(2)}=0.98,\ f^{(2)}=3\,291$$

（6）重复（2）到（4）的计算步骤，当迭代计算的β与上一次的β值之差小于

0.000 001 时，停止迭代。

(7) 经过 4 次迭代（具体计算过程略），最终得到设计点为：

$$q^{(*)}=1.16,\ L^{(*)}=60.13,\ b^{(*)}=3.96,\ h^{(*)}=0.98,\ f^{(*)}=3\,305.5$$

在设计点的偏导数为：

$$\frac{\partial Z}{\partial q}=-2\,848.8,\ \frac{\partial Z}{\partial L}=-110.5,\ \frac{\partial Z}{\partial b}=826.6,\ \frac{\partial Z}{\partial h}=6\,643,\ \frac{\partial Z}{\partial f}=1$$

(8) 计算在设计点的可靠度系数，得到 $\beta=1.279\,7$，查标准正态分布表得到可靠度 $R=0.899\,7$，即为验算点法计算的可靠度。表 3－58 的可靠度计算结果对比表明，验算点法的计算精度要高于均值点法。

表 3－58　例 3－9 计算结果的对比

方法	β	可靠度 R	R 相对误差（%）
均值点法	1.303 7	0.903 8	4.65
验算点法	1.279 7	0.899 7	0.38
理论精确解	1.261	0.896 3	—

从例 3－9 可以看出，机械可靠性设计方法是一种以常规机械设计方法为基础，并在设计过程中系统考虑载荷、材料和结构尺寸的随机性的设计方法。机械产品的可靠性设计分析分为两部分：一是失效模式的确定；二是计算该失效模式发生的概率，即失效概率或可靠度。可靠度计算是可靠性设计分析的目的，而失效模式的确定以及每个失效模式的功能函数的建立则是可靠度计算的基础。利用概率设计法进行机械产品可靠性定量设计分析的主要步骤如下：

(1) 失效模式的确定。失效模式可以利用常规的失效分析技术，如光学显微镜、扫描电镜、超声波、化学分析等装置以及应力分析、振动试验等手段来确定，也可以根据相似产品的经验数据以及潜在故障模式影响分析（FMEA）和故障树分析（FTA）来确定。FMEA 可以分析机械产品的潜在故障情况，不仅可以指导设计，而且可以进一步为可靠度的计算奠定基础。FTA 则可以进一步剖析机械产品故障的原因。

(2) 根据失效的原因确定失效的判据。机械产品常见的失效原因有：材料屈服、断裂、疲劳、过度变形、压杆失稳、腐蚀、磨损、振幅过大、噪声过大、蠕变等。较常用的判据有：最大正应力、最大剪应力、最大变形能、最大应变能、最大应变、最大变形、最大许用腐蚀量、最大许用磨损量、最大许用振幅、最大允许声强、最大许用蠕变等。

(3) 确定影响强度和应力的因素及相应的计算公式，建立功能函数。如前所述，强度 Y 和应力 X 都是随机变量，都是结构尺寸、载荷、材料性能等随机变量的函数，因此根据结构失效的原因分别得出应力的计算公式和强度的计算公式，然后利用应力—强度干涉模型建立功能函数。

由于导致机械产品发生失效的应力、应变一般需要借助各种计算机辅助工程

（CAE）工具来仿真计算，因此在机械产品可靠性设计分析的过程中，几乎会涉及所有的机械设计专业学科，如机构运动学/动力学、结构强度、疲劳断裂、磨损、腐蚀、液压流体、振动噪声等。随着各种计算机辅助设计分析工具的不断涌现，很多成熟的 CAE 工具不仅自成体系，而且具有开放的接口实现与其他软件的数据共享和集成。如何利用这些 CAE 工具来进行可靠度的仿真计算，也是机械可靠性技术应用的重要研究方向。

按照机械可靠性理论，影响应力和强度的设计参数都是随机变量，它们应当是经过多次试验测定的实际数据并经过统计检验后得到的统计量。理想的情况是掌握它们的分布形式与参数，但是这些设计参数的统计数据和分布形式等资料却很缺乏。例如，在利用有限元（FEA）计算应力的情况下，可以获得应力的均值，但是应力的标准差却很难方便地计算。这种情况下，一般按照 3σ 原则估计标准差，并近似作为正态分布来处理。

（4）利用均值点法或验算点法计算可靠度。当计算的可靠度达不到设计要求时，可以通过灵敏度分析（公式（3-39）），确定各影响因素对可靠度影响的重要性，然后从控制参数均值和参数标准差两方面入手来提高可靠性。

从上述机械产品可靠性设计分析的一般过程可以看出，机械产品可靠度的计算以失效模式和失效机理为基础，这也是机械可靠性方法与常规的基于统计的可靠性建模和预计方法的根本区别。

下面再以某拉杆设计为例，说明可靠度计算方法在机械产品设计中的应用。

例 3-10 要设计一种圆截面拉杆，拉杆所承受的拉力 P 服从正态分布，均值 $u_P=40\,000\text{N}$，标准差 $\sigma_P=1\,200\text{N}$，拉杆拟采用 45 钢为制造材料，要求不发生屈服的可靠度为 0.999，试确定拉杆截面半径 r 的均值和标准差。

解：（1）建立可靠度计算模型（功能函数）。

查阅相关手册，可以确定 45 钢材料的屈服强度 Y 的均值为 $u_y=667\text{MPa}$，标准差 $\sigma_y=25.3\text{MPa}$。根据材料力学，在一定拉力下圆截面拉杆的应力 X 的计算公式为：

$$X=\frac{P}{\pi r^2}$$

按照应力—强度干涉理论，拉杆的屈服应力 X 大于屈服强度 Y 时发生失效，因此可建立可靠度计算的功能函数为：

$$Z=Y-X=Y-\frac{P}{\pi r^2} \tag{3-43}$$

（2）可靠度计算与设计。

根据相似结构的设计经验，初选截面半径 r 均值为 $u_r=4.8\text{mm}$，标准差为 $\sigma_r=0.2\text{mm}$，利用验算点法计算可靠度，具体计算步骤如下：

1）以各随机变量均值作为初值：

$$Y^{(1)}=667,\ P^{(1)}=40\,000,\ r^{(1)}=4.8$$

2）对功能函数求偏导，并将各随机变量值代入，得到：

$$\frac{\partial Z}{\partial Y}=1,\ \frac{\partial Z}{\partial P}=-0.0138,\ \frac{\partial Z}{\partial r}=226.85$$

3）计算灵敏度系数，得到：

$$\lambda_Y=0.464,\ \lambda_P=-0.304,\ \lambda_r=0.832$$

4）计算在均值点的可靠度系数，得到$\beta=2.098$。

5）将步骤4）求得的β代入式（3-41），得到各随机变量的新值：

$$Y^{(1)}=642.38,\ P^{(1)}=40\,765.3,\ r^{(1)}=4.45$$

6）重复2）到6）的计算步骤，当迭代计算的β与上一次的β值之差小于0.000 001时，停止迭代。

7）经过4次迭代（具体计算过程略），最终得到设计点为：

$$Y^{(*)}=648.42,\ P^{(*)}=40\,666.4,\ r^{(*)}=4.468$$

在设计点的偏导数为：

$$\frac{\partial Z}{\partial Y}=1,\ \frac{\partial Z}{\partial P}=-0.015\,9,\ \frac{\partial Z}{\partial r}=285.95$$

计算在设计点的可靠度系数，得到$\beta=1.898$，查标准正态分布表得到可靠度$R=0.971\,2$，不满足设计要求，因此需要增大截面半径r的均值或减小截面半径r的标准差。这里采用减小截面半径r的标准差的方法，取$\sigma_r=0.08$，利用验算点法重新计算可靠度为0.999 2，满足可靠度要求。因此，确定截面半径r的均值$u_r=4.8$mm，标准差$\sigma_r=0.08$mm。

（3）与常规设计方法的比较。

如果取常规设计的安全系数$S=1.5$，按照常规方法，有

$$X=\frac{P}{\pi r^2}\leqslant\frac{Y}{S}=\frac{667}{1.5}=444.667$$

即有

$$\frac{40\,000}{\pi r^2}\leqslant 444.667,\ r\geqslant\sqrt{\frac{40\,000}{\pi\times 444.667}}=5.35\text{mm}$$

得拉杆截面半径为$r\geqslant 5.35$mm。

由于常规设计中安全系数的选取是设计师根据经验确定的，经验不足的设计师往往选择较保守的安全系数。如果取安全系数为$S=3$，则按照常规设计方法获得的拉杆截面半径为$r\geqslant 7.57$mm。

显然，常规设计获得的结构尺寸比可靠性设计的结构尺寸大了许多。如果将$u_r=4.8$mm代入常规设计方法，则其计算的安全系数仅为1.2，这么小的安全系数常规设计往往不敢采用，但利用可靠性设计方法，其可靠度竟达到0.999，即拉杆破坏的概率仅有0.1%。因此可以看出，以概率论和数理统计理论为基础的可靠性

设计方法比常规安全系数设计方法更合理，可靠性设计能得到较小的零件尺寸、体积和重量，而常规的安全系数法为了保险而取过大的安全系数往往导致保守的设计；可靠性设计可以预测零部件的失效概率，而安全系数则不能；从提高可靠性的角度看，安全系数只能从控制参数的均值方面入手，而可靠性设计方法则可以从控制参数均值和控制参数标准差两方面入手，这会在节省原材料和降低设计或加工工艺要求等方面带来较好的经济效益。

3.7.6.5 安全系数与可靠度的关系

传统的机械设计中，一个零件是否会发生失效，可用安全系数 S 大于或等于许用安全系数［S］来判断，即

$$S \geqslant [S] \tag{3-44}$$

$$S=\frac{[\sigma]}{\sigma} \tag{3-45}$$

式中，［σ］为零件的强度极限（如屈服极限、疲劳极限等）；σ 为零件危险截面上的应力。许用安全系数［S］一般根据零件的重要性、材料性能数据的准确性、计算的精确性以及工况情况等确定。

上述安全系数法一直沿用至今，其特点是表达方式直观明确。但这种设计方法把安全系数、强度、应力等都处理成单值确定的变量，尽管有些零件的安全系数大于1，但往往仍有零件在规定的使用期内失效，这是因为强度、应力和尺寸等都是随机变量，存在一定的分散性。为了追求安全，传统机械设计有时往往盲目地选用优质材料或加大零件尺寸，造成不必要的浪费。

如果将应力与强度的随机性概念引入上述安全系数中，便可得出可靠性意义下的安全系数，从而把安全系数与可靠度的概念联系起来。设应力 X 和强度 Y 是随机变量，则安全系数 $S=Y/X$ 也是随机变量。当已知强度 Y 和应力 X 的概率密度函数时，利用二维随机变量的概率知识，可以计算出安全系数 S 的概率密度函数 $f(s)$。因此，可通过下式计算零件的可靠度，即

$$R=P\left(S=\frac{Y}{X}>1\right)=\int_{1}^{\infty} f(s)\mathrm{d}s \tag{3-46}$$

上式表明，可靠度 R 就是安全系数 $S>1$ 的概率，这就是安全系数与可靠度 R 的关系。下面重点讨论设计中经常采用的均值安全系数和概率安全系数的概念及其与可靠度的关系。

1. 均值安全系数

从可靠性的角度看，常规设计中的安全系数实际上是零件强度的均值 u_y 和零件危险截面上应力的均值 u_x 的比值，这里称为均值安全系数，即

$$\overline{S}=\frac{u_y}{u_x} \tag{3-47}$$

将上式代入式（3-28），得到可靠度的表达式为：

$$R=\Phi\left(\frac{u_y/u_x-1}{\sqrt{(\sigma_y/u_x)^2+(\sigma_x/u_x)^2}}\right) \tag{3-48}$$

工程中常给出强度的变异系数 $C_y=\frac{\sigma_y}{u_y}$ 和应力的变异系数 $C_x=\frac{\sigma_x}{u_x}$，将这两个参数代入式（3－48），最终得到

$$R=\Phi\left(\frac{\overline{S}-1}{\sqrt{C_y^2\overline{S}^2+C_x^2}}\right) \tag{3-49}$$

式（3－49）直观地表达了均值安全系数与可靠度、强度和应力变异系数之间的关系。给定可靠度 R 下均值安全系数 $\overline{S}$ 与 C_x，C_y 的关系可通过曲线族的形式表示。图 3－27 至图 3－29 中给出了可靠度 R 为 0.99，0.999，0.999 9 下的 $\overline{S}\sim(C_x,\ C_y)$ 关系。

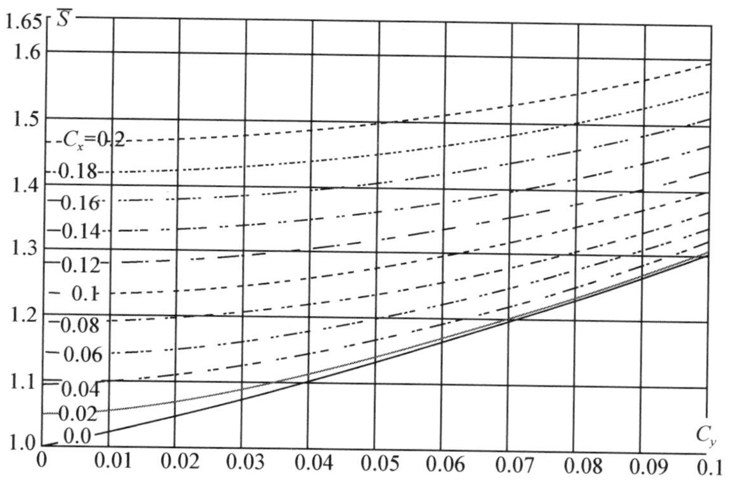

图 3－27　可靠度为 $R=0.99$ 的 $\overline{S}\sim(C_x,\ C_y)$ 曲线

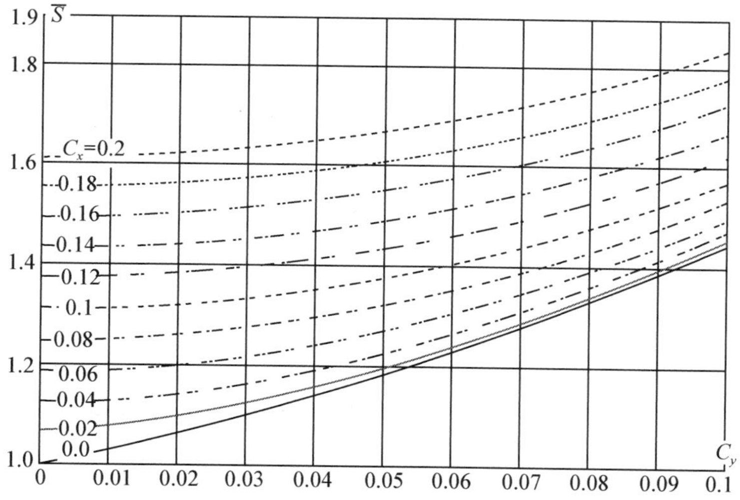

图 3－28　可靠度为 $R=0.999$ 的 $\overline{S}\sim(C_x,\ C_y)$ 曲线

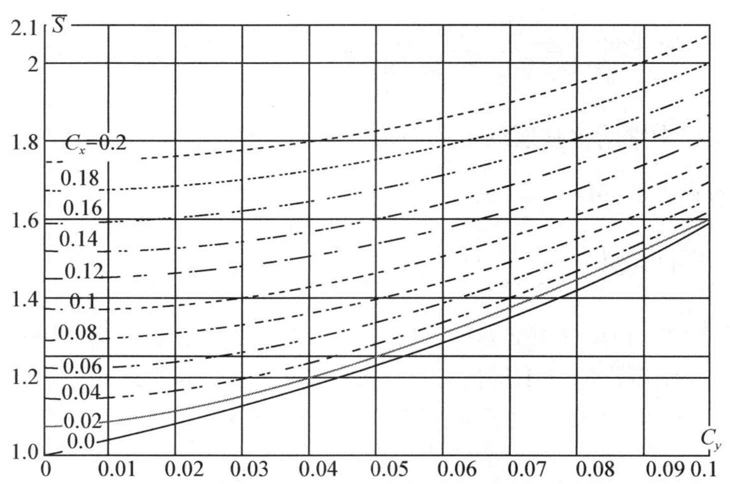

图 3-29　可靠度为 $R=0.9999$ 的 $\overline{S}\sim(C_x,\ C_y)$ 曲线

从式（3-49）可以看出，即使均值安全系数 $\overline{S}$ 不变，强度和应力的变异系数取不同值时，其可靠度也不一样。因此，均值安全系数 $\overline{S}$ 不能全面评价产品的可靠性。

2. 概率安全系数

设应力和强度均服从正态分布，强度 Y 在某一概率值 a 下的下限值为 Y_a，即

$$P(Y>Y_a)=1-P(Y\leqslant Y_a)=1-\Phi\left(\frac{Y_a-u_y}{\sigma_y}\right)=\Phi\left(-\frac{Y_a-u_y}{\sigma_y}\right)=a \tag{3-50}$$

应力 X 在某一概率值 b 下的上限值为 X_b，即

$$P(X\leqslant X_b)=\Phi\left(\frac{X_b-u_x}{\sigma_x}\right)=b \tag{3-51}$$

则概率安全系数 S_p 定义为 Y_a 与 X_b 之比，即

$$S_p=\frac{Y_a}{X_b} \tag{3-52}$$

将上式与联结方程（3-28）及式（3-50）、式（3-51）联立，可以得到概率安全系数与均值安全系数的关系为：

$$S_p=\frac{1-C_y\Phi^{-1}(a)}{1+C_x\Phi^{-1}(b)}\overline{S} \tag{3-53}$$

通常，工程设计中取概率为 95%（$a=95\%$）的强度下限值，取概率为 99%（$b=99\%$）的应力上限值，由标准正态分布表可查得 $\Phi^{-1}(0.95)=1.65$，$\Phi^{-1}(0.99)=2.33$，因此式（3-53）可以写成

$$S_p=\frac{1-1.65C_y}{1+2.33C_x}\overline{S} \tag{3-54}$$

从式（3－54）可以看出，与均值安全系数相比，概率安全系数还可以同时考虑应力和强度变异系数的影响。概率安全系数可以看做在可靠度意义下对传统的均值安全系数的扩展，目前已被国内外很多公司广泛采用。由于式（3－54）中 $\frac{1-1.65C_y}{1+2.33C_x}<1$，故 $S_p<\overline{S}$，这说明均值安全系数偏于保守，而概率安全系数更接近实际情况。

为了进一步说明可靠性设计方法比安全系数法更科学合理，假设应力分布和强度分布都是正态分布，保持应力和强度的均值不变，而标准差在一个较大范围内变化，如表 3－59 所示。从表 3－59 可以看出，从序号 1 到序号 7，安全系数都等于 2.5，而其可靠度却各不相同，从低自 0.662 8 到高达近似 1。由此可见，对于同一安全系数，由于应力和强度的分散性，其可靠度也是不一样的，这足以证明安全系数法的不合理性。为了保证结构不失效而采用过大的安全系数，也不一定能保证较高的可靠性。

表 3－59　　规定应力和强度分布下的安全系数与可靠度

序号	强度均值 u_y	强度标准差 σ_y	应力均值 u_x	应力标准差 σ_x	均值安全系数 $\overline{S}$	可靠度 R
1	172.4	6.9	69	10.3	2.5	≈1
2	172.4	34.5	69	20.7	2.5	0.994 9
3	172.4	55.2	69	20.7	2.5	0.959 9
4	172.4	34.5	69	51.7	2.5	0.952 5
5	172.4	55.2	69	51.7	2.5	0.914 6
6	172.4	69	69	41.4	2.5	0.899 7
7	172.4	172.4	69	175.9	2.5	0.662 8

习题与答案

一、单项选择题

1. 关于 FMECA 和 FTA 的说法错误的是（　　）。

A. FMECA 是采用自下而上的逻辑归纳法，FTA 是采用自上而下的逻辑演绎法

B. FMECA 和 FTA 都是从最基本的零部件故障分析到最终故障

C. FMECA 从故障的原因分析到故障的后果，FTA 从故障的后果分析到故障的原因

D. FMECA 是单因素分析法，FTA 是多因素分析法

2. 可以作为 FTA 顶事件的是（　　）。

A. 汽车自燃　　B. 尺寸过小

C. 温度过高　　D. 湿度过大

3. 关于 FTA 逻辑门的说法错误的是（　　）。

A. 与门是当所有输入事件发生时，输出事件才发生的逻辑门

B. 或门是至少有一个输入事件发生时，输出事件就发生的逻辑门

C. 不允许门—门直接相连

D. 规范化的故障树只含与门

4. 在 FMECA 中绘制危害性矩阵图的方法是：横坐标用（　　）类别表示，纵坐标用故障模式出现的（　　）表示。

A. 严酷度，概率等级　　B. 危害度，频数

C. 概率，概率等级　　D. 严酷度，频率

5. 下列关于 FMECA 的说法错误的是（　　）。

A. 在产品寿命周期各阶段，采用 FMECA 的方法和目的都一样

B. 由故障模式及影响分析（FMEA）和危害性分析（CA）构成

C. 分析产品中所有可能产生的故障模式及其对产品所造成的所有可能影响

D. 在不同阶段应及时开展 FMECA，同时必须与设计工作保持同步

6. 下列严酷度分类的说法错误的是（　　）。

A. 手机电池爆炸属于Ⅰ类　　B. 手机不能通话属于Ⅱ类

C. 手机通话有杂音属于Ⅲ类　　D. 手机自动关机属于Ⅳ类

7. 某产品由 A 和 B 两部件组成，其中一个失效即导致产品失效，A 部件正常工作的概率为 0.9，B 部件正常工作的概率为 0.95，则该产品发生故障的概率是（　　）。

A. 0.155　　B. 0.145

C. 0.165　　D. 0.135

8. 可靠性模型包括可靠性数学模型和（　　）。

A. 产品结构图　　B. 产品原理图

C. 功能框图　　D. 可靠性方框图

9. 假定第 i 个单元的可靠度为 $R_i(t)$，则串联系统的可靠度 $R_s(t)$ 等于（　　）。

A. $1-\prod_{i=1}^{n}[1-R_i(t)]$　　B. $\prod_{i=1}^{n}R_i(t)$

C. $\prod_{i=1}^{n}[1-R_i(t)]$　　D. $1-\prod_{i=1}^{n}R_i(t)$

10. 设产品寿命服从指数分布，在 t=MTBF 时刻，产品的可靠度是（　　）。

A. $e^{1.1}$　　B. $e^{-0.1}$

C. e^{-1}　　D. $e^{-0.001}$

11. 可靠性分配是一个由整体到局部、（　　）的分解过程；而可靠性预计是一个自下而上、从（　　）的系统综合过程。

A. 自上而下，整体到局部　　B. 自上而下，局部到整体

C. 自下而上，整体到局部　　D. 自下而上，局部到整体

二、多项选择题

1. 关于 FTA 最小割集的说法正确的有（　　）。

A. 若将割集中所含的底事件任意去掉一个就不再成为割集的就是最小割集

B. 阶数越大的最小割集越重要
C. 在不同最小割集中重复出现次数越多的底事件越重要
D. 在低阶最小割集中出现的底事件比高阶最小割集中的底事件重要
2. 关于 FTA 的说法正确的有（　　）。
A. 贯彻“谁设计、谁分析”的原则，在可靠性工程师的协助下，主要由产品的设计人员完成
B. 只有与产品设计工作同步进行，FTA 的结果对于设计才是及时有效的
C. 结合 FMECA 进行，选择那些危害性大的影响安全、任务完成的关键事件进行分析
D. 故障树的建立没有边界条件限制，但应进行合理的简化
3. 关于 FMECA 中改进措施的说法，正确的有（　　）。
A. 冗余设计　　B. 更换质量高的材料
C. 换件　　D. 修理
4. 下列故障模式的说法中正确的有（　　）。
A.（轴）断　　B.（计算机）死机
C.（手机）丢失　　D.（齿轮）裂纹
5. 可靠性预计有很多方法，常用的有（　　）。
A. 元器件计数法　　B. 应力分析法
C. 线形规划法　　D. 相似产品法
6. 利用专家评分法进行产品可靠性分配时，可作为评分时考虑因素的有（　　）。
A. 复杂度　　B. 技术成熟度
C. 环境严酷度　　D. 相似程度

一、单项选择题答案

1. B　2. A　3. D　4. A　5. A　6. D　7. B　8. D　9. B
10. C　11. B

二、多项选择题答案

1. ACD　2. ABC　3. AB　4. ABD　5. ABD　6. ABC

参考文献

[1] 杨为民，等. 可靠性·维修性·保障性总论. 北京：国防工业出版社，1995.
[2] 李良巧. 兵器可靠性技术与管理. 北京：兵器工业出版社，1991.
[3] 龚庆祥，等. 型号可靠性工程手册. 北京：国防工业出版社，2007.
[4] 康锐. 可靠性维修性保障性工程基础. 北京：国防工业出版社，2012.
[5] 任立明，等. 可靠性工程师必备知识手册. 北京：中国标准出版社，2009.
[6] GJB 450A—2004 装备可靠性通用要求.
[7] GJB 451A—2005 可靠性维修性保障性术语.
[8] GJB/Z 768A—1998 故障树分析指南.
[9] GB/T 7829—2012 故障树分析（FTA）程序.

第4章

可靠性试验

4.1 概　述

可靠性试验是为了解、分析、提高、评价产品的可靠性而进行的工作的总称。试验的主要目的和作用在于：

(1) 发现产品在设计、元器件、零部件、原材料和工艺方面的各种缺陷和故障；

(2) 验证研发和生产的产品是否符合可靠性要求；

(3) 为评估和改进产品可靠性提供信息。

可靠性试验一般可分为工程试验与统计试验。工程试验的目的是暴露产品在设计、工艺、元器件、原材料等方面存在的缺陷、薄弱环节和故障，为提高产品可靠性提供信息。统计试验的目的是验证产品是否达到了规定的可靠性或寿命要求。按试验场地，可靠性试验又可分为实验室试验和现场试验两大类。实验室可靠性试验是在实验室中模拟产品实际使用、环境条件，或实施预先规定的工作应力与环境应力的一种试验。现场可靠性试验是产品直接在使用现场进行的可靠性试验。

可靠性工程试验和统计试验还可进一步细分，如图 4-1 所示。各种试验工作的目的、适用对象和适用时机如表 4-1 所示。

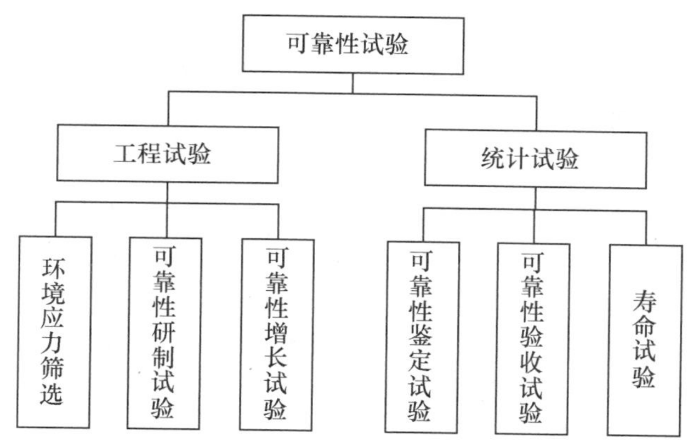

图 4-1 可靠性试验方法分类

表 4-1 各种试验工作的目的、适用对象和适用时机

试验类型	试验目的	适用对象	适用时机
环境应力筛选（ESS）	发现和排除不良元器件、制造工艺和其他原因引入的缺陷造成的早期故障。	主要适用于电子产品，也可用于电气、机电、光电和电化学产品。	产品的研发阶段、生产阶段。
可靠性研制试验（ROT）	通过对产品施加适当的环境应力、工作载荷，寻找产品中的设计缺陷，以改进设计，提高产品的固有可靠性水平。	适用于电子、电气、机电、光电和电化学产品以及机械产品。	产品的研发阶段的早期和中期。
可靠性增长试验（RGT）	通过对产品施加模拟实际使用环境的综合环境应力，暴露产品中的潜在缺陷并采取纠正措施，使产品的可靠性达到规定的要求。	适用于电子、电气、机电、光电和电化学产品以及机械产品。	产品的研发阶段中期，产品的技术状态大部分已经确定。
可靠性鉴定试验（RQT）	验证所开发的产品是否达到规定的可靠性要求。	主要适用于电子、电气、机电、光电和电化学产品以及成败型产品。	产品设计确认即设计定型阶段，产品通过环境应力筛选、环境鉴定试验之后进行。
可靠性验收试验（RAT）	验证批量生产的产品是否达到规定的可靠性要求。	主要适用于电子、电气、机电、光电和电化学产品以及成败型产品。	产品批量生产阶段。
寿命试验（LT）	测定产品在规定条件下的使用寿命或储存寿命。	适用于有使用寿命、储存寿命要求的各类产品。	产品设计定型阶段。

可靠性试验中有很多应力种类，如温度、湿度、振动、冲击、加速度、电应力等，不同的应力都有各自的极限范围，有单边极限，有双边极限。以图 4-2 所示的温度应力为例，介绍一下双边应力极限，以便在可靠性试验中正确选择。图中的有关名词解释如下。

（1）技术规范限：由产品使用者或制造者规定的应力界限。一般在合同、任务书或协议书中直接给出。在技术规范限范围内可以开展的可靠性试验有：可靠性增长试验（reliability growth test，RGT）、可靠性鉴定试验（reliability qualification test，RQT）和可靠性验收试验（reliability acceptance test，RAT）、自然应力的寿命试验（life test，LT）。

（2）工作极限：产品能在该范围内工作而不出现不可逆失效的应力界限。当环境应力超过该界限值时，产品工作异常，当环境应力恢复正常值时，产品又恢复正常工作。工作极限可以通过可靠性强化试验（reliability enhancement test，RET）或高加速寿命试验（highly accelerated life test，HALT）测定。在工作极限范围内可以开展的可靠性试验有：环境应力筛选（environmental stress screening，ESS）、加速寿命试验（accelerated life test，ALT）、高加速应力筛选（highly accelerated stress screening，HASS）。

（3）破坏极限：产品出现不可逆失效的应力极限。当环境应力超过该极限值时，产品破坏，即使恢复到正常条件，产品也不再能正常工作。破坏极限可以通过可靠性强化试验测定。

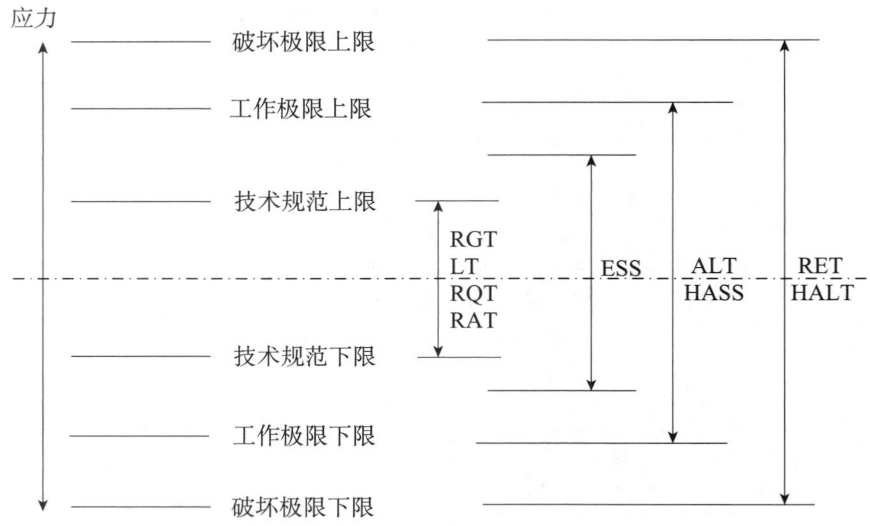

图 4－2　可靠性试验应力极限示意图

4.2　环境应力筛选

4.2.1　环境应力筛选的概念

环境应力筛选（ESS）是通过向电子产品施加合理的环境应力和电应力，将其内部的潜在缺陷激发成为故障，并通过检测发现和排除的过程，是一种工艺手段，也是一种可靠性试验。环境应力筛选的目的是发现和排除不良元器件、制造工艺和其他原因引入的缺陷所造成的早期故障。这种早期故障通常用常规的方法如目视检查或没有施加应力下的测试等是无法发现的。

环境应力筛选是一种现代质量与可靠性保证技术，对高科技电子产品十分有效。目前在世界各地，上至太空装备，下至一般民用家电，从元器件、组件到最终系统产品，不论是研发阶段，还是量产阶段，环境应力筛选已是必然进行的一道工艺程序，是产品质量控制过程的向前延伸。环境应力筛选前后的对比效果如图 4－3 所示。

环境应力筛选效果主要取决于施加的环境应力、电应力水平和检测仪表的能

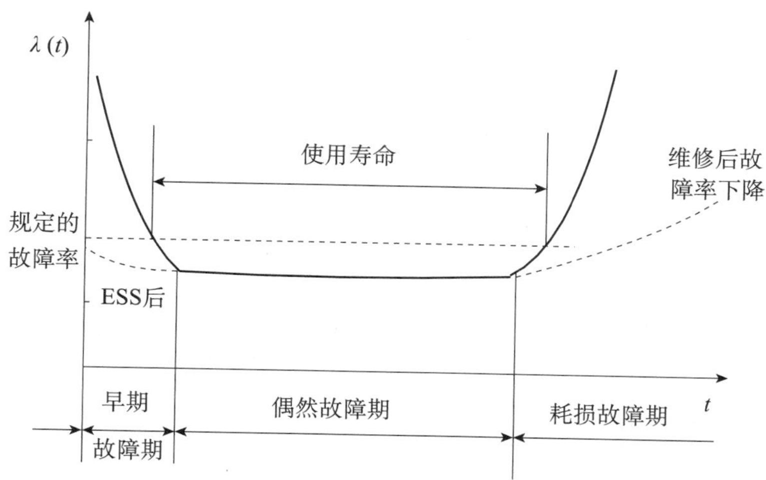

图 4-3 ESS 前后对比示意图

力。施加应力的大小决定了能否将潜在缺陷激发为故障；检测能力的大小决定了能否将已被应力激发成故障的潜在缺陷检测出来。因此，环境应力筛选也可看做质量控制的一种手段，它是一个问题析出、识别、分析和纠正的闭环系统。

明显缺陷通过常规的检验手段如目检、常温功能测试和其他质量保证工序即可发现并排除；潜在缺陷用常规检验手段无法检查出来，这些潜在缺陷如果在制造过程中不被剔除，最终将随产品在使用期间的应力作用下以早期故障的形式暴露出来。因此，环境应力筛选是对产品 100%进行的。不论是研发阶段，还是批量生产阶段早期，环境应力筛选应在元器件级、电路板级、设备级等产品层次上 100%进行。在批量生产阶段后期，对电路板级以上的产品可根据其质量稳定情况抽样进行。

4.2.1.1 环境应力筛选的基本特性

（1）环境应力筛选既是一种工艺，也是一种试验。其目的是迫使存在于产品中的可能变成早期故障的缺陷提前激发成故障。

（2）环境应力筛选不能损坏好的部分或引入新的缺陷。应力不能超出工作应力的界限。

（3）每一种结构类型的产品应当有其特有的筛选。严格说来，不存在一种通用的、对所有产品都具有最佳效果的筛选方法。

4.2.1.2 环境应力筛选的条件

良好的环境应力筛选应具备以下条件：

（1）能够很快析出潜在缺陷，包括暴露设计缺陷；

（2）不会诱发附加的故障，消耗受筛产品寿命。

4.2.1.3 环境应力筛选与其他试验的关系

1. 环境应力筛选与可靠性增长

环境应力筛选一般只用于暴露并排除早期故障。可靠性增长则是通过消除产品中由设计缺陷造成的故障源或降低由设计缺陷造成的故障的发生概率，提高产品的固有可靠性水平。

2. 环境应力筛选与可靠性统计试验

环境应力筛选是可靠性统计试验的预处理工艺。任何提交用于可靠性统计试验的样本必须经过环境应力筛选。只有通过环境应力筛选消除了早期故障的样本，其统计试验的结果才更有意义。可靠性验证试验的作用是使订购方能获得合格的产品，同时承制方也能了解产品的可靠性水平，它包括可靠性鉴定试验和可靠性验收试验，也属于可靠性统计试验。环境应力筛选与可靠性验证试验的对比情况如表 4-2 所示。

表 4-2　环境应力筛选与可靠性验证试验的对比

项目	环境应力筛选	可靠性验证试验
应用目的	发现和排除不良元器件、制造工艺和其他原因引入的缺陷所造成的早期故障	验证产品可靠性要求
样本量	100%	抽样
故障数	期望筛出更多早期故障	故障数≤规定的允许数
应力类型	温度循环、随机振动、电应力	典型任务剖面的应力
应力水平	以能激发出故障、不损坏产品为原则的较大应力值	典型任务剖面的应力值
应力施加次序	一般为振动—温度—振动	综合模拟使用环境或现场使用环境

4.2.2　环境应力筛选使用的典型环境应力

环境应力筛选使用的应力主要用于激发故障，不模拟使用环境。根据以往的实践经验，不是所有应力在激发产品内部缺陷方面都特别有效。因此，通常仅用几种典型应力进行筛选。常用的应力及其强度、费用和效果如表 4-3 所示。

表 4-3　常用的应力及其强度、费用和效果

环境应力	应力类型		应力强度	费用	筛选效果
温度	恒定高温		低	低	对元器件较好
	温度循环	慢速温变	较高	较低	不显著
		快速温变	高	高	好
	温度冲击		较高	适中	较好
振动	扫频正弦		较低	适中	不显著
	随机振动		高	高	好
综合	温度循环与随机振动		高	很高	很好

从表 4-3 可知，应力强度最高的是随机振动、快速温变的温度循环及温度循环与随机振动的综合，它们效果很好，但费用较高。

4.2.2.1 恒定高温

（1）基本参数：上限温度 T_U、恒温时间 t 和环境温度 T_e，真正影响恒定高温筛选效果的变量是上限温度 T_U 与室内环境温度 T_e 之差，即温度改变幅度 T_R（$T_R=T_U-T_e$）。

（2）特性分析：恒定高温筛选也叫高温老化（老炼），是一种静态工艺，这种方法是使产品在规定高温下连续不断地工作，以激发早期故障。其筛选机理是通过高温作用，迫使缺陷发展。恒定高温筛选是暴露电子元器件缺陷的有效方法，广泛用于元器件的筛选，但不推荐用于组件级（印制线路板、设备）的筛选。恒定高温筛选效果低于温度循环。恒定低温筛选极少使用。

（3）激发出的故障模式或影响如下：

- 使未加防护的金属表面氧化，导致接触不良；
- 加速金属之间的扩散，如基本金属和外包金属，钎焊焊料与元器件，半导体材料与喷镀金属之间的扩散；
- 使液体干涸，如电解电容器和电池的泄漏造成的干涸；
- 使塑料软化或变形；
- 使保护性化合物和灌封的蜡软化或蠕弯；
- 提高化学反应速度，加速与内部污染粒子的反应过程；
- 使部分绝缘击穿。

4.2.2.2 温度循环

（1）基本参数：上限温度 T_U、下限温度 T_L、温度变化速率 V、上限温度保温时间 t_U、下限温度保温时间 t_L 和循环次数 N，如图 4-4 所示。

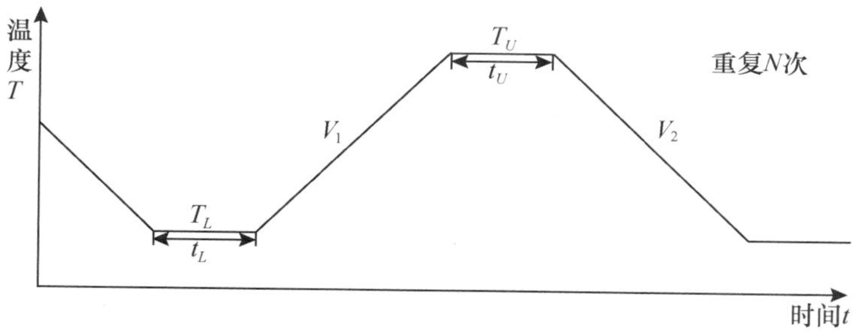

图 4-4 温度循环

（2）特性分析：温度循环诸参数中，对筛选效果最有影响的是温度变化范围 T_R（$T_R=T_U-T_L$）、温度变化速率 V 以及循环次数 N。增加温度变化范围和变化速率能加强产品的热胀冷缩程度，循环次数的增加则能累积这种激发效应。因此，增大上述三个参数中任一参数的量值均有利于提高温度循环筛选效果。缩短在上下限温度值上的保持时间有利于缩短整个温度循环的周期，提高筛选的效率。产品温度达到稳定的时间应以产品中的关键部件为准。必要时要特别监测该部件的温度，以保证筛选有效和防止其损坏。

（3）激发出的故障模式或影响如下：

- 涂层、材料或线头上各种微观裂纹扩大；
- 连接不好的接头松弛；
- 螺钉连接或铆接不当的接头松弛；
- 机械张力不足的压配接头松弛；
- 质量差的钎焊接触电阻加大或造成开路；
- 粒子污染；
- 密封失效。

4.2.2.3 温度冲击

（1）基本参数：温度上限、温度下限、温度上限的保持时间、温度下限的保持时间、温度转换时间和温度冲击循环次数。温度冲击中温度变化速率的平均值计算比较复杂，此平均速率取决于受筛产品从一箱转入另一箱中的时间，转入另一箱中的那一时刻箱中受筛产品遇到的实际温度（由于打开箱门，此温度不是设定的上限或下限温度），以及此实际温度回到设定温度的时间。要精确计算此平均速率是困难的，如果受筛产品转换很快，则可将箱门打开后的温度变化忽略不计，此速率仅取决于转换时间和复温时间，自动倒换温度冲击箱就是这种情况。

（2）特性分析：温度冲击能够提供较高的温度变化速率，产生的热应力较大，是筛选元器件，特别是集成电路器件的有效方法。这一方法用于其他筛选等级时，要注意其可能造成的附加的损坏。此外，对于通电和监测来说，温度冲击方法使用不方便，甚至不可能实现全面监测性能以及及时发现故障。

（3）激发出的故障模式或影响：类似于温度循环。

4.2.2.4 随机振动

（1）基本参数：频率范围、加速度功率谱密度（PSD）、振动时间、振动轴向（数）。通常也用频谱的加速度均方根值来表示随机振动的强度，加速度均方根值按下式计算求出：

$$G_{rms}=\sqrt{A_1+A_2+A_3}$$

式中，G_{rms}为加速度均方根值g；A_1为20～80Hz区间、功率谱密度曲线之下的面积；A_2为80～350Hz区间、功率谱密度曲线之下的面积；A_3为350～2 000Hz区间、功率谱密度曲线之下的面积。

GJB 1032—1990《电子产品环境应力筛选方法》中建议采用的随机振动功率谱密度要求如图4-5所示。

（2）特性分析：随机振动是在很宽的频率范围上对受筛产品施加振动，产品在不同的频率上同时受到应力，使产品的许多共振点同时受到激励。这就意味着，具有不同共振频率的元部件同时在共振，从而使安装不当的元件受扭曲、碰撞等损坏的概率增加。由于随机振动是同时激励，其筛选效果大大增强，筛选所需持续时间大大缩短，其持续时间可以减少到扫频正弦振动时间的1/3～1/5。一般在

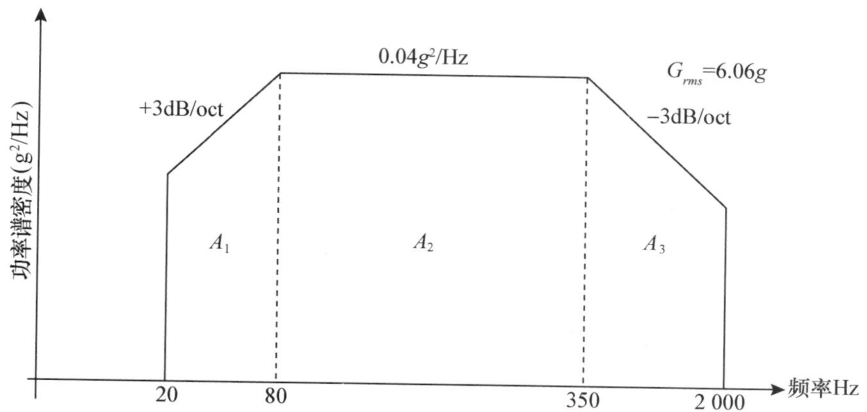

图 4-5　随机振动功率谱密度图

15～30 分钟内均能产生较好效果。过分延长振动时间，不仅筛选效果不明显，还有可能带来损伤。大多数电子产品经受 0.04g^2/Hz 的随机振动，振动时间在 20 分钟以内不会产生明显的疲劳损伤。

（3）激发出的故障模式或影响如下：

- 结构部件、引线或元件接头产生疲劳；
- 电缆磨损；
- 螺钉接头松弛；
- 安装加工不当的集成电路片离开插座；
- 汇流条及连到电路板上的钎焊接头受到高应力，引起钎接薄弱点故障；
- 已受损或安装不当的脆性绝缘材料出现裂纹。

4.2.2.5　各种应力筛选效果的比较

图 4-6 是国外对 13 种应力的筛选效果进行有限调查统计得出的，有一定的代表性。它说明温度循环是最有效的筛选应力，其次是随机振动。但激发的缺陷种类不完全相同，两者不能相互取代。

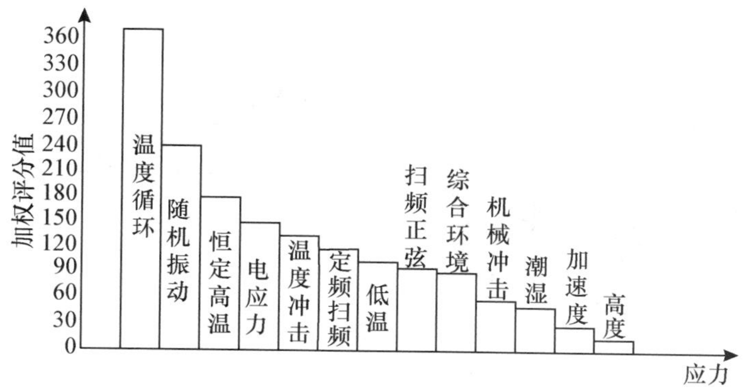

图 4-6　各种应力筛选效果的比较

除了元器件筛选采用高温老炼筛选方法，对电路板或者组（部）件级产品，一般采用常规筛选方法。国外已经采用定量筛选和高加速筛选方法。目前环境应力筛选有四种方法，设计师应根据产品特点、研发阶段、费用等选择和使用不同的方法。各种方法的对比情况如表 4－4 所示。

表 4－4　　各种方法的对比情况

名称	内涵	备注
初始筛选方法	是根据多年来开展环境应力筛选的经验总结出的一个通用性较强的方法。它仅仅是在无法确定常规筛选和定量筛选方法之前，或在研发过程中无法获得产品任何有关信息时，可参考或借鉴的一种方法。	GJB 1032—1990
常规筛选方法	是指不要求筛选结果与产品可靠性目标和成本之间建立定量关系的筛选。筛选所用的方法是凭经验确定的，仅以能筛选出早期故障为目标。常规筛选方法是目前广泛应用的一种方法。	GJB 1032—1990
定量筛选方法	是指要求在筛选效果、成本与产品的可靠性目标、现场故障修理费用之间建立定量关系的筛选。产品经定量筛选后应到达浴盆曲线中的故障率恒定阶段。该方法目前在国内实际应用很少，但可能成为环境应力筛选技术发展的一个方向。	GJB/Z 34—1993
高加速应力筛选方法	是一种激发试验方法，其理论依据是故障物理学，它把产品故障或失效当作研究的主要对象，通过激发、分析和改进产品缺陷达到提高可靠性的目的。该方法目前在国内外还没有标准，国内正处于探索研究阶段，尚未得到实际应用。	无标准

4.2.3　GJB 1032—1990 给出的初始筛选方法

初始筛选方法是根据多年来开展环境应力筛选的经验总结出的一种通用性较强的方法。它仅仅是在无法确定常规筛选和定量筛选方法之前，或在研发过程中无法获得产品任何有关信息时，可参考或借鉴的一种方法。

可以按上述各节中提出的设计准则和各类选择原则设计环境应力筛选方法，也可以根据表 4－5 推荐的初始筛选方法，结合产品特点和筛选设备状况等设计产品的筛选方法。

表 4－5　　推荐的初始筛选方法

应力类型	应力参数和其他要求	组装等级	
		组件级	单元、设备级
温度循环	温度范围（℃）	－55～＋85	－55～＋70
	试验箱空气温度变化速率（℃/min）	15	5
	上下限温度保持时间（min）	达到温度稳定的时间加 5min 或性能测试时间（长者为准）	达到温度稳定的时间加 5min 或性能测试时间（长者为准）
	循环次数	大于等于 25	大于等于 10

续前表

<table>
<tr><th rowspan="2">应力类型</th><th rowspan="2" colspan="2">应力参数和其他要求</th><th colspan="2">组装等级</th></tr>
<tr><th>组件级</th><th>单元、设备级</th></tr>
<tr><td rowspan="2">温度循环</td><td colspan="2">通电/断电工作</td><td>不通电</td><td>从低温升向高温和高温保温期间，应通电并检测性能，工作时处于最大电源负载状态；高温向低温下降且在低温达到温度稳定以前，应断电。在高低温温度稳定后应通断电源各 3 次</td></tr>
<tr><td colspan="2">性能监测</td><td>不进行</td><td>进行</td></tr>
<tr><td rowspan="7">随机振动</td><td colspan="2">功率谱密度（加速度均方根值）$g^2/Hz(G_{rms})$</td><td rowspan="7">一般不进行振动筛选</td><td>0.04（6.06）</td></tr>
<tr><td colspan="2">频率范围（Hz）</td><td>20～2 000</td></tr>
<tr><td colspan="2">振动轴向数（逐次或同时施加）</td><td>3（一般）</td></tr>
<tr><td rowspan="2">振动持续时间（min）</td><td>各轴依次激励</td><td>5～10</td></tr>
<tr><td>各轴同时激励</td><td>10</td></tr>
<tr><td colspan="2">通电/断电和工作</td><td>通电</td></tr>
<tr><td colspan="2">性能监测</td><td>进行</td></tr>
</table>

4.2.4 GJB 1032—1990 给出的常规筛选方法

常规筛选是指不要求筛选结果与产品可靠性目标和成本之间建立定量关系的筛选。筛选所用的方法是凭经验确定的，仅以能筛选出早期故障为目标。常规筛选方法是目前广泛应用的一种方法。

常规筛选实施过程一般包括筛选前准备工作、初始性能检测、寻找和排除故障及无故障检验、最终性能检测四个阶段。常规环境应力筛选程序如表 4－6 所示。

表 4－6　　环境应力筛选程序

<table>
<tr><th>1</th><th>2</th><th colspan="4">3</th><th>4</th></tr>
<tr><td rowspan="5">准备工作</td><td rowspan="5">初始性能检测</td><td colspan="4">环境应力筛选——应力施加</td><td rowspan="5">最终性能检测</td></tr>
<tr><td colspan="2">3－1</td><td colspan="2">3－2</td></tr>
<tr><td colspan="2">寻找和排除故障</td><td colspan="2">无故障检验</td></tr>
<tr><td>3－1A</td><td>3－1B</td><td>3－2A</td><td>3－2B</td></tr>
<tr><td>随机振动</td><td>温度循环</td><td>温度循环</td><td>随机振动</td></tr>
<tr><td rowspan="4">检查产品、设备和仪器</td><td rowspan="4">常温运行检测</td><td>5min</td><td>10 次循环（40h）</td><td>10 次循环连续无故障（40h）</td><td>5min 连续无故障</td><td rowspan="4">常温运行检测</td></tr>
<tr><td colspan="4">随机振动 5min；40h；温度循环 …；40~80h；温度循环 …；随机振动 5～15min</td></tr>
<tr><td>若出故障，则修复产品，转入温度循环</td><td>若出故障,则中断循环,修复产品,再循环</td><td>最长不超过 20 次循环（80h）</td><td>最长不超过 15min</td></tr>
<tr><td colspan="4">尽最大可能监测性能</td></tr>
</table>

4.2.4.1　筛选前的准备工作

按规定检查受筛产品的技术状态，筛选用试验设备和检测仪表、夹具等是否符合要求。

4.2.4.2　初始性能检测

按有关标准或技术文件对受筛产品进行全面的性能检测并做好记录。检测不合格者不能进行筛选。

4.2.4.3　寻找和排除故障阶段

1. 随机振动（3－1A）

振动：安装后施加振动，观察响应加速度计测得的响应特性，当响应谱符合要求时，继续施加振动，此时产品通电工作，并监测其性能。

故障处理：振动期间出现故障，如可能，应继续试验，到 5min 结束再加以修复。当不加振动无法确定故障部位时，可用低量值随机振动寻找故障部位，振动故障修复后转入温度循环。

2. 温度循环（3－1B）

安装后进行温度循环：按规定的温度循环曲线进行温度循环，产品通电工作并监测其性能。

故障处理：温度循环期间受筛产品出现故障，而且出现此故障后必须切断电源或会影响监测受筛产品性能时，应立即中断循环，进行故障调查并加以修复，修复部分进行局部检验合格后从该循环的开始点继续进行循环，出现故障的循环无效；如果虽出现故障但仍可在升温、保温阶段通电，则可将故障调查和修复过程推迟到该循环结束时进行，此时该循环有效。

4.2.4.4　无故障检验阶段

1. 温度循环（3－2A）

由于是继续进行温度循环，温度循环参数不变，但应从此刻记录无故障循环数。若从第 11 循环开始连续 10 个循环不再出故障，则认为完成无故障检验，可转到下一步。若在第 11 循环至第 20 循环间还出故障，则允许修复，只要以后有 10 个循环能连续无故障，可认为完成无故障运行，转到下一步。若在第 21 个循环还出故障，则认为受筛产品未通过筛选。

2. 随机振动（3－2B）

只有通过了温度循环筛选的产品才转入这一步。

振动：按规定的输入量值进行振动，并通电工作，监测其性能。

故障处理：若连续振动5min不出现故障，则可认为产品通过了随机振动筛选，可转入下一步。若在振动后的累计10min之内还出现故障，尚可修复，修复后有连续5min不出故障，可认为产品通过振动筛选。若振动10min后还出故障，则认为受筛产品未通过筛选。

4.2.4.5 最终性能检测

只有通过了温度循环和振动筛选的产品才转入这一步。将受筛产品在规定的环境条件下运行并按受筛产品规范中的规定检测其性能，记录结果，以验证受筛产品能否满意地工作。将最终运行测量值与初始测量值进行比较，根据受筛产品规定的极限验收值对筛选作出评价。最终运行试验期间若出现故障，只要施加环境应力期间性能检测项目足够，则可认为无故障检验是有效的，不必重新进行无故障检验。如果认为施加环境应力期间性能检测项目不足，不能发现全部故障，则应重新进行无故障检验。

4.2.5 高加速应力筛选方法

高加速应力筛选是指为了加快筛选进度并降低成本，参照高加速应力试验得到的应力极限值，以既能充分激发产品的缺陷又不过量消耗其使用寿命为前提，对批量产品进行的筛选。它在国外已经得到了较广泛的应用，是环境应力筛选技术的一个发展方向。目前，高加速应力筛选在国内外还没有标准，国内正处于探索研究阶段，尚未得到实际应用。

高加速应力筛选是一种激发试验方法，其理论依据是故障物理学，它把产品故障或失效当作研究的主要对象，通过激发、分析和改进产品缺陷达到提高可靠性的目的。

高加速应力筛选的特点是主要利用较高的机械应力和热应力，如快速温变的温度循环和高强度三轴六自由度的随机振动，它能比一般环境应力筛选更快速、经济、有效地激发出产品中的潜在缺陷。应用强化试验方法可以确定高加速应力筛选的应力量值。

高加速应力筛选要求对100%的产品进行。一般不采用步进应力的施加方法，而选用恒定的环境应力和电应力。采用高加速激发技术，在激发出缺陷时，无缺陷部位也可能受到一定损伤。因此，应该避免过多消耗产品的工作寿命。

4.2.6 环境应力筛选的工程应用要点

（1）环境应力筛选的效果主要取决于施加的环境应力、电应力水平和检测仪表的能力。

（2）环境应力筛选主要适用于电子产品，也可用于电气、机电、光电和电化学产品。

（3）电子产品的环境应力筛选以GJB 1032—1990为基础，根据受筛产品特点进行适当的剪裁。非电子产品环境应力筛选尚没有相应的标准，其筛选应力种类和量值只能借鉴 GJB 1032—1990 并结合产品结构特点确定。对于已知脆弱、经受不住筛选应力的硬件，可以降低应力或不参与筛选，不参与筛选的硬件必须在适当的文件中说明。

（4）环境应力筛选可用于产品的研发和生产阶段。

（5）环境应力筛选应在元器件级、电路板级、设备级等每一组装层次上 100% 地进行，以剔除低层次产品组装成高层次产品过程中引入的缺陷和接口方面的缺陷，对备件也应实施相应层次的环境应力筛选。

（6）环境应力筛选所使用的环境条件和应力施加程序应着重于能发现引起早期故障的缺陷，而无须对使用环境应力进行准确模拟。环境应力一般是依次施加，并且环境应力的种类和量值在不同装配层次上可以调整。

（7）应制定环境应力筛选大纲，大纲中应确定每个产品的最短环境应力筛选时间、无故障工作时间，以及最长环境应力筛选时间。

（8）对研发阶段的环境应力筛选结果应进一步深入分析，作为制定生产中环境应力筛选大纲的基础。对生产阶段环境应力筛选的结果及实验室试验和使用信息也应定期进行对比分析，以及时调整环境应力筛选大纲，始终保持进行最有效的筛选。

4.3 可靠性研制试验

可靠性研制试验（reliability development test）是指将样机施加一定的环境应力和（或）工作应力，以暴露样机设计和工艺缺陷的试验过程。它是通过对受试产品施加应力，将产品中存在的材料、元器件、设计和工艺缺陷激发成为故障，进行故障分析定位后，采取纠正措施加以排除的过程。这实际上也是一个试验、分析、改进的过程（test，analysis and fix，TAAF）。

4.3.1 基本要求

（1）在产品研发阶段应尽早开展可靠性研制试验，并制定试验方案。

（2）要对可靠性关键产品，尤其是要对新技术含量较高的产品重点实施可靠性研制试验。

（3）可靠性研制试验是产品研发试验的组成部分，应尽可能结合产品的研制试验进行。

（4）可靠性研制试验可采用加速应力进行。

（5）试验中发生的故障均应纳入故障报告、分析和纠正系统（FRACAS），并对试验后产品的可靠性进行分析说明。

4.3.2 可靠性强化试验

可靠性强化试验（RET）是指通过系统地施加逐步增大的环境应力和工作应

力，激发和暴露产品设计中的薄弱环节，以便更改设计和工艺，提高产品可靠性的试验。它是一种可靠性研制试验，也可称为高加速应力试验/高加速寿命试验。

可靠性强化试验的目的是使产品设计得更为“健壮”，如图 4－7 所示。基本方法是通过施加步进应力，不断地加速激发产品的潜在缺陷，并进行改进和验证，使产品的可靠性不断提高，使产品耐环境能力也得到提高。

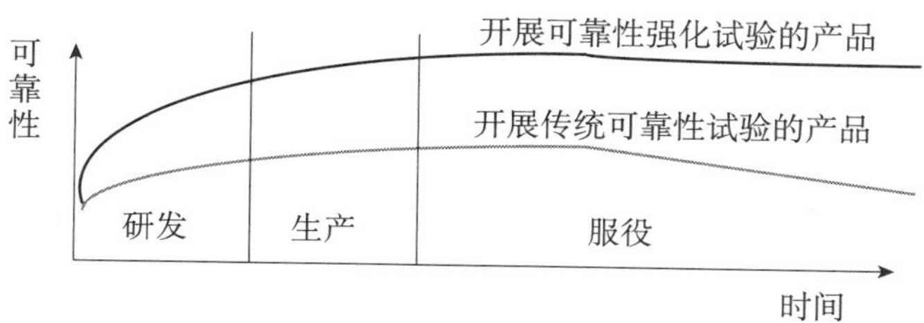

图 4－7　可靠性强化试验与传统可靠性试验的对比示意图

可靠性强化试验也是一种激发故障的试验，它将强化环境引入到试验中，能够解决传统的可靠性试验的时间长、效率低及费用高等问题。

可靠性强化试验已在国外得到较为广泛的应用，国内已开始逐步应用于产品研发中，取得明显的效果。国内已有国家标准 GB/T 29309—2012《电工电子产品加速应力试验规程　高加速寿命试验导则》，主要适用于电工电子产品及其电子部件、印制电路板组件等。

4.3.2.1　试验对象

必须综合权衡产品本身的结构特点、重要度、技术特点、复杂程度以及经费的多少等因素来确定可靠性强化试验的对象。一般以较为复杂、重要度较高、无继承性的新研发或改型电子产品为主要对象，其他产品也可适当考虑。

4.3.2.2　试验应力

可靠性强化试验施加的主要环境应力有：低温、高温、快速温变循环、振动、湿度，以及综合环境，根据需要还可以施加产品规定的其他应力，如电应力等。

4.3.2.3　应力施加顺序

为了减少试验样本，同时充分地从这些样本中获得尽可能多的信息，各种应力类型的试验顺序必须遵循这样的原则：先试验破坏性比较弱的应力类型，然后试验破坏性比较强的应力。对于热应力和振动应力而言，一般按照这样的顺序考虑：先低温，后高温；先温度，后振动；先单应力，后综合应力。

4.3.2.4　试验剖面

可靠性强化试验的剖面一般包括低温步进应力试验剖面、高温步进应力试验剖面、快速温变循环试验剖面、振动步进应力试验剖面和综合应力试验剖面。典型的试验剖面如图 4－8 至图 4－11 所示。

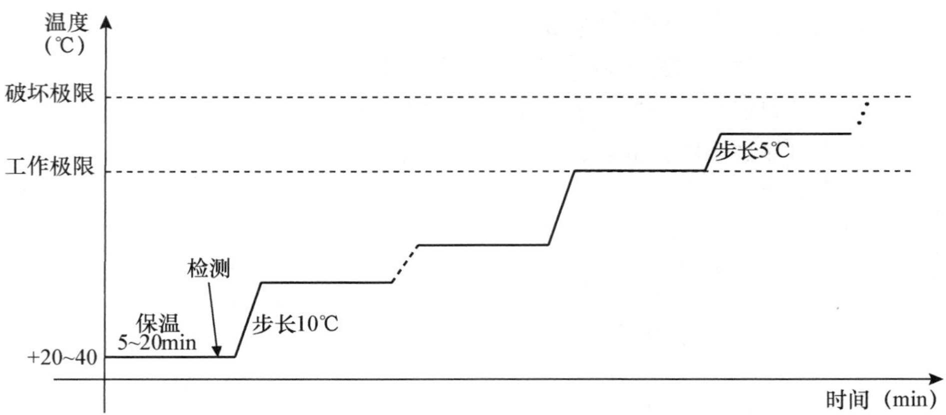

图 4－8　高温步进应力试验剖面示意图

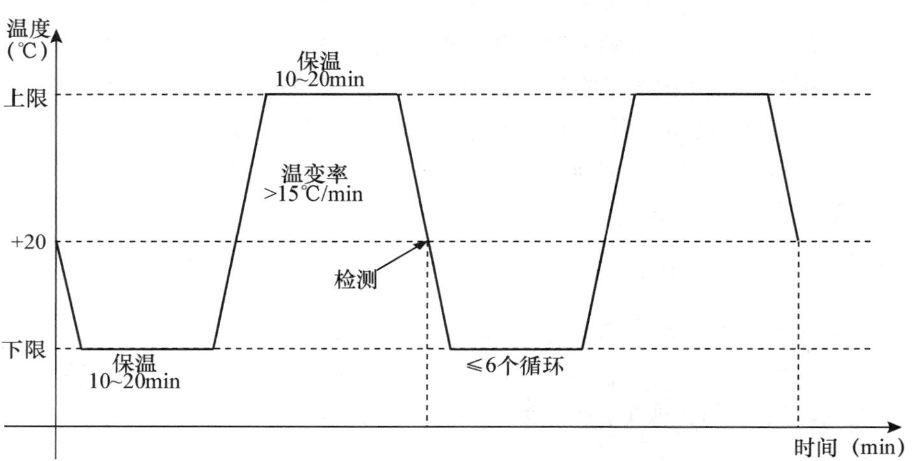

图 4－9　快速温变循环应力试验剖面示意图

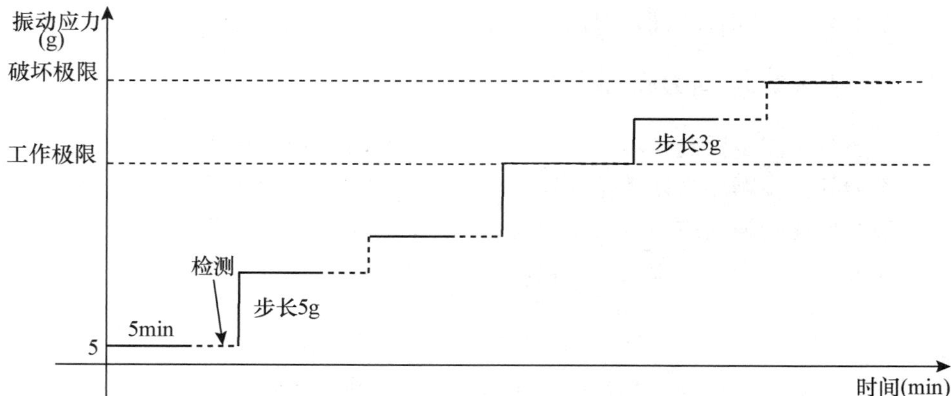

图 4－10　振动步进应力试验剖面示意图

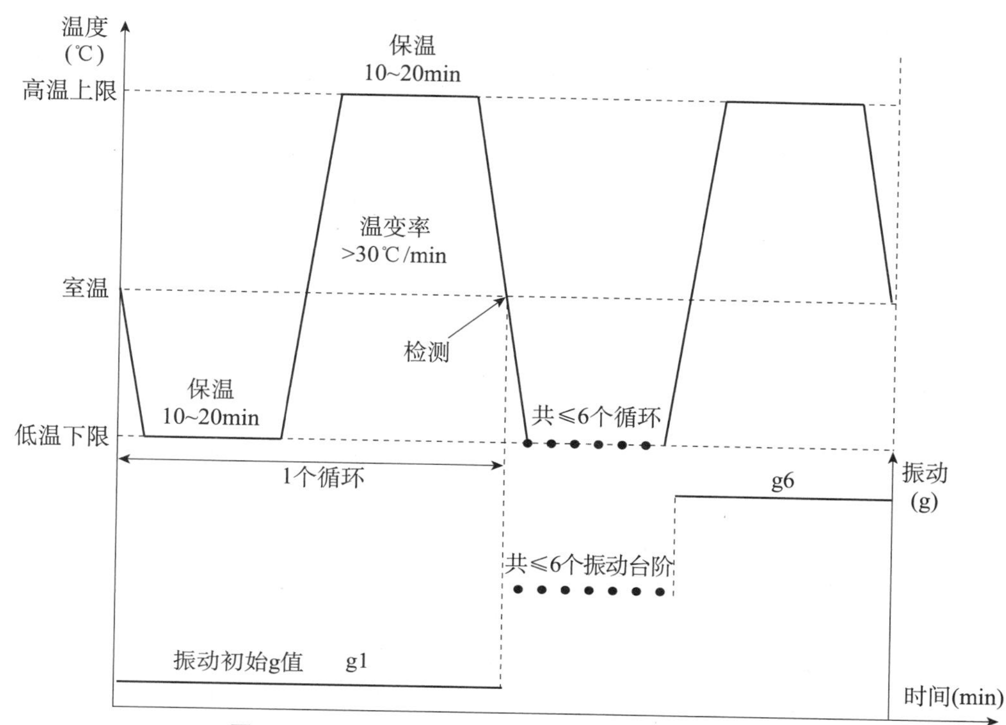

图4-11 温度循环与振动综合应力试验剖面示意图

4.3.2.5 受试产品、试验设备的要求

受试产品可以不经环境试验，直接进入可靠性强化试验阶段。但是，受试产品必须经过全面的功能、性能试验，以确认产品已经达到技术规范规定的要求。

可靠性强化试验使用的试验设备是以液氮制冷技术来实现高温变率的温度循环环境；以气锤连续冲击多向激励技术来实现三轴六自由度的全轴振动环境。若没有能提供全轴振动和高温变率的试验设备，也可以利用传统的电动台和温湿箱组成的“三综合”试验设备，但应尽量提高温变率。

4.3.2.6 可靠性强化试验的实施

（1）按照预先设定的试验剖面进行试验，并严格按照测试方案进行检测，记录试验应力数据和受试产品所有信息。

（2）根据强化试验终止判据决定试验的终止。试验过程中如出现故障，则停止试验，记录故障模式及应力水平，并进行故障定位，然后再进行故障原因分析。对于暂时无法分析的故障，可留待进一步分析，继续其他试验步骤以发现其他故障。

（3）针对故障采取的改进措施落实后，还应对改进后的产品继续进行可靠性强化试验，以确认改进措施的有效性，以及采取的改进措施是否引起新的问题。继续进行可靠性强化试验不一定按照试验剖面全部执行，对于故障前的步骤可省略。若出现新的问题，应按照正式试验程序进行故障分析，采取改进措施，然后根据需要也可以重新设计试验剖面，继续进行试验验证。如此重复“试验—分析—改进—再试验”的过程，直到产品可靠性水平满足要求。

4.3.2.7　步进应力施加方法

1. 高/低温步进应力施加方法

（1）起始温度：一般取设计规范规定的高/低温值或接近该温度的值。

（2）每步保持时间：包括元器件及其零部件完全热/冷透的时间和产品检测所需时间。热/冷透时间通常在10～20分钟之间。检测时间由受试产品的检测要求决定。

（3）步长：步长通常为10℃，但是某些时候也可以增加到20℃或减小到5℃。一般在高/低温工作极限后，步长调整为5℃。

（4）高/低温工作极限：在高/低温步进的过程中，一旦发现产品出现异常，则恢复到原步长的一半或减小2℃至3℃的温度量级再次保温，然后进行全面检测。如果产品恢复正常，则判定该量级的温度应力为产品的高/低温工作极限。

（5）高/低温破坏极限：找到工作极限后，减小步长继续保温，每次都要恢复到工作极限检测，若检测时发现失效（按失效判据），则恢复到常温检测，若仍然不正常，则判定最后出现失效的温度为产品的高/低温破坏极限。

（6）试验终止判据：试验一般应该持续到试件的破坏极限或达到试验箱的最高温度。为了节约试验样品，也可以在找到工作极限时终止试验。

2. 快速温变循环应力施加方法

（1）上下限温度：为使缺陷发展为故障所需的循环数最少，应选择最佳上下限温度值。通常，快速温变循环的上下限采用高温工作极限减5℃为下限，低温工作极限加5℃为上限或采用不超过产品破坏极限的80%为上下限。

（2）温变率：温变率以复杂的方式影响试验强度，也影响试验时间，从而影响试验费用。温变率一般在15℃/min到60℃/min之间。

（3）上下限温度持续时间：包括元器件（零部件）温度达到稳定所需时间和在上下限温度浸泡时间。通常情况下，受试产品在上下限温度保持时间为10～20分钟，一般不超过30分钟。

（4）温度循环次数：为了节约试验费用，试验的循环次数一般不超过6次。如果试件在5～6个循环内还未出现故障，则应考虑增大温变率，重新开始试验。

（5）试验终止判据：产品发生不可修复故障；温变率已经达到试验箱的最大值；完成6个循环后仍不出现故障。

若要达到相同的激发效果，则不同的温变率需要的循环次数不同。表4－7可供参考。

表4－7　温变率与循环次数的关系

温变率（℃/min）	需要的循环次数（次）
15	11
20	8
25	7

续前表

温变率（℃/min）	需要的循环次数（次）
30	6
40	5

3. 振动步进应力施加方法

振动步进应力试验不一定必须使用全轴振动台来实施，也可以使用普通的电动振动台来实施。

（1）起始振动值：全轴台振动步进应力试验的起始值应为3～5Grms，一般从5Grms开始试验。电动台振动步进应力试验的起始值应为1～2Grms，一般从2Grms开始试验。

（2）每步驻留时间：每个振动水平的驻留时间包括产品振动稳定后的驻留时间以及功能和性能检测时间。振动稳定后驻留时间一般为5～10分钟，功能和性能检测时间视具体产品而定。

（3）步长：全轴台振动步进应力步长一般为3～5Grms，不超过10Grms。电动台振动步进应力步长一般为2～3Grms，不超过5Grms。

（4）振动应力工作极限：在振动应力步进的过程中，一旦发现产品出现异常，则恢复到原步长的一半或减小1～2Grms的振动量级再次振动，然后进行全面检测。如果产品恢复正常，则判定该量级的振动值为产品的振动应力工作极限。

（5）振动应力破坏极限：找到工作极限后，减小步长继续振动，每次都要恢复到工作极限检测，若检测时发现失效（按失效判据），则停止振动检测，若仍然不正常，则判定最后出现失效的振动值为产品的振动应力破坏极限。

（6）试验终止判据：试验一般应持续到试件的破坏极限或达到试验设备所能提供应力的最大振动量值。也可以在找到工作极限时终止试验。

4. 综合应力施加方法

（1）温度循环：综合应力试验中的温度循环应力施加方法见前。

（2）振动应力：振动应力一般分为恒定振动应力和步进振动应力。恒定振动应力前几个循环按破坏极限的50%施加，最后一个循环施加微振动应力。

对于步进振动应力，根据已完成试验获得的振动应力破坏极限和设定的循环次数确定步长。以全轴台为例，假如在振动应力步进试验中，产品在35Grms时发生了不可修复的故障（失效），并且设定的温度循环次数是5次，那么最初的试验循环应该从7Grms水平开始。每一个循环之后，应该以振动水平为7Grms的步长增加。

（3）试验终止判据：发生不可修复的故障或完成设定的试验剖面。

4.3.2.8 可靠性强化试验应用案例

可靠性强化试验技术已在国外得到非常广泛的应用。波音公司、福特汽车公司、惠普公司、ECE（Electronic Concepts & Engineering）公司和Tandem计算机公司等，考虑到市场竞争的需要，为了减少产品研制费用，并在产品研制早期就能得到较高的可靠性水平，都大量采用了可靠性强化试验技术。下面是波音公司在飞机上的应用效果。

（1）对波音 777 飞机中 40 个可更换单元（LRU）分别开展了 RET 和加速寿命试验（ALT），并与常规服务站收集的故障数进行对比，如图 4－12 所示。可见 RET 激发故障的效果非常显著。

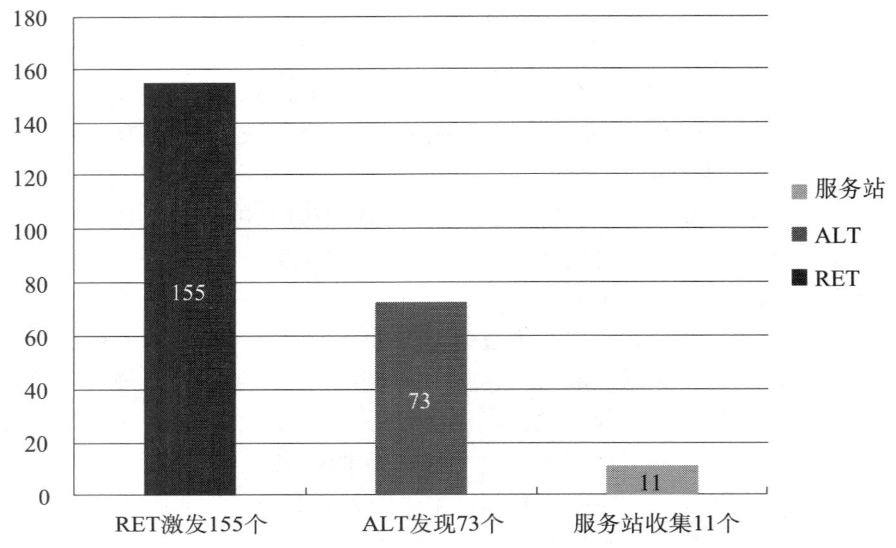

图 4－12　RET 与 ALT 以及服务站收集的故障数对比

（2）对波音 777 飞机中 390 套 LRU 开展了 1 000 个周期的更换维修试验，做 RET 的 217 套 LRU 更换率为 4%，不做 RET 的 173 套 LRU 更换率为 35%，如图 4－13 所示。可见应用 RET 能大幅度降低维修更换率和维修费用。

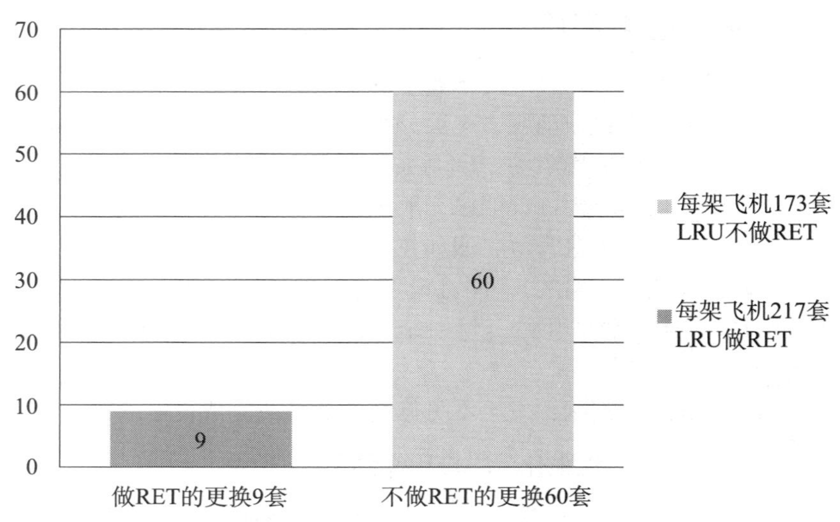

图 4－13　RET 效果与更换率的对比

（3）对波音777飞机中5类设备分别开展了RET和可靠性鉴定试验（RQT），又对RET改进后的5类设备进行RQT，故障数对比情况如图4－14所示。可见RET激发故障的效果非常显著，并有助于RQT。

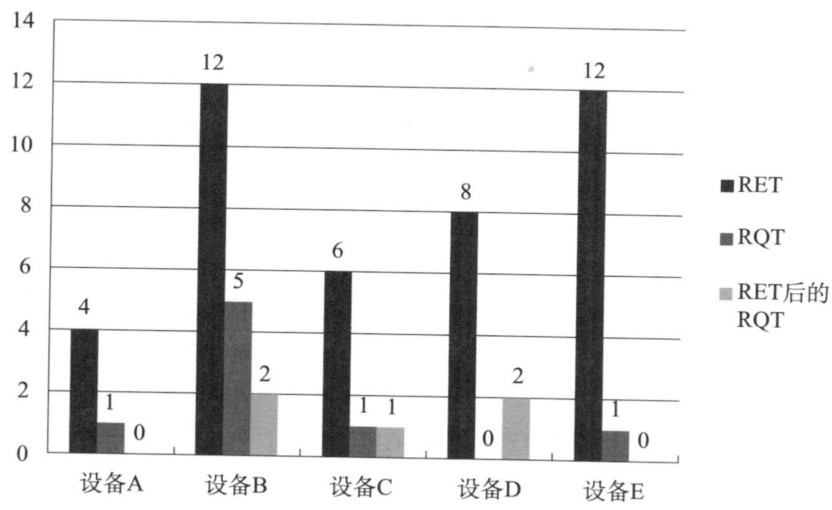

图4－14　5类设备开展RET和RQT的故障数对比

从波音公司的应用情况可以看出，可靠性强化试验对于快速激发产品缺陷是非常有效的手段，研制阶段的强化试验可极大地减少产品投入使用后出现故障，从而降低维修费用，经济效益明显。

4.3.3　可靠性研制试验的工程应用要点

（1）在研发阶段应尽早开展可靠性研制试验，通过试验、分析、改进过程来提高产品的可靠性。

（2）可靠性研制试验是产品研发试验的组成部分，应尽可能与产品的研发试验结合进行。

（3）应制定可靠性研制试验方案，并对可靠性关键产品，尤其是新技术含量较高的产品实施可靠性研制试验。

（4）可靠性研制试验可采用加速应力进行，以尽快找出产品的薄弱环节或验证设计余量。

（5）试验中发生的故障均应纳入故障报告、分析和纠正系统，并对试验后产品的可靠性状况做出说明。

4.4　可靠性增长试验

4.4.1　可靠性增长试验的概念

可靠性增长试验（RGT）是指为暴露产品的薄弱环节，有计划、有目标地对产品施加模拟实际环境的综合环境应力及工作应力，以激发故障，分析故障和改进设计与工艺，并验证改进措施有效性而进行的试验。可靠性增长试验是一个有计划的试验—分析—改进的过程，是一项有效地提高产品可靠性的技术。可靠性增长试验是产品工程研发阶段单独安排的一个可靠性工作项目，一般安排在工程研发基本完成之后和可靠性鉴定（确认）试验之前。可靠性增长试验的工作包括：制定可靠性增长试验计划、确定模型、进行试验、评估等。

试验、分析与改进（TAAF）是工程研发中普遍采用的有效方法。在可靠性增长试验中，TAAF过程以消除或减少故障为目标，其步骤如下：

- 借助模拟实际使用条件的试验诱发故障，充分暴露产品的问题和缺陷；
- 对故障定位，进行故障分析及找出故障机理；
- 根据故障分析结果，制定改正产品设计和制造中缺陷的纠正措施；
- 落实纠正措施；
- 验证纠正措施的有效性。

4.4.2 可靠性增长试验的对象

由于可靠性增长试验要求采用综合环境条件，需要综合试验设备，试验时间较长，需要投入较大的资源，因此，一般只对那些新技术含量高且属重要、关键的产品进行可靠性增长试验。

4.4.3 可靠性增长试验剖面

由于可靠性增长试验在产品研发的后期，即在可靠性鉴定试验之前实施，因此应尽可能采用实测数据。可靠性增长试验剖面一般应与该产品的可靠性鉴定试验剖面一致。

4.4.4 常用的可靠性增长模型

可靠性增长试验必须具有增长模型。增长模型是一个数学表达式，描述了在可靠性增长过程中产品可靠性增长的规律或总趋势。目前在可修复产品的可靠性增长试验中，普遍使用的是杜安模型。有时，为使杜安模型的适合性和最终评估结果具有较坚实的统计学依据，可用AMSAA模型作为补充。

4.4.4.1 杜安模型

杜安（Duane）模型未涉及随机现象，所以杜安模型是确定性模型，即工程模型，而不是数理统计模型。杜安模型的前提是：产品在可靠性增长过程中，逐步纠正故障，因而产品可靠性是逐步提高的，不允许有多个故障集中改进而使产品可靠性有突然的较大幅度提高。杜安模型通常采用图解的方法分析可靠性增长规律。根据杜安模型绘制的可靠性参数曲线图，可以反映可靠性水平的变化，并得到相应的可靠性点估计值。其数学表达式为：

$$\ln[N(t)/t]=\ln a-m\ln t \tag{4-1}$$

式中，$N(t)$ 为到累积试验时间 t 时所观察到的累积故障数；a 为尺度参数，它的倒数 $1/a$ 是杜安模型累积 MTBF 曲线在双对数坐标纸纵轴上的截距，反映了产品进入可靠性增长试验的初始 MTBF 水平；m 为杜安曲线的斜率（增长率），它是累积 MTBF 曲线和瞬时 MTBF 曲线的斜率，表征产品 MTBF 随试验时间逐渐增长的速度。

在双对数坐标纸上，瞬时 MTBF 曲线是一条直线，平行于累积 MTBF 曲线，向上平移 $-\ln(1-m)$。杜安模型在双对数坐标纸上和线性坐标纸上的形状分别如图 4-15（a）和（b）所示。

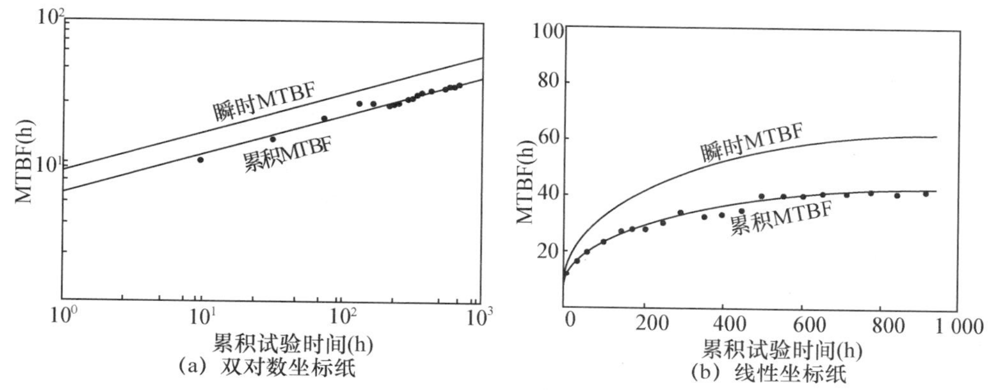

图 4-15　双对数坐标纸和线性坐标纸上的杜安曲线

4.4.4.2　AMSAA 模型

AMSAA 模型是利用非齐次泊松过程建立的可靠性增长模型。这个模型既可以用于寿命型产品，也可以用于在每个试验阶段内试验次数相当多而且可靠性相当高的一次使用产品。

AMSAA 模型仅能用于一个试验阶段，而不能跨阶段对可靠性进行跟踪。其数学表达式为：

$$E[N(t)]=at^b \tag{4-2}$$

式中，$N(t)$ 为到累积试验时间 t 时所观察到的累积故障数；a 为尺度参数；b 为增长形状参数；$E[N(t)]$ 为 $N(t)$ 的数学期望。

杜安模型和 AMSAA 模型互为补充。杜安模型直观、简单、明了，对增长趋势一目了然。一次拟合优度检验可能会拒绝 AMSSA 模型，却无法指出拒绝理由，而一条由相同数据绘制成的杜安曲线却可能指出拒绝的某种原因。但用 AMSSA 模型进行可靠性估计比杜安模型好。

4.4.5　可靠性增长摸底试验

可靠性增长摸底试验是根据我国国情开展的一种可靠性试验。它是一种以可靠性增长为目的，无增长模型，也不确定增长目标值，而试验时间较短的可靠性试验。其目的是在模拟实际使用的综合应力条件下，用较短的时间、较少的费用，暴露产品的潜在缺陷，并及时采取纠正措施，使产品的可靠性水平得到增长。

1. 试验对象

任何一个产品的研发过程都不可能对产品全部进行可靠性增长摸底试验。因此，必须综合权衡产品本身的结构特点、重要度、技术特点、复杂程度以及经费的多少等因素来确定可靠性增长摸底试验的对象。

可靠性增长摸底试验一般以较为复杂、重要度较高、无继承性的新研发或改型电子产品为主要对象，类似的机电产品也可适当考虑。

2. 试验时间

应根据以往相似产品试验或使用时故障发生情况，以及新研发产品在设计中可靠性工作的开展情况，来确定产品可靠性增长摸底试验的时间。

根据我国目前产品可靠性水平及工程经验，通常可靠性增长摸底试验的试验时间取100～200小时较为合适。也可以根据产品复杂程度、重要度、技术特点、可靠性要求等因素确定试验时间。试验时间一般取可靠性指标中规定的最低可接受值的20％～30％。

3. 试验剖面

应模拟产品实际的使用条件制定试验剖面，包括环境条件、工作条件和使用维护条件。由于可靠性增长摸底试验是在产品研发阶段的初期实施，不可能有很多实测数据。因此，一般按GJB 899A—2009《可靠性鉴定和验收试验》确定试验剖面。在不破坏产品且不会有引起与现场使用时不相符的故障的前提下，可以适当提高施加应力的水平。但应注意，它采用的是模拟实际使用的综合应力，而不是强化应力，也不是高加速应力。

4.4.6 可靠性增长试验的工程应用要点

（1）可靠性增长试验应有明确的增长目标和增长模型，重点是进行故障分析和采取有效的设计改进措施。

（2）由于可靠性增长试验不仅要找出产品中的设计缺陷和采取有效的纠正措施，而且要达到预期的可靠性增长目标，因此，可靠性增长试验必须在受控的条件下进行。

（3）为了提高任务可靠性，应把纠正措施集中在对任务有关键影响的故障模式上；为了提高基本可靠性，应把纠正措施的重点放在频繁出现的故障模式上。如果要同时达到任务可靠性和基本可靠性预期的增长要求，应该权衡这两方面的工作。

（4）成功的可靠性增长试验可以代替可靠性鉴定试验。

4.5 可靠性鉴定和验收试验

可靠性鉴定试验（RQT）是为验证产品的设计是否达到了规定的可靠性要求，由订购方认可的单位按选定的抽样方案，抽取有代表性的产品在规定条件下所进行的试验。可靠性鉴定试验是产品可靠性的确认试验，也是研发产品进入量产前的一种验证试验。

可靠性验收试验（RAT）是为验证批生产产品是否达到规定的可靠性要求，在规定条件下所进行的试验。

可靠性鉴定试验和验收试验属于验证试验（以下简称“验证试验”），也都是统计试验。

4.5.1 统计试验方案类型及其适用范围

统计试验方案是根据生产方风险、使用方风险、可靠性检验上限或可靠性检验下限、鉴别比等参数，确定试验总时间 T 或样本数 n、接收数或拒收数。按产品寿命分布特点，统计试验方案可分为两大类，即成败型统计试验方案和连续型统计试验方案；按截尾方式，统计试验方案可分为三大类，即定时截尾试验方案、定数截尾试验方案和序贯截尾试验方案。

GB 5080.5—1985《设备可靠性试验　成功率的验证试验方案》给出了成败型产品的统计试验方案，GJB 899A—2009《可靠性鉴定和验收试验》给出了服从连续型的指数分布产品的统计试验方案。

（1）指数分布统计试验方案主要适用于可靠性指标用时间（如 MTBF）度量的电子产品、部分机电产品及复杂的功能系统。二项分布统计试验方案主要适用于可靠性指标用可靠度或成功率度量的成败型产品（如导弹等），但采用该试验方案需要足够多的受试样本。只有在指数分布统计试验方案和二项分布统计试验方案都不适用的情况下（如多数的机械产品），才考虑采用其他统计试验方案，如威布尔分布统计试验方案。

（2）定时截尾试验方案是目前可靠性鉴定试验中使用最多的试验方案。

统计试验方案分类如图 4-16 所示。各统计试验方案的优缺点及适用范围如表 4-8 所示。

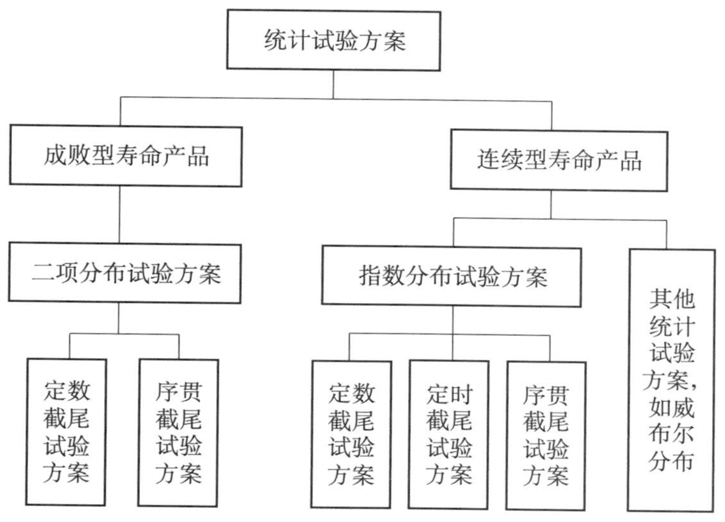

图 4-16　统计试验方案分类

表 4-8　　各统计试验方案的优缺点及适用范围

统计试验方案	优点	缺点	适用范围
定数截尾统计试验方案	统计结果精确	试验时间不可控，不利于试验的管理	服从指数分布或二项分布的产品
定时截尾统计试验方案	判决故障数及试验时间、费用在试验前已能确定，便于管理	对于可靠性特差或特好的产品，做出判决所需的试验时间较序贯试验长	服从指数分布的所有产品
序贯截尾统计试验方案	从试验时间和试验样本量这两方面节省了试验成本，且能较快做出接收或拒收的判决	失效数及试验时间、费用在试验前难以确定，不便管理	(1) 服从指数分布或二项分布的产品 (2) 可靠性验收试验 (3) 对受试产品的可靠性有充分的信心，能够较快地做出接收判决的产品的可靠性鉴定试验
其他统计试验方案，如威布尔分布	—	—	不服从指数分布或二项分布的产品，例如，某些耗损型产品、机械产品等

4.5.2　统计试验方案的有关概念和参数

(1) 定时截尾试验：事先规定试验时间，一旦到达试验截止时间，立即终止试验，记录出现的故障次数。

(2) 定数截尾试验：事先规定允许出现的故障数 r_0，一旦发生了 r_0 次故障，立即终止试验，记录试验时间 t。

(3) 序贯截尾试验：按事先拟定的接收、拒收及截尾时间线，在试验期间对受试产品进行不断的观测、比较，按判据随时做出接收、继续试验、拒收的决定。

(4) 全数试验：对一批中的每个产品都进行可靠性试验。

(5) 抽样特性曲线：这是表示抽样方式的特性曲线，或称 OC 曲线。从 OC 曲线可直观地看出抽样方式对检验产品质量的保证程度。

(6) 观测值（$\hat{\theta}$ 或 $\hat{R}$）：也叫点估计，产品总工作时间除以关联责任故障数或试验总数除以失效数。

(7) 检验下限（θ_1 或 R_1）：拒收的 MTBF 值或不可接收的成功率，统计试验方案以高概率拒收其真值接近 θ_1 或 R_1 的产品；其值可取合同规定的最低可接受值。

(8) 检验上限（θ_0 或 R_0）：可接收的 MTBF 值或可接收的成功率，统计试验方案以高概率接收其真值接近 θ_0 或 R_0 的产品。

(9) 使用方风险 β：可靠性的真值等于其检验下限 θ_1 或 R_1 时产品被接收的概率。当可靠性的真值低于 θ_1 或 R_1 时产品被接收的概率将低于 β。

(10) 生产方风险 α：可靠性的真值等于其检验上限 θ_0 或 R_0 时产品被拒收的概率。当可靠性的真值大于 θ_0 或 R_0 时产品被拒收的概率将低于 α。

（11）鉴别比 d：指数分布统计试验方案的鉴别比 d 等于检验上限与检验下限的比值 θ_0/θ_1；二项分布统计试验方案的鉴别比 D_R 等于 $(1-R_1)/(1-R_0)$。

确定统计试验方案主要参数的原则如下。

1. 样本量

可靠性鉴定试验的样本量：指数分布的可靠性鉴定试验方案所需样本数量应按合同规定，或由承制方与订购方商定。若无具体规定时，至少应有2台设备接受试验。二项分布的样本量由试验方案计算确定。

可靠性验收试验的样本量：指数分布时推荐的样本大小为每批产品的10%。仅在特殊情况下，如因安全或完成任务要求，才采用全数试验。二项分布的样本量由试验方案计算确定。

2. 试验时间

试验时间由试验方案来确定。例如序贯试验的持续时间应根据相应试验方案的可能最长的试验时间来设计，而不应按平均判决点来设计，从而保证试验费用及试验时间控制在计划之内。试验应进行到总试验时间或责任故障数达到试验方案可以做出接收或拒收判决时为止。

应对试验进行监测，以便能准确地记录故障前的试验时间。监测仪器、监测方法及估算MTBF的方法应在可靠性验证试验方案中规定。每台设备的试验时间至少应为所有受试设备平均试验时间的一半。

3. 决策风险

一般情况下，使用方风险 β 由使用方提出，经与生产方协商后确定，但有时使用方为保证接收设备的可靠性水平符合其特定要求，而单独提出固定的使用方风险 β。生产方风险由生产方提出，主要考虑经费和进度要求来确定 α 值的大小。选择决策风险较小的试验方案，需要较长的总试验时间，但接收不合格设备及拒收合格设备的概率较小。在制定这些试验方案时，应该力求方案的实际决策风险值接近于指定的风险值，并使每一方案的两类决策风险尽可能接近。

4. 鉴别比

鉴别比 d 是MTBF的检验上限 θ_0 与MTBF的检验下限 θ_1 的比值，它与使用方风险 β 和生产方风险 α 一起构成统计试验方案的基本参数。一般以产品设计定型阶段的最低可接受值作为统计试验方案中的检验下限。鉴别比越大，试验做出判决就越快。必须慎重选择鉴别比，以防鉴别比过大而导致 θ_0 相应过大，使设计难以实现。

4.5.3 指数分布统计试验方案

1. 定时截尾统计试验方案

定时截尾统计试验方案是根据使用方风险、生产方风险、θ_1 及鉴别比确定试验

时间 T 和试验中允许出现的责任故障数，当总试验时间 T 达到选定方案所对应的试验时间时，若试验中出现的责任故障数大于或等于拒收的判决故障数 R_e，则做出拒收判决；若试验中所出现的责任故障数小于或等于接收故障数 A_c，则做出接收判决。注意：θ_1 即为所验证产品的可靠性指标中 MTBF 的最低可接受值。

定时截尾试验方案分为标准型方案和短时高风险方案两种。标准型试验方案采用正常的生产方风险和使用方风险，为 10%～20%。短时高风险试验方案所采用的生产方风险和使用方风险为 30%。定时截尾试验方案可以估计 MTBF 的观测值及验证区间或置信区间。GJB 899A—2009 中的标准型方案和短时高风险方案如表 4-9 和表 4-10 所示。

表 4-9　GJB 899A—2009 中标准型定时试验方案表

方案号	决策风险（%）				鉴别比 $d=\frac{\theta_0}{\theta_1}$	试验时间（θ_1 的倍数）	判决故障数	
	名义值		实际值				拒收数（≥）R_e	接收数（≤）A_c
	α	β	α'	β'				
9	10	10	12.0	9.9	1.5	45.0	37	36
10	10	20	10.9	21.4	1.5	29.9	26	25
11	20	20	19.7	19.6	1.5	21.5	18	17
12	10	10	9.6	10.6	2.0	18.8	14	13
13	10	20	9.8	20.9	2.0	12.4	10	9
14	20	20	19.9	21.0	2.0	7.8	6	5
15	10	10	9.4	9.9	3.0	9.3	6	5
16	10	20	10.9	21.3	3.0	5.4	4	3
17	20	20	17.5	19.7	3.0	4.3	3	2

表 4-10　GJB 899A—2009 中短时高风险定时试验方案表

方案号	决策风险%				鉴别比 $d=\frac{\theta_0}{\theta_1}$	试验时间（θ_1 的倍数）	判决故障数	
	名义值		实际值				拒收数（≥）R_e	接收数（≤）A_c
	α	β	α'	β'				
19	30	30	29.8	30.1	1.5	8.1	7	6
20	30	30	28.3	28.5	2.0	3.7	3	2
21	30	30	30.7	33.3	3.0	1.1	1	0

对表 4-9 和表 4-10 进行分析可知：

（1）当 α，β 及 θ_1 给定时，总试验时间 T 随着鉴别比 d 的减少而增加，若要缩短总试验时间 T，应增大鉴别比 d。

（2）当 θ_1，d 给定时，总试验时间 T 随着风险率的减少而增加。反之，为了减少生产方和使用方的风险，就需要增加总试验时间 T。

由于定时截尾试验可以预先知道总试验时间 T，便于事先计划，给管理带来很大方便，因此在产品可靠性鉴定试验方面广泛采用。

例 4-1　设 θ_1=500h，d=2.0；$\alpha=\beta$=20%。试为该产品设计一个寿命满足指数分布的可靠性定时试验方案。

解：根据已知条件可得：$\theta_0=d\theta_1=2.0\times500=1\,000$h，$\alpha=\beta=20\%$。查标准型定时试验方案表，方案号为14，得到相应的试验时间为$7.8\theta_1$，即$7.8\times500=3\,900$h，$A_c=5$，$R_e=6$。因此，该产品的可靠性定时截尾试验方案为：预定总试验时间$T^*=3\,900$（台时）。当试验停止时出现的故障数$r\leqslant5$，则认为该产品可靠性合格，接收；在试验累积时间未达T^*，故障数$r\geqslant6$时，停止试验，认为该产品可靠性不合格，拒收。然后根据试验结果用定时（接收时）或定数（拒收时）截尾公式进行点估计及以规定的置信度进行区间估计。估计方法见第6章。

2. 定数截尾统计试验方案

从一批产品中，随机抽取n个样品，当试验到事先规定的截尾故障数r时，停止试验，r个故障的时间分别为：$t_1\leqslant t_2\leqslant\cdots\leqslant t_r$，则抽验规则为：当$\hat{\theta}\geqslant c$时产品合格，接收；当$\hat{\theta}<c$时产品不合格，拒收，其中$c$为合格判定数。示意图如图4-17所示。GJB 899A—2009中的部分抽验方案如表4-11所示。

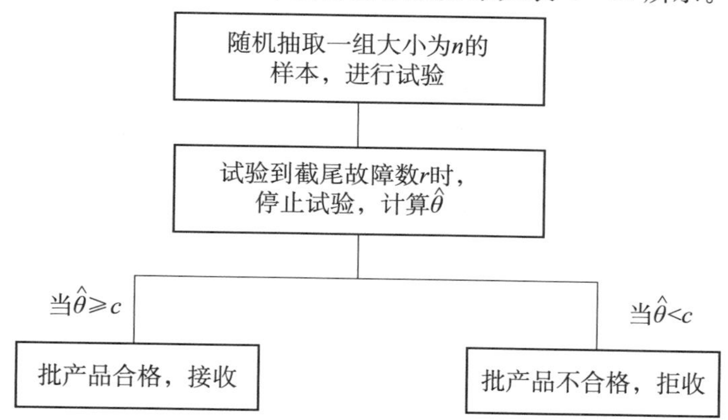

图4-17　定数截尾统计试验方案示意图

表4-11　**定数截尾抽验方案表**

鉴别比 $d=\frac{\theta_0}{\theta_1}$	$\alpha=0.05$　$\beta=0.05$		$\alpha=0.05$　$\beta=0.10$		$\alpha=0.10$　$\beta=0.05$		$\alpha=0.10$　$\beta=0.10$	
	r	c/θ_1	r	c/θ_1	r	c/θ_1	r	c/θ_1
1.5	67	1.212	55	1.184	52	1.241	41	1.209
2	23	1.366	19	1.310	18	1.424	15	1.374
3	10	1.629	8	1.494	8	1.746	6	1.575
5	5	1.970	4	1.710	4	2.180	3	1.835

例4-2　某产品生产方风险与使用方风险相同，均取$\alpha=\beta=0.1$，$\theta_1=200$h，$\theta_0=1\,000$h，试设计一个定数截尾抽验方案。

解：根据$d=\frac{\theta_0}{\theta_1}=5$，$\alpha=\beta=0.1$，查表4-11得：$r=3$，$c/\theta_1=1.835$，则

$$c=1.835\times200=367(\text{h})$$

由此得方案为：截尾故障数$r=3$，合格判定数$c=367$h。即任取n个产品（无

替换 $n>4$），试验到 $r=3$ 时，停止试验，计算 $\hat{\theta}$。判断标准为：$\hat{\theta}\geqslant 367\text{h}$ 时，接收；$\hat{\theta}<367\text{h}$ 时，拒收。

3. 序贯截尾统计试验方案

每次从批产品中抽取一个或一组受试产品，检验后按某一确定规则做出接收该批产品或拒收该批或继续试验的决定，称为序贯抽样检验。概率比序贯试验（PRST）方案简称序贯试验方案，分为标准型试验方案及短时高风险方案两种。当希望采用正常的生产方风险和使用方风险（10%～20%）时，应采用标准型序贯试验方案。若采用短时高风险方案，则试验时间可以缩短，但生产方和使用方都要承担较高的决策风险。在使用方风险、生产方风险和鉴别比相同的情况下，与定时试验方案相比，序贯试验方案通常能较快地对 MTBF 接近 θ_0 或 θ_1 的设备做出接收或拒收判决。对于 MTBF 的真值较大或较小的设备，序贯试验所需的总试验时间可能差别较大，因此在计划费用和时间时应以序贯截尾的时间为根据。

GJB 899A—2009 提供了标准型序贯试验方案及短时高风险试验方案。由于接收故障数 A_c 和拒收故障数 R_c 取整数，因此 α，β 的实际值与名义值有一些不同。序贯试验方案的程序如下：

（1）使用方及生产方协商确定 θ_1，θ_0，α，β。鉴别比 d 可取 1.5，1.75，2.0，3.0；α，β 一般可取 10%，20%，短时高风险试验方案取 30%。

（2）根据 GJB 899A—2009 中的规定，查出相应的方案号及相应的序贯试验判决表或判决图。

（3）进行序贯可靠性试验，如为可靠性验收试验，每批产品至少应抽 2 台产品进行试验。样本量建议为批产品的 10%，但最多不超过 20 台。进行试验时，将受试产品的实际总试验时间 T（台时）及故障数 r 逐次和相应的判决值 T_A，T_R 进行比较：

- 如果 $T\geqslant T_{A_c}$，判决接收，停止试验；
- 如果 $T\leqslant T_{R_c}$，判决拒收，停止试验；
- 如果 $T_{R_c}<T<T_{A_c}$，继续试验，到下一个判决值时再作比较，直到可以作出判决或满足试验截止原则，才停止试验。

序贯试验判决示意图如图 4－18 所示。

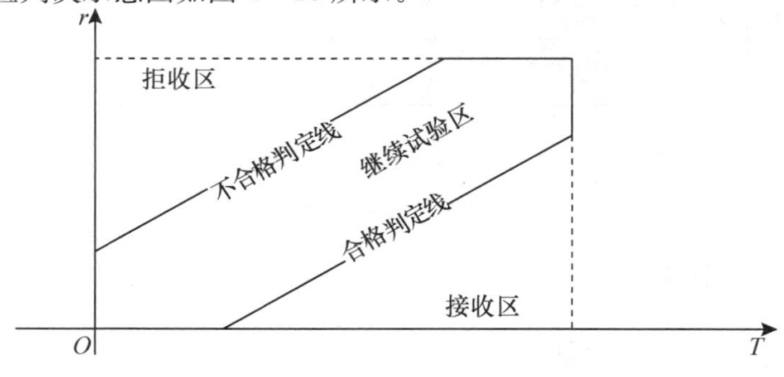

图 4－18　序贯试验判决示意图

4.5.4 二项分布统计试验方案

服从二项分布的产品可靠性试验，称为成败型统计试验方案，主要用于可靠度或成功率（成功概率）的验证试验。服从二项分布的成败型产品一般有两种试验方案可以选择：定数试验方案和序贯试验方案。GB 5080.5—1985《设备可靠性试验 成功率的验证试验方案》提供了定数试验方案和序贯试验方案。

1. 定数试验方案

二项分布的定数试验方案是由可接受的可靠度或成功率 R_0（或不可接受的可靠度或成功率 R_1）、鉴别比 D_R、双方风险 α 和 β 等参数，确定样品数 n_f 和拒收数 R_e 或接收数 A_c。其中 R_0，R_1，D_R 的关系如下式：

$$D_R=\frac{1-R_1}{1-R_0}$$

抽验规则：随机抽取一个样本量为 n 的样本进行试验，假设有 r 个失败。规定合格判定数 A_c 及不合格判定数 A_e：

- 如果 $r\leqslant A_c$，认为批产品可靠性合格，接收；
- 如果 $r\geqslant R_e$，认为批产品可靠性不合格，拒收（见图 4-19）。

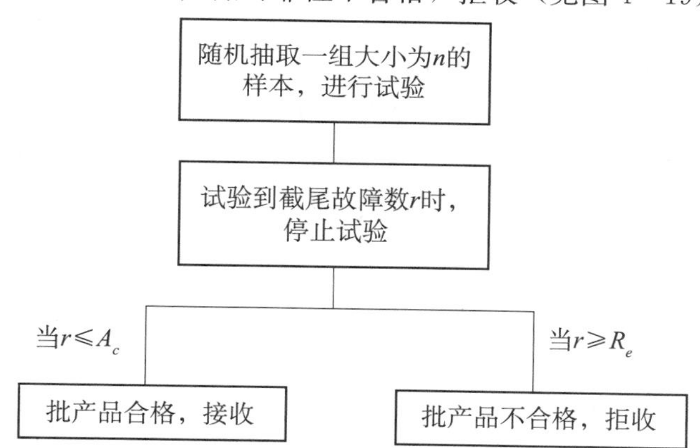

图 4-19 二项分布定数试验方案示意图

例 4-3 已知某成败型产品的可接受的可靠度 $R_0=0.9$，鉴别比 $D_R=3$，取双方风险 $\alpha=\beta=10\%$，试设计一个定数截尾试验方案。

解：根据已知条件 $R_0=0.9$，$D_R=3$，$\alpha=\beta=10\%$，查 GB 5080.5—1985 中定数试验方案表 2 可得：样品数 $n_f=25$，拒收数 $R_e=5$，则接收数 $A_c=R_e-1=4$。

因此，该定数试验方案为：随机抽取 25 个样品进行试验，如果试验结果的失效数 $r\leqslant4$，则认为批产品可靠性合格，接收；如果试验结果的失效数 $r\geqslant5$，则认为批产品可靠性不合格，拒收。

2. 序贯截尾试验方案

成败型序贯截尾试验判决示意图如图 4-20 所示。GB 5080.5—1985《设备可

靠性试验　成功率的验证试验方案》提供了可供选用的成败型可靠性序贯截尾抽样方案表。如果试验需要采用其给出的试验方案以外的试验方案，可以用二项分布公式直接进行计算。

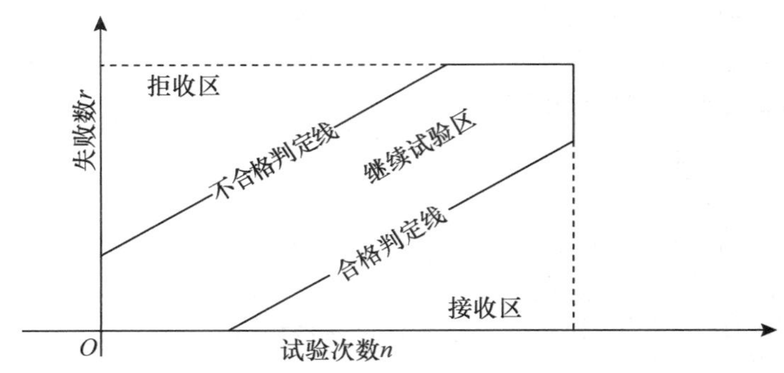

图 4-20　成败型序贯截尾试验判决示意图

4.5.5　可靠性验证试验剖面的确定

4.5.5.1　制定可靠性验证试验剖面应遵循的基本原则

可靠性验证试验剖面应尽可能真实地时序地模拟产品在实际使用中经历的最主要的环境应力。这是可靠性验证试验剖面与环境鉴定试验条件的最大区别，也是制定可靠性验证试验剖面需要遵循的基本原则。

为了满足上述基本原则，应优先采用实测应力来制定产品的可靠性验证试验剖面；在无实测应力数据的情况下，可以根据处于相似位置、具有相似用途的设备在执行相似任务剖面时测得的数据，经过分析处理后得到的估计应力来确定；只有在无法得到实测应力或估计应力的情况下，方可使用参考应力，参考应力值既可按 GJB 899A—2009 附录 B 提供的数据、公式和方法导出，也可采用其他分析计算方法。

4.5.5.2　可靠性验证试验剖面的制定程序

基本程序是依据产品的寿命剖面（含任务剖面），确定其相应的环境剖面，再将环境剖面转换成试验剖面。对于仅执行一种类型任务的产品，其任务剖面与环境剖面和试验剖面之间呈一一对应的关系。对于执行多任务剖面的产品，则要求制定一个合成的试验剖面。

4.5.5.3　确定试验剖面的方法

1. 试验环境应力的确定

所采用的环境应力及其随时间变化的情况应能反映现场使用和任务环境特征。可靠性验证试验的环境应力等级取值不同于环境试验取极值条件的做法，而是模拟现场的综合环境条件。

首先，要选取试验中所施加的环境应力类型。应对受试产品预期将经受的环境条件进行全面分析，并判断产品的可靠性对哪些环境应力最为敏感。对于大多数电子、机电产品而言，GJB 899A—2009推荐试验中施加的环境应力主要有温度（高温、低温、温变率）、振动、湿度等，这是因为上述环境应力对产品的可靠性影响最大，据统计分别占环境引起故障数的40%，27%和19%。因此，考虑这三个因素的作用已经覆盖了86%以上的环境对产品可靠性的影响，而其余环境应力对产品的影响在进行可靠性鉴定试验前已经通过环境鉴定试验进行考核。

其次，还需确定试验应力等级。确定试验应力等级的依据及优先次序是：

- 实测应力；
- 估计应力；
- 参考应力。

2. 试验剖面的组成

在应力种类和应力等级确定后，应确定试验剖面，即将所选的环境应力及其变化趋势按时间轴进行安排。这种安排应能反映受试产品现场使用时所遇到的工作模式、环境条件及其变化趋势。各种应力的施加时间应按产品寿命周期内预计会遇到的各种环境条件下任务持续时间的比例确定。试验剖面一般由以下内容组成：

- 根据任务剖面分别确定冷天和热天环境条件以及冷热天之间的交替循环；
- 每一任务前应有冷透、热透时间，在此期间产品不工作；
- 选取环境应力（一般为高温、低温、温变率、湿度、振动）及电应力时，应明确应力种类及量值的大小、持续时间、每种应力的施加排序。

例4-4 某电子产品可靠性验证试验剖面由温度、湿度、振动和电应力组成。试验剖面将所选的应力及其变化趋势按时间轴安排。各种应力的施加时间按产品预计会遇到的各种环境下任务持续时间的比例确定。图4-21给出了该电子产品可靠性验证试验剖面示意图。

4.5.6 可靠性验证试验前应具备的条件

(1) 受试产品的技术状态应为设计定型状态；

(2) 产品可靠性预计结果应大于合同或任务书中要求的成熟期规定值；

(3) 试验前应对受试产品进行FMECA，以确定设计的薄弱环节，识别所有可能发生的故障模式；

(4) 受试产品已经通过环境应力筛选；

(5) 与受试产品同批的产品已经通过环境鉴定试验。

4.5.7 可靠性验证试验通用程序

1. 编制产品可靠性验证试验大纲

针对产品的具体特点及可靠性验证工作的需求，由承试单位负责，承制单位参

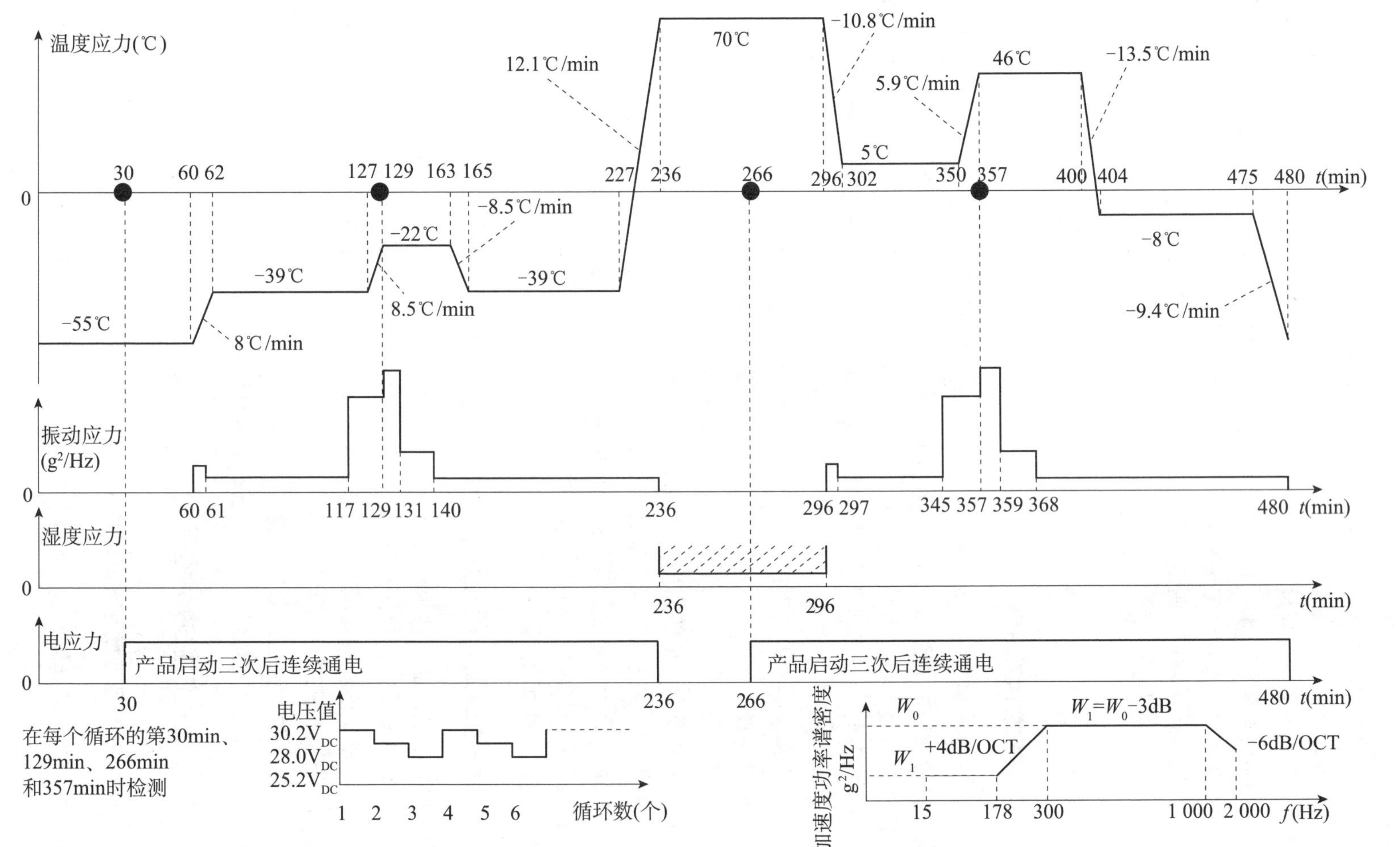

图 4 - 21　某电子产品可靠性验证试验剖面示意图

加制定产品可靠性鉴定或验收试验大纲。该大纲作为该产品可靠性验证试验的总体规划技术文件。

2. 试验前准备工作评审

为保证试验的正常进行和试验结果的有效性，应对试验的准备工作进行评审。

3. 试验中故障的统计

试验过程中，只有责任故障才能作为判定受试产品合格与否的依据。责任故障应按下面的原则进行统计：

（1）可证实是由于同一原因引起的间歇故障只计为一次故障。

（2）当可证实多种故障模式由同一原因引起时，整个事件计为一次故障。

（3）有多个元器件在试验过程中同时失效，当不能证明是一个元器件失效引起了另一些失效时，每个元器件的失效计为一次独立的故障；若可证明是一个元器件的失效引起另一些失效时，则失效合计为一次故障。

（4）已经报告过的由同一原因引起的故障，由于未能真正排除而再次出现时，应和原来报告过的故障合计为一次故障。

（5）多次发生在相同部位、相同性质、相同原因的故障，若经分析确认采取纠正措施后将不再发生，则多次故障合计为一次故障。

（6）在故障检测和修理期间，若发现受试产品中还存在其他故障而不能确定为是由原有故障引起的，则应将其视为单独的责任故障进行统计。

4. 试验结果的判决

当试验过程中的任一时刻出现的关联责任故障累计数超出统计试验方案规定的接收故障数时，即可做出拒收判决。

当累积试验时间达到试验方案中规定的试验时间，且受试产品发生的关联责任故障数小于试验方案规定的拒收故障数时，即可做出接收判决。对于多台产品试验，只要有一台产品的累积试验时间少于全部受试产品平均试验时间的一半，则不应做出合格判决。

4.5.8 可靠性验证试验的工程应用要点

（1）可靠性鉴定试验所需的试验时间长、试验费用高，不可能要求对系统中的所有产品均进行可靠性鉴定试验，一般对影响系统安全或任务完成的新研制、有重大改进的关键产品进行，其中多数是电子产品和机电产品。

（2）能组成系统的尽量按系统考核，对于不能在实验室进行鉴定试验的分系统，可对其中关键组件（如外场可更换单元）进行实验室可靠性鉴定试验，其他组件的可靠性可利用外场使用数据进行综合评估，以确定产品是否达到规定的可靠性指标。

（3）对于可靠性鉴定试验一般采取定时截尾方案，而对于可靠性验收试验一般采用定时截尾试验方案或序贯截尾试验方案。使用方风险和承制方风险一般选取

20%；对于可靠性指标非常高的产品（如大于 1 000 小时）且承制单位可靠性控制严格，对产品可靠性有把握，为了节约经费和进度，使用方风险和承制方风险可以选取 30%，或用实验室试验和外场使用数据结合进行综合评估。

（4）可靠性鉴定试验剖面应尽可能模拟产品真实的使用环境，包括环境应力和工作应力。

（5）在确定振动应力时，不能应用基于累积疲劳损伤的机理推导得出的等效公式进行振动量值与试验时间的转换，因为疲劳损伤机理对大多数电子、机电产品而言，并不是一种主要的失效机理。

（6）可靠性鉴定试验过程中如发生故障，只能修复，一般不能进行设计改进。否则，试验应从头开始。

（7）无论试验最终结果是接收还是拒收，对试验中发生的所有故障都应予以高度的重视，并积极采取相应的措施。

（8）可靠性试验得出的可靠性特征量的置信度很大程度上取决于检测的准确性、检测手段的完善程度以及受试产品被检测的次数。由于检测是确定产品是否发生故障及相关的工作时间所必需的，因此在产品的可靠性试验大纲中要规定检测方法、检测的时间间隔和要求等。用于产品的激励信号应尽量符合产品在实际使用中的受载情况。

4.6 寿命试验

寿命试验是指为测定产品在规定条件下的寿命所进行的试验。其目的：一是发现产品中可能过早发生耗损的零部件，以确定影响产品寿命的根本原因和可能采取的纠正措施；二是验证产品在规定条件下的使用寿命、贮存寿命是否达到规定的要求。

本节提出的方法适用于具有耗损特性的机械类产品、机电类产品等的工作寿命和贮存寿命的试验。寿命试验工作适用于产品设计定型阶段、试用阶段和使用阶段。

根据不同的试验目的和方法，寿命试验分类情况如图 4 - 22 所示。

4.6.1 正常应力寿命试验

正常应力寿命试验是在正常环境条件下施加负荷，模拟工作状态的试验，其目的是验证产品使用寿命或首翻期指标。

有的产品出厂以后，通常要经历长时间的贮存（如武器装备）。在贮存环境的作用（如温度、湿度、大气污染等）下，产品特性参数将发生变化，当参数变化超过允许值时，产品将失效，不能满足使用要求。评价产品的贮存期到底有多长的试验，称为贮存寿命试验。

产品在贮存过程中处于非工作状态，贮存环境应力比工作应力小得多。产品因贮存而失效，就需要一个长期的缓变过程。通过对产品这种缓变过程的评估，可知

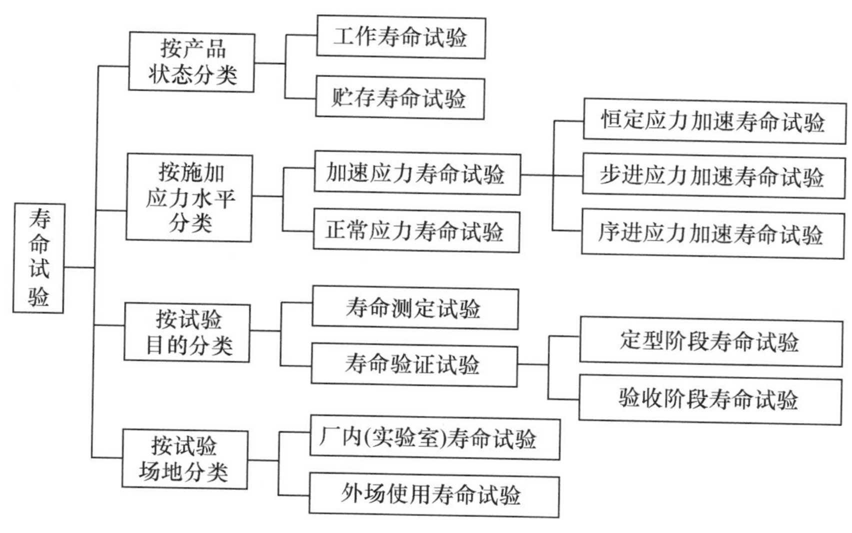

图 4-22 寿命试验分类

在产品贮存失效前是否启封使用，或采取修复、更换等措施，延长贮存期。因此，产品贮存寿命试验是保证产品可靠性的重要工作项目之一。

1. 试验条件

试验条件包括产品的环境条件、工作条件和维护条件。进行设备寿命试验时，应尽可能模拟实际的使用条件。

2. 受试产品的选择

对新研发的产品，应选取具备定型条件的合格产品作为受试样品；对已定型或现场使用的产品，应选用现场使用了一定时间的产品作为受试产品。

3. 受试产品数量

一般不应少于 2 个；对于低价、批量大的产品，可根据寿命指标来估算试验数量。

4. 故障判据

对于可修复的产品，凡发生在耗损期内并导致产品翻修的耗损性故障为关联故障。对于不可修复的产品，发生在耗损期内的耗损性故障和偶然故障均为关联故障，如图 4-23 所示。

5. 试验时间和试验终止

对于测定试验，要持续到超过要求的寿命值，或出现耗损故障，或到可以估计产品寿命趋势时终止。

对于鉴定试验，要持续到要求的寿命时终止。如果产品在要求的寿命期内未出现耗损故障，则证明产品达到要求的寿命值；反之，产品未达到要求的寿命值。

对于验收试验，一般取产品首翻期（或大修期）或等于规定的总寿命。

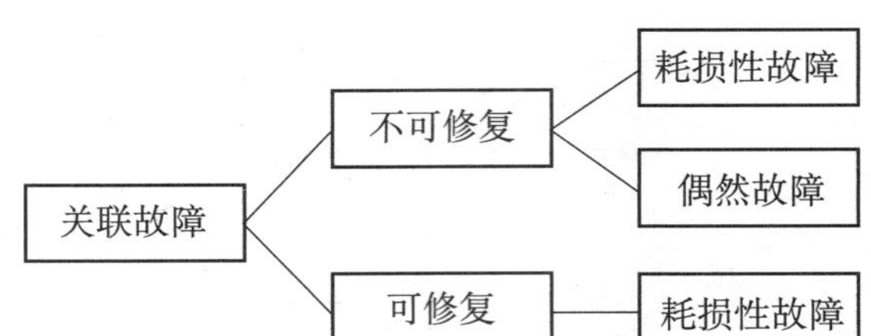

图 4-23　故障判据示意图

在受试产品没有出现故障的情况下，试验时产品的最长工作时间应是规定寿命值的 1.5 倍。

如果试验到某一时刻，受试产品全部出现关联故障，则终止试验。

针对高可靠长寿命的产品可采用序贯截尾方法来缩短试验时间。

4.6.2　加速寿命试验

对于高可靠性产品而言，寿命试验时间很长，为便于快速评价产品的寿命和可靠性，采用加大应力（如热应力、电应力、机械应力等）而又不改变失效机理的办法，使产品的故障加速暴露，这样的试验称为加速寿命试验。根据加速寿命试验结果，可以推测出正常使用状态或降额使用状态下的产品寿命。

按照增加应力的方式，加速寿命试验可以分为恒定应力、步进应力、序进应力加速寿命试验三种。

（1）恒定应力加速寿命试验，是将受试样品分成几组，每组样品固定一个试验应力水平（大于额定状态下的应力水平），直到各组均有一定数量的样品故障为止。

（2）步进应力加速寿命试验，是将一组受试样品从低应力级开始试验，试验一段时间后增加一级应力，直到有一定数量的样品故障为止。

（3）序进应力加速寿命试验，这种试验的应力是随着时间增大的，而且按线性或其他规律连续等效地提高应力水平，直到试验样品出现故障为止。

恒定应力加速寿命试验方法简单易行。步进应力、序进应力加速寿命试验技术、试验设备都较为复杂，但如能成功应用，其加速的效果会更好。对比情况如表 4-12 所示。

表 4-12　三种应力加速寿命试验对比

类型	优点	缺点	应用
恒定应力加速寿命试验	试验方法简单易行，技术成熟	比步进、序进的试验时间长、样本多	应用最多
步进应力加速寿命试验	比恒定的试验时间短、样本少	比恒定的估计精度低	应用较多
序进应力加速寿命试验	比步进的试验时间短、失效快	需复杂设备，技术不成熟	难以实施

1. 加速模型

加速寿命试验要建立在一定的物理化学模型基础上，加速应力（或称加速变量）类型不同，有不同的物理化学模型。常用的模型有：

（1）以温度作为加速变量，常采用阿伦尼乌斯（Arrhenius）方程作为寿命与温度关系模型。经验公式为：

$$t=Ae^{\frac{B}{T}} \tag{4-3}$$

式中，t 为寿命；T 为施加的绝对温度；A 为常数；B 为激活能有关的参数。

对式（4-3）进行换算，两边取对数，令 $A'=\ln A$，则

$$\ln t=A'+B\left(\frac{1}{T}\right) \tag{4-4}$$

由式（4-4）可知，寿命 t 的对数与绝对温度 T 的倒数之间满足直线方程关系。当通过几组温度应力试验得到产品的几个温度点的寿命之后，就可以确定 A' 和 B 值，并利用式（4-4）外推出正常温度下的产品寿命。

（2）以电压或压力作为加速变量，寿命与电压或压力关系模型的经验公式为：

$$t=\frac{1}{KV^{a}} \tag{4-5}$$

式中，t 为寿命；V 为施加的电压或压力；K，a 均为与产品类型有关的参数。

对式（4-5）进行换算，两边取对数，令 $A=-\ln K$，$B=-a$，则

$$\ln t=A+B\ln V \tag{4-6}$$

由式（4-6）可知，寿命 t 的对数与所施加的电压或压力的对数之间满足直线方程关系。通过施加几组电压或压力应力试验，可得到几个点的寿命值，随后就可以确定 A 和 B 值，并可以利用式（4-6）外推出额定电压或压力下的产品寿命。

（3）寿命加速系数 τ，利用式（4-3）、式（4-5）可分别求出两种加速寿命试验的寿命加速系数。

1）以温度作为加速试验变量的寿命加速系数：

$$\tau=\frac{t_0}{t}=e^{B(\frac{1}{T_0}-\frac{1}{T})} \tag{4-7}$$

2）以电压或压力为加速试验变量的寿命加速系数：

$$\tau=\frac{t_0}{t}=(\frac{V}{V_0})^{a} \tag{4-8}$$

由以上两式可知，通过加速寿命试验，可以求出加速系数 τ，由已知的某应力下寿命 t_0，可以预测另一种应力水平下未知的寿命。

2. 恒定应力加速寿命试验的一般步骤及需要考虑的事项

（1）加速变量选取。加速变量随试验对象、试验目的不同而不同。选取的一般原则是，要选择对失效机理起主要促进作用的应力作为试验应力，而且这种应力条件要便于进行人工控制，同时还要考虑有没有较为成熟的物理化学模型作为基础。例如，对于电子元部件、非金属材料，通常选择温度作为加速变量。

（2）应力水平选取。由于某一应力水平下的寿命具有随机性，因而寿命服从某种分布。选取应力水平时，应使不同应力水平下寿命分布相同，且失效机理相同。如果不能满足这个前提，说明选取的各级应力水平不够合理。选取应力水平时要注意最高应力与最低应力之间不能相隔太近。最高应力不应超过产品所能承受的极限应力，以免带来新的失效机理。

（3）在各级应力下进行寿命试验，并进行失效统计，按照寿命试验方法确定测试周期，记录各测试周期内的失效数、累积失效数、累积失效概率。

（4）检验寿命分布，并估计分布参数。在寿命分布未知情况下，可以先假定为威布尔分布。将各级应力下寿命试验数据（t_i，$F(t_i)$）在威布尔概率纸上描点，并拟合诸点成一条直线，利用该直线估计分布参数。

（5）配制加速曲线。根据加速寿命方程，例如式（4－4），$\ln t$ 与 $\frac{1}{T}$ 呈线性关系。但是为验证试验数据是否存在统计线性相关，可首先对试验数据进行线性相关性试验。由于各级应力寿命试验相互独立，且寿命分布相同，因此可由（$\frac{1}{T_i}$，$\ln t_i$）按最小二乘法来拟合直线，得到 A' 与 B 的点估计。根据这条加速曲线，可以预测其他应力下的寿命。

（6）求加速系数。由式（4－7）或式（4－8）可求任何一级对另一级应力的加速系数，从而可以求出某一应力下未知的寿命。

4.6.3 寿命试验的工程应用要点

（1）产品寿命试验是一项周期长、需要较多投入的工作。因此，在研发过程中，应对所选择的配套产品进行重要性分析，对于影响系统使用安全和严重影响任务完成的产品开展寿命试验。

（2）寿命试验考核的是产品的寿命指标，而不是产品的保证期。产品保证期是承制方对其产品实行包修或包换的责任期限，不应与产品的寿命混为一谈。

（3）当前有相当多的产品，制定其寿命试验条件的依据不足，寿命试验量值过高或过低，均可能导致寿命试验达不到预期目的。因此，应加强根据产品的寿命剖面，科学、合理地确定产品寿命试验剖面方法的研究。

（4）目前加速寿命试验得到了高度重视，但要合理地选择加速的应力、建立准确的物理化学模型，现仍处于研究阶段。实际应用时应进行权衡分析，开展专项评审，慎重开展工作。

习题与答案

一、单项选择题

1. 为了验证产品是否达到规定的可靠性和寿命要求的试验是（　　）。

A. 可靠性鉴定试验和验收试验　　B. 环境应力筛选

C. 可靠性增长试验　　D. 可靠性研制试验

2. 可靠性鉴定试验中使用最多的试验方案是（　　）。

A. 定数截尾试验方案　　B. 定时截尾试验方案

C. 序贯截尾试验方案　　D. 全数试验方案

3. 对新开发的通信电路板开展可靠性鉴定试验时，不应考虑的因素是（　　）。

A. 电压　　B. 温度循环

C. 振动　　D. 疲劳

4. 某电子设备采用定时截尾的可靠性鉴定试验方案，设检验下限 $\theta_1 = 600h$，$d = 3.0$，$\alpha = \beta = 20\%$。则总试验时间为（　　）。

A. 1 800 小时　　B. 5 580 小时

C. 2 580 小时　　D. 3 240 小时

5. 环境应力筛选的主要目的是（　　）。

A. 剔除早期失效　　B. 确定部件的极限值

C. 剔除供货商的次品　　D. 选择标准件

6. 对一个新的汽车内部控制盒进行可靠性强化试验时，不应考虑的应力是（　　）。

A. 极限温度　　B. 紫外线辐射

C. 极限振动　　D. 极限机械冲击力

7. 在可靠性鉴定试验方案中，鉴别比表示（　　）。

A. 生产方风险/使用方风险　　B. 检验上限 θ_0/检验下限 θ_1

C. 检验上限 θ_0/使用方风险　　D. 生产方风险/检验下限 θ_1

8. 关于加速寿命试验的说法错误的是（　　）。

A. 可以改变失效机理

B. 要选择对失效机理起主要促进作用的应力

C. 可以在较短时间内获得评估寿命的数据

D. 加大应力更能激发出故障

二、多项选择题

1. 对于电子产品来说，筛选效果最好的筛选应力有（　　）。

A. 温度冲击　　B. 恒定温度

C. 温度循环　　D. 随机振动

2. 下列属于可靠性研制试验的有（　　）。

A. 可靠性增长试验　　B. 可靠性鉴定试验

C. 可靠性强化试验　　D. 高加速应力试验

一、单项选择题答案

1. A　2. B　3. D　4. C　5. A　6. B　7. B　8. A

二、多项选择题答案

1. CD　2. CD

参考文献

［1］杨为民，等. 可靠性·维修性·保障性总论. 北京：国防工业出版社，1995.

［2］李良巧. 兵器可靠性技术与管理. 北京：兵器工业出版社，1991.

［3］龚庆祥，等. 型号可靠性工程手册. 北京：国防工业出版社，2007.

［4］康锐. 可靠性维修性保障性工程基础. 北京：国防工业出版社，2012.

［5］任立明，等. 可靠性工程师必备知识手册. 北京：中国标准出版社，2009.

［6］姜同敏. 可靠性与寿命试验. 北京：国防工业出版社，2012.

［7］GJB 450A—2004 装备可靠性通用要求.

［8］GJB 451A—2005 可靠性维修性保障性术语.

［9］GJB 899A—2009 可靠性鉴定和验收试验.

［10］GJB 1032—1990 电子产品环境应力筛选方法.

［11］GJB 1407—1992 可靠性增长试验.

［12］GJB/Z 34—1993 电子产品定量环境应力筛选指南.

［13］GB/T 5080. 1—2012 可靠性试验　第1部分：试验条件和统计检验原理.

［14］GB/T 5080. 5—1985 设备可靠性试验　成功率的验证试验方案.

［15］GB/T 5080. 7—1986 设备可靠性试验　恒定失效率假设下的失效率与平均无故障时间的验证试验方案.

第5章

软件可靠性与人—机可靠性

5.1 软件可靠性

5.1.1 概述

随着科学技术的迅速发展，产品中很多原来由硬件完成的功能发展为由软件来实现，这样不但可以使产品的体积、重量和成本降低，同时软件的发展也大大丰富了很多产品的诸多功能。因此，很多产品的可靠性既包含硬件的可靠性，也包含软件的可靠性。在讨论产品可靠性时，既要考虑硬件可靠性，也应考虑软件可靠性。然而，工程实践中硬件可靠性日益为人们所重视，而软件可靠性尚未受到足够的重视，甚至有人错误地认为软件就是一些程序，没有可靠性问题。因此，软件的质量与可靠性情况并不乐观。根据近年来国外多个权威机构发布的数据，软件的失效率往往高于硬件的失效率一个数量级。软件产品在交付时通常还残留15%的缺陷。可见软件可靠性问题是一个突出的现实问题。

5.1.2 软件工程和软件工程化

软件工程是指软件开发、运行、维护和引退的系统方法。实施软件工程的基本原则是：按软件全寿命周期，分阶段制定并实施计划；逐阶段进行确认；坚持严格的软件产品控制；使用现代程序设计技术；明确相关方责任；持续改进软件开发过程。

软件工程化是指用系统工程方法处理软件生存期的全部过程。软件工程化的本质是软件过程工程化，将软件的生存期过程分阶段的划分规范化，使其有较好的可视性，以便管理和控制，并能不断改进。这是吸收硬件的经验，并结合软件特点的系统方法。例如，硬件研发有根据要求开展设计、制造和检验三个阶段，并分别由三个部门的技术人员应用相应的技术和方法，分工合作完成；软件也必须在详细的需求分析基础上确定软件要求并开展软件设计，由专门的编程人员根据设计进行编程，再由专门的人员独立进行软件测试。硬件设计输出有图纸，软件设计也应有详细的软件设计资料，以供审查和评审。硬件制造有实物，软件编程输出有程序；硬件检验可保证实物的质量，软件测试则可保证软件的质量。硬件要通过评审和试验以便发现缺陷或故障并进行改进和验证，软件也必须通过与硬件的联调和测试以便发现软件缺陷并加以改进，并由第三方进行独立测试和验证等。

实施软件工程就是按照软件工程的方法开发或维护软件，也就是人们所说的“软件工程化”。在没有实现软件工程化之前，人们往往把软件开发看成是简单地编写程序，从接受任务到交付结果的整个过程基本上由一个人或少数人实施和完成，是软件开发者个人脑力劳动的过程。这个过程别人不了解也无法介入，程序质量完全取决于开发者个人，很少形成文档，还缺乏编程的技术标准或规范，也没有现代的“软件测试”概念，只进行程序的调试就算完成软件开发。这种“自编、自导、自演”的作坊式软件开发模式不可避免地会带来诸多的问题或缺陷。例如，过程不透明，不便于管理与控制；软件开发过程无规范，可能单元软件是好的，但是难以将它们构成可靠的系统。

因此，软件的工程化就是要克服和改变上述可能存在不确定的做法，使软件开发过程像硬件开发一样透明和可控。软件的设计、编程与测试一定要分开，软件的开发一定要按照软件开发的有关标准和规范进行。为了方便读者，这里列出若干标准供参考。例如，GJB 2786—1996《武器系统软件开发》、GJB/Z 102—1997《软件可靠性和安全性设计准则》、GJB 438A—1997《武器系统软件开发文档》、GJB/Z 141—2004《军用软件测试指南》。

5.1.3 软件可靠性的定义与内涵

1. 软件可靠性

软件可靠性是指软件在规定条件下和规定时间内，不引起系统失效的能力。软件可靠性不仅与软件存在的差错缺陷有关，而且与系统输入和系统使用有关。

软件可靠性与硬件可靠性一样，也与三个要素有关，即规定条件、规定时间和规定功能（软件用不引起系统失效表示）。规定条件是指软件的软硬件环境。软件环境包括运行的操作系统、应用程序、编译系统、数据系统等；硬件环境包括运行计算机的 CPU、内存、I/O 设备等。此外，规定条件还包括软件操作剖面。规定时间一般为执行时间、日历时间和时钟时间。规定功能是指为提供给定的服务，产品所必须具备的功能，没有完成规定的功能就会引起系统失效。

2. 软件的失误、缺陷、故障和失效

软件可靠性中常用失误、缺陷、故障和失效来描述故障的因果关系，软件作为一个整体，其故障的因果关系如图 5-1 所示。

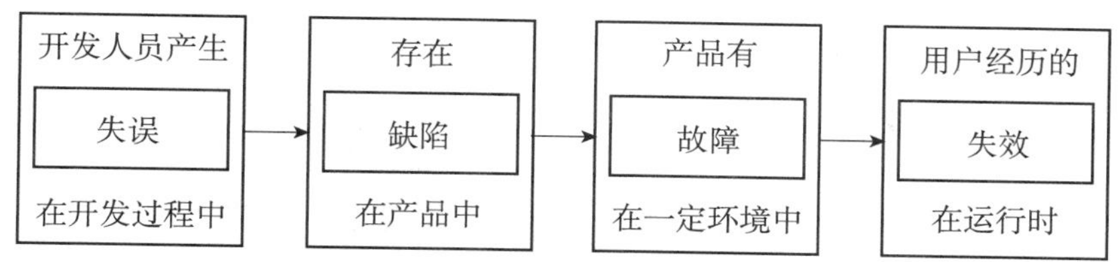

图 5-1 软件故障的因果关系

失误（mistake）是指可能产生非期望结果的人为行为。

缺陷（defect）是指代码中引起一个或者一个以上故障或失效的错误编码，软件缺陷是程序所固有的。

故障（fault）是指在软件运行过程中，缺陷在一定条件下导致软件出现错误状态，这种错误的状态如果未被屏蔽，则会发生软件失效。

失效（failure）是指程序操作背离了程序的要求。从图 5-1 可以看出，软件的故障或失效说到底是开发人员在开发过程中由于人为失误造成的。

3. 软件失效的原因

软件失效都是由于在其运行过程中遇到了故障。这些故障的产生有两类原因，即内在原因和外在原因。内在原因是软件开发过程中形成且未被排除的潜在缺陷。例如，有缺陷的、遗漏的或者多余的指令或指令集，这些缺陷源于软件开发者的失误，也可能是恶意的逻辑。外在原因是软件外部给软件提供的各种非期望条件。这些条件分为两种：一种是客观存在于软件外部的系统中的环境异常；另一种是软件运行过程中人员造成的，可能是操作人员的失误，也可能是有人恶意的侵袭。软件失效原因如图 5-2 所示，图中的恶意逻辑和故意侵袭的防范属软件保密性的范畴，我们不予讨论。除此之外的软件失效都是可靠性工程应予以认真考虑的，特别是内在原因中的偶然失误。

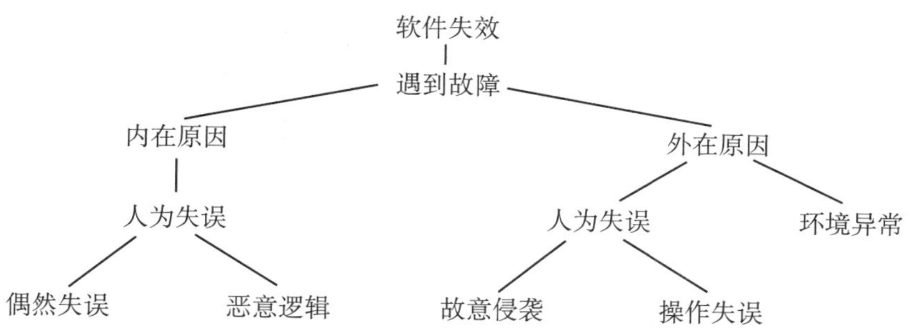

图 5-2 软件失效原因的种类

4. 软件缺陷的形成

软件可靠性工程考虑的软件缺陷有：开发人员的偶然失误导致的缺陷，防止操作人员偶然失误的措施不够，应对软件运行环境差错的措施不够。要得到高可靠性的软件，就要使程序中的缺陷尽可能地减少。软件缺陷的形成与软件开发过程各个阶段活动中的许多因素有关，如表 5-1 所示。

表 5-1　　软件缺陷的形成表

基本活动	现象	可能的原因	缺陷性质
用户需要说明	不符合实际需要	● 对系统的认识不清楚 ● 用户需要表达不准确 ● 分配需求多变 ● 评审不够	需求缺陷
软件需求分析	不符合用户需要	● 对用户需要理解有误 ● 需求分析不充分 ● 规格说明表达不准确 ● 需求管理有缺陷 ● 评审不够 ● 配置管理不严格	需求规格说明缺陷
软件设计	不符合用户需要 不符合需求规格说明 容错能力不够	● 对用户需要和软件需求规格说明理解不够 ● 对编码有关技术和约束设计不当 ● 设计说明有误 ● 需求管理有缺陷 ● 评审不够 ● 配置管理不严格	设计缺陷
编码	不满足设计要求	● 对设计说明理解不够 ● 所用技术不当 ● 偶然失误 ● 需求管理有缺陷 ● 评审不够 ● 配置管理不严格	编码缺陷
软件测试	覆盖率不满足要求 残留缺陷太多	● 测试设计有误 ● 需求管理有缺陷 ● 测试资源不够 ● 需求管理有缺陷 ● 评审不够 ● 配置管理不严格	测试缺陷

为了开发高可靠性的软件，必须对软件开发过程采取各种防止缺陷发生的措施，消除各阶段活动中因各有关因素存在的问题，这就要实施软件可靠性工程。

5. 软件可靠性与硬件可靠性的异同

软件是通过承载媒体表达的信息所组成的一种知识产物。为了获得高可靠性的软件，首先应了解软件可靠性与硬件可靠性的异同，了解软件产品相对于硬件产品的特点。软件的特点有：

（1）无形性。产品没有一定的形状，其制作过程的可视性差。

（2）一致性。产品一旦成型后，无论复制多少份，均完全一致，无散差。

（3）不变性。软件产品形成后，无论存放和使用多久，只要未经人为改动，就不会变化，不存在老化和损耗问题。

（4）易改进性。软件产品通常比硬件产品容易改进。

（5）复杂性。软件的运行路径通常很多，特别是大型软件，逻辑组合变化复杂，功能也相对复杂。

软件所具有的这些特点决定了软件可靠性与硬件可靠性存在许多重要的差别。软件可靠性和硬件可靠性的重要区别如表5-2所示。

表5-2　软件可靠性和硬件可靠性的重要区别

硬件产品	软件产品
是物理实体，有散差，会自然老化，且存在使用耗损	是思维逻辑的表示，无散差，不会自动变化，只是其载体硬件可变
研制和生产过程的可见性好，便于控制	设计和编码过程的可见性差，难控制
产品故障不只是设计故障，生产过程、使用过程和物料变化均能造成内部故障	产品缺陷均为开发过程中的设计缺陷，复制过程不会直接而只能通过载体或环境造成内部缺陷
若产品的零部件及其结合部均无故障，且各组成部分之间是协调配合的，则产品无故障；若有故障，就会在运行中暴露	程序是指令序列，即使每条指令本身都是正确的，程序运行状态通常很多，也很难保证指令的动态组合完全正确，故通常存在缺陷；仅当具备一定的系统状态和输入条件时，缺陷才暴露出来
系统行为通常可用连续函数描述，故障有物理原因，有前兆	程序运行状态的数学模型是离散型的，缺陷的形成无物理原因，失效无前兆
研制、生产、使用、备料和管理过程都会产生缺陷，均需加强控制	一般应在开发过程中采取技术和管理措施来确保可靠性
同一品种规格的不同零部件的适当冗余可提高可靠性	容错设计中冗余设计不能相同，必须保证其设计相异性；否则，将严重影响容错效果
可靠性参数估计有物理基础	可靠性参数估计无物理基础
使用中出现故障后产品维修通常是修复失效的零部件状态，可靠性只能尽量保持，但不能提高	使用中发生失效后软件维护通常要修改软件，产生新版本；只要维护过程合理，可以提高可靠性
维修性设计适当时，维修某个零部件一般不会波及他处，或受影响部位较明显、易确定	维护时修改一处常常会影响他处，波及面不易分析；如果分析不清楚，就不能保证修改结果完整、正确
维修分级，其中基层级快速维修是维修性要求所必需的	维护过程复杂，一般需由专业软件人员进行
产品本身可能有危险；安全关键产品的安全性可单独加以分析评估，一般也必须单独加以分析评估	产品本身无危险，但对于系统安全性可能有影响，因而可能是安全关键的；不能孤立地单独分析评估软件安全性

虽然软件可靠性与硬件可靠性具有这些差别，但实质都是研究产品的可靠性，都要通过预防、发现、纠正和验证故障或缺陷的途径来解决缺陷或故障，从而达到提高可靠性的目的。因此，所采用的技术也有相同的。例如，两者的数学基础都是概率论和数理统计；都遵循越简单越可靠的原则，开展简化设计；都把设计放在最

重要的位置；都可以采用冗余设计，容错设计方法，失效树分析，失效模式、影响及危害性分析，尽早发现影响产品可靠性的薄弱环节；都应制定可靠性设计准则等。

5.1.4 软件可靠性参数与指标

1. 一般的软件可靠性参数

（1）可靠度。软件可靠度是软件在规定条件下和规定时间内，不引起系统失效的概率，也可简单理解为软件在规定时间内无失效的概率，该概率既是系统输入和系统使用的函数，也是软件中存在的缺陷的函数。在具体应用时，针对有些产品亦称成功率。

设规定的时间为 t_0，软件发生失效的时间为 t，则

$$R(t_0)=P(t>t_0)$$

（2）平均失效前时间（MTTF）。平均失效前时间是指当前时间到下一次失效时间的均值。

（3）平均失效间隔时间（MTBF）。平均失效间隔时间是指两次相邻失效间隔时间的均值。

对用户而言，一般关心的是从开始使用到失效发生的时间，因此，一般用 MTTF 更为合适。而对于投入稳定使用的具有失效自恢复能力的系统，可以选用 MTBF 参数。

2. 软件可靠性指标的确定

软件选择了可靠性度量参数后，应根据“需要”和“可能”的原则，经综合权衡后，针对参数确定量值，这便是软件可靠性指标。确定软件可靠性指标时应考虑的因素有：系统的重要度；系统的可靠性要求；国内外相似产品的可靠性水平；软件管理、开发人员、软件开发技术水平和开发工具的使用等；进度要求；经费保障；指标要求的可验证性等。

5.1.5 软件可靠性设计

软件可靠性设计的实质是在常规的软件设计中，用各种必要的方法和技术，使程序的设计在兼顾用户各种需求的同时全面满足软件的可靠性要求。软件的可靠性设计和软件的常规设计要紧密结合，并贯穿于常规设计过程的始终。所以，要实现软件可靠性设计，软件开发必须采用工程方法，贯彻软件工程化。软件可靠性与常规软件设计紧密结合并增加软件可靠性技术活动和管理活动，如图 5－3 所示。图的中下部分表示在软件寿命周期中不同阶段应增加的可靠性技术活动和管理活动。

软件可靠性设计方法有很多。下面简要介绍三种方法：避错设计、查错设计以及容错设计。

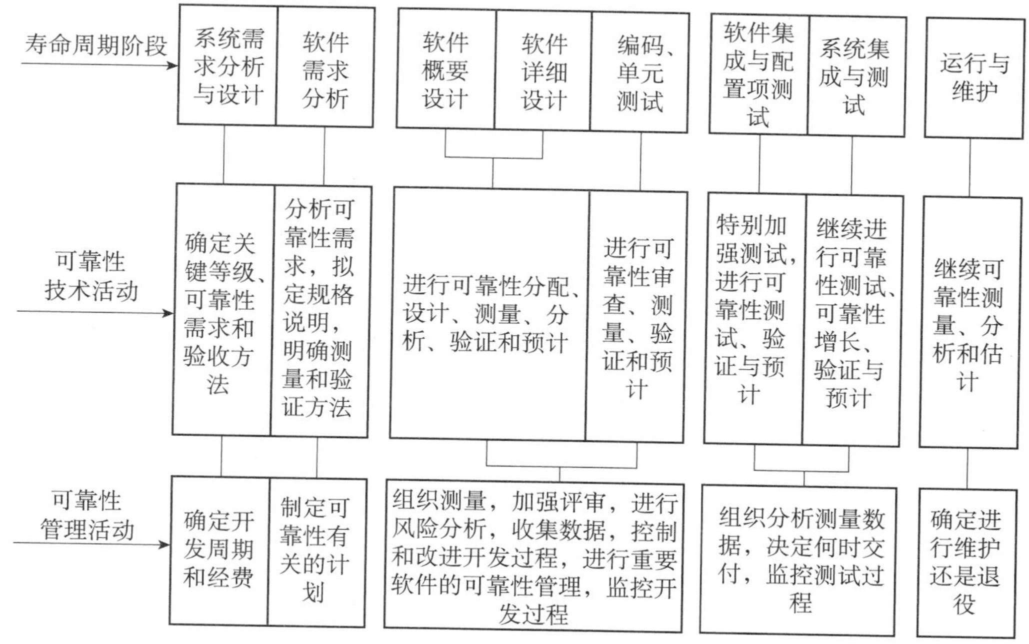

图5-3　软件可靠性工程活动与常规软件设计结合示意图

1. 避错设计

避错设计体现了可靠性工程的预防为主的思想，是软件可靠性设计的首要方法。避错设计的前提是软件开发必须采用软件工程的方法。避错设计有三个方面的内容：考虑可靠性的软件设计准则、启发规则和编程风格。

（1）考虑可靠性的软件设计准则。

● 模块化。模块是指程序层次结构中的基本组成部分。模块化相当于把一个复杂问题区分为若干个易于处理的子问题，使问题处理简化。单个模块更易于理解，也更易于分别编程、调试、查错和修改，从而可以提高可靠性。此外，运用模块化技术可以利用以前已经被证明是可靠的模块来构造新系统，这样不但可减少新系统开发的工作量，也可提高系统可靠性。

● 模块独立。开发具有独立功能而且和其他模块之间没有过多相互作用的模块，使每一个模块完成一个相对独立的特定子功能，这样模块之间关系相对简单，也相对独立。

● 信息隐蔽。设计和确定模块时，应尽量使一个模块内包含的信息对于不需要这些信息的模块是不能访问的。实际上，应该隐藏的不是有关模块的一切信息，而是模块的实现细节。“隐藏”意味着有效的模块化可以通过定义一组独立的模块来实现，这些模块彼此之间只交换那些为了完成系统功能而必须交换的信息。

● 局部化。使一些关系密切的软件元素物理上彼此靠近。例如，模块中使用局部数据元素就是局部化的一个例子。数据使用的局部化显然也有助于实现信息隐蔽。

（2）启发规则。软件开发的实践积累了很多经验，总结这些经验可以得出许多启发规则。这些启发规则能够帮助软件工程师改进软件的设计，提高软件的可靠性。常用的启发规则有：

● 改进软件结构提高模块的独立性，设计出软件初步结构后，应对初步结构进行分析，通过模块的分解和合并，力求降低耦合并提高内聚。

● 控制模块规模。一个模块的规模不应过大，通常不超过 60 行语句。

● 控制软件的深度、宽度、扇入和扇出。深度是指软件结构中控制的层数，它往往是指一个系统的大小和复杂程度。宽度是指软件结构内在同一层次上的模块总数的最大值，一般宽度越大系统就越复杂，对宽度影响最大的因素是模块的扇出。扇出是指直接调用的模块数目。扇出大，说明模块过于复杂，需控制和协调过多的下级模块。一般应控制在 3 个左右，最好不要超过 9 个。扇入是指有多少个上级模块直接调用它，扇入越多，则共享该模块的上级模块数目越多，这虽是有好处的，但是不能违背模块独立原理而单纯追求高扇入。一般单个模块的扇入个数为 5～9 个。对于高扇入的模块也要适当增加控制模块，从而改善软件的整体结构。

● 模块的作用域应在控制域之内。模块的作用域是指受该模块内一个判定影响的所有模块的集合。也可以理解为一个模块作用域就是这个模块内的一个判定的作用范围。一个判定的作用范围是指所有受到这个判定影响的模块，只要模块中含有一些依赖于这个判定的操作，那么这个模块就在这个判定的作用范围内。

● 降低模块接口的复杂度。模块接口复杂是软件发生错误的主要原因之一，因此应仔细设计模块接口，使信息传递简单并且和模块的功能一致。

● 设计单入口和单出口的模块。不要使模块间出现内容耦合，设计出的每一个模块都应该只有一个入口和一个出口。当控制流从顶部进入模块并从底部退出时，软件就比较容易理解，也比较容易维护。

（3）正确的编程风格。编程风格是指程序员在编写程序时遵循的具体准则和习惯做法。源程序代码的逻辑要简明、清晰、易读、易懂。为此应做到：强化结构化程序设计；程序内容必须有正确且完整的文档；数据说明应便于查阅和易于理解；语句应尽量简单和清晰。

2. 查错设计

避错设计虽可大幅降低引入的错误或缺陷，但不大可能完全避免缺陷的发生。因此，查错设计就十分重要了。查错设计分为被动式查错和主动式查错。主动式查错是指主动进行对程序状态的检查；被动式查错是指在程序不同位置设置监测点等待错误征兆的出现，从而查出缺陷，这是当前主流的检测方法。

3. 容错设计

软件的容错设计与硬件的冗余设计极为相似。软件的容错设计有 N-版本程序设计法和恢复块法。N-版本程序设计相当于第 3 章中介绍的硬件冗余，即并联模型；恢复块法与第 3 章介绍的具有转换开关的硬件冗余（即旁联模型）相似。由于容错设计含有多个冗余单元，会导致程序规模增大，资源的消耗增加，因此和硬件冗余一样，一般只用于涉及安全和关键任务的情况。

（1）N-版本程序设计法。N-版本程序设计法是指相对于一个给定的功能，由N（N≥2）个不同的设计组独立编制出N个不同的程序，然后在N台机器上运行并比较结果。如果N个版本运行的结果一致，则认为结果正确。若不一致，则按照多数表决的原则或其他预定的判定准则，判定结果的正确性。N-版本容错设计的关键在于N个版本的程序的独立性，这就要求采用不同的设计方法、不同的设计工具、不同的算法、不同的程序设计语言、不同的编译程序、不同的实现技术以及选用不同的设计师和程序员。

（2）恢复块法。恢复块法是在每次模块处理结束时都要检验运行结果，一旦发现异常后，通过代替模块再次运行以实现容错的概念。和N-版本程序设计法相似，恢复块法的代替模块要求程序相互独立，否则代替模块将失去存在的价值。此外，接收测试也很重要，如果接收测试对执行过程的失效不能有效地检测，代替过程的作用也就无从发挥，因此，恢复块法的验收检测是非常重要的。

注意：在上述软件可靠性设计中，无论是避错设计还是查错设计，都贯彻了第3章所叙述的提高产品可靠性的最优途径，即简化设计，也就是简单就意味着可靠。而容错设计应用的是冗余设计思想。

5.1.6 软件可靠性测试

1. 软件可靠性测试的基本概念

（1）软件可靠性测试的目的。软件可靠性测试的目的是：发现程序中影响软件可靠性的缺陷，为排除缺陷提供信息；验证软件可靠性是否满足规定的可靠性要求；通过对软件增长测试中观测到的失效数据进行分析并评价软件当前的可靠性水平，预测未来可能达到的水平。

（2）软件可靠性测试过程。软件可靠性测试一般采用基于软件操作剖面对软件进行随机测试的方法。软件可靠性测试的一般过程如图5-4所示。

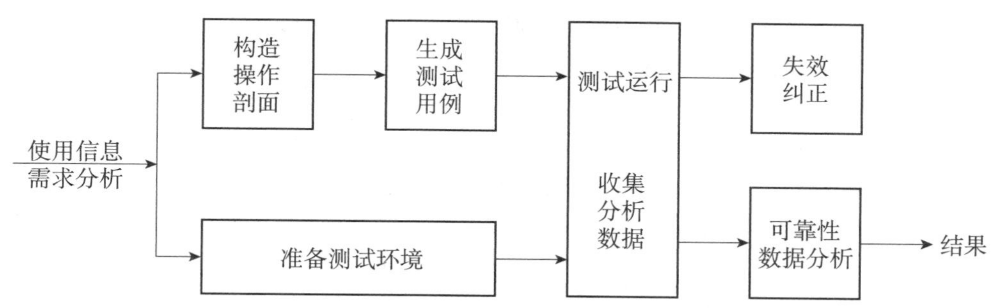

图5-4 软件可靠性测试过程示意

● 构造操作剖面。软件操作剖面是指对系统使用条件的定义，即系统的输入值用其按时间的分布或按它们在可能的输入范围内出现概率的分布来定义。粗略地说，它用来定量描述软件的实际使用情况。操作剖面是否能代表和刻画软件的实际使用，取决于测试人员对软件系统模式、功能、任务需求以及相应的输入机理的分析，取决于测试人员对用户使用这些模式、功能、任务的概率的了解。操作剖面构造的质量对测试结果是否可信将产生直接的影响。

● 生成测试用例。软件可靠性测试所用的测试用例是根据操作剖面随机选取得到的。

● 准备测试环境。为了得到尽可能真实的结果，可靠性测试应尽量在真实的环境下进行，但在许多情况下，真实环境的获得是有困难的。因此，需要开发软件可靠性仿真测试环境。这些要求和第 4 章中的可靠性鉴定试验有很多相似之处。例如，硬件可靠性验证应在实际使用环境条件下进行试验，有的也可在实验室模拟条件下进行。

● 可靠性测试运行。用测试用例在真实环境或仿真测试环境下运行，并进行测试。

● 收集软件可靠性数据。收集的数据一般包括：

√ 软件的输入数据和输出结果，以便进行失效分析和回归测试；

√ 软件运行时间数据，可以是 CPU 的执行时间、日历时间、时钟时间等；

√ 失效数据，包括每次失效发生的时间或一段时间内发生的失效数。

● 可靠性数据分析。主要包括失效分析和可靠性评估。失效分析是根据运行结果和预期结果判定是否失效、失效的原因和失效的后果。可靠性评估是根据运行时间数据和失效数据估计软件的可靠性水平。

● 失效纠正。通过失效分析，找到并纠正引起失效的程序中的缺陷，以实现可靠性增长。

2. 软件可靠性增长测试

（1）目的。软件可靠性增长测试是为了满足软件可靠性要求对软件进行可靠性测试—分析—修改—再测试—再分析—再改进的过程。这与第 4 章中硬件可靠性增长试验采取的试验—分析—改进（TAAF）是一样的。

（2）软件可靠性增长测试的特点如下：

● 测试人员：通常由软件研制方而非使用方进行；
● 测试阶段：通常在软件测试阶段；
● 测试场所：一般在实验室内进行；
● 测试对象：软件产品研制的中后期，验证测试之前；
● 测试方法：基于操作剖面的随机测试方法；
● 测试特征：出现失效后即修改软件，并验证修正的正确性。

3. 软件可靠性验证测试

（1）目的。软件可靠性验证测试的目的是验证在给定的置信水平下，软件的可靠性水平是否达到规定的可靠性指标的要求，验证结果是软件定型的依据。

（2）软件可靠性验证测试的特点如下：

● 测试人员：通常由使用方参加测试；
● 测试阶段：软件确认（定型或验收）阶段；
● 测试对象：软件产品的最终版本；

● 测试方法：基于软件操作剖面的随机测试；
● 测试特征：不进行软件缺陷的剔除。

（3）软件可靠性验证测试过程如图5-5所示。

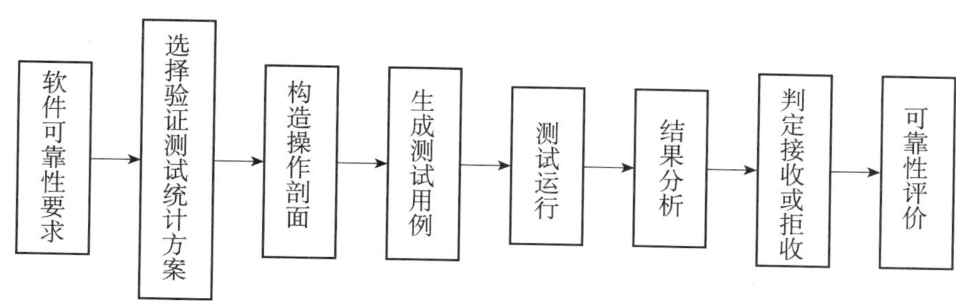

图5-5 软件可靠性验证测试过程

软件可靠性验证与硬件的可靠性验证相比，两者有许多异同之处。两者都属于统计试验，都是通过抽取一定的样本进行试验或测试以判定其可靠性水平是否达到规定的要求，因此，都有生产方和使用方风险与置信水平要求。软件验证是在软硬件环境下构建的操作剖面进行的，硬件验证是在规定的温度、湿度、冲击、振动等物理环境下进行的；软件验证的费用主要受到与时间有关的资源影响，硬件验证的费用因样机的成本、验证保障、弹药和油料等消耗影响，试验费用相对较高；软件验证即使判定为“接收”，也应对验证测试中发现的缺陷进行纠正，为避免纠正中出现新的缺陷，还要通过无失效考核测试；硬件在验证中即使判定为“接收”，也要对发生的故障制定纠正措施，并进行验证。

4. 软件可靠性验证测试方案

如前所述，软件可靠性验证测试相当于硬件可靠性鉴定试验，两者都是统计试验。关于统计试验的知识在第4章中已有详细的介绍，这里不再赘述。工程实践表明，软件的失效分布一般也可以认为是指数分布，因此，软件可靠性验证测试方案亦按GJB 899A—2009《可靠性鉴定和验收试验》分为定时截尾统计试验方案、定数截尾统计试验方案和序贯截尾统计试验方案。另外，考虑到有的软件可靠性要求很高，还有无失效考核测试方案。

正如第4章所述，指数分布的产品的可靠性鉴定试验或可靠性确认试验常采用定时截尾试验方案。所以，下面仅介绍软件MTBF指标的定时截尾试验方案。

GJB 899A—2009规定的方案9至方案17为标准型定时试验方案，生产方和使用方风险在10%～20%。方案19至方案21为短时高风险定时试验方案，生产方和使用方风险均为30%。方案的具体内容见第4章。在把GJB 899A—2009应用于软件可靠性验证测试时应注意：

● 把被试“产品”理解为被测试“软件”；
● 把“故障”理解为“失效”；
● 把故障总数、接收/拒收故障数理解为失效总次数、接收/拒收失效数；
● 硬件有关联或非关联故障和责任或非责任故障，软件有关联或非关联失效和责任或非责任失效。例如，软件非责任失效是指未按照规定的操作要求而发生的失效。

例 5-1 某控制系统的软件的可靠性指标为 MTBF=1 000h，若生产方和使用方商定的风险 $\alpha=\beta=20\%$，鉴定比 $d=3$，问：怎样进行该软件的可靠性验证测试？

解： 根据 $\alpha=\beta=20\%$，$d=3$，经查 GJB 899A—2009 中标准定时试验方案表应采用方案 17，即总测试时间 $T=4.3\theta_1$，接收/拒收失效数≤2，根据试验方案，软件应运行时间 $T=4.3\theta_1=4\ 300$ h，若期间发生的失效数≤2，则判为接收，认为该软件的可靠性指标 MTBF=1 000h 达到了。若失效数等于或大于 3 个则判为拒收，认为指标没有达到。

根据软件测试期间发生的失效数，可以按照第 6 章中指数分布的区间估计给出的方法，对软件可靠性水平进行点估计和区间估计。

5.1.7 工程应用要点

（1）软件和硬件一样有可靠性问题，有的产品问题还很突出。目前，在许多产品研发中进行可靠性分配和预计时，常常不考虑软件可靠性，把软件的可靠度当做绝对可靠来处理是不对的。

（2）软件工程化是保证软件可靠性的重要前提和基础。因此，必须在软件开发时认真实施软件工程化管理，一定要改变“自编、自导、自演”的手工作坊的开发模式。

（3）硬件所采用的许多提高可靠性的技术和方法同样适用于软件可靠性，如简化设计、冗余设计、FMEA、可靠性验证等。

（4）要掌握提高软件可靠性的设计方法，如避错设计、查错设计和容错设计等。

（5）软件可靠性问题最主要是软件开发人员的失误造成的，提高软件可靠性要从预防失误、发现失误、纠正失误和验证纠正的有效性方面着手，开展技术与管理活动。

5.2 人—机可靠性

5.2.1 概述

众所周知，几乎所有的产品都需要人来参与操作和使用，即使是无人机或机器人也需要由人来设定动作和操控，同时所有产品都是在某一给定环境条件下使用的，这样构成了一个“人—机（产品）—环（环境）系统”。这三个要素是相互关联的，既要研究环境（包括自然环境和诱发环境）对产品的影响，又要研究环境对人的影响，还要研究受到环境影响的人在使用和操作、维修产品时可能发生的人为因素。环境对产品的影响属于环境适应性问题，在第 12 章中有专门的介绍。本节的重点是简要介绍环境对人的影响及人为因素对产品可靠性、维修性和安全性的影响。在实际工作中，常简称为人素（人的因素）工程或人机工程。

人素工程的一个典型例子是坦克驾驶舱的设计。从国外引进的某型坦克，经使用发现驾驶员驾驶坦克一段时间后，普遍出现身体不适、易疲劳等，明显影响使用坦克的可靠性。经查驾驶员是按照国外规定的身高、体重等要求进行选拔的，同时坦克和机器也没有问题，虽经研究却一时无法确定问题原因。后来，经研究决定对全国各地的驾驶员进行严格的人体量度测量，对测量结果统计分析发现：中国人的躯干和四肢的长度与外国人有明显差别，即在身高、体重一样的情况下，中国驾驶员的躯干较长，四肢比较短，终于找到了疲劳不适的原因。因为躯干长导致驾驶员坐姿不舒服，四肢短使得控制油门、踩刹车踏板、换挡时均需要挪动身体。驾驶员如此不舒适，当然会疲劳，人为差错率也就会上升。这个例子充分说明，要保证产品有高的使用可靠性和安全性，既要使产品本身高可靠，也要充分考虑产品人—机可靠性。

5.2.2 人为差错分析

影响人使用产品的可靠性主要是人为差错引起的。所谓人为差错，是指与正常行为特征不一致的人员活动或与规定程序不同的任何活动，需注意人为差错不是人为故意的行为。GJB/Z 99—1997《系统安全工程手册》根据对1 091件事故的统计分析表明，由于人为差错造成的事故占总数的38.6％。世界民航组织对民航飞机灾难性事故的原因分析表明，约有一半左右的灾难性事故是人为因素导致的。表5-3列出了飞机事故中人为差错分类及相关的数据。

表5-3　　飞机事故中人为差错分类

事故原因	百分比（%）	备注
未能按照规定程序操作	34	空勤人员
误判速度、高度、距离	19	空勤人员
空间定向障碍	8	空勤人员
未能看见并避开飞机	4	空勤人员
飞行监视有误	5	空勤人员
飞行前准备及计划不当	7.5	空勤人员
空勤人员其他差错	10	空勤人员
错误维修及其他	12.5	地勤人员
合计	100	

人为差错对系统的影响随系统的不同而不同，因此在研究时必须对人为差错的特点、类型及后果进行分析，尽可能给出人为差错发生的概率。

1. 人为差错分类

（1）按作业要求分类。

- 不能完成必须做的工作（执行性）；

- 遗漏了必须做的工作（疏忽性）；
- 做了不需要做的工作（多余性）；
- 操作顺序出错（次序性）；
- 不能在规定的时间内完成工作（时间性）；
- 操作错误（错误性）。

（2）按工作类型分类。

- 设计差错；
- 操作差错；
- 装配差错；
- 检查差错；
- 维修保养差错。

（3）按人的因素分类。

- 感知与确认失误；
- 判断与记忆失误；
- 动作与操作失误。

2. 人为差错原因

造成人为差错或人机接口差错的因素很多，既有生理因素，也有心理因素。归纳起来大致有：

- 操作人员缺少应有的知识和能力；
- 训练不足，经验缺乏；
- 操作说明书、手册和指南不完备；
- 工作单调，缺乏新鲜感；
- 超过人员能力的操作要求；
- 外界信号干扰；
- 不舒适、不协调的作业环境；
- 控制器和显示器布置不合理；
- 设施或信息不足。

3. 人为差错预计技术

在人为差错分析中，人为差错预计技术是目前应用较多的人为差错分析技术。它可预计由于人为差错造成的整个系统或分系统的故障率或可靠性。这种分析把系统划分为一系列的人—设备功能单元，被分析的系统用功能流程图来描述，对每个人—设备功能单元分析并预计数据，利用计算机程序来计算工作完成的可靠性和完成的时间，并考虑到完成工作中的非独立的冗余关系。进行这样分析的步骤如下：

（1）确定系统故障及影响后果，每次处理一个故障；

（2）列出并分析与每一个故障有关的人的动作（工作分析）；

（3）估算相应的差错率；

（4）估算人为差错对系统故障的影响，在分析中应考虑硬件的各种人—机交互特性；

（5）提出对（被分析的）人—设备的改进建议，再回到第（3）步。

目前，人为差错分析中主要问题是缺少有效的数据。因此，各单位应有意识地加强人为差错数据的收集、记录、分析和处理，形成共享的数据库。现在，人为差错率估计值主要是根据专家经验主观数据再按需要补充以主观判断所获得的数据。

人为差错分析的结果可以用叙述格式、列表格式或逻辑树等形式表示，采用哪种形式取决于所提供的人为差错的信息和系统危险性分析的要求。

下面引用 GJB/Z 99—1997 中的两组数据，供读者参考。表 5－4 给出的是维修活动中的人为差错率估计数据。表 5－5 是美国核电站人员分析手册给出的一些典型操作的人为差错率。

表 5－4　维修活动中的人为差错率估计数据

活动	估计值
选择一个键式开关（不包括操作人员误判）	10^{-1}
选择一个与所需的开关（或一对开关）在形状上或位置上不同的开关（或一对开关），例如，操作人员误扳动一个大的手柄开关，而不是一个小开关	10^{-3}
一般的执行差错，例如，读错标记而选错开关	3×10^{-3}
在控制室内产品的状态无显示情况下所产生的一般疏忽性人为错误，例如，维修后没有把手动操作的试验阀恢复到正常位置	10^{-2}
产品在过程进行中的疏忽性差错	3×10^{-2}
在自行核算时，在另一张纸上重复的简单算术错误	3×10^{-2}
在危险活动正在迅速发生时高度紧张下的一般差错率	0.2～0.3

表 5－5　某些操作的人为差错率

操作说明	人为差错率
读图表记录仪的显示	6×10^{-3}
读模拟仪表	2×10^{-3}
读数字式仪表	1×10^{-3}
读指示灯显示	1×10^{-3}
读打印记录仪（有大量参数和图表）	5×10^{-2}
读图表	1×10^{-2}
高应力下拧错控制旋钮	0.5
使用核查清单	0.5
拧接插件	1×10^{-2}
阀关闭不当	2×10^{-3}
仪表故障，无指示报警	0.1

5.2.3 人—机可靠性设计

人—机可靠性设计就是要充分考虑人的因素的设计，以便达到人与机器（包括硬件和软件）的有效结合和人对机器的可靠使用，也就是要尽最大可能通过设计使产品的使用者在使用产品的过程中尽量避免或减少人为差错，从而提高人使用产品的可靠性和安全性，同时减少维修人员在维修过程中的人为差错，提高维修的正确性。

人—机可靠性设计最主要是在产品设计时要充分考虑人的因素，其中包括人体量度、力量、感觉和心理等因素。这些因素相当一部分可在有关人—机—环（境）方面的国家标准或国家军用标准中获得。这些标准提供了有关人的因素的详细数据和要求。为了方便读者，这里列出部分标准名称以供参考：GB 935—1989《高温作业允许持续接触热时间限值》、GB 10000—1988《中国成年人人体尺寸》、GB 12265—1990《机械防护安全距离》、GB/T 12985—1991《在产品设计中应用人体尺寸百分位数的通则》、GB/T 13379—2008《视觉工效学原则　室内工作场所照明》、GB/T 13547—1992《工作空间人体尺寸》、GJB 7—1984《微波辐射安全限值》、GJB 50—1985《军事作业噪声容许限值》、GJB 470A—1997《军用激光器危害的控制和防护》、GJB 966—1988《人体全身振动暴露的舒适性降低限和评价准则》、GJB 1062A—2008《军用视觉显示器人机工程设计通用要求》等。

下面分别介绍考虑人体量度、人的力量、人的感觉能力和人的心理等人的因素的设计。

1. 考虑人体量度的设计

为了把产品设计得适合使用人员和维修人员的不同身高、体型、几个身体部位的活动范围，以便更好发挥产品的各种功能和性能，人体度量是产品设计时必须考虑的需要因素。考虑人体度量的因素有：

（1）操作台的高低、门的高度和宽度、台阶的高度、座椅的高度；

（2）操作把手、把柄、转轮、转螺、按钮、开关等的尺寸、位置及间隔；

（3）设备的布局和位置，例如，操作手与操作台的距离；

（4）工作空间尺寸，应按身高、坐高、最大体宽、坐姿下肢长度等确定必需的操作空间。

（5）通道和窗口尺寸，应根据人体、肢体和物体尺寸确定。

2. 考虑人的力量的设计

使用和维修产品需要人的体力，而人的力量是有限的。若使用和维修作业人员的体力要求过高，则人的差错率就会上升。相反，若低估了人的体力，则可能导致不必要的设计和资金浪费。应根据人的力量限度设计产品。

考虑人所能用力的大小的影响因素有：

（1）身体的姿势，如立姿、坐姿或跪姿等；

（2）用力的身体部位，如手、脚、手指、单手或双手等；

（3）施加力的方向，如是推还是拉；

（4）施加力的位置、着力点的高低；

（5）是否有支撑；

（6）持续时间和用力快慢等。

设计人员在进行考虑人的力量的设计时，以下结论是很有用的：

● 朝身体方向拉动时可发挥最大的力量，利用腿部和背部肌肉的施力者比坐姿施力时能够使出更大的力量；

● 利用整个手臂和肩膀可使施加的最大力量增加，而只用手指则可使每单位力所需的能量最小；

● 在左右运动方式下，推的力量比拉的力量更大。

3. 考虑人的感觉能力的设计

人在使用产品和维修产品时，人的感觉能力十分重要。如果设计产品时，对人的感觉能力缺少全面的考虑，必定会造成使用和维修人员的人为差错率上升，从而影响使用和维修的可靠性。人的感觉能力主要有视觉、听觉、嗅觉、味觉和触觉等，而与使用和维修工作关系最为密切的是视觉和听觉。

（1）视觉。据估计，人类获得的信息中80%来自视觉感知，即通过眼睛观察得到的。因此，产品设计中必须考虑使用人员、维修人员的视觉能力及其能力的发挥，包括照明、显示尺寸和布置等。

1）人的视觉能力：

● 能够辨别出10种颜色、图形中的5种尺寸、光的5种亮度及2种闪烁率；

● 在充分照明的情况下，在适当距离能轻易认出6字阵的字母；

● 具有垂直方向张角115°和水平方向张角110°的最佳视野；

● 适应由白天光照到黑暗的变化（即暗适性）约需30分钟，而由黑暗到光亮（明适性）只需1分钟；

● 若在视线的60°范围内出现明亮的光会使人感到不舒服甚至导致视觉损伤。

2）考虑视觉能力的设计应用：

● 产品上各种显示器、警告灯、监控仪表等应设置在使用人员最佳视野内；

● 显示、报警信号和标志应与其背景环境有鲜明的色差；

● 重要显示、标志不仅要有鲜明的颜色，而且必须采取不同的图形加以区别；

● 各种视觉显示器（例如，指示灯、刻度盘指示器、发光管、液晶显示器等）设计应满足有适当的量度、对比度和视距等。

（2）听觉。人的听觉能力主要与音频和声强有关。人耳对声波响应频率为20～20 000赫兹之间，最敏感的频率范围是1 000～3 000赫兹之间。声强若超过120分贝，人耳会有刺痛和压痛感。人对声音的辨别包括对音频和声强的辨别，且音频辨别比声强辨别更灵敏。

采用听觉或视觉指示的情况如表5-6所示。

表 5－6　适合采用听觉和视觉指示的情况

适合采用听觉的指示	适合采用视觉的指示
信息简单	信息复杂
信息较短	信息较长
信息过后不再需要	信息过后仍然需要
信息涉及的是时间方面的事件	信息涉及的是空间的位置
信息要求即刻行动	信息不要求立刻行动
人员的视觉系统负担过重	人员的听觉系统负担过重
操作人员的工作性质要求不停走动	操作人员的工作性质允许其在某一位置不动

4. 考虑心理因素的设计

人的心理因素包括适应性、智能、态度、动机和品行等。这些因素关系到操作使用和维修的质量。实践表明，心理因素是造成人为差错的重要原因。因此，在产品设计、维修工作环境设计和训练等方面应充分并合理考虑人的积极性和能力。

（1）考虑人的积极性的设计。工作的积极性往往依靠精神的和物质的鼓励得以激发。在设计时，应把产品设计成能激发使用者和维修者的积极性。例如，一是把产品设计成安全感好的产品，让使用和维修人员在操作和修理作业时尽可能没有危险，这对提高人员的积极性有很大帮助；二是把产品设计成简单可靠、便于操作的产品，可以增强使用和维修人员操作的信心，进而提高积极性；三是把产品设计成有良好使用和维修的环境，这也能提高人员的积极性。

（2）考虑人的能力的设计。设计时应考虑产品是什么样的人来使用和维修，以及这些人需要具有的技能。在设计产品时，应尽可能设计成降低对使用和维修人员技能的要求。这样既能降低人为差错，也可以提高使用的可靠性。例如，现在比较流行的“傻瓜式”设计。

5.2.4 工程应用要点

（1）在产品使用和维修过程中都离不开人的参与，离不开环境。因此，人、机器和环境构成一个大的人—机—环系统，这三者之间关系十分密切。环境对人有影响，使用者操作使用和维修产品的能力对产品可靠性有很大影响。

（2）人非完人，人在使用和维修产品的过程中经常会出现人为差错，从而导致使用可靠性和安全性问题。因此，讨论人—机可靠性时一定要抓住人为差错这个关键。

（3）人为差错原因分析是开展人—机可靠性设计的基础。

（4）在产品设计中开展防差错设计或人—机可靠性设计应与功能性能设计同步进行，把影响人—机可靠性的四种因素和具体产品紧密结合，活学活用。

（5）应重视人—机可靠性数据的收集和处理，逐步形成数据库，为开展人—机可靠性工作打好基础。

习题与答案

一、单项选择题

1. 可用于度量软件可靠性的参数是（　　）。

A. FDR　　B. MTBF

C. MTBMA　　D. A

2. 软件的容错设计来源于硬件可靠性设计中的（　　）。

A. 串联设计　　B. 简化设计

C. 冗余设计　　D. 降额设计

3. 在人—机可靠性中重点考虑的是（　　）。

A. 设计差错　　B. 修理差错

C. 测试差错　　D. 人为差错

二、多项选择题

1. 软件可靠性设计常用的有（　　）。

A. 避错设计　　B. 定错设计

C. 查错设计　　D. 容错设计

2. 属于按作业要求进行人为差错分类的有（　　）。

A. 执行性差错　　B. 次序性差错

C. 测试性差错　　D. 疏忽性差错

3. 与使用和维修工作关系特别密切的感觉因素有（　　）。

A. 视觉　　B. 味觉

C. 听觉　　D. 直觉

一、单项选择题答案

1. B　　2. C　　3. D

二、多项选择题答案

1. ACD　　2. ABD　　3. AC

参考文献

[1] 龚庆祥，等. 型号可靠性工程手册. 北京：国防工业出版社，2007.
[2] 康锐. 可靠性维修性保障性工程基础. 北京：国防工业出版社，2012.
[3] 阮镰，等. 装备软件质量和可靠性管理. 北京：国防工业出版社，2006.
[4] GJB/Z 91—1997 维修性设计技术手册.
[5] GJB/Z 99—1997 系统安全工程.
[6] GJB 899A—2009 可靠性鉴定和验收试验.
[7] GJB/Z 141—2004 军用软件测试指南.

第 6 章

数据收集、处理与应用

6.1 概　　述

产品可靠性的数据收集、处理和应用是指通过有计划、有目的地收集产品试验或使用阶段的数据，采用统计分析的方法进行分布的拟合优度检验、分布参数的估计、可靠性参数的估计，定量地评估产品的可靠性。主要目的和作用在于：

（1）在方案阶段，收集同类产品的可靠性数据，进行处理与评估，评估结果可以用来进行方案的对比和选择。

（2）在工程研制阶段，收集研制阶段的试验数据，进行处理与分析，可掌握产品可靠性增长的情况。同时，通过数据分析，找出薄弱环节，以便提出故障纠正的策略和设计改进的措施。

（3）在设计定型或确认时，收集可靠性鉴定试验的数据并处理，评估产品可靠性水平是否达到规定的要求，为设计定型和生产决策提供管理信息。

（4）在批量生产时，收集验收试验的数据并处理，评估产品可靠性，检验其生产工艺水平能否保证产品所要求的可靠性，为接受产品提供依据。

（5）在使用阶段，收集现场数据进行处理与评估，这时的评估结果反映的使用和环境条件最真实，对产品的设计和制造水平的评价最符合实际，是产品可靠性工作的最终检验，也是开展新产品的可靠性设计和改进原产品设计的最有益的参考。

6.2 数据类型、来源和收集

6.2.1 数据类型

可靠性数据是指在各种可靠性工作中所产生的描述产品可靠性水平及状况的各种数据。广义地说，它们可以是数字、图表和曲线等形式。常见的数据类型包括：

（1）按数据是否连续，可分为离散型和连续型。

离散型数据的取值是整数或自然数，也称计数型数据，例如一批产品的不合格品数、一批灯具工作一段时间的失效数等。这种数据属于离散随机变量的分布。

连续型数据的取值是实数某一区间内的任一个值，也称计量型数据，例如产品发生故障的时间、产品故障的修复时间、产品寿命等。这种数据属于连续随机变量的分布。

（2）按不同的质量特性，分为专用质量特性数据与通用质量特性数据，通用质量特性数据包括可靠性数据、维修性数据、保障性数据、安全性数据、测试性数据、环境适应性数据等。

（3）按场地，分为实验室和现场（使用）数据。

（4）按产品有无故障，分为无故障（正常）数据和故障数据。人们往往注重故障数据而忽视无故障数据，实际上，无故障数据对产品可靠性分析与评估也是非常有用的。

（5）按数据是否完整，分为完整数据和不完整数据（也叫删失数据）。

完整数据是当产品发生故障时能被及时发现或被仪器自动记录的数据。如某电视机在收看中画面突然消失，记录为：某电视机在 2015 年 2 月 15 日 19 时画面突然消失，这就是一个完整数据。

由于产品的故障是随机的，在不能实时监测的条件下，可靠性数据很少是完整的，更多的是删失数据，尤其是在产品储存中删失数据更为常见。什么是“删失”呢？在进行观测或调查时，不知道一件产品的确切寿命，只知道寿命大于一个值 L，则称该产品的寿命在 L 是右删失的，并称 L 是右删失数据；若只知道寿命小于 L，则称该产品的寿命在 L 是左删失的，并称 L 是左删失数据。常用记号 L^+ 表示右删失数据，L^- 表示左删失数据。右删失的情形在寿命观测中最为常见，左删失的情形相对少些。

从数据是否完整方面可以包括四种类型的数据：

- 寿终数据，即完全寿命（确切寿命）数据：t_1，t_2，…，t_{n_1}；
- 右删失数据：$t_{n_1+1}^+$，…，$t_{n_1+n_2}^+$；
- 左删失数据：$t_{n_1+n_2+1}^-$，…，$t_{n_1+n_2+n_3}^-$；
- 区间型数据：$[t_{n_1+n_2+n_3+i}^{(1)}, t_{n_1+n_2+n_3+i}^{(2)}]$ $(i=1, 2, \cdots, n_4)$，这里 $n_1+n_2+n_3+n_4=n$，$0\leqslant n_i\leqslant n$ $(i=1, 2, 3, 4)$，n 为数据个数。

在产品的小修、中修、大修等定期维修中，经常包含删失数据。例如，某产品在 1 000 小时的中修过程中，同时发现 2 个独立故障，其中 A 零件的故障能够明显地被判断为是在 1 000 小时以前发生的，即在时间段（0，1 000］内具体何时刻故障是未知的，则数据（0，900］就是 A 零件的左删失数据；B 部件在 600 小时时出现过一次故障，现在［600，1 000］内又出故障，则数据［600，1 000］就是 B 部件的区间型数据。

另一种情况是在产品储存过程中包含的删失数据更为常见。例如，某产品在储存一定时期后进行试验，得到两组数据：a 组 $(t,n,r)=$（8，45，0）；b 组 $(t,n,r)=$（10，45，2）。可知 a 组数据全部是右删失数据，因为只知道这 45 个产品的储存寿命大于 8 个月，确切寿命不清楚；b 组有 43 个（45－2）右删失数据和 2 个左删失数据，因为只知道这 43 个产品的储存寿命大于 10 个月，而另外 2 个产品的储存寿命小于等于 10 个月，确切寿命不清楚。

由于删失数据含有不完全的信息，许多评估方法因条件所限而不能直接使用，所以要采用比较复杂的评估模型来处理。

6.2.2　数据来源

产品寿命周期各阶段的一切活动都是可靠性数据的产生源，数据来源贯穿于产品设计、制造、试验、使用、维修的整个过程。可靠性数据主要有两类来源：

（1）产品本身的来源：试验数据、使用（现场）数据；

（2）产品外部的来源：行业数据、公用数据。

1. 试验数据

试验数据主要是指通过试验获得的数据。

试验数据来自研制试验、可靠性鉴定与验收试验、寿命试验（包括加速寿命试验），也可来自产品功能试验、环境试验或生产验收试验等。

可靠性验证试验主要以截尾试验为主，包括定数截尾试验、定时截尾试验和随机截尾试验，也有完全样本试验。因此，试验数据主要包括：定数截尾试验数据、定时截尾试验数据、随机截尾试验数据、完全样本试验数据。

2. 使用（现场）数据

使用数据是指在用户使用产品过程中获得的数据。主要来自现场使用信息、顾客投诉、维修日志、备件库使用情况等。

由于产品在实际使用中的地区、环境条件不同，数据记录人员的不同，产品转移他处后使用，因意外中途撤离使用等，所以形成了现场数据的随机截尾特性。在这些随机截尾数据中，包括故障样品的故障时间和撤离样品的无故障工作时间。使用数据包含较多的删失数据。

3. 行业数据

一些行业具有共享的可靠性数据。例如电子行业、机械行业、汽车行业、电力行业的可靠性数据等。

4. 公用数据

公用数据来自政府级的数据系统，例如国家标准中的可靠性数据、国家信息部门的可靠性数据、国际标准中的可靠性数据等。

6.2.3 数据收集方法

可靠性数据收集的内容一般包括：

（1）对于试验数据，包括产品名称型号、试验名称、试验条件与试验方式、试验总时间、故障次数、每次故障的累积试验时间（即产品从开始试验至故障时的累积工作时间）、试验次数、成功次数、故障情况、纠正措施、试验的日历时间等。

（2）对于使用数据，包括名称型号、使用时间、故障发生的日历时间（使用的累积时间）、故障次数、每次故障的累积工作时间、故障情况、纠正措施等。

可靠性数据主要通过试验报告和调查表来收集。

（1）试验报告来自实验室和外场试用。由于试验是按计划开展的工作，有专人负责，有规范的格式或表格，因此，来自试验报告的试验数据是较完善的数据。

（2）调查表（如 FRACAS 的表格）是收集使用数据的主要方式。根据需求制定数据内容统一、规范的表格，便于在同行业或同部门共享；便于计算机处理；有利于减少重复工作，提高效率；有利于明确认识，统一观点。多年的可靠性工作实践表明，表格的统一、规范化是一项重要的工作。

6.3 数据处理和评估

6.3.1 故障数据的统计原则

故障数据是可靠性数据中的重要部分。对故障进行分类，把故障分为关联故障和非关联故障，再按下面的原则对关联故障次数进行统计：

（1）在工作中出现的同一单元的间歇性故障或多次虚警只计为一次故障；

（2）当可证实多个故障模式是由同一单元的失效引起的时候，整个事件计为一次故障；

（3）在有多个单元同时失效的情况下，当不能证明是一个失效引起了另一些失效时，每个单元的失效均计为一次独立的故障；

（4）已经报告过的故障由于未能真正修复而再次出现的，应和原来报告过的故障合计为一次故障；

（5）由于独立故障引起的从属故障不计入产品的故障次数；

（6）试验对象或其部件计划内的拆卸事件不计入故障次数；

（7）已确认为非关联故障的故障不计入故障次数；

（8）其他有关规定的要求。

6.3.2 分布的假设检验

分布的假设检验是通过产品的寿命试验数据来推断产品的寿命分布，推断的主要方法是拟合优度检验法。拟合优度是观测值的分布与先验的或拟合观测值的理论分布之间符合程度的度量。拟合优度检验方法有两类，一类是作图法，另一类是解析法。作图法简单直观，但检验结果往往因人而异，判断不精确，因此，常用的是解析法。而在解析法中，也有多种检验方法，如 χ^2 检验法、k-s 检验法、相关系数检验法、似然比检验法、F 检验法等。有些方法通用性较强，有些方法只适用于某种情况。

下面只介绍常用的皮尔逊 χ^2 检验法。

1. 使用范围

χ^2 检验的使用范围很广，不管总体是离散型随机变量还是连续型随机变量均可使用，分布参数可以已知也可以未知，甚至还可用于不完全样本。但由于原始假设 $F(t)$ 与样本的经验分布函数 $F_n(t)$ 差异有时较大，特别是对于截尾样本，后面的部分差异很大，如果假设通过，则有可能接受不真实的假设，因此在用于截尾样本，特别是样本量较小时应慎重。

2. 使用条件

符合下列使用条件时，检验结果比较准确：

(1) 样本较大，一般要求样本量 $n\geqslant 50$；

(2) 落入每组的频数 m_i 不能太小，要求 $m_i\geqslant 5$；

(3) 需要 χ^2 分布分位数表。

3. 步骤

(1) 根据工程经验或历史数据，建立原始假设。

$$H_0: F_n(t)=F(t)$$

(2) 由观测数据估计假设分布的参数。

(3) 将数据分成 m 组，计算各组频数。

(4) 计算每个区间内的理论概率 F_i。

$$F_i=F(t_i)-F(t_{i-1}) \quad i=1,2,\cdots,m \tag{6-1}$$

(5) 计算 χ^2 统计量。

$$\chi^2=\sum_{i=1}^{m}\frac{(m_i-nF_i)^2}{nF_i} \tag{6-2}$$

式中，m 为数据所分组数；m_i 为落入第 i 组的频数；n 为样本量；nF_i 为第 i 组的理论频数。

(6) 计算自由度。

$$k=m-f-1 \tag{6-3}$$

式中，f 为假设的分布参数的个数。

（7）给出显著性水平 α，根据 k 和 α 查 χ^2 分布表（见 GB 4086.2—1983《统计分布数值表 χ^2 分布》，下同），得 $\chi^2_{1-\alpha}(k)$。

（8）判断。若 $\chi^2_{1-\alpha}(k)\geqslant\chi^2$，则接受 H_0；若 $\chi^2_{1-\alpha}(k)<\chi^2$，则拒绝 H_0。

例 6-1 观察 200 个新生产的小型轴承的失效时间，每隔 100h 检查一次，记下失效轴承个数，直到全部失效为止。记录如表 6-1 所示，试检验该轴承的寿命是否服从指数分布。

表 6-1 **失效记录**

时间（h）	0～100	100～200	200～300	300～400	400～500	500～600	600～700	700～800	800～900
失效数 r_i	36	42	37	23	20	25	10	4	3

解： 检验步骤如下：

（1）假设寿命服从指数分布：

$$F(t)=1-e^{-\frac{t}{\theta}}$$

（2）采用极大似然法估计参数 θ 的点估计值。取各组中间值作为该组代表值 t_i，则

$$\hat{\theta}=\frac{1}{n}\sum_{i=1}^{r_i}t_i r_i=301\text{h}$$

假设 H_0：$F(t)=1-e^{-\frac{t}{301}}$。

（3）由于每组中实际频数不宜少于 5，故将前 7 段时间各作为一组，最后两段时间合为一组，故总计组数 $m=8$。

（4）计算 F_i（见表 6-2）。其中 t_i 取各组时间的末值，如 $t_1=100$，$t_8=900$。

表 6-2 **计算结果**

组号 i	m_i	$F_i=F(t_i)-F(t_{i-1})$	$nF_i=200F_i$	$(m_i-nF_i)^2$	$\frac{(m_i-nF_i)^2}{nF_i}$
1	36	0.282 7	56.54	421.891 6	7.461 8
2	42	0.202 8	40.56	2.073 6	0.051 1
3	37	0.145 5	29.10	62.410 0	2.144 7
4	23	0.104 3	20.86	4.576 0	0.219 5
5	20	0.074 9	14.98	25.200 4	1.682 3
6	25	0.053 7	10.74	203.347 6	18.933 7
7	10	0.038 5	7.70	5.290 0	0.687 0
8	7	0.047 4	9.48	6.150 4	0.648 8

（5）计算 χ^2 统计量：$\chi^2=31.835\ 2$。

（6）计算自由度：$k=8-1-1=6$。

（7）取显著性水平 $\alpha=0.1$，查表得 $\chi^2_{1-\alpha}(k)=\chi^2_{0.9}(6)=10.64$。

（8）由于 $\chi^2>\chi^2_{0.9}(6)$，故不能接受原假设，即不能认为该产品的寿命服从指数分布。

4. 随机截尾样本的检验步骤

在实际使用中，得到的大部分现场使用数据都具有随机截尾特性，目前还没有较合适的方法对这类数据进行检验，可近似进行 χ^2 检验。

计算步骤（1），（2），（3），（6），（7），（8）与上述相同，步骤（4），（5）的计算如下：

（4）理论概率为：

$$F_i=1-\frac{R(t_i)}{R(t_{i-1})} \tag{6-4}$$

（5）式（6－2）中的 n 应为每一区间（每一组）开始时的残存样品数 n_{i-1}：

$$n_{i-1}=n-\sum_{j=1}^{i}(m_{j-1}+k_{j-1}) \tag{6-5}$$

式中，k_{j-1} 为删除样品数；当 $i=1$ 时，$m_0=0$，$k_0=0$，$n_0=n$。

6.3.3 参数的估计

通过收集和分析国内外有关可靠性统计分析或评估的资料表明，产品可靠性评估所涉及的分布主要有威布尔分布、正态分布、对数正态分布、指数分布和二项分布等，其中常见的是指数分布。

6.3.3.1 指数分布参数的点估计

电子产品的寿命分布一般都用指数分布来描述，但大部分复杂非电产品也可以用指数分布描述其寿命分布。在非电产品中，指数分布除适用于大型复杂系统以外，许多机械零部件经过磨合以后在一段时间内，也就是偶然故障期，也可认为服从指数分布，如涡轮、齿轮、曲轴等。指数分布可以用来估计以下试验样本的参数：

（1）完全样本；

（2）定数截尾试验样本；

（3）定时截尾试验样本；

（4）随机截尾样本。

单参数指数分布的密度函数为：

$$f(t)=\lambda e^{-\lambda t}=\frac{1}{\theta}e^{-\frac{t}{\theta}},\quad t\geqslant 0 \tag{6-6}$$

分布函数为：

$$F(t)=1-e^{-\lambda t}=1-e^{-\frac{t}{\theta}},\quad t\geqslant 0 \tag{6-7}$$

式中，$\theta=\dfrac{1}{\lambda}$，为待估参数。

以上公式适用于完全样本、定数截尾、定时截尾、随机截尾等各种样本的指数分布参数的点估计。

使用条件如下：

- 必须已知故障的发生时间；
- 需要有迭代法的计算机程序。

各种试验样本的指数分布参数的极大似然估计的计算公式如表 6－3 所示。

表 6－3　指数分布参数的极大似然估计计算公式

试验样本		总试验时间 T	参数点估计 $\hat{\theta}$
完全样本 $n=r$		$\sum_{i=1}^{n} t_i$	T/r
定数截尾（无替换样本）	故障数 r，截尾时间 t_r	$\sum_{i=1}^{r} t_i+(n-r)t_r$	
定时截尾(无替换样本)	故障数 r，截尾时间 t_0	$\sum_{i=1}^{r} t_i+(n-r)t_0$	
随机截尾 删除数 k，故障数 r $n=k+r$ 故障时间 t_1，t_2，…，t_r 删除时间 τ_1，τ_2，…，τ_k		$\sum_{i=1}^{r} t_i+\sum_{j=1}^{k} \tau_j$	

6.3.3.2　可靠性参数的点估计

1. 可靠度

给定工作时间 t 的可靠度的点估计为：

$$\hat{R}(t)=\exp\left(-\frac{t}{\hat{\theta}}\right)=\exp(-\hat{\lambda}t) \tag{6-8}$$

2. 故障率

指数分布的故障率为常量。

$$\hat{\lambda}=\frac{r}{T} \tag{6-9}$$

3. 平均寿命

$$\hat{\theta}=\frac{1}{\hat{\lambda}}=\frac{T}{r} \tag{6-10}$$

4. 可靠寿命

给定可靠度 R 时的寿命为：

$$t_R=(-\ln R)\hat{\theta} \tag{6-11}$$

例 6-2 某机械设备在总工作时间 1 556h 中发生 4 次偶然故障，设其寿命服从指数分布，求参数的点估计。

解： 这种情况相当于定时截尾试验，$T=1\ 556$h，$r=4$。

（1）故障率。由式（6-9）得

$$\hat{\lambda}=4/1\ 556=0.002\ 57/\text{h}$$

（2）平均寿命。由式（6-10）得

$$\hat{\theta}=1\ 556/4=389\text{h}$$

（3）可靠度。当工作时间 $t=100$h 时，由式（6-8）得

$$\hat{R}(t=100)=\mathrm{e}^{-\frac{100}{389}}=0.773$$

（4）可靠寿命。当 $R=0.6$ 时，由式（6-11）得

$$t_{0.6}=(-\ln 0.6)\times 389=198.71\text{h}$$

6.3.3.3 指数分布的区间估计

1. 适用范围

分定时和定数截尾（完全样本可归入定数截尾样本）两种样本类型给出指数分布的区间估计。

2. 使用条件

需要 χ^2 分布表。

本书附录提供的 χ^2 分布表是上侧（右端）分位数表。在其他参考资料中，也有提供 χ^2 分布的下侧（左端）分位数表的情况，读者在查用时注意区分（见图 6-1）。

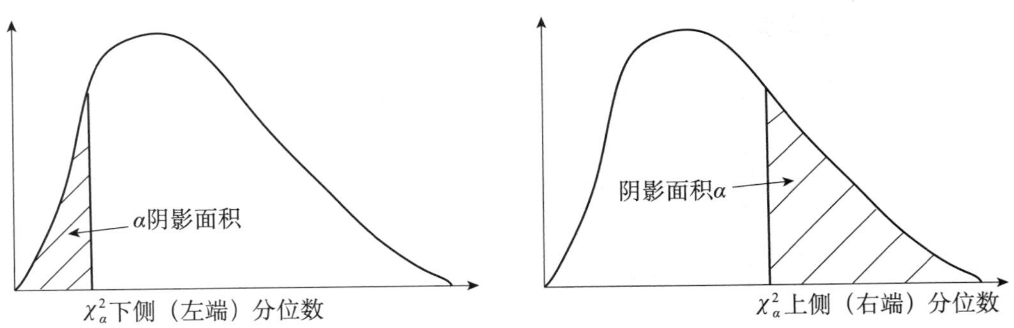

图 6-1 不同分位数示意图

3. 定数截尾样本的区间估计

（1）双侧置信区间。平均寿命 θ 的置信度为 $1-\alpha$ 的双侧置信区间为：

$$\theta_L=\frac{2r\hat{\theta}}{\chi^2_{\frac{\alpha}{2}}(2r)}=\frac{2T}{\chi^2_{\frac{\alpha}{2}}(2r)} \tag{6-12}$$

$$\theta_U=\frac{2r\hat{\theta}}{\chi^2_{1-\frac{\alpha}{2}}(2r)}=\frac{2T}{\chi^2_{1-\frac{\alpha}{2}}(2r)} \tag{6-13}$$

式中，$\chi^2_\alpha(2r)$为自由度为 $2r$ 的 χ^2 分布的上侧（右端）分位数（下同）。

（2）单侧置信下限为：

$$\theta_L=\frac{2r\hat{\theta}}{\chi^2_\alpha(2r)}=\frac{2T}{\chi^2_\alpha(2r)} \tag{6-14}$$

4. 定时截尾样本的区间估计

（1）双侧置信区间。平均寿命 θ 的置信度为 $1-\alpha$ 的双侧置信区间为：

$$\theta_L=\frac{2r\hat{\theta}}{\chi^2_{\frac{\alpha}{2}}(2r+2)}=\frac{2T}{\chi^2_{\frac{\alpha}{2}}(2r+2)} \tag{6-15}$$

$$\theta_U=\frac{2r\hat{\theta}}{\chi^2_{1-\frac{\alpha}{2}}(2r)}=\frac{2T}{\chi^2_{1-\frac{\alpha}{2}}(2r)} \tag{6-16}$$

式中，$\chi^2_\alpha(2r+2)$为自由度为 $2r+2$ 的 χ^2 分布的上侧（右端）分位数（下同）。

（2）单侧置信下限为：

$$\theta_L=\frac{2r\hat{\theta}}{\chi^2_\alpha(2r+2)}=\frac{2T}{\chi^2_\alpha(2r+2)} \tag{6-17}$$

例 6-3 某机电产品的寿命服从指数分布，对抽取的 10 个样品试验到 500h 时，有 1 个样品发生故障，求置信度为 0.9 的参数区间估计。

解：已知 $n=10$，$r=1$，$t_0=500\text{h}$，这是定时截尾样本。

$$T=500+(10-1)\times 500=5\,000(\text{h})$$

（1）平均寿命的单侧置信下限。由 $\alpha=1-0.9=0.1$，查 χ^2分布表得

$$\chi^2_{0.1}(2+2)=7.78$$

由式（6-17）得

$$\theta_L=\frac{2\times 5\,000}{7.78}=1\,285.35(\text{h})$$

（2）可靠度单侧置信下限。由 $R_L(t)=\exp\left(-\frac{t}{\theta_L}\right)$，工作时间 $t=500\text{h}$，得

$$R_L(t=500)=0.677\,7$$

（3）故障率的单侧置信上限为：

$$\lambda_U=\frac{1}{\theta_L}=7.78\times 10^{-4}/\text{h}$$

（4）可靠寿命的单侧置信下限。由 $t_{RL}=(-\ln R)\theta_L$，当 $R=0.6$ 时，得

$$t_{0.6L}=(-\ln 0.6)\times 1\,285.35=656.59(\text{h})$$

置信度为 0.85 和 0.95 时的参数区间估计值如表 6－4 所示。

表 6－4　　不同置信度下的参数区间估计值对比

置信度	θ_L	R_L	λ_U	$t_{0.6L}$
0.85	1 483.68h	0.713 9	6.74×10^{-4}/h	757.90h
0.9	1 285.35h	0.677 7	7.78×10^{-4}/h	656.59h
0.95	1 053.74h	0.622 2	9.49×10^{-4}/h	538.28h

由上表对比结果可知，在同样的试验数据下，当置信度逐渐增大时，平均寿命、可靠度、可靠寿命的单侧置信下限逐渐降低。

6.3.3.4　指数分布时无故障数据的区间估计

1. 适用范围

产品故障数据的估计方法已经比较成熟，而产品无故障数据的估计方法还处于研究阶段。完全样本、定时截尾、定数截尾中，定时截尾出现无故障的情况较多，因此，这里主要给出定时截尾情况下，无故障数据的可靠度、可靠寿命或平均寿命的置信下限的估计方法。

2. 使用条件

- 故障数 $r=0$；
- 需要有迭代的计算机程序。

3. 估计公式

设在定时截尾情况下，n 个产品的工作时间为 $t_1\leqslant t_2\leqslant\cdots\leqslant t_n$，置信度为 $1-\alpha$。

（1）可靠度的最优单侧置信下限为：

$$R_L(t)=\alpha^{t/\sum_{i=1}^{n}t_i} \tag{6-18}$$

（2）可靠寿命的最优单侧置信下限为：

$$t_L(R)=\frac{\ln R}{\ln\alpha}\sum_{i=1}^{n}t_i \tag{6-19}$$

（3）平均寿命的最优单侧置信下限为：

$$\theta_L=\left(\sum_{i=1}^{n}t_i\right)/(-\ln\alpha) \tag{6-20}$$

例 6－4　某电子产品的寿命服从指数分布，对抽取的 6 个样品共试验 2 400h，

没有发生故障，求置信度为0.9的参数区间估计。

解： 已知 $n=6$，$r=0$，$t_0=2\,400\text{h}$，这是定时截尾样本。

（1）平均寿命的单侧置信下限。由式（6－20）得

$$\theta_L=\frac{6\times2\,400}{-\ln(1-0.9)}=6\,253.84(\text{h})$$

（2）计算可靠度单侧置信下限。由式（6－18），工作时间 $t=1\,000\text{h}$ 时，得

$$R_L(t=1\,000)=(1-0.9)^{\frac{1\,000}{6\times2\,400}}=0.852\,2$$

（3）计算可靠寿命的单侧置信下限。由式（6－19），当 $R=0.8$ 时，得

$$t_L(0.8)=\frac{\ln0.8}{\ln(1-0.9)}\times6\times2\,400=1\,395.5(\text{h})$$

6.3.3.5 威布尔分布参数的点估计

威布尔分布具有三个分布参数，它既包括故障率为常数的模型，也包括故障率随时间而变的递减（早期故障）和递增（耗损故障）模型，因此它可以描述更为复杂的失效过程。许多产品的故障率是单调递增的，威布尔分布可以很好地描述产品疲劳、磨损等耗损性故障。

1. 适用范围

适用于完全样本、定数截尾、定时截尾、随机截尾等的威布尔分布中的 m，η 或 γ 的点估计。

2. 使用条件

- 必须已知故障的发生时间；
- 需要有迭代法的计算机程序。

3. 完全样本时两参数威布尔分布参数的极大似然估计法

对于样本量为 n 的完全样本数据 t_1，t_2，…，t_n，参数 m 和 η 的似然方程为：

$$\begin{cases}\dfrac{\sum\limits_{i=1}^{n}t_i^m\ln t_i}{\sum\limits_{i=1}^{n}t_i^m}-\dfrac{1}{m}=\dfrac{1}{n}\sum\limits_{i=1}^{n}\ln t_i\\ \eta^m=\dfrac{1}{n}\sum\limits_{i=1}^{n}t_i^m\end{cases}\qquad(6-21)$$

一般可用二分法迭代求解式（6－21）中的第一式，解得 m 的极大似然估计 $\hat{m}$，再由第二式解得 η 的极大似然估计 $\hat{\eta}$。

4. 定时截尾和定数截尾时两参数威布尔分布参数的极大似然估计法

从某产品中随机地抽取 n 件样本，试验到 t_s 时截止，共有 r 个失效，而另外 $n-r$ 个将在（t_s，∞）内失效。若试验为定数截尾，则 $t_s=t_r$；若试验为定时截尾，则 t_s 即为预定的截尾时间，且 $t_r\leqslant t_s$。失效时间从小到大按次序排列为：

$$t_1\leqslant t_2\leqslant\cdots\leqslant t_r\leqslant t_s$$

则参数 m 和 η 的似然方程为：

$$\begin{cases}\dfrac{\sum\limits_{i=1}^{r}t_i^m\ln t_i+(n-r)t_s^m\ln t_s}{\sum\limits_{i=1}^{r}t_i^m+(n-r)t_s^m}-\dfrac{1}{m}=\dfrac{1}{r}\sum\limits_{i=1}^{r}\ln t_i\\ \eta^m=\dfrac{1}{r}\left[\sum\limits_{i=1}^{r}t_i^m+(n-r)t_s^m\right]\end{cases}\tag{6-22}$$

一般可用数值方法迭代求出 m 和 η 的极大似然估计 $\hat{m}$ 和 $\hat{\eta}$。

6.3.3.6 威布尔分布的可靠性参数的点估计

1. 可靠度

给定时间 t 时的可靠度 $\hat{R}(t)$ 的点估计为：

$$\hat{R}(t)=\mathrm{e}^{-\left(\frac{t}{\hat{\eta}}\right)^{\hat{m}}},\quad t\geqslant 0\tag{6-23}$$

2. 故障率

给定时间 t 时的故障率 $\lambda(t)$ 的点估计为：

$$\hat{\lambda}(t)=\frac{\hat{m}}{\hat{\eta}}\left(\frac{t}{\hat{\eta}}\right)^{\hat{m}-1},\quad t\geqslant 0\tag{6-24}$$

3. 平均寿命

平均寿命 $E(T)$ 一般是产品的 MTBF 或 MTTF 或 MTBCF，其点估计为：

$$E(T)=\theta=\hat{\eta}\Gamma\left(1+\frac{1}{\hat{m}}\right)\tag{6-25}$$

式中，$\Gamma\left(1+\frac{1}{\hat{m}}\right)$是 Γ 函数，数值可查《可靠性试验用表》。

4. 可靠寿命

给定可靠度 R 时对应的时间 $\hat{t}_R$ 的点估计为：

$$\hat{t}_R=\hat{\eta}(-\ln R)^{\frac{1}{\hat{m}}}\tag{6-26}$$

5. 使用寿命

给定不能接受的故障率 λ 时的工作寿命 t_λ 的点估计为：

$$t_\lambda = \hat{\eta}\left(\frac{\lambda\hat{\eta}}{\hat{m}}\right)^{\frac{1}{\hat{m}-1}} \tag{6-27}$$

6.3.3.7 二项分布的可靠性参数的估计

在 n 次试验中出现 $0\sim r$ 次失败的概率 $P(X\leqslant r)$，用成功概率（成功率）或可靠度 $R=1-P$ 表示的二项分布函数为：

$$P(X\leqslant r)=\sum_{i=0}^{r}\binom{n}{i}R^{n-i}(1-R)^{i} \tag{6-28}$$

式中，$i=0$，1，2，…，n。

对二项分布的估计一般都是指对参数 R 的估计。

1. 适用范围

该方法适用于产品试验或使用中成功数或失败数服从二项分布的情况，特别适用于一次性使用的产品。它还可用于可靠性抽样验收或批检等情况。

2. 使用条件

- 区间估计时需要迭代法的计算机程序；
- 区间估计时需要 F 分布表。

3. 可靠度的点估计

对于成败型数据（n，r），且 r 不为零时，用极大似然估计方法可导出可靠度的点估计公式。

$$\hat{R}=(n-r)/n \tag{6-29}$$

当失败数 $r=0$ 时，一般用置信度为 0.5 时的可靠度单侧置信下限作为点估计值。

$$\hat{R}=R_L(0.5,n,0)=(1-\gamma)^{-1/n}=2^{-1/n} \tag{6-30}$$

4. 可靠度的区间估计

（1）经典的单侧置信下限。给定置信度为 $1-\alpha$ 时的可靠度单侧置信下限 R_L 可由下式解出：

$$\alpha=\sum_{i=0}^{r}\binom{n}{i}R^{n-i}(1-R)^{i} \tag{6-31}$$

该式一般是由计算机迭代求解，许多资料给出了 n 在一定范围内的 $R_L(1-\alpha, n, r)$ 数表。具体解法有下列几种：

1）当 $r=0$ 时

$$R_L = \alpha^{1/n} \tag{6-32}$$

2）当 $r=1$ 或 $r=2$ 时，可用牛顿迭代法求解。

3）当 $r=3$ 时，可用牛顿迭代法和弦截法相结合求解。

4）当 $r=n-1$ 时

$$R_L = 1-(1-\alpha)^{1/n} \tag{6-33}$$

5）当 $4 \leqslant r \leqslant n-1$ 时，可用 GB 4087.3—1985 规定的贝泽-普拉特近似迭代公式求解。

（2）用 F 分布求单侧置信下限。

$$R_L = \frac{1}{1+\dfrac{r+1}{n-r}F_{\alpha}(2r+2, 2n-2r)} \tag{6-34}$$

式中，$F_{\alpha}(2r+2, 2n-2r)$ 是自由度为 $(2r+2, 2n-2r)$、置信度为 $1-\alpha$ 的 F 分布分位数。

例 6-5 已知 $n=50$，$r=4$，$1-\alpha=0.9$，计算可靠度单侧置信下限。

解： 可采用下列三种方法计算。

（1）由下式精确计算：

$$\alpha = \sum_{i=0}^{r}\binom{n}{i}R^{n-i}(1-R)^{i}$$

利用计算机程序迭代求解，得 $R_L=0.846\ 452$。

（2）由 GB 4087.3—1985 规定的贝泽-普拉特近似迭代公式求解，得 $R_L=0.846\ 476$。

（3）由 F 分布求单侧置信下限的公式（6-34）解得 $R_L=0.843\ 727$。

6.4 数据管理和应用

企业的可靠性数据管理应与企业的质量信息管理、售后服务信息管理密切结合并统一纳入企业的信息化管理，统一规划、统一报表、统一制度。产品的可靠性数据的收集和管理还应与故障报告、分析和纠正措施系统（FRACAS）紧密结合。可靠性数据管理一定要注意可靠性数据的及时性、系统性和完整性。

及时性是指可靠性数据一旦形成，就应该及时加以收集和管理。例如，试验过程中发生的故障数据、使用过程中用户反馈的数据、售后服务过程中发生的数据等都应及时收集和管理。

系统性是指产品的可靠性数据应按不同产品分别进行系统的收集和管理，同时具体产品可靠性数据一定要从研发初期规定的可靠性指标开始收集，对研发过程、生产过程和产品使用过程所产生的数据进行系统的收集。

完整性是指可靠性数据一定要注意全面、完整，至少应包括数据发生的时间、累积试验或工作的时间、数据产生的环境等。

可靠性数据只有做到及时性、系统性和完整性，才具有最大的利用价值。

可靠性数据的应用是收集和管理的最终目的，收集和管理是为了应用，是为提高产品可靠性提供信息。在论证阶段主要是为了论证和确定可靠性定性、定量要求；在研发过程主要是为了可靠性设计与分析时及早发现潜在薄弱环节或设计缺陷，特别是用于可靠性预计和分配、FMEA 和 FTA 等，也是为了在可靠性试验后评价产品的可靠性水平。在产品使用过程中，可靠性数据一方面用于评价使用可靠性水平，另一方面用于可靠性改进，实现产品的可靠性增长，还可为维修或售后服务提供信息。

6.5 数据收集、处理与应用的工程应用要点

（1）产品研发单位应制定可靠性数据的收集、处理和应用的制度，系统收集和管理全寿命周期的可靠性数据。

（2）供应商的可靠性数据应纳入研发单位的可靠性数据管理。

（3）从产品数据库中应能提取、导入可靠性数据。

（4）应对收集的数据进行初步判断，看是否符合产品实际情况。特别是当评估的结果出现异常时，应对数据进行异常性检验，剔除异常数据。

（5）在选择分析方法之前，一定要搞清楚所选方法的使用范围和条件。

习题与答案

一、单项选择题

1. 关于试验数据正确的说法是（　　）。

A. 试验数据主要包括产品名称型号、试验名称、试验条件与试验方式

B. 试验数据来自研制试验、可靠性鉴定与验收试验、寿命试验，也可来自产品功能试验、环境试验或生产验收试验等

C. 试验数据主要有序贯试验数据、完全样本试验数据

D. 试验数据主要来自用户使用过程中的数据

2. 关于分布的假设检验错误的说法是（　　）。

A. 分布的假设检验是通过产品的寿命试验数据来推断产品的寿命分布，推断的主要方法是拟合优度检验法

B. 人们常用的是解析法，如 χ^2 检验法、k-s 检验法、相关系数检验法、似然比检验法、F 检验法等

C. 人们只用 χ^2 检验法

D. 拟合优度检验方法有两类，一类是作图法，另一类是解析法

3. 某产品的寿命为指数分布，抽取 8 个样品共试验 2 500h 没有发生故障，则置信度为 0.9 的平均寿命的单侧置信下限为（　　）。

A. 2 500h　　B. 8 685.89h

C. 20 000h　　D. 5 683.26h

4. 关于威布尔分布错误的说法是（　　）。

A. 威布尔分布具有三个分布参数，位置参数经常可以假设为零，此时则变成两参数威布尔分布

B. 威布尔分布既包括故障率为常数的模型，也包括故障率随时间而变的递减（早期故障）和递增（耗损故障）模型

C. 威布尔分布只能描述简单的失效过程

D. 许多产品的故障率是单调递增的，威布尔分布可以很好地描述产品疲劳、磨损等耗损性故障

二、多项选择题

1. 关于可靠性数据类型正确的说法有（　　）。

A. 可靠性数据只包括产品故障数据

B. 按数据是否连续区分，可分为离散型和连续型

C. 按不同的质量特性区分，分为功能特性数据、可靠性数据、维修性数据、保障性数据、安全性数据、测试性数据、环境适应性数据等

D. 按产品有无故障区分，分为无故障（正常）数据和故障数据

2. 关于故障数据的统计正确的说法有（　　）。

A. 把故障分为关联故障和非关联故障，再按计数原则对关联故障次数进行统计

B. 当可证实多个故障模式是由同一单元的失效引起的时候，整个事件计为多次故障

C. 在一次工作中出现的同一单元的间歇性故障或多次虚警只计为一次故障

D. 试验对象或其部件计划内的拆卸事件不计入故障次数

3. 某机电产品的寿命服从指数分布，抽取 10 个样品试验到 500h 时有 1 个样品发生故障，则置信度为 0.9 的平均寿命的单侧置信下限为 1 285.35h，下列说法正确的有（　　）。

A. 这是定时截尾样本，总试验时间为 5 000h

B. 工作时间 $t=500\text{h}$ 时可靠度单侧置信下限为 0.677 7

C. 故障率的单侧置信上限为 $7.78\times10^{-4}/\text{h}$

D. 可靠寿命的单侧置信下限为 500h

一、单项选择题答案

1. B　2. C　3. B　4. C

二、多项选择题答案

1. BCD　2. ACD　3. ABC

参考文献

[1] 茆诗松，等. 可靠性统计. 上海：华东师范大学出版社，1984.
[2] 费鹤良，等. 产品寿命分析方法. 北京：国防工业出版社，1988.
[3] 贺国芳，等. 可靠性数据的收集与分析. 北京：国防工业出版社，1995.
[4] 戴树森，等. 可靠性试验及其统计分析. 北京：国防工业出版社，1983.
[5] 杨为民，等. 可靠性·维修性·保障性总论. 北京：国防工业出版社，1995.
[6] 李良巧. 兵器可靠性技术与管理. 北京：兵器工业出版社，1991.
[7] 龚庆祥，等. 型号可靠性工程手册. 北京：国防工业出版社，2007.
[8] 康锐. 可靠性维修性保障性工程基础. 北京：国防工业出版社，2012.
[9] 任立明，等. 可靠性工程师必备知识手册. 北京：中国标准出版社，2009.
[10] 赵宇. 可靠性数据分析. 北京：国防工业出版社，2011.
[11] GB/T 3358.1—2009 统计学词汇及符号　第1部分：一般统计术语与用于概率的术语.
[12] GB/T 3358.2—2009 统计学词汇及符号　第2部分：应用统计.
[13] GB/T 3359—2009 数据的统计处理和解释　统计容忍区间的确定.
[14] GB/T 4087—2009 数据的统计处理和解释　二项分布可靠度单侧置信下限.
[15] GB/T 4088—2008 数据的统计处理和解释　二项分布参数的估计与检验.

第7章

可靠性管理

7.1 概　述

产品可靠性是设计出来的、制造出来的、管理出来的。因此，可靠性管理必须从产品的设计和开发阶段抓起。可靠性是在设计中赋予，在生产制造中加以保证，在使用中发挥，这些活动的开展都离不开可靠性管理。

产品的可靠性工作涉及产品寿命周期的各个不同阶段，每个阶段都有很多的可靠性工作要做，所以应该开展可靠性管理。可靠性管理就是从系统工程的观点出发，对产品设计、开发、生产、使用各个阶段应开展的各项可靠性活动进行策划、组织、监督和控制，以尽可能少的资源投入实现产品的可靠性要求。企业的可靠性管理是整个组织管理工作的一部分，产品研发的可靠性管理是产品研发管理的一个组成部分。可靠性管理的基本职能是对各项可靠性活动的策划、组织、监督和控制。

可靠性管理一般包括企业整体的可靠性管理和具体产品研发生产的可靠性管理。

企业的可靠性管理同样要履行策划、组织、监督和控制的职能。在市场激烈竞争的今天，所有企业都要制定发展战略。在制定企业发展战略时，应把企业的可靠性发展战略作为重要的组成部分，这也是可靠性管理的重要工作内容。

7.2 制定并实施可靠性发展战略

企业可靠性管理的一项重要工作是对企业可靠性工作的全面规划，这种对可靠性工作的全面规划就是企业的可靠性工作发展战略。

企业生存与发展的重要基础是能向社会提供高质量、高可靠性的产品。企业要参与优胜劣汰的市场竞争，要实现利益最大化并获得最大的利润，要创建自己百年不衰的品牌，要从制造转变为创造，要提高顾客满意度和品牌忠诚度，实现所有这一切，产品的可靠性都是重要的因素之一，这一点已被有作为、有远见卓识的企业广泛认同。

企业产品的可靠性涉及的范围很广，既涉及高层管理人员、部门领导，又涉及一线技术人员；既涉及设计，又涉及制造与售后服务；既涉及认识层面，又涉及技术层面；既涉及人员素质的提高，又涉及试验条件的建设。因此必须从企业的高度对可靠性、维修性、测试性、保障性和安全性等工作进行全面、系统、科学的策划或规划，这种全面的策划和规划的一种体现就是制定企业可靠性发展战略，并把它作为企业整个发展战略的重要组成部分。

可靠性发展战略应包括：提出可考核的产品可靠性、维修性目标；明确可靠性工作的指导思想和工作基本原则；建立可靠性研究机构和队伍；制定中长期可靠性培训计划；建设质量与可靠性信息系统；改进流程，将可靠性、维修性、测试性、保障性和安全性有机融入设计、制造以及售后服务的各个流程之中；制定企业可靠性、维修性工作的规范或标准；明确企业高管和部门负责人及各类人员相关的可靠性职责；建立并完善各种可靠性试验系统；制定可靠性工作奖惩措施等。

制定可靠性目标的一个典型例子是美国空军于20世纪80年代中期提出的美国空军装备可靠性指标：到2000年可靠性翻一番，维修性指标减半，即平均故障间隔时间（MTBF）要翻一番，如从500小时增加到1 000小时；平均修复时间（MTTR）要减半，如从40分钟减少为20分钟。这样的目标既明确直观，又可以考核。

7.3 可靠性工作的基本原则

开展可靠性工作的目标是保证研发的产品或改进的产品达到规定的可靠性的定性和定量要求，以满足用户对产品的可用性、任务成功性和安全性的要求，降低对维修和保障资源的要求，减少寿命周期费用，最终使用户满意。为此，必须系统地开展可靠性工作。可靠性工作的基本原则包括：

（1）产品研发必须有可靠性、维修性、测试性、保障性、安全性等定性、定量要求，这些要求应合理、科学，并且可实现。

（2）可靠性工作必须遵循预防为主、早期投入的方针。应把预防、发现和纠正设计、制造中的缺陷和故障以及消除单点故障作为可靠性工作的重点。

（3）必须把可靠性工作纳入产品设计和开发的策划中，统一规划，协调进行。并行工程是实现综合协调的有效工程途径。

（4）必须遵循采用成熟设计的可靠性设计原则，控制未经充分验证的新技术在产品开发中所占的比例，一般不应超过30%，否则技术风险很大，应认真分析和借鉴已有相似的产品在研制过程中与故障做斗争的经验和教训以及使用可靠性方面的缺陷和故障，尽早采取有效的预防和改进措施以提高其可靠性。

（5）软件的开发必须符合软件工程的要求，对关键软件应有可靠性要求并规定验证方法，应在有资质的软件测评机构进行测评。

（6）应采用有效的方法和控制程序，以减少制造过程对可靠性带来的不良影响，如采用统计过程控制、过程故障模式及影响分析和环境应力筛选等方法来保证可靠性设计的实现。

（7）尽可能通过规范化工程途径，利用有关标准、规范、手册或有效的工程经验，开展各项可靠性工作，并将实施效果形成报告。

（8）必须加强对设计开发过程和生产制造过程中可靠性工作的监督与控制。设置可靠性评审点，严格进行可靠性评审，以便尽早发现设计和工艺过程的薄弱环节。

（9）应充分重视产品在用户使用过程中的可靠性，并对其使用可靠性进行评估。及时、完整、准确记录发生故障的信息和维修方面的信息，及时反馈，形成闭环管理，实现持续的改进。

（10）在新产品开发过程中选择可靠性工作项目，应根据产品的特点、复杂和关键的程度、新技术的含量、费用、进度等因素，选择效费比高的工作项目。

7.4　故障报告、分析和纠正措施系统

7.4.1　FRACAS 基本概念

可靠性是产品无故障工作的概率或用无故障持续时间度量的产品质量特性。可靠性工程的主要任务是防止故障的发生，控制故障发生的概率，纠正已经发生的故障。故障是产品研发、制造和使用过程中不希望发生的事件，必须严肃对待、认真研究并严加管理。建立故障报告、分析和纠正措施系统（FRACAS）就是对故障加以严格管理的一种有效方法，也是企业可靠性管理的一项重要的工作内容。故障报告、分析和纠正措施系统的英文为 failure reporting analysis and corrective action system（FRACAS）。FRACAS 也有人译成故障报告、分析和纠正措施制度。建立一套故障报告、分析与纠正措施制度也许比建立一套故障报告和纠错措施系统更符合管理实际，因为管理的一项重要职能就是建立规章制度。建立 FRACAS 就是要通过对产品故障进行报告、分析和采取纠正措施，防止故障的再次发生，同时也是为其他新产品的研发提供预防故障的借鉴。这是利用及早告警和反馈控制原理来消除或大大减少故障带来的影响，防止类似故障的相继发生，可以给产品的研发和用户带来大的效益。所以，建立和运行一个有效的 FRACAS 是一项必须进行的简单有效的管理工作，是真正做到故障归零、实现产品可靠性增长的关键。FRACAS 既能有效改进新研发产品的可靠性，又能给企业在新产品研发中提供借鉴，防止类

似故障的再次发生。FRACAS的作用如图7－1所示。

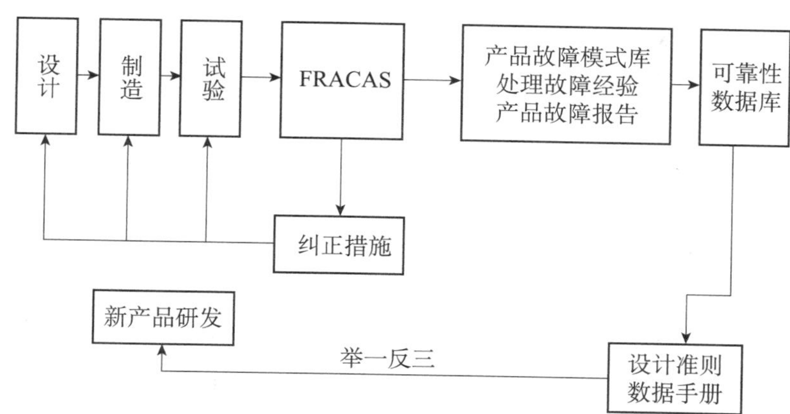

图7－1 FRACAS的作用

关于如何建立并运行FRACAS，美国国防部1985年颁发了军用标准MIL-STD-2155（AS）《故障报告、分析和纠正措施系统》。我国于1990年颁发了GJB 841—1990《故障报告、分析和纠正措施系统》，该标准详细规定了建立和运行FRACAS应当开展的各项工作。

FRACAS是一个闭环系统，应在产品研发的早期就建立和运行，因为在设计开发阶段的纠正措施的方案选择空间较大。根据查明的故障原因，可以做较大的设计更改，在生产和使用阶段虽然也能根据故障原因采取纠正措施，但往往受到方案选择的制约，实施会更为困难。再者，到生产和使用阶段再采取措施，损失会很大。越早弄清楚故障原因，越及时采取切实的纠正措施，获得的收益就越大。

FRACAS应具有故障信息的收集、传递、反馈、分析、处理、归档，以及以适当形式显示故障信息的功能。

7.4.2 FRACAS的工作流程

在新产品研发策划阶段，应对如何实施故障报告闭环系统方案进行策划，方案制定应有一套故障报告、分析和纠正措施反馈程序，应有反映故障发生、分析和纠正全过程的流程图。图7－2是GJB 841—1990给出的故障报告闭环系统工作流程图。在GJB 841—1990中还给出了设计开发过程的故障报告表、故障分析表和纠正措施表的报告格式。企业可根据自身产品特点，参照标准制定相关的表格。表格的形式应充分考虑填写的简便和信息的完整性，以利于故障信息的追溯，便于所需信息的提取和利用。

7.4.3 FRACAS的实施步骤

1. 发现故障并报告故障

对发生的所有硬件故障和软件错误，按规定的格式和要求进行记录，并在规定的时

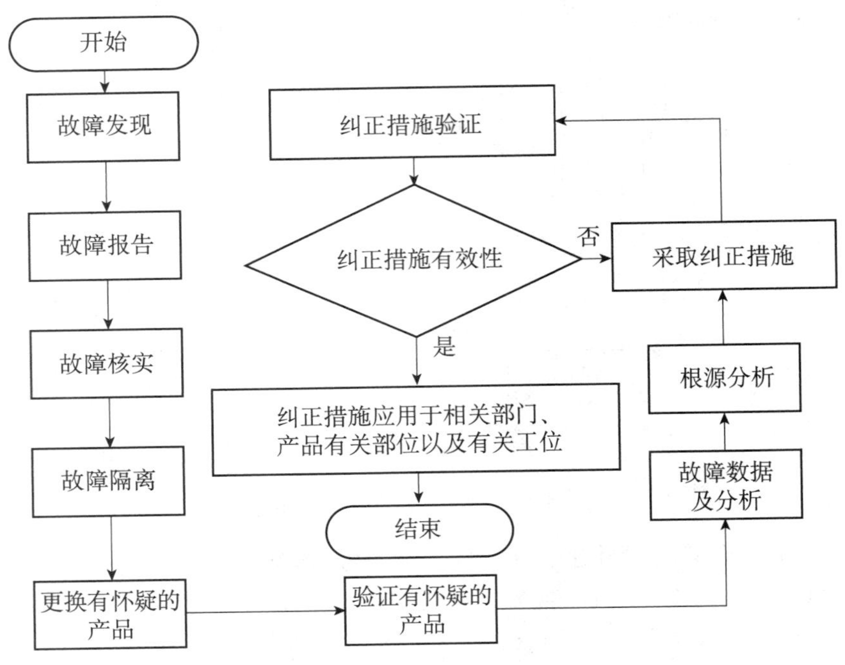

图 7－2　FRACAS 工作流程图

间内向规定的管理级别进行报告，一般应完成以下各项工作：

（1）在试验或使用中观测到故障。

（2）详细记录所观测到的故障，至少应包括下列内容：

- 发生故障的系统、设备，并尽可能记录发生故障的具体部位；
- 发生故障的日期、时间与时机，发生故障前的正常工作时间；
- 观测到的故障征候和现象；
- 故障发生时的重要条件，包括使用、环境条件等。

（3）故障核实，即重新证实初次观测故障的真实情况，并填写故障报告表。

2. 分析故障，确定故障原因

当产品故障核实后，需要对故障进行工程分析和统计分析。工程分析是对发生故障的产品进行测试、试验、观察、分析，确定故障部位。统计分析是收集同类产品的研发和生产情况、经历的试验及使用情况和已发生的故障情况等有关数据，计算同类产品故障发生概率等有关统计数据。

分析故障和确定故障原因，一般可分以下几步进行：

（1）隔离故障，即将发生的故障定位到尽可能低的产品层次。

（2）更换可疑故障产品，重新测试系统和设备，确认原有故障已消除。

（3）对故障产品进行测试（包括软件），尽可能使故障得以复现，以核实可疑产品确有故障。

（4）进行故障原因和故障机理分析，必要时可分解产品，采取物理化学试验、应力强度分析、元器件失效分析等方法进行分析，对软件产品还应分析软件测试情况和提供的文档等。

（5）查找类似产品中的类似故障，查看历史上对所观测的故障模式或故障机理的看法以及有关统计数据。

（6）利用上述（4）、（5）两步获得的数据，确定故障发生的条件、基本原因和故障发生的趋势，填写故障分析报告表。

3. 采取纠正措施，进行故障归零

在查明故障原因的基础上，通过分析、计算和必要的试验验证，提出纠正措施，进行故障归零。需要特别注意的是，不能把产品发生故障后的换件维修作为纠正措施。产品发生故障就应维修，维修一般都采用换件，这样可以使故障产品迅速恢复功能，但不能提高产品的固有可靠性。建立 FRACAS 的一个重要目的是提高产品的固有可靠性。

采取纠正措施，进行故障归零一般可分以下几步进行：

（1）提出合理的改正措施，包括设计更改、工艺更改、程序更改等。

（2）将建议的改正措施纳入原试验系统中。

（3）对改进系统或设备进行试验，通过对获得的全部试验数据进行分析和评审，验证所采取的改正措施的有效性，填写纠正措施实施报告表。

（4）将纠正措施落实到设计文件及图纸上，落实到工艺文件上，落实到故障件上，落实到库存件上和落实到已交付使用的产品上。

（5）跟踪实施纠正措施产品在试验、使用中的情况，进一步验证纠正措施的有效性。

（6）举一反三，认真查找同类型中其他产品是否也有相同或类似的故障原因，统一权衡考虑。

FRACAS 建立和运行有效性的标志体现在两个方面：一是新产品研发结束，即将量产之前，对整个研发过程的所有故障及质量问题是否有完整、准确的故障分析和纠正措施的记录；二是量产后，对批量不大的产品是否有每件产品在出厂后的使用过程发生的故障和正常工作的完整、准确的记录，对批量大的产品，要做到每一件产品都有完整的记录比较难，但应选择产品在不同地区或不同典型用户进行系统的跟踪记录。这样一方面可以评价产品的固有可靠性水平、使用可靠性水平，另一方面也能积累与故障做斗争的经验和教训，为不断完善产品可靠性设计准则提供真实的依据。

7.4.4 故障（问题）归零管理

我国军工行业在实施 FRACAS 的过程中提出了“质量问题双五条归零”的管理要求。“质量问题双五条归零”是对产品研发过程的故障处理解决提供的一种简明直观的便于操作的管理方法。归零是指对产品发生的质量问题和故障从技术上的五个方面和管理上的五个方面逐项落实，并形成归零报告或相关文件的活动。技术归零五条和管理归零五条统称“质量问题双五条归零”。

1. 技术归零五条

技术归零五条包括定位准确、机理清楚、问题复现、措施有效、举一反三。

（1）定位准确。

确定质量问题和故障发生的准确部位。

（2）机理清楚。

通过理论分析或试验手段，确定质量问题和故障发生的根本原因。

（3）问题复现。

通过试验或其他验证手段，确认质量问题和故障发生的现象，验证定位的正确性和机理分析的正确性。

（4）措施有效。

针对发生的质量问题和故障，采取纠正措施，经过验证，确保质量问题和故障得到解决。

（5）举一反三。

把发生质量问题和故障的信息反馈给相关部门，检查有无可能发生类似故障模式或机理的质量问题，并及时采取预防措施。

2. 管理归零五条

管理归零五条包括过程清楚、责任明确、措施落实、严肃处理、完善制度。

（1）过程清楚。

查明质量问题与故障发生和发展的全过程，从中找出管理上的薄弱环节或漏洞。

（2）责任明确。

依据规定的质量职责，分清造成质量问题的责任单位和责任人，并分清责任的主次大小。

（3）措施落实。

针对管理上的薄弱环节或漏洞，制定并落实有效的纠正措施和预防措施。

（4）严肃处理。

对于由管理原因造成的质量问题和故障应严肃对待，从中吸取教训，以达到警示和改进管理工作的目的。对重复性和人为质量问题的责任单位和责任人，应根据情节和后果，按规定给予批评或处罚。

（5）完善制度。

针对管理上的薄弱环节或漏洞，健全和完善规章制度，并予以落实，从制度上避免质量问题和类似故障的发生。

产品发生故障和质量问题有可能是技术原因引起的，也有可能是管理原因导致的，还有可能两方面原因并存。对于后一种情况的质量问题和故障，既要从技术方面归零，又要从管理方面归零。

7.5 可靠性评审

可靠性评审是可靠性管理的一项重要工作。可靠性评审是一种运用及早告警的原理和同行专家评议的原则，充分利用专家群体的智慧和经验弥补开发团队和个人可能的不足和局限，对产品研发过程中的可靠性设计、制造、试验等各项工作进行监控的管理手段。在产品设计开发的策划或产品可靠性保证大纲中应事先规定若干关键的评审控制点，组织非直接参加研发的同行专家和有关部分的代表，对设计、制造和试验中的可靠性工作进行详细的审查，以便及时发现潜在的设计缺陷或薄弱环节，提高设计的成熟度，降低决策的风险。

可靠性评审的作用在于：

(1) 评价产品设计是否满足规定的可靠性、维修性、安全性等要求，是否符合可靠性设计准则、规范及有关标准的要求；

(2) 发现和确定薄弱环节和可靠性风险较高的部位，研讨并提出改进意见；

(3) 全面检查产品可靠性保证大纲实施的效果；

(4) 减少设计更改，缩短开发周期，减少寿命周期费用。

可靠性评审不能改变“谁设计谁负责”和“谁总抓谁负责”的技术责任制度，更不能代替设计师决策。

可靠性评审过程是一种有计划、有组织、有结论的评审程序，评审的结论具有严肃性和权威性，被评审者应给予充分的关注和重视。对可能整改的一定要及时给予改进，制定具体改进措施；对于因条件受限的暂时不能实施的改进或认为不采纳的建议等必须做出说明。质量与可靠性管理部门应对评审结论的执行情况全过程进行跟踪和监督。

可靠性评审一定要强调评审的有效性。绝对不能因为规定要评审而评审，为评审而评审，一定要克服评审“走过场”，严防“认认真真走过场”。评审有效性的标志是薄弱环节或设计缺陷是否被发现，是否针对发现的问题提出并实施了改进。提高评审有效性，可从以下几个方面着手：

(1) 评审会前被评审者应充分准备详细的评审资料，防止以保密为借口，不提供设计真实数据。

(2) 评审前要根据评审的内容认真制定评审提纲和具体要求，防止泛泛而论。

(3) 参加评审的专家应具有相关专业丰富的工程实践经验，并敢于直言；评审组应注意吸收不同观点的专家参加；评审组长不仅要有丰富的经验，还要有广博的知识，同时具有主持会议的组织能力。

(4) 评审专家要有充分的时间阅读评审资料，评审资料要在评审会前送给专家审阅，保证专家能够有时间审查、复算。

(5) 保证评审时间，让专家有充分的时间发表意见和讨论，与被评审者就技术问题进行质疑和讨论。

(6) 评审结论应客观公正，所提建议应注意针对性和可操作性。

（7）对评审结论和建议一定要跟踪监督。

7.6 可靠性工程知识培训

企业适应市场挑战的能力在很大程度上取决于领导、管理人员、工程技术人员和所有员工所具备的能力和素质。要提高产品的质量和可靠性，当然与领导和员工的可靠性意识和掌握可靠性工程技术与管理方法有着密切的关系。可靠性工程这门学科尽管已经有了半个多世纪的发展历程，但在我国仍然处于初级阶段。企业的可靠性意识不强，对产品研发、生产和使用全过程的可靠性管理尚未建立，可靠性设计与分析、试验评价的技术还没有很好地普及和掌握，有些企业虽然掌握了可靠性工程技术，但不能结合产品开展可靠性工作。因此，可靠性工程师应在领导的支持下，在组织开展可靠性工程知识培训方面发挥作用。企业的人力资源管理部门应把可靠性工程知识培训切实纳入员工的培训计划，使不同岗位的人员掌握相关的可靠性知识，并在产品的全寿命周期中认真开展相应的可靠性工作，以提高产品的可靠性、维修性和安全性。

7.6.1 可靠性培训需求分析

（1）企业面临的质量与可靠性问题和挑战；

（2）解决问题和迎接挑战所需的质量与可靠性知识和技能；

（3）不同岗位的人员现有的知识和技能水平；

（4）为实现企业制定的战略目标，不同的岗位人员所需要具备的可靠性知识和资料；

（5）转岗人员和新员工的培训。

7.6.2 培训计划的种类

（1）长期培训和短期培训。长期培训是指企业要有一个长期的培训计划，因为可靠性知识的掌握不是参加一两次培训班就能够实现的。同时，可靠性工程技术本身也是在不断发展，许多新的技术和方法也需要通过培训予以掌握。例如，近年发展起来的基于故障机理的可靠性设计技术、可靠性强化试验、产品健康管理（PHM）。此外，企业为适应市场需求不断研发新产品的过程中也会遇到许多新的可靠性问题。因此，可靠性培训一定要有长远的规划。短期培训是指针对制约企业当前产品可靠性的主要问题和人员的急需，进行有针对性的培训。这种培训主要是解决现实的突出的可靠性问题。

（2）可靠性基础知识和专门知识的培训。制定培训计划时可考虑以 A+B 的方式进行。A 指的是可靠性工程的基本概念和基础知识，包括可靠性的重要性、可靠性管理、可靠性指标、可靠性设计与分析、可靠性试验与评价、使用可靠性和改进等基本概念；B 是指具体的可靠性技术和管理，例如 FMEA 培训、机械可靠性设计与分析培训、可靠性试验和评价培训等。领导干部、技术人员和管理人员都必须掌握A中涉及的内容，工程技术人员则必须再掌握B中的内容，即A+B。

7.6.3 培训的方式

培训的方式可以考虑派出去培训和请进来培训。派出去培训主要是培养可靠性工程师和为提高某项可靠性技术骨干人才，如电子产品热设计专业人才、可靠性试验与评价专业人才等。受培训的费用和时间所限，这种培训只能是针对少数人。另一种方式是请进来培训。把老师请到企业来进行培训是一种效率较高的培训。由于提高产品可靠性是一项全员都必须参与的工作，要求全员都必须掌握与岗位相关的可靠性知识，因此，参加这种培训的人员越多，针对性越强。

除了系统的可靠性基本知识培训，还可以举办专题讲座、可靠性研究成果交流会、针对解决某一类故障的专题研讨会。目前，国内一些有影响力的大公司每年定期举办公司的可靠性工程年会，既有公司的可靠性成果的报告，又请来企业外部的专家做可靠性发展动态的报告，这也是一种很好的培训形式。

7.6.4 注重培训效果

提高培训效果，使培训成为一种增值的过程，这是企业培训过程中必须重视的问题。不少企业存在为了培训而培训的情况，有的虽然培训了，但在实际工作中还是不知道如何开展可靠性工作；有的虽然经过可靠性工程培训，却感觉可靠性工程是一门玄学，说明培训的效果不够好。提高可靠性培训的效果可从以下几个方面着手：

(1) 制定有针对性的培训计划，每次培训的目的要明确。

(2) 选好培训的老师，老师应是可靠性方面的专家，同时又具有丰富的工程实践经验，特别是与故障做斗争的经验，并且善于与培训对象沟通和互动。培训老师不一定都是从外部单位聘请，企业内部与故障做斗争经验丰富的工程师也是很好的老师，他们讲解与故障做斗争的经验一定很生动，针对性也较强。

(3) 培训要理论联系实际。可靠性讲的是产品的可靠性，一定要将可靠性技术与产品结合起来。

(4) 培训过程一定要注意互动环节，把讲课过程变成一种教与学的互相学习、互相促进的过程。

(5) 每次培训都必须认真总结，提出改进培训的建议，持续不断地提高培训质量。

7.7 可靠性工程师

可靠性工程师是企业可靠性工作的策划、组织、监督和控制的主要骨干，同时还要能够指导企业的可靠性工作。因此，对可靠性工程师的要求是严格的。

一位合格的可靠性工程师应具备如下基本条件：

(1) 具备丰富的工程实践经验。由于可靠性工作是围绕产品开展的，是围绕如何预防、发现和纠正产品故障的，因此，可靠性工程师必须熟悉产品是怎样设计的，怎样制造的，怎样通过试验暴露故障和怎样纠正故障，还必须了解用户是怎样使用产品，怎样评价产品可靠性以及使用过程中发生了哪些故障，所以丰富的工程实践经验是基本要求。正是基于此，目前一些有远见的企业开始选择有经验的设计工程师，通过培训使他们成为可靠性工程师。

（2）掌握质量与可靠性的基本知识。这一点是不言而喻的。可靠性工程师必须掌握可靠性管理、可靠性设计分析、可靠性试验与评价等各种技术和方法。值得注意的是，由于产品的质量管理工作和可靠性工作关系十分密切，因此可靠性工程师必须熟悉和掌握质量管理的知识，以便相互协调、共同推进。

（3）具有善于与人沟通、相处和管理的能力。可靠性工程师既然承担的是策划、组织、监督和控制的责任，而产品可靠性的责任主体是设计、制造和管理部分，因此，可靠性工程师必须与各有关部门和各方面的人员密切配合工作。也就是说，可靠性工程师要履行好自己的职责，还必须具备沟通能力和管理能力。

可靠性工程师为了能够胜任自己的工作，除了上述三个基本条件，还必须遵守职业道德。

职业道德规范是对一类特定的人的行为或一个特定的群体、特定的文化等人员的行为规则。关于可靠性工程师的职业道德，《中国质量协会可靠性工程师注册管理办法》中有明确的规定，即所有中国质量协会注册可靠性工程师必须遵守以下行为准则：

（1）在履行职守中，将公众的健康、安全和福祉放在最高位置；

（2）诚实和公正地为公众、雇主和客户服务；

（3）忠于职守，不断改进，努力提高质量职业的技能和声誉；

（4）使用知识和技能提高人类福祉；

（5）不承担本人不具备能力的工作；

（6）以职业的方式处理与同事、雇主和客户之间的关系；

（7）不进行任何可能存在利益冲突的活动；

（8）帮助同事提高能力和专业技能，不与其进行不正当的竞争；

（9）遵守《中国质量协会可靠性工程师注册管理办法》，在任何情况下不损害中国质量协会声誉。

下面引述的是美国质量协会（ASQ）规定的职业道德准则，供可靠性工程师参考。

（1）基本准则：

● 以诚信及公正的原则热情服务我的雇主、顾客及社会；

● 努力增加本职的胜任度和声望；

● 用我的知识及技能增进全人类幸福，促进供社会使用的产品的可靠性和安全性；

● 热心尽力投身社会工作。

（2）公众关系：

● 在我权限内，将尽力做任何可增进所有产品的可靠性、安全性的工作；

- 尽力推广“本协会及成员的工作与公众幸福有关”的公众信息；
- 以我的工作及功绩为荣并保持谦虚谨慎；
- 在面临公众陈词时，我将明确指出是谁的责任。

（3）与雇主、顾客关系：

- 对每一雇主或顾客，在专业事务中作为信托代理或受托人；
- 把任何可能影响我正确判断或有损我服务的公平性的业务关系、利益或从属关系的事项，报知我的雇主或有关顾客；
- 如果我的业务判断被否定，我将对雇主或顾客提出可能产生的不良后果；
- 如果没有得到其承诺，不披露现在或者以前的雇主或顾客的商务或技术过程的信息；
- 如果没有所有单位的承诺，不从同样服务的一个以上单位接受报酬，如我被雇用，只有在雇主承诺下，才能接受其他的咨询工作的附加事务。

7.8 可靠性信息管理

7.8.1 概述

可靠性信息是指在产品形成全过程中所产生的各种与可靠性、维修性、保障性、测试性、安全性有关的数据、报表、音像资料和文件等。可靠性信息不仅包括产品（实物）的可靠性信息，即产品在研发、生产和试用过程中所表现的实物产品的信息，如产品性能、可靠性、维修性、安全性、测试性和保障性等信息，也包括与产品可靠性有关的设计、试验、制造、维修等工作的信息。

企业开展可靠性工作，落实质量管理基本原则中的改进（原则5）和循证决策（原则6），都离不开产品可靠性信息的支持。没有可靠性信息的支持，要开展可靠性工作和持续改进都将变成空话。多年来开展可靠性工作成效不理想的重要原因就是没有基础数据的支持。企业是不是没有基础数据呢？不是的。企业在新产品的研发过程、生产过程、售后服务过程中，无时无刻不在生成各种信息及与可靠性、维修性等有关的数据，但这些信息常常没有被系统、完整地记录下来，即使完整地记录下来，也往往都在个人或某个部门或团队小范围存在，企业没有进行系统的管理。企业中的各个不同部门或工程技术人员与故障做斗争的成功经验和失败教训也常常随着部门的变动或人员的流动而遗失，失去连贯性。因此，企业一定要充分认识到可靠性信息的重要性和开展这项工作的紧迫性，把它作为企业管理的一项重要工作纳入企业现代化管理中。

产品可靠性信息与产品的质量管理信息常常是密不可分的。因此，很多企业把可靠性信息管理和质量信息管理一起放在质量部门，统一建立产品质量与可靠性信息管理系统。当然，也有企业把可靠性信息管理系统设置在研发部门，而把质量信息管理设置在质量管理部门。两种情况各有缺点和不足，前一种设置中质量部门要注意与研发部门的沟通和信息共享，后一种情况则要求研发部门主动与质量部门沟通以求信息的完整。

企业的可靠性信息管理主要有两个方面的管理内容，一方面是针对具体产品，主要是通过建立故障报告、分析和纠正措施系统，并把它延续到用户使用过程中反馈的可靠性、维修性信息；另一方面则是把企业的各种产品的可靠性信息综合集成管理，以便于企业的信息共享，发挥更大的效益。企业的可靠性信息管理部门应侧重于后者的管理并监控指导产品研发团队的可靠性信息管理工作，因为这是企业最重要的可靠性信息来源。

7.8.2 质量与可靠性信息的主要内容

（1）与企业相关产品的国内外的可靠性、维修性和安全性信息，包括与质量、可靠性有关的政策、标准、规范等；

（2）产品研发过程中开展可靠性、维修性和安全性活动形成的各种信息，特别是各种试验中发生的故障，以及解决故障的纠正措施等；

（3）产品生产制造过程中形成的各种质量与可靠性信息，包括原材料、元器件、配套件批次性质量；

（4）产品在顾客或用户使用过程中发生的各种故障信息，以及在售后服务中排除故障过程形成的各种维修信息，包括维修工时费用等；

（5）顾客或用户投诉及企业解决投诉形成的各种信息。

7.8.3 质量与可靠性信息管理应注意的事项

企业的质量与可靠性信息管理涉及企业的各级领导、部门和员工，涉及的面广，涉及的人多，而且是一项需要长期坚持的基础性综合性工作。在建立和运行企业质量与可靠性信息系统时应注意如下事项：

（1）必须制定一套信息收集、处理、存储、反馈、综合及共享利用的制度和流程。

（2）重视信息源的工作，没有信息源便没有可用的信息，因此质量与可靠性信息管理系统一定要确定信息的来源，制定统一的表格，落实到具体的部门和人员。

（3）信息必须强调及时、准确、完整。及时是指质量与可靠性信息，一经发现及时报告，不能因担心影响不好而不报告或过一段时间再通过回忆形成报告；准确是指信息必须准确，不能因怕追究责任而填报不真实的数据；完整是指故障信息报告要完整，不能仅有故障现象的描述或发生的时间，还应包括其正常使用时间、维修时间、费用和故障性质以及产品的寿命周期的信息，只有完整的信息才具有利用价值。

（4）信息综合分析和共享。对产品质量与可靠性信息必须进行综合分析，对故障原因、故障趋势、故障纠正等综合分析。共享利用指的是整个系统应使企业各方面人员在质量改进、可靠性增长和新产品研发中都能从信息系统中得到有价值的信息，防止同样的故障在不同产品或人员中重复发生。

7.9 产品可靠性保证大纲

7.9.1 概述

企业为了保证满足客户对产品可靠性的要求，在产品设计和开发策划时，必须对如何实现用户对可靠性的要求进行认真全面的策划。这种策划的具体体现之一就是要制定产品研发的可靠性保证大纲或产品可靠性保证计划。例如，我国从事武器装备研发的企业，订购方严格要求承研单位必须制定并实施可靠性、维修性、测试性、安全性和保障性保证大纲。从事轨道交通设备研发的要执行 GB/T 21562—2008《轨道交通　可靠性、可用性、可维修性和安全性规范及实例》，要求承研单位要制定可靠性、可用性、可维修性和安全性（RAMS）保证计划。目前国内相当多的企业在研发民用产品时，对如何制定可靠性保证计划相当陌生，有的企业在参加国际招标时，不知道在投标文件中如何就招标书中的可靠性要求进行应标，甚至对招标书中要求投标方制定的可靠性、可用性、可维修性和安全性保证计划也不会编写，只好花大量资金从国外购买可靠性保证计划样本。因此，制定可靠性保证计划是可靠性管理中一项十分重要的工作，可靠性工程师应该熟悉并掌握制定产品可靠性保证计划的基本方法和要求。

7.9.2 GJB 450A—2004《装备可靠性工作通用要求》

7.9.2.1 总体结构

制定产品可靠性保证工作计划可参照的标准有 GJB 450A—2004《装备可靠性工作通用要求》，该标准是我国于 1988 年参照美国军用标准 MIL-STD-785B 编制的 GJB 450—1988《装备研制与生产的可靠性通用大纲》的修订版。下面简要地对 GJB 450A—2004 做一介绍，企业可根据自身产品的特点和管理实际进行剪裁。

在应用 GJB 450A—2004 时可以将标准中的订购方理解为合同的甲方或项目任务的提出方，研制方理解为合同的乙方或承担研制任务的总体单位，转承制方理解为总体单位将子项目研发任务分包给专业研制单位，供应方理解为提供货架产品的单位，装备理解为产品，设备完好性理解为产品的可用性，任务成功性理解为工作可靠性。

GJB 450A—2004 规定的具体工作项目如表 7－1 所示。该标准共有五个系列的工作，即 100 系列——可靠性及其工作项目要求的确定，200 系列——可靠性管理，300 系列——可靠性设计与分析，400 系列——可靠性试验与评价，500 系列——使用可靠性评估与改进。

表 7-1　　可靠性工作项目应用矩阵表

工作项目编号	工作项目名称	论证阶段	方案阶段	工程研制与定型阶段	生产与使用阶段	GJB 450—1988的工作项目
100 系列	可靠性及其工作项目要求的确定					
101	确定可靠性要求	√	√	—	—	
102	确定可靠性工作项目要求	√	√	—	—	
200 系列	可靠性管理					
201	制定可靠性计划	√	√	√	√	
202	制定可靠性工作计划	⊿	√	√	√	☆
203	对承制方、转承制方和供应方的监督和控制	⊿	√	√	√	☆
204	可靠性评审	√	√	√	√	☆
205	建立故障报告、分析和纠正措施系统	—	⊿	√	√	☆
206	建立故障审查组织	—	⊿	√	√	☆
207	可靠性增长管理	—	√	√	○	
300 系列	可靠性设计与分析					
301	建立可靠性模型	⊿	√	√	○	☆
302	可靠性分配	⊿	√	√	○	☆
303	可靠性预计	⊿	√	√	○	☆
304	故障模式、影响及危害性分析	⊿	√	√	⊿	☆
305	故障树分析	—	—	√	⊿	
306	潜在分析	—	—	√	○	☆
307	电路容差分析	—	—	√	○	☆
308	制定可靠性设计准则	⊿	√	√	○	
309	元器件、零部件和原材料的选择与控制	—	⊿	√	√	☆
310	确定可靠性关键产品	—	⊿	√	○	☆
311	确定功能测试、包装、贮存、装卸、运输和维修对产品可靠性的影响	—	⊿	√	○	☆
312	有限元分析	—	⊿	√	○	
313	耐久性分析	—	⊿	√	○	
400 系列	可靠性试验与评价					
401	环境应力筛选	—	⊿	√	√	☆
402	可靠性研制试验	—	⊿	√	○	
403	可靠性增长试验	—	⊿	√	○	☆
404	可靠性鉴定试验	—	—	√	○	☆
405	可靠性验收试验	—	—	⊿	√	☆
406	可靠性分析评价	—	—	√	√	
407	寿命试验	—	—	√	⊿	

续前表

工作项目编号	工作项目名称	论证阶段	方案阶段	工程研制与定型阶段	生产与使用阶段	GJB 450—1988的工作项目
500 系列	使用可靠性评估与改进					
501	使用可靠性信息收集	—	—	—	√	
502	使用可靠性评估	—	—	—	√	
503	使用可靠性改进	—	—	—	√	

符号说明：√——适用；⊿——可选用；○——仅设计更改时适用；☆——GJB 450—1988 有的项目。

7.9.2.2　可靠性及其工作项目要求的确定（100 系列工作项目）

确定可靠性要求的目的是获得可靠的且易保障的装备，以实现规定的系统战备完好性和任务成功性的要求。

确定可靠性及其工作项目要求的目的是通过实施最少且最有效的工作项目，实现规定的可靠性要求。

确定可靠性及其工作项目要求是订购方主导的两项重要的可靠性工作，是其他各项可靠性工作的前提，这两项工作的结果决定了装备的可靠性水平和可靠性工作项目的费用效益。

1. 确定可靠性要求（工作项目 101）

提出和确定可靠性定量与定性要求是获得可靠装备的第一步。只有提出和确定了可靠性要求，才有可能获得可靠的装备，才有可能实现将可靠性与作战效能、费用同等对待，因此在研制合同中必须有明确的可靠性定量、定性要求。

可靠性要求的确定要经历从初定到确定，由使用要求转化为合同要求的过程。一般过程如下：

（1）在装备立项综合论证过程中，应提出初步的可靠性使用要求。

（2）在研制总要求的综合论证过程中，应权衡、协调和调整可靠性、维修性和保障系统及其资源要求，以合理的寿命周期费用满足系统战备完好性和任务成功性要求。

（3）在方案阶段结束前，应确定可靠性使用要求的目标和门限值，并将其转换为合同规定值和最低可接受值。目标值、门限值、规定值和最低可接受值的具体含义如表 7－2 所示。

表 7－2　　可靠性使用指标与合同指标

使用指标		合同指标	
目标值	门限值	规定值	最低可接受值
期望装备达到的使用指标，它既能满足装备使用需求，又可使装备达到最佳的效费比，是确定规定值的依据	装备必须达到的使用指标，它能满足装备的使用需求，是确定最低可接受值的依据，也是现场验证的依据	合同和研制任务书中规定的期望装备达到的合同指标，它是承制方进行可靠性设计的依据	合同和研制任务书中规定的装备必须达到的合同指标，它是进行实验室鉴定试验的依据

在产品研制、生产与使用过程中，由于产品故障的不断暴露和发现，应不断采取改进措施完善设计、工艺、制造及使用维修，从而使产品的可靠性不断增长。

2. 确定可靠性工作项目要求（工作项目 102）

实施可靠性工作的目的是实现规定的可靠性要求。可靠性工作项目的选取将取决于产品要求的可靠性水平、产品的复杂程度和关键性、产品的新技术含量、产品类型和特点、所处阶段以及费用、进度等因素。对具体的装备，必须根据上述因素选择若干适用的可靠性工作项目。订购方应将要求的工作项目纳入合同文件，并在合同“工作说明”中明确对每个工作项目要求的细节。

可靠性工作项目的选取取决于装备的可靠性要求，应尽可能选择最少且有效的工作项目，即通过实施尽可能少的工作项目实现规定的可靠性要求。

工作项目的费用效益是选择工作项目的基本依据，一般应该选择那些经济、有效的工作项目。

7.9.2.3 可靠性管理（200 系列工作项目）

可靠性工作涉及装备寿命周期各阶段和装备各层次，包括可靠性要求的确定、监督与控制、设计与分析、试验与评价以及使用阶段的评估与改进等各项可靠性活动。可靠性管理是从系统的观点出发，对装备寿命周期中各项可靠性活动进行规划、组织、协调、监督与控制，以最少的资源实现规定的可靠性定性和定量要求。

可靠性工作的目标是提高装备的战备完好性和任务成功性，减少维修人力和保障费用。

1. 制定可靠性计划（工作项目 201）

可靠性计划是订购方进行可靠性工作的基本文件。该计划除包括可靠性要求的论证工作和可靠性工作项目要求的论证工作，还包括可靠性信息收集、对承制方的监督与控制、使用可靠性评估与改进等一系列工作的安排与要求。

2. 制定可靠性工作计划（工作项目 202）

可靠性工作计划是承制方开展可靠性工作的基本文件。承制方应按计划来组织、指挥、协调、检查和控制全部可靠性工作，以实现合同中规定的可靠性要求。

可靠性工作计划需明确为实现可靠性目标应完成的工作项目（做什么），每项工作进度安排（何时做），哪个单位或部门来完成（谁去做）以及实施的方法与要求（如何做）。

可靠性工作计划的作用是：

（1）有利于从组织、人员与经费等资源，以及进度安排等方面，保证可靠性要求的落实和管理；

（2）反映承制方对可靠性要求的保证能力和对可靠性工作的重视程度；

（3）便于评价承制方实施和控制可靠性工作的组织、资源分配、进度安排和程序是否合适。

3. 对承制方、转承制方和供应方的监督和控制（工作项目203）

为保证转承制产品和供应品的可靠性符合装备或分系统的要求，承制方在签订转承制和供应合同时，应根据产品可靠性定性、定量要求的高低，产品的复杂程度等，提出对转承制方和供应方监控的措施。

承制方在拟定对转承制方的监控要求时，应考虑对转承制方研制过程的持续跟踪和监督，以便在需要时及时采取适当的控制措施。在合同中应有承制方参与转承制方的重要活动（如设计评审、可靠性试验等）的条款。承制方及时了解转承制产品研制及生产过程出现严重故障的原因分析是否准确、纠正措施是否有效，才能对转承制产品最终是否能保证符合可靠性要求做到心中有数，并在必要时采取适当措施。

4. 可靠性评审（工作项目204）

可靠性评审主要包括订购方内部的可靠性评审和按合同要求对承制方、转承制方进行的可靠性评审，另外还应包括承制方和转承制方进行的内部可靠性评审。

承制方应对合同要求的可靠性评审和内部进行的可靠性评审做出安排，制定详细的评审计划。计划应包括评审点的设置、评审内容、评审类型、评审方式及评审要求等。

应尽早做出可靠性评审的日程安排并提前通知参加评审的各方代表，并提供评审材料，以保证所有的评审组成员能有准备地参加会议，在会议前除看到评审材料，还能查阅有关的设计资料，以提高评审的有效性。

可靠性评审均应将评审的结果形成文件，以备查阅。

5. 建立故障报告、分析和纠正措施系统（工作项目205）

尽早排除故障原因，对可靠性增长并达到规定的可靠性要求有重要的作用。故障原因发现得越早，就越容易采取有效的纠正措施。因此，应按GJB 841—1990《故障报告、分析和纠正措施系统》的要求，尽早建立FRACAS。

FRACAS的效果取决于准确地输入信息（即记录的故障以及故障的原因分析），因此，要求进行故障核实，必要时要故障复现。输入信息应包括与故障有关的所有信息，以便准确地确定故障的原因。

从最低层次的元件以及以上各层次，直至最终产品（含硬件和软件），在试验、测试、检验、调试及使用过程中出现的硬件故障、异常和软件失效、缺陷等均应纳入FRACAS闭环管理。采取的纠正措施应能证明其有效并防止类似故障重复出现。对所有的故障件应作明显标记，以便于识别和控制，确保按要求进行处置。

6. 建立故障审查组织（工作项目206）

对于大型、复杂的新研和改型装备，必须建立或指定负责故障审查的组织，以便对重大故障、故障发展趋势和改进措施进行严格有效的管理，并将其纳入FRACAS。

该组织的组成和工作应与质量保证的相关组织和工作协调或结合，以免不必要的重复。

订购方应派代表参加故障审查组织，并应在合同中明确在故障审查组织中的权限。

承制方参加故障审查组织的应包括设计、可靠性、维修性、综合保障、安全性、质量管理、元器件、试验、制造等方面的代表。

7. 可靠性增长管理（工作项目 207）

可靠性增长管理应尽可能利用产品研制过程中各项试验的资源与信息，把有关试验与可靠性试验均纳入以可靠性增长为目的的综合管理中，促使产品经济、有效地达到预期的可靠性目标。对于新研的关键分系统或设备应实施可靠性增长管理。

拟定可靠性增长目标、增长模型和增长计划是可靠性增长管理的基本内容。

对可靠性增长过程进行跟踪与控制是保证产品可靠性按计划增长的重要手段。为了对增长过程实现有效控制，必须强调及时掌握产品的故障信息和严格实施 FRACAS，保证故障原因分析准确、纠正措施有效，并绘制出可靠性增长的跟踪曲线。

7.9.2.4 可靠性设计与分析（300 系列工作项目）

产品可靠的唯一办法就是将产品设计得可靠，所以产品的可靠性首先是设计出来的。可靠性设计是由一系列可靠性设计与分析工作项目来支持的，可靠性设计与分析的目的是将成熟的可靠性设计与分析技术应用到产品的研制过程，选择一组对产品设计有效的可靠性工作项目，通过设计满足订购方对产品提出的可靠性要求，并通过分析尽早发现产品的薄弱环节或设计缺陷，采取有效的设计措施加以改进，以提高产品的可靠性。

早期的设计决策对产品的寿命周期费用会产生重要影响，为此，应强调提前进行有效的可靠性设计与分析，尽可能早地在产品研制中开展可靠性设计与分析工作，有效地影响产品的设计，以满足和提高产品的可靠性水平。

1. 建立可靠性模型（工作项目 301）

建立可靠性模型的目的是进行可靠性分配、预计和评价。可靠性模型包括可靠性框图和可靠性数学模型。可靠性框图是由代表产品或功能的方框和连线组成，表示各组成部分的故障或者它们的组成如何导致产品故障的逻辑图。可靠性数学模型用于表述可靠性框图中各方框的可靠性与系统可靠性之间的函数关系。

2. 可靠性分配（工作项目 302）

可靠性分配就是将产品（装备）的可靠性指标逐级分解为较低层次产品（分系统、设备等）的可靠性指标，是一个由整体到局部、由上到下的分解过程。

在研制阶段早期就应着手进行可靠性分配，一旦确定了装备的任务可靠性和基本可靠性要求，就要把这些定量要求分配到规定的产品层次，其目的是：

(1) 使各层次产品的设计人员尽早明确所研制产品的可靠性要求，为各层次产品的可靠性设计和元器件、原材料的选择提供依据；

（2）为转承制方产品、供应品提出可靠性定量要求提供依据；

（3）根据所分配的可靠性定量要求估算所需人力、时间和资源等信息。

可靠性分配应结合可靠性预计逐步细化、反复迭代地进行。随着设计工作的不断深入，可靠性模型逐步细化，可靠性分配也将反复进行。应将分配结果与经验数据及可靠性预计结果相比较，来确定分配的合理性。如果分配给每一层次产品的可靠性指标在现有技术水平下无法达到或代价太高，则应重新进行分配。

应按规定值进行可靠性分配。分配时应适当留有余量，以便在产品增加新的单元或局部改进设计时，不必重新进行分配。

利用可靠性分配结果可以为其他专业工程如维修性、安全性、综合保障等提供信息。

3. 可靠性预计（工作项目 303）

可靠性预计是为了估计产品在规定工作条件下的可靠性而进行的工作。可靠性预计通过综合较低层次产品的可靠性数据依次计算出较高层次产品（设备、分系统、设备）的可靠性，是一个由局部到整体、由下到上的反复迭代过程。

可靠性预计作为一种设计工具，主要用于选择最佳的设计方案，在选择了某一设计方案后，通过可靠性预计可以发现设计中的薄弱环节，从而及时采取改进措施。通过可靠性预计可以粗略推测产品能否达到规定的可靠性要求，但是不能把预计值作为达到可靠性要求的依据。

产品的复杂程度、研制费用及进度要求等直接影响可靠性预计的详细程度，产品不同及所处研制阶段不同，可靠性预计的详细程度及方法也不同。根据可利用信息的多少和产品研制的需要，可靠性预计可以在不同的产品层次上进行。约定层次越低，预计的工作量越大。约定层次的确定必须考虑产品的研制费用、进度要求和可靠性要求，并应与进行 FMECA 的最低产品层次一致。

4. 故障模式、影响及危害性分析（工作项目 304）

FMECA 应在规定的产品层次上进行。通过分析发现潜在的薄弱环节，即可能出现的故障模式，每种故障模式可能产生的影响，以及每种影响对安全性、战备完好性、任务成功性、维修及保障资源要求等方面带来的危害。对每种故障模式，通常用故障影响的严重程度以及发生的概率来估计其危害程度，进而根据危害程度确定采取纠正措施的优先顺序。

FMECA 包括 FMEA 和 CA，FMEA 分为设计 FMEA 和过程 FMEA，分别可缩写成 DFMEA 和 PFMEA。

5. 故障树分析（工作项目 305）

FTA 是通过对可能造成产品故障的硬件、软件、环境和人为因素等进行分析，画出故障树，从而确定产品故障原因的各种可能组合方式和（或）其发生概率的一种分析技术。它是一种从上向下逐级分解的分析过程。首先选出最终产品最不希望发生的故障事件作为分析的对象（称为顶事件），分析造成顶事件的各种可能因素，然后严格按层次自上向下进行故障因果树状逻辑分析，用逻辑门连接所有事件，构成故障树。通过简化故障树、建立故障树数学模型和求最小割集的方法进行故障树的定性分析，通过计算顶事件的概率、重要度分析和灵敏度分析进行故障树定量分析，在分析的基础上识别设计上的薄弱环节，采取相应措施，提高产品的可靠性。

6. 潜在分析（工作项目 306）

潜在分析（SCA）的目的是在假设所有部件功能均处于正常工作状态下，确定造成能引起非期望的功能或抑制所期望的功能的潜在状态。大多数潜在状态只在某种特定条件下才会出现，因此，在多数情况下很难通过试验来发现。潜在分析是一种有用的工程方法，它以设计和制造资料为依据，可用于识别潜在状态、图样差错以及与设计有关的问题。通常不考虑环境变化的影响，也不去识别由于硬件故障、工作异常或对环境敏感而引起的潜在状态。

应该用系统方法进行潜在分析，以确保所有功能只有在需要时完成，并识别出潜在状态。潜在分析通常在设计阶段的后期设计文件完成之后进行。潜在分析难度大，成本也很高，因此，通常只考虑对任务和安全关键的产品进行。

7. 电路容差分析（工作项目 307）

符合规范要求的元器件容差的累积会使电路、组件或产品的输出超差，在这种情况下，故障隔离无法指出某个元器件是否故障或输入是否正常。为消除这种现象，应进行元器件和电路的容差分析。这种分析是在电路节点和输入输出点上，在规定的使用温度范围内，检测元器件和电路的电参数容差和寄生参数的影响。这种分析可以确定产品性能和可靠性问题，以便在投入生产前得到经济、有效的解决。

8. 制定可靠性设计准则（工作项目 308）

产品的固有可靠性首先是设计出来的，提高产品可靠性要从设计做起。制定并贯彻实施可靠性设计准则是提高固有可靠性，进而提高产品设计质量的最有效的方法之一。

应根据产品的可靠性要求、特点和类似产品的经验，制定具体产品的可靠性设计准则。在产品设计过程中，设计人员应贯彻实施可靠性设计准则，并在执行过程中修改完善这些设计准则。为切实贯彻可靠性设计准则，应对设计准则贯彻落实情况提供符合性报告。在进行设计评审时，应将这些准则和符合性报告列入检查清单进行审查。

9. 元器件、零部件和原材料的选择与控制（工作项目 309）

通过元器件、零部件和原材料的选择与控制，尽可能地减少元器件、零部件、原材料的品种，保持和提高产品的固有可靠性，降低保障费用和寿命周期费用。

元器件和零部件是构成组件的基础产品，各种组件还要组合形成最终产品，这里所谓最终产品可能是一台电子设备、一颗卫星或一艘核潜艇。如果在研制阶段的早期就对元器件的选择、应用和控制予以重视，并贯穿于产品寿命周期，就能大大提高产品的优化程度。

在制定控制文件时，应该考虑以下因素：任务的关键性，元器件和零部件的重要性（就成功地完成任务和减少维修次数来说），维修方案，生产数量，元器件、零部件和原材料的质量，新的元器件所占百分比，以及供应和标准状况等。

10. 确定可靠性关键产品（工作项目310）

可靠性关键产品是指一旦发生故障会严重影响安全性、可用性、任务成功及寿命周期费用的产品。对寿命周期费用来说，价格昂贵的产品也属于可靠性关键产品。

可靠性关键产品是进行可靠性设计分析、可靠性增长试验、可靠性鉴定试验的主要对象，必须认真做好可靠性关键产品的确定和控制工作。

应根据如下判别准则来确定可靠性关键产品：

（1）其故障会严重影响安全、规定任务完成以及维修费用高的产品，价格昂贵的产品本身就是可靠性关键产品；

（2）故障后得不到用于评价系统安全、可用性、任务成功性或维修所需的必要数据的产品；

（3）具有严格性能要求的新技术含量较高的产品；

（4）其故障引起装备故障的产品；

（5）应力超出规定的降额准则的产品；

（6）具有已知使用寿命、贮存寿命或经受诸如振动、热、冲击和加速度环境的产品或受某种使用限制需要在规定条件下对其加以控制的产品；

（7）要求采取专门装卸、运输、贮存或测试等预防措施的产品；

（8）难以采购或由于技术较新而难以制造的产品；

（9）历来使用中可靠性差的产品；

（10）使用时间不长、没有足够证据证明是否可靠的产品；

（11）对其过去的历史、性质、功能或处理情况缺乏整体可追溯性的产品；

（12）大量使用的产品。

应将识别出的可靠性关键产品列出清单，对其实施重点控制。要专门提出可靠性关键产品的控制方法和试验要求，如过应力试验、工艺过程控制、特殊检测程序等，确保一切有关人员（如设计、采购、制造、检验和试验人员）都能了解这些产品的重要性和关键性。

应确定每个可靠性关键产品的故障根源，确定并实施适当的控制措施。

可靠性关键产品的确定和控制是一个动态过程，应通过定期评审来评定可靠性关键产品控制和试验的有效性，并对可靠性关键产品清单及其控制计划和方法进行增减。

11. 确定功能测试、包装、贮存、装卸、运输和维修对产品可靠性的影响（工作项目311）

贮存和使用寿命是产品需要着重考虑的因素。为了保证这些产品能经受可预见到的使用和贮存影响，可以进行分析、试验或评估，以确定包装、运输、贮存、反复的功能测试等对它们的影响。从这些分析和试验得到的信息，有助于通过综合权衡来调整设计准则。

对于功能测试、包装、贮存、装卸、运输和维修，如果考虑不周，都会对产品的可靠性产生不利影响。例如，包装方式和包装材料不符合规定要求，会大大降低产品的贮存可靠性；某些不合适的包装材料在长期存放状态下，本身就可能与被包装产品发生化学反应并引起分解；产品的包装与运输方式不匹配会显著增加产品的故障率；不适当的装卸同样会降低产品的可靠性；产品经过长期贮存，由于内部特性的变化（如老化、腐蚀、生锈等）和外部因素（如温度、湿度、太阳辐射、生物侵袭及电磁场等）的作用，都可能导致产品可靠性的降低。

对产品定期进行检查、功能测试和维护可以监控产品可靠性的变化，但过多地进行功能测试，对某些产品来说（尤其是长期贮存一次使用的产品）可能会影响其可靠性。

对长期贮存一次使用的产品应进行贮存设计（选择合适的材料和零部件、采取防腐措施等）、控制贮存环境、改善封存条件等，减少贮存环境下的故障，以确保产品处于良好的待用状态。

12. 有限元分析（工作项目 312）

有限元分析（FEA）是将产品结构划分成许多易于用应力和位移等特征描述的理想结构单元，如梁、杆、壳和实体等，单元之间通过一系列矩阵方程联结，一般要用计算机求解。分析的难点是根据结构对负载响应的特点建立合理的模型，然后编制或选用合适的有限元软件进行计算。热特性分析与之类似。

有限元分析是对机械结构件进行产品设计的重要工作，也是可靠性分析的重要方法。通过有限元分析可识别薄弱的部位，有限元分析的结果可对备选设计方案迅速作出权衡，以便指导设计改进，提高可靠性。

13. 耐久性分析（工作项目 313）

耐久性通常用耗损故障前的时间来度量，可靠性用平均寿命和故障率来度量。耐久性分析传统上适用于机械产品，也可用于机电和电子产品。耐久性分析的重点是尽早识别和解决与过早出现耗损故障有关的设计问题。它通过分析产品的耗损特性来估算产品的寿命，确定产品在超过规定寿命后继续使用的可能性，为制定维修策略和产品改进计划提供有效的依据。

估计产品寿命必须以所确定的产品耗损特性为依据。如果可能，最好的办法是通过寿命试验来评估，也可以通过使用中的耗损故障数据来评估。

7.9.2.5 可靠性试验与评价（400 系列工作项目）

产品可靠性试验的目的，一是通过试验发现产品设计、工艺方面的缺陷，暴露产品潜在的故障，以便为产品的改进提供依据；二是获取评价产品的可靠性水平所需的各种数据。可靠性评价的目的是对通过各种途径特别是可靠性试验所获取的可靠性数据，按规定的要求进行综合分析，评价出产品实际达到的可靠性水平，再与规定的可靠性定量要求进行比较，判定研发产品是否达到可靠性指标要求，以便对与产品可靠性相关的工程活动作出决策。

可靠性试验与评价工作共有七个工作项目，如图 7-3 所示。

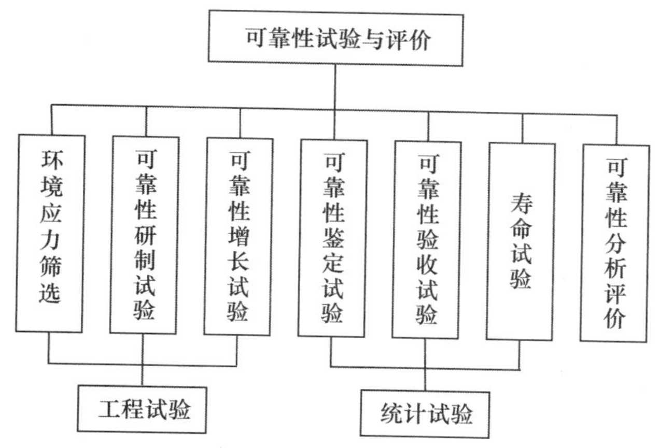

图 7-3　可靠性试验与评价方法分类

按试验的目的分类，可靠性试验可分为工程试验与统计试验。工程试验的目的是暴露产品设计、工艺、元器件、原材料等方面存在的缺陷，采取措施加以改进，以提高产品的可靠性。工程试验包括环境应力筛选、可靠性研制试验和可靠性增长试验等。统计试验的目的是验证产品的可靠性或寿命是否达到了规定的要求，统计试验包括可靠性鉴定试验、可靠性验收试验、寿命试验等。

应该指出，产品可靠性验证工作是可靠性试验与评价工作中的一个组成部分，它是指在设计定型阶段和试用阶段，对产品的可靠性是否达到研制总要求或合同规定的要求给出结论性意见所需进行的鉴定、考核或评价工作的总称。在可靠性试验与评价的七个工作项目中，可靠性鉴定试验、可靠性验收试验、寿命试验和可靠性分析评价等四个工作项目均可用于可靠性验证。

按试验场地分类，可靠性试验又可分为实验室试验和现场试验两大类。实验室可靠性试验是在实验室中模拟产品实际使用环境条件，或实施预先规定的工作应力与环境应力的一种试验。现场可靠性试验是产品直接在使用现场进行的可靠性试验。

1. 环境应力筛选（工作项目 401）

环境应力筛选的主要目的是剔除制造过程使用的不良元器件和引入的工艺缺陷，以便提高产品的使用可靠性。环境应力筛选应尽量在每一组装层次上都进行，例如电子产品，应在元器件、组件和设备等各组装层次上进行，以剔除低层次产品组装成高层次产品过程中引入的缺陷和接口方面的缺陷。

环境应力筛选所使用的环境条件和应力施加程序应着重于发现早期故障的缺陷，而无须对寿命剖面进行准确模拟。环境应力一般是依次施加，并且环境应力的种类和量值在不同装配层次上可以调整，应以最佳费用效益加以剪裁。

2. 可靠性研制试验（工作项目 402）

目前，根据国内外的工程实践，可靠性研制试验根据试验的直接目的和产品研制所处的阶段以及施加的应力水平，可分为可靠性增长摸底试验、可靠性强化试验或高加速寿命试验等，也包括结合性能试验、环境试验而开展的可靠性研制试验。

可靠性增长摸底试验是根据我国国情开展的一种可靠性研制试验。它是一种以可靠性增长为目的，无增长模型，也不确定增长目标值的短时间可靠性增长试验。其试验的目的是在模拟实际使用的综合应力条件下，用较短的时间、较少的费用，暴露产品的潜在缺陷，并及时采取纠正措施，使产品的可靠性水平得到增长，保证产品具有一定的可靠性和安全性水平，同时为产品以后的可靠性工作提供信息。

可靠性强化试验是一种采用加速应力的可靠性研制试验，其目的是使产品设计得更为“健壮”。基本方法是通过施加步进应力，不断地加速激发产品的潜在缺陷，并进行改进和验证，使产品的可靠性不断提高，并使产品耐环境能力达到最高，直到现有材料、工艺、技术和费用支撑能力无法作进一步改进。

可靠性强化试验已在国外得到较为广泛的应用，国内也已开展研究，并逐步应用于研制中。

可靠性强化试验是一种激发试验，它将强化环境引入试验中，解决了传统的可靠性模拟试验的试验时间长、效率低及费用大等问题。产品通过基于可靠性强化试验，可以获得更快的增长速度、更高的固有可靠性水平、更低的使用维护成本、更强的环境适应能力和更短的研制周期。

可靠性强化试验具有如下技术特点：

(1) 可靠性强化试验不要求模拟环境的真实性，而是强调环境应力的激发效应，从而实现研制阶段产品可靠性的快速增长；

(2) 可靠性强化试验是一种加速应力试验，采用步进应力方法，施加的环境应力是变化的，而且是递增的，可以超出规范极限；

(3) 可靠性强化试验对产品施加的一般是三轴六自由度振动和高温变率；

(4) 为了试验的有效性，可靠性强化试验必须在能够代表设计、元器件、材料和生产中所使用的制造工艺都已基本落实的样件上进行，并且应尽早进行，以便改进。

3. 可靠性增长试验（工作项目 403）

可靠性增长试验是一种有计划的试验、分析和改进的过程。在这一试验过程中，产品处于真实的或模拟的环境下，以暴露设计中的缺陷，对暴露出的问题采取纠正措施，从而达到预期的可靠性增长目标。成功的可靠性增长试验在得到订购方认可情况下，可以代替可靠性鉴定试验。

4. 可靠性鉴定试验（工作项目 404）

可靠性鉴定试验的目的是向订购方提供合格证明，即产品在批准投产之前已经符合合同规定的可靠性要求。必须事先规定统计试验方案的合格判据，而统计试验方案应根据试验费用和进度权衡确定。

可靠性鉴定试验是统计试验，用于验证研制产品的可靠性水平。要求试验条件尽量真实，因此要采用能够提供综合环境应力的试验设备进行试验，或者在真实的使用条件下进行试验。试验时间主要取决于订购方（使用方）和研制方（生产方）要验证的可靠性水平和选用的统计试验方案，统计试验方案的选择取决于选定的风险和鉴别比，风险和鉴别比的选择取决于可提供的经费和时间等资源。但在选择风险时，应尽可能使订购方和承制方的风险相同。

5. 可靠性验收试验（工作项目405）

可靠性验收试验的目的是验证交付的批生产产品是否满足规定的可靠性要求。这种试验必须反映实际使用情况，并提供要求验证的可靠性参数的估计值。必须事先规定统计试验方案的合格判据。统计试验方案应根据费用和效益加以权衡确定。

可靠性验收试验一般抽样进行。在建立了完善的生产管理制度后，可以减少抽样的频度，但为保证产品的质量，不能放弃可靠性验收试验。

6. 可靠性分析评价（工作项目406）

可靠性分析评价主要适用于可靠性要求高的复杂装备，尤其是像导弹、军用卫星、海军舰船这类研制周期较长、研制数量少的装备。

可靠性分析评价通常可采用可靠性预计、FMECA、FTA、同类产品可靠性水平对比分析、低层次产品可靠性试验数据综合评估等方法，评价装备是否能达到规定的可靠性水平。

可靠性分析评价主要是评价装备或分系统的可靠性。

7. 寿命试验（工作项目407）

通过寿命试验可以评价长期的预期使用环境对产品的影响，通过这些试验，确保产品不会由于长期处于使用环境而产生金属疲劳、部件到寿命或其他问题。

寿命试验非常耗时且费用昂贵，因此，必须对寿命特性和寿命试验要求进行仔细的分析，尽早收集类似产品的磨损、腐蚀、疲劳、断裂等故障数据并在整个试验期间进行分析，否则可能会导致重新设计、项目延误。

尽早明确寿命试验要求，当可行时可采用加速寿命试验的方法。加速寿命试验一般在零件级进行，有的产品也可在部件级进行。

7.9.2.6 使用可靠性评估与改进（500系列工作项目）

使用可靠性评估和改进包括使用可靠性信息收集、使用可靠性评估和使用可靠性改进，这些是装备在使用阶段非常重要的可靠性工作，通过实施这些工作可以达到以下目的：

（1）利用收集的可靠性信息，评估装备的使用可靠性水平，验证是否满足规定的使用可靠性要求，当不能满足时，提出改进建议和要求；

（2）发现使用中的可靠性缺陷，组织进行可靠性改进，提高装备的使用可靠性水平；

（3）为装备的使用、维修提供管理信息，为装备的改型和提出新研装备的可靠性要求提供依据等。

工作项目501，502，503彼此之间是密切相关的，使用可靠性信息收集（501）是使用可靠性评估（502）和使用可靠性改进（503）的基础和前提。使用可靠性信息收集的内容、分析的方法等应充分考虑使用可靠性评估与改进对信息的需求。使用可靠性评估的结果和在评估中发现的问题也是进行使用可靠性改进的重要依据。应注意三项工作的信息传递、信息共享，减少不必要的重复，使可靠性信息的收集、评估和改进工作协调有效地进行。

习题与答案

一、单项选择题

1. 故障报告、分析和纠正措施系统的目的包括（　　）。

Ⅰ. 及时发现并报告产品故障　　Ⅱ. 提供最初的产品健壮性设计

Ⅲ. 采取降额方法和原则进行管理　　Ⅳ. 制定和实施有效的纠正措施

A. Ⅰ和Ⅱ　　B. Ⅱ和Ⅲ

C. Ⅰ和Ⅳ　　D. Ⅱ和Ⅳ

2. 可靠性工作的基本原则包括（　　）。

A. 遵循预防为主的原则　　B. 遵循成熟设计的原则

C. 通过规范化的工程途径　　D. 上述都是

二、多项选择题

1. 与可靠性有关的下列说法中，正确的有（　　）。

A. 可靠性是设计出来的　　B. 可靠性是管理出来的

C. 可靠性是制造出来的　　D. 可靠性是检验出来的

2. 建立故障报告、分析和纠正措施系统的目的是保证（　　），对产品进行分析、改进，以实现产品的可靠性增长。

A. 故障信息的准确性　　B. 故障信息的完整性

C. 及时利用故障信息　　D. 及时进行费用处理

3. 可靠性工程师的基本条件包括（　　）。

A. 硕士、博士学历　　B. 丰富的工程经验

C. 掌握质量与可靠性知识　　D. 善于沟通和与人相处

一、单项选择题答案

1. C　　2. D

二、多项选择题答案

1. ABC　　2. ABC　　3. BCD

参考文献

[1] 杨为民，等. 可靠性・维修性・保障性总论. 北京：国防工业出版社，1995.
[2] 龚庆祥，等. 型号可靠性工程手册. 北京：国防工业出版社，2007.
[3] GJB 450A—2004 装备可靠性工作通用要求.
[4] GJB 451A—2005 可靠性维修性保障性术语.
[5] GJB 841—1990 故障报告分析和纠正措施系统.

下篇

维修性、测试性、保障性、安全性、环境适应性工程基础

第8章

维修性工程基础

8.1 概　述

过去，人们愿意购买价格便宜的产品。近年来，人们在购买产品时，除考虑价格便宜外，还要考虑维修时间和使用维护费用，例如修理件及备件费等。如果产品的可靠性好，就不容易发生故障。如果维修性好，出了故障维修，修理费用就少。因此，可靠性和维修性的意义不但反映在产品采购时，也反映在使用时的费用中。在当今能源短缺及市场竞争激烈的情况下，产品的可靠性和维修性水平与产品在竞争中的成败是紧密相关的。以前人们一直认为，价格便宜又好用就是好产品，现在认为既便宜又能使用很长时间没有出现问题，出了问题还能快速修好才算是好产品。

产品不可能完全可靠，许多产品随着使用、贮存时间的延长，总会出故障或失效。此时，如果能通过维修，迅速而经济地恢复产品的性能，就可以提高产品的可用性。而能否迅速、经济的修复，则取决于维修性。可见，维修性是产品可靠性的补充。此外，各种产品还要进行预防性维修，预防性维修同样有是否迅速、经济的问题。

维修性问题最初是从军用航空电子设备开始的。在第二次世界大战期间，美国军用飞机上电子设备的主要问题是：故障率高，难以维修。1949 年，每只电子管需要 9 个备件。在朝鲜战争中，2/3 的电子设备需要事后维修，而维修费钱又费时。因此，作为可靠性的补充，维修性问题引起了美国军方的重视，认为在研究可靠性的同时也要研究维修性。维修性工程初期是作为可靠性工程的一部分发展起来的。维修性问题的研究比可靠性晚 7～10 年，直到 20 世纪 50 年代中期才逐渐引起人们的重视。这是因为人们一开始以为通过可靠性的研究及其应用，能够解决产品复杂化所带来的故障多、维修工作量大和出勤率低等一系列问题。实践证明，提高可靠性很难达到完全不出故障、不需要维修的程度。也就是说，产品总是需要维修的。不论是精良的武器装备还是民用产品，维修问题处理不好，不仅可能导致经济损失，而且可能因为不能及时修复导致整个产品使用效能的降低，甚至付出生命的代价。随着产品的复杂化而使维修保障费用不断上升，可用性不高，产品的维修性更是凸显其重要性。

8.2 维修性基本概念

8.2.1 维修性与维修

1. 维修性

维修性（maintainability）是指产品在规定的条件下和规定的时间内，按规定的程序和方法进行维修时，保持或恢复到规定状态的能力。维修性包括维护保养特性和修理特性。维护保养是使产品保持在规定状态，而修理则是产品发生故障后使其恢复到规定状态。维修性关注的焦点是尽量减少维修人力、时间和费用。维修性也可以说是在规定的约束条件（维修条件、时间、程序和方法）下能够完成维修的可能性。这里，规定条件主要是指维修的场所（如是现场维修还是专门的维修中心）及相应的人员、设备、设施、工具、备件、技术资料等资源。规定的程序和方法是指按技术条件规定采用的维修工作类型、步骤、方法等。显然，能否完成维修与规定的维修时间有关。规定的维修时间越长，完成维修任务的可能性就越大。总之，维修的目的是使产品保持或恢复到产品规定的状态。

2. 维修

维修（maintenance）是为保持或恢复到产品规定状态所进行的全部活动。这就是说，维修不但包括产品在使用过程中发生故障时进行修复，以恢复其规定状态，而且包括在产品故障前，预防故障以保持规定状态所进行的活动。

8.2.2 与维修性相关的时间概念

在进行维修性定量描述时，时间具有重要意义。因为时间不仅可用于对特性的定性描述，同时也可用于对特性的定量描述，这些定性和定量描述是开展产品可靠性、维修性工作的基础。

通常所关心的时间范围是产品或系统使用的总日历时间，如图 8－1 所示。时间分为在编时间和不在编时间。在编时间是产品处于工作编制的时间。不在编时间是产品处于储备状态的时间。各维修性时间定义如表 8－1 所示。

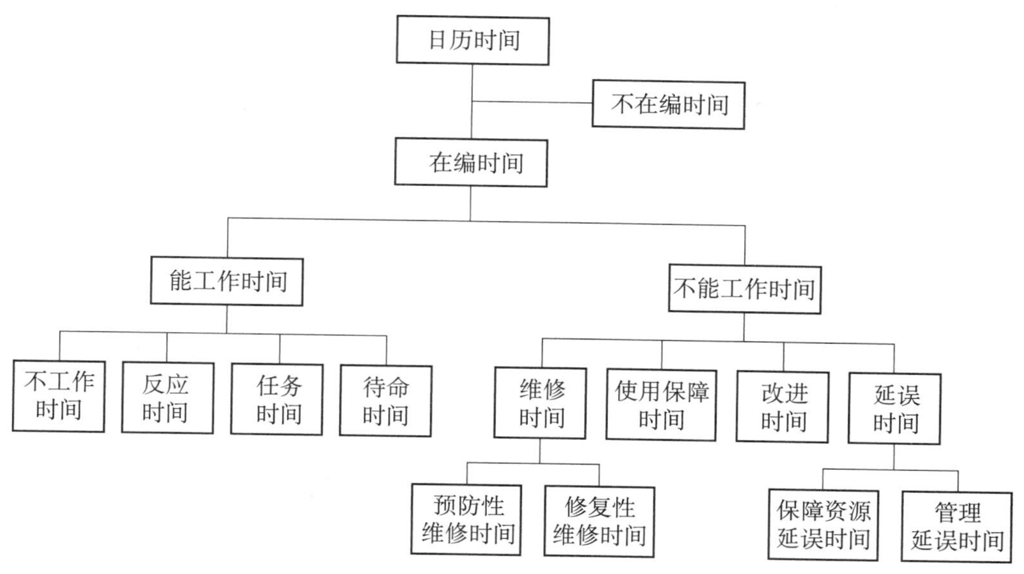

图8-1 维修性时间关系图

表8-1 维修性时间定义

在编时间	产品处于列编工作状态的时间
不在编时间	产品处于储备状态的时间
维修时间	维修所用的时间
改进时间	为改善产品特性或增加新的特性而对其进行改进所用的时间
延误时间	由于保障资源补给或管理原因未能及时对产品进行保障所延误的时间
管理延误时间	由于管理方面的原因而未能及时对产品进行保障所延误的时间
保障资源延误时间	因等待所需的保障资源而未能及时对产品进行保障所延误的时间，如等待备件、维修人员、保障设备、信息及时适当的环境条件等所延误的时间
预防性维修时间	对产品进行预防性维修所用的时间
修复性维修时间	对产品进行修复性维修所用的时间
不工作时间	产品能工作，但不要求其工作的时间
任务时间	产品执行某项规定任务剖面所用的能工作时间
反应时间	产品从要求执行某项任务的瞬间开始到准备好执行任务所需时间，它是产品从不工作状态转入工作状态所需的时间
待命时间	产品从准备好随时可执行其任务到开始执行任务的等待时间，在这段时间内，不进行维修或妨碍任务开始的其他活动
能工作时间	产品处于执行其规定功能状态的在编时间
不能工作时间	产品处于列编，但不处于执行其规定功能状态的时间
使用寿命	产品使用到无论从技术上还是经济上考虑都不宜再使用，而必须大修或报废时的寿命单位数
利用率	产品在规定的日历期间内所使用的平均寿命单位数或执行的平均任务数
耗损故障	因疲劳、磨损、老化等原因引起的故障，其故障率随着寿命单位数的增加而增加

8.2.3 维修性函数

维修性水平主要反映在维修时间上，而完成每次维修的时间 T 是一个随机变量，通常用维修性函数来研究维修时间的各种统计量。

常用的维修性函数如下。

1. 维修度 $M(t)$

维修性用概率来表示，就是维修度 $M(t)$，即产品在规定的条件下和规定的时间内，按照规定的程序和方法进行维修时，保持或恢复其规定状态的概率，可表示为：

$$M(t)=P\{T\leqslant t\} \tag{8-1}$$

式（8－1）表示维修度是在一定条件下，完成维修的时间 T 小于或等于规定维修时间 t 的概率。

$M(t)$ 也可表示为：

$$M(t)=\lim_{N\to\infty}\frac{n(t)}{N} \tag{8-2}$$

式中，N 为维修的产品总（次）数；$n(t)$ 为 t 时间内完成维修的产品（次）数。

在工程实践中，试验或统计现场数据 N 为有限值，用估计量 $\hat{M}(t)$ 来近似表示 $M(t)$，则

$$\hat{M}(t)=\frac{n(t)}{N} \tag{8-3}$$

2. 维修时间密度函数 $m(t)$

维修度 $M(t)$ 是时间 t 内完成维修的概率，它的概率密度函数即维修时间密度函数可表达为：

$$m(t)=\frac{\mathrm{d}M(t)}{\mathrm{d}t}=\lim_{\Delta t\to 0}\frac{M(t+\Delta t)-M(t)}{\Delta t} \tag{8-4}$$

维修时间密度函数的估计量 $\hat{m}(t)$ 可表示为：

$$\hat{m}(t)=\frac{n(t+\Delta t)-n(t)}{N\cdot\Delta t}=\frac{\Delta n(t)}{N\cdot\Delta t} \tag{8-5}$$

式中，$\Delta n(t)$ 为从 t 到 $t+\Delta t$ 时间内完成维修的产品（次）数。

维修时间密度函数的工程意义是单位时间内产品预期完成维修的概率，即单位时间内修复数与送修总数之比。

3. 修复率 $\mu(t)$

修复率 $\mu(t)$ 是在 t 时刻未能修复的产品，在 t 时刻后单位时间内修复的概率，

可表示为：

$$\mu(t)=\lim_{\substack{\Delta t\to 0\\ N\to\infty}}\frac{n(t+\Delta t)-n(t)}{[N-n(t)]\Delta t}=\lim_{\substack{\Delta t\to 0\\ N\to\infty}}\frac{\Delta n(t)}{N_s\Delta t} \tag{8-6}$$

其估计量为：

$$\hat{\mu}(t)=\frac{\Delta n(t)}{N_s\Delta t} \tag{8-7}$$

式中，N_s 为 t 时刻尚未修复数（正在维修数）。

确切地说，$\mu(t)$ 是一种修复速率。

8.2.4 维修时间分布

维修时间是一个随机变量，它的分布一般为指数分布、正态分布和对数正态分布。

对于产品故障简单、单一的维修活动或基本维修作业的维修时间比较固定，一般呈对称分布，时间特长与特短的较少，其分布规律一般符合正态分布，如图8-2（a）所示。典型的就是拆卸或替换某个零件。

指数分布（见图8-2（b））表示维修率为常数，一般适用于大系统中的维修任务，大系统的维修率一般都是恒定的。完成维修的时间与以前的维修经历无关，如经短时间调整或迅速换件即可修复的产品适用于指数分布。

对数正态分布（见图8-2（c））适用于复杂产品和系统的维修时间分布，大多数维修性工程手册就是运用对数分布来进行维修性论述的。这是因为一些维修工作可能会由于其他问题的发现，导致工作的完成需要比预期更长的时间，同时也会因为不同的修理者而带来维修时间的差异。对数正态分布适用于描述各种复杂系统的维修时间。

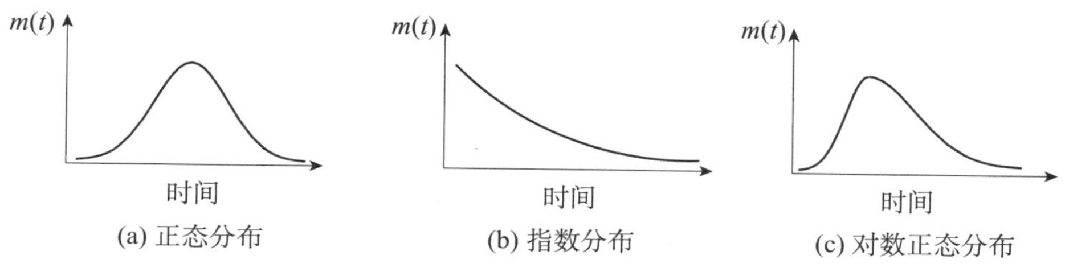

(a) 正态分布　(b) 指数分布　(c) 对数正态分布

图8-2　维修时间分布

8.2.5 维修种类

1. 修复性维修

修复性维修（corrective maintenance，CM）是指产品发生故障后，使其恢复到规定状态所进行的全部活动。它包括下列一项或几项活动：故障定位、故障隔离、分解、更换、再装、调校及检测等。它也称为修理。修复性维修常常是非计划的。

2. 预防性维修

预防性维修（preventive maintenance，PM）是指通过对产品系统检查、检测和发现故障征兆并采取措施以防止故障发生，使其保持在规定状态所进行的全部活动。它包括润滑、操作人员监控、定期检查、定期拆修和更换等工作类型。一般来说，预防性维修是有计划地进行的。

8.2.6 维修事件、维修活动与基本维修作业

1. 维修事件

维修事件是指由于故障、虚警或按预定的维修计划进行的一种或多种维修活动。

2. 维修活动

维修活动是维修事件的一个局部，包括使产品保持或恢复到规定状态所必需的一种或多种基本维修作业。如故障定位、隔离、修理和功能检查等。

3. 基本维修作业

基本维修作业是指一项维修活动可以分解成的工作步骤。如拧螺丝钉、装垫片等。

8.2.7 可更换单元

可更换单元指可在规定的维修级别上整体拆卸和更换的单元。它可以是设备、组件、部件或零件等。按照更换的场所，可分为现场可更换单元（line replaceable unit，LRU）和车间可更换单元（shop replaceable unit，SRU）。

现场可更换单元又叫外场可更换单元，是指在使用环境中可更换的产品及其组成部分。车间可更换单元是指在基地级或中继级维修时可更换的产品及其组成部分。

8.3 维修性要求

维修性要求一般分为定性要求和定量要求两部分。维修性定性要求反映了那些无法或难以定量描述的维修性要求，是满足定量要求的重要基础。维修性定量要求是通过对用户需求与约束条件的分析，选择适当的维修性参数，并确定对应的指标提出的。维修性定性要求应转化为维修性设计准则，维修性定量要求应明确选用的维修性参数和确定维修性指标。

8.3.1 维修性定性要求

维修性定性要求一般包括以下内容：

（1）良好的可达性；
（2）提高标准化和互换性程度；
（3）具有完善的防差错措施及识别标识；
（4）保证维修安全；
（5）良好的测试性；
（6）符合维修的人素工程要求等。

8.3.2 维修性定量要求

维修性定量要求是选择适当的维修性参数并确定其对应的量化指标。

8.3.2.1 维修性参数

维修性参数是描述维修性的特征量。常用的维修性参数有以下几种。

1. 平均修复时间

平均修复时间（MTTR 或 $\overline{M}_{ct}$ ）是产品维修性的一种基本参数。其度量方法为：在规定的条件下和规定的时间内，产品在任一规定的维修级别上，修复性维修总时间与在该级别上被修复产品的故障总数之比。

简单地说就是排除故障所需实际时间的平均值，即产品修复一次平均需要的时间。由于修复时间是随机变量，$\overline{M}_{ct}$ 是修复时间的均值或数学期望，即

$$\overline{M}_{ct}=\int_0^{\infty}tm(t)\mathrm{d}t \tag{8-8}$$

式中，$m(t)$ 为维修时间密度函数。

实际工作中使用其观测值，即修复时间 t 的总和与修复次数 n 之比：

$$\overline{M}_{ct}=\sum_{i=1}^{n}t_i/n \tag{8-9}$$

2. 最大修复时间

确切地说，应当是给定百分位或维修度的最大修复时间（ $M_{\max ct}$ ），通常给定的维修度 $M(t)=p$ 是 95%或 90%。最大修复时间通常是平均修复时间的 2～3 倍，具体比值取决于维修时间的分布和方差及规定的百分位。

3. 修复时间中值

修复时间中值（$\widetilde{M}_{ct}$）是指维修度 $M(t)=50\%$时的修复时间，又称为中位修复时间。不同分布情况下，中值与均值的关系不同，即 $\widetilde{M}_{ct}$ 与 $\overline{M}_{ct}$ 不一定相等。

在使用以上三个修复时间参数时应注意：修复时间是排除故障的实际时间，而不计管理及保障资源的延误时间；不同的维修级别，修复时间不同，给定指标时，应说明维修级别。

4. 预防性维修时间

预防性维修时间（M_{pt}）同样有均值（$\overline{M}_{pt}$）、中值（$\widetilde{M}_{pt}$）和最大值（$M_{\max pt}$）。其含义和计算方法与修复时间相似。但应用预防性维修频率代替故障率，预防性维修时间代替修复性维修时间。

在选择维修性参数时，应全面考虑产品的使用情况、类型特点、复杂程度及参数是否便于度量及验证等因素，参数之间应相互协调。

8.3.2.2 维修性指标的确定

选定维修性参数后就要确定相应的指标，一方面，过高的指标可能需要采用更先进的技术和设备来实现，这将会对设计、生产等方面提出更高的要求，不仅费用高昂，有时还难以实现；另一方面，过低的指标将使产品停用时间过长，降低产品的可用性，不能满足其使用要求。因此，在确定维修性指标时，应全面考虑产品的使用需求、现有的维修性水平、预期采用的技术可能使该产品达到的维修性水平以及现行的维修保障体制和维修等级的划分等因素，而且要与可靠性、寿命周期费用、产品研制进度等因素进行综合权衡，使确定的维修性指标具有可操作性、可比性、适用性和可验证性。

8.4 维修性设计与分析

维修性设计是将维修性要求落实到产品设计的一个过程，其任务是从各项维修性指标出发，通过采取一系列有效的设计措施，确保最终设计的产品技术状态满足产品维修性的要求，即产品发生故障后能以最短的维修时间、最少的维修工时及费用，并消耗最少的资源，使产品恢复到规定的技术状态。

对产品进行维修性分析的目的：一是对产品开发过程的不同阶段进行推测，以评价产品设计是否满足规定的维修性定量要求，并为比较和优选产品的维修性设计方案提供依据；二是发现和确定产品在维修性设计方面存在的薄弱环节，并提出预防和改进维修性的措施；三是通过分析确定维修所需要的关键保障资源，为保障性决策提供依据。

产品维修性分析的结果是进行维修性设计的重要依据，但它不能直接影响产品的维修性。要提高产品的维修性并满足规定的维修性定量要求，必须通过维修性设计，即从设计上采取预防和改进影响维修性的薄弱环节，尽量减少维修时间的措施才能实现。

8.4.1 维修性分配与预计

8.4.1.1 维修性分配

维修性分配是为了把产品的维修性定量要求按给定的分配准则分配给各组成部

分而进行的工作。维修性分配的目的是通过分配明确组成产品各部分的维修性要求或指标，以此作为各部分设计的依据，以便通过设计实现这些指标，保证整个产品最终达到规定的维修性要求。

维修性分配要尽早开始，逐步深入，适时修正。只有尽早开始分配，才能充分地权衡，进行更改和向更下层次分配。在产品研制过程中，维修性分配的结果还要随着研制工作的深入做必要的修正。

1. 维修性分配的一般程序

在进行维修性分配之前，首先要明确分配的维修性指标，对产品进行功能分析，明确维修方案。其主要步骤为：

（1）进行系统维修职能分析，确定各维修级别的维修职能及维修工作流程。

（2）进行系统功能层次分析，确定系统各组成部分的维修措施和要素。

（3）确定系统各组成部分的维修频率，包括修复性维修和预防性维修的频率。

（4）将产品的维修性指标分配到各组成部分。

（5）研究分配方案的可行性，进行综合权衡，必要时局部调整分配方案。

可靠性只关注产品及其组成部分的故障。在维修性分析中，则有两个变量必须考虑和优化，即故障率和平均修复时间，优化得到的结果可能会有多个。

2. 维修性分配需要考虑的因素

维修性分配需要考虑的因素包括：

（1）产品的故障率：故障率高的单元分配的维修时间应当短。

（2）维修级别：维修性指标是按哪一个维修级别规定的，就应该按哪一个级别的条件及完成的维修工作分配指标。

（3）维修类别：指标要区分清楚是修复性维修还是预防性维修，或者二者的组合，相应的时间或工时。

（4）产品功能层次：维修性分配要将指标自上而下一直分配到需要进行更换或修理的低层次产品，要按产品的功能层次和维修需要划分单元。

（5）维修活动：每一次维修都要按合理的顺序完成一项或多项维修活动。而一次维修的时间则由相应的若干时间元素组成。

3. 维修性分配的常用方法

维修性分配有以下常用方法：

（1）按故障率分配法。如果已有产品各组成部分的失效率的分配值或预计值，可以采用这种方法。分配的原则是，故障率高的单元分配的维修时间应当短。

（2）利用相似产品数据分配法。如果有相似产品的维修性数据，可以采用这种方法。分配的原则主要是考虑产品维修相似的程度。

（3）按故障率和设计特性加权的综合加权分配法。在已知单元的可靠性值及有关设计方案时，可以采用这种方法。其分配原则是按故障率及预计维修的难易程度，通过专家打分进行加权分配。

在维修性分配中，除了考虑每次维修所需要的平均时间，必要时还应分配各种维修活动的时间。例如，检测诊断时间、拆装时间、原件修复时间等。有了这些数据，维修性设计就有了依据。

8.4.1.2 维修性预计

维修性预计是根据经验和相似产品的维修性数据，对新研产品的设计构想或已设计结构或结构方案，预测在其预定条件下进行维修时的维修性参数量值，以便了解满足维修性要求的程度和发现影响维修性的薄弱环节。

维修性预计参数应与规定指标的参数一致，最经常预计的维修性参数是平均修复时间，根据需要也可预计最大修复时间、工时率和预防性维修时间。

维修性预计一般应具备以下条件：

（1）相似产品的数据，包括产品的结构和维修性参数量值，以及维修方案、维修保障资源（如人员、保障设备、保障设施等）；

（2）新产品的设计方案或硬件的结构设计，以及维修方案、维修保障资源等约束条件；

（3）新产品组成部分的故障率数据，可以是预计值或实际值；

（4）新产品初步的维修工作流程、时间及顺序等。

与可靠性预计相比，维修性预计的难度要大一些，主要是维修性量值与进行维修的人员技能水平，以及所使用的工具、测试设备、保障设施等密切相关，因此，维修性预计必须与规定的保障条件相一致。

8.4.2 以可靠性为中心的维修性分析

以可靠性为中心的维修性分析（reliability centered maintenance analysis，RCMA）是按照以最少的维修资源消耗保障产品固有可靠性和安全性的原则，应用逻辑决断的方法确定预防性维修要求的过程。其目的是通过确定适用而有效的预防性维修工作，以最少的资源消耗保持和恢复产品的安全性和可靠性的固有水平，并在必要时提供改进设计所需的信息。

RCMA 通常包括系统和设备 RCMA、结构 RCMA 和区域检查分析三项工作内容。

1. 系统和设备 RCMA

系统和设备 RCMA 用以确定系统和设备的预防性维修对象、预防性维修工作类型、维修间隔期及维修级别。它适用于各种类型的设备预防性维修大纲的制定，具有通用性。

在进行系统和设备 RCMA 时，首先应尽可能收集产品的概况（如产品构成、功能、冗余等）、故障信息、维修保障信息、费用信息以及类似产品的信息，进而通过分析产品故障是否影响其安全性、任务性或严重影响经济性来确定是否为重要功能产品；对确定的每个重要功能产品进行故障模式、影响及危害性分析（FMECA），确定其所有的功能故障、故障模式和故障原因等，以便为预防性维修工作类型的确定提供所需的输入信息。预防性维修工作类型通常是通过维修工作逻辑决断分析来确定的，而预防性维修工作类型的有效性是根据预防性维修工作类型对产品故障后果的消除程度来判定的，如对于有安全性和任务性影响的功能故障，预防性维修工作应将故障或多重故障发生的概率降低到规定的可接受水平，对于有经济性影响的功能故障，预防性维修工作的费用应低于产品故障引起的损失费用。预防性维修间隔期通常根据产品的可靠性数据、类似产品的经验或厂家的建议来确定，如果没有相关数据，可根据工程判断暂定其初始间隔期，对于有安全性或重大任务性和经济性后果的故障，应建立相应的模型，定量评估。经过 RCMA 确定各重要功能产品的预防性维修工作的类型及其间隔期后，还要结合产品的使用要求、维修的经济性等条件提出预防性维修级别的建议，除特殊需要外，一般应将预防性维修工作确定在耗费最低的维修级别。

对非重要功能产品进行预防性维修工作分析时，可以根据以往类似项目的经验，确定适宜的预防性维修工作的要求，对于采用新结构或新材料的产品，其预防性维修工作可根据承制方的建议确定。

2. 结构 RCMA

结构 RCMA 用以确定结构项目的检查等级、检查间隔期及维修级别，它适用于大型复杂设备的结构部分。

在进行结构 RCMA 时，首先应尽可能收集结构项目的类型、材料、主要受力情况、内外部防腐蚀状况、故障后果信息、各类试验结果信息以及类似结构信息等，进而根据结构项目的故障后果将其划分为重要结构项目和非重要结构项目，凡其损伤会使产品结构削弱到对安全或任务产生有害影响的结构组件、结构零件或结构细节应划为重要结构项目，其余为非重要结构项目；对确定的每个重要结构项目应进行故障模式、影响及危害性分析（FMECA），分析时要考虑所有的功能及其可能的故障模式，以便为预防性维修要求的确定提供所需的输入信息。各结构项目的预防性维修要求通常是应用逻辑决断图来确定的，并形成结构预防性维修大纲。预防性维修间隔期通常是通过制定疲劳损伤和环境损伤的领先使用计划来确定的，疲劳损伤的领先使用计划的目的在于提高对疲劳损伤的检出概率，环境损伤的领先使用计划用于确定最佳的详细目视检查或无损检测期限。经过结构 RCMA 确定各重要结构项目的预防性维修要求及其间隔期后，还要根据其使用要求、技术条件和维修的经济性确定进行各重要结构项目检查工作的维修级别，除特殊需要外，一般应将检查工作确定在耗费最低的维修级别。

对非重要结构项目进行 RCMA 时，可以根据以往类似项目的经验，确定适宜的预防性维修工作的要求，通常为目视检查，对于采用新结构或新材料的产品，其预防性维修工作可根据承制方的建议确定。对于非重要结构项目的预防性维修工作要求通常放在区域检查分析中确定。

3. 区域检查分析

区域检查分析用于确定区域检查的要求。一般为目视检查，如检查非重要产品

（项目）的损伤、检查由邻近产品（项目）故障引起的损伤以及归并从重要产品（项目）分析得出的一般目视检查。它适用于需要划分区域进行检查的大型设备或产品。区域检查分析在系统和设备与结构 RCMA 的后期进行。

在进行区域检查分析时，首先应将产品按有关文件或按订购方与承制方的协议进行区域的划分，规定区域代码和区域工作顺序号；尽可能收集区域的状况、区域的边界、区域内需进行检查的产品（项目）以及需拆卸的零部件等信息，进而列出从重要产品（项目）分析得出的一般目视检查工作及其间隔期，从中确定可归并入区域检查大纲的工作。区域检查间隔期主要根据区域产品（项目）的损伤可能性、故障后果、类似系统和结构的经验、承制方对新产品（项目）检查间隔期的建议以及所并入的重要产品（项目）检查工作的间隔期来确定。一般情况下，区域检查间隔期应与预定的产品维修间隔期一致。

8.4.3 维修级别分析

维修级别分析（level of repair analysis，LORA）是一种系统性的权衡分析方法，是在产品研制、生产和使用阶段对预计有故障的产品（一般指设备、组件和部件）进行非经济性或经济性的分析以确定可行的修理或报废的维修级别的过程。

维修级别分析涉及的相关概念如下。

1. 维修级别

维修级别是指产品使用部门进行维修工作的组织机构层次的标定。如装甲车辆行业通常采用三级维修机构，即基层级、中继级和基地级（工厂级）。

基层级是由产品的使用操作人员和产品的保障人员执行维修工作的机构，在这一维修级别中只限定完成较短时间的简单维修工作，如产品的保养、检查、测试及更换较简单的零部件等。

中继级具有较高的维修能力，承担基层级所不能完成的工作。

基地级具有更高的修理能力，承担产品大修和大部件的修理、备件制造和中继级所不能完成的维修工作。

2. 离位维修与换件修理

离位维修是指将产品的故障件拆卸下来进行维修，它是相对于原位维修而言。原位维修是指对那些不便拆卸的故障部位或结构件如发动机主体等在产品原来位置上进行维修。

换件修理是将故障件拆卸下来换上备件，使产品恢复规定技术状态的一种修理方法。

3. 产品修理约定层次

通常，产品修理约定层次的划分基本上要与维修级别的划分相一致，如为便于换件修理，多数产品修理约定层次设计成三级——外场可更换单元、车间可更换单元和基地可更换单元，并分别在基层级、中继级和基地级更换。

维修级别分析的目的是确定维修工作在哪一级维修机构执行最适宜或最经济，并影响产品的设计。在进行维修级别分析时，应充分考虑维修任务、产品使用单位的编制体制以及维修原则，为制定维修方案与修理策略提供基础；制定维修方案与修理策略需要权衡产品的使用方案、维修方案以及设计方案，为维修级别分析提供依据。进行维修级别分析时应首先分析是否存在必须优先考虑的非经济性因素，有些非经济性因素如部署的机动性要求、现行保障体制的限制、安全性要求、特殊的运输性要求、修理的技术可行性以及人员与技术水平等将影响或限制产品维修的级别等，通过对这些因素的分析，可直接确定待分析产品在哪一级别维修或报废。当通过非经济性分析不能确定待分析产品的维修级别时，则需要进行经济性分析，其目的在于定量计算和比较产品在所有可行的维修级别上修理的费用，以选择费用最低和可行的待分析产品（故障件）的最佳维修级别。维修费用不仅要考虑人力和物力消耗，还要考虑人员培训和待修产品的运输费用。

如果产品的初始设计做了更改，则维修级别分析需要不断地迭代进行，直到产品设计不再更改为止。此时，产品的技术状态成为最终设计，即可作为使用与维修产品的依据。

8.4.4 使用与维修工作分析

使用与维修工作分析（operation and maintenance task analysis，O&MTA）是将产品的使用与维修工作区分为各种工作类型和分解为作业步骤而进行的详细分析，以确定各项保障工作所需的资源要求，如需要的备件、保障设备、保障设施、技术手册、各维修级别所需的人员数量、维修工时及技能等要求。

使用与维修工作分析的目的是通过分析每一项使用与维修工作来确定保障资源要求。在进行使用与维修工作分析时，首先应确定各项使用保障工作、预防性维修工作及修复性维修工作，使用保障工作可以根据产品的使用任务、使用时间、使用环境、产品特性（功能、性能、材料等）等开展使用工作分析来确定，预防性维修工作是根据RCMA来确定的，修复性维修工作是根据FMECA结果来确定的；在此基础上，针对确定的每项工作拟定详细的作业步骤，即将每项工作分解为子工作，并确定各子工作的顺序关系；而后根据各项工作的特点，分别进行工作与技能分析、时线分析以确定每项作业步骤的保障资源需求，在确定保障资源需求时要考虑每一项使用与维修工作是否需要保障资源，需要哪些保障资源，以及对所需的保障资源的数量、功能和参数等有何要求；最后编制汇总成使用与维修工作分析结果文件。

8.4.5 维修性设计准则的制定和贯彻

维修性设计准则是为了将系统的维修性要求及使用和保障的约束转化为具体的产品设计而确定的通用或专用设计准则。

维修性是产品的固有属性，单靠计算和分析是设计不出好的维修性的，需要根据设计和使用中的经验，拟定相应的设计准则，用以指导设计。特别是目前在维修性数据不足的情况下，通过吸取以往的成功经验、发挥维修性专家和产品设计专家的作用来制定设计准则，以供产品设计、分析人员使用，更有其特殊的作用。

8.4.5.1 维修性设计准则的一般内容

产品的维修性设计准则通常应包括一般原则（总体要求）和各分系统（部分）的设计准则。维修性设计准则一般由以下内容组成：

（1）简化产品及维修操作；

（2）具有良好的维修可达性；

（3）提高标准化、互换性程度；

（4）采用模块化设计；

（5）具有完善的防差错措施及识别标志；

（6）检测诊断准确、迅速、简便；

（7）符合维修的人机环（人素）工程要求；

（8）考虑预防性维修、不工作状态对维修性的影响等。

8.4.5.2 维修性设计准则制定的注意事项

在制定维修性设计准则时应注意以下问题：

（1）各类标准、规范及技术手册规定的都是一般性的、通用性的准则或要求，可以为制定具体产品维修性设计准则提供基础，但不能代替具体产品的维修性设计准则。根据具体产品的任务、功能、维修性指标及其特点的不同，研制周期、费用、技术条件等约束的不同，应有不同的设计准则。

（2）对不同的产品，各种维修性设计因素对维修作业的重要程度存在差异，制定准则时应注意突出重点。

8.4.5.3 维修性设计准则贯彻的示例

下面简要给出某型发动机的维修性设计准则示例：

（1）应采用可更换的气缸衬套，或是允许重搪气缸，更换或重搪气缸应简便可行。

（2）曲轴轴承应采用精密型的。

（3）曲轴箱轴承应容易卸下。

（4）空气滤清器应容易取下，便于清洗。

（5）风扇和其他驱动皮带应设计得容易够到，便于调整和更换。

（6）发动机应设有在装备上用孔探仪（或等效装置）检查压气机/风扇、燃烧室等部件的检查孔，以保证设备能顺利地实施检查。

（7）发动机分解和装配所使用的通用工具和专用工具应具有适用性。

（8）发动机应便于整体吊装。

8.5 维修性试验与评价

维修性试验与评价是产品开发、生产乃至使用阶段维修性工程的重要活动。其目的是：发现和鉴别有关维修性的设计缺陷，以便采取纠正措施，实现维修性增长；考核产品的维修性，确定其是否满足规定要求。此外，在维修性试验与评价的同时，还可以对有关维修的各种保障要素（如维修计划、备件、工具、设备、资料等）进行评价。

8.5.1 维修性试验与评价的内容

维修性试验与评价的主要内容包括维修性核查、维修性验证、维修性评价三个方面。

维修性核查是为实现产品的维修性要求，从产品开发开始，贯穿从零部件、元器件直到系统的整个研制过程，不断进行的维修性试验与评价工作。

维修性验证是为确定产品是否达到规定的维修性要求，由指定的试验机构进行的试验与评价工作。

维修性评价是为确定产品在实际使用、维修与保障条件下的维修性所进行的试验与评价工作。评价通常在使用阶段进行。

无论是维修性核查、验证还是评价，都包括定性评价和定量评价两部分。

1. 定性评价

定性评价是根据维修性的有关国家标准和国家军用标准的要求以及合同规定的要求而制定的检查项目核对表，结合维修操作、演示进行。

2. 定量评价

定量评价是针对产品的维修性指标，在自然故障或模拟故障条件下，根据试验中得到的维修性数据，进行分析判定和估计，以确定其维修性是否达到指标要求。

8.5.2 维修性试验与评价的一般程序

维修性试验无论是与功能、可靠性试验结合进行，还是单独进行，其工作的一般程序是一样的，都分为准备阶段和实施阶段。

准备阶段的工作有：制定试验计划；选择试验方法；确定受试品；培训试验维修人员；准备试验环境和试验设备及保障设备等资源。

实施阶段的工作有：确定试验样本量；选择与分配维修作业样本；故障的模拟与排除；预防性维修试验；收集、分析与处理维修试验数据和试验结果的评价；编写试验与评价报告等。

8.5.3 维修性指标的验证方法

维修时间是最常用的维修性参数，如平均修复时间、预防性维修时间、最大修复时间等。由于大多数产品的维修性定量要求都提出了平均修复时间（$\overline{M}_{ct}$）的指标要求，因此重点介绍 $\overline{M}_{ct}$ 的验证评估。

GJB 2072—1994《维修性试验与评定》中提供了 11 种方法可供选用。一般情况下，方法 9 应用限制条件不高，适用性较好，适用于设备级 $\overline{M}_{ct}$ 的验证。该方法的基本信息如表 8-2 所示。

表 8-2　　GJB 2072—1994 提供的方法 9

编号	检验参数	分布假设	推荐样本量	作业选择	规范要求的参量
9	维修时间平均值、最大修复时间的检验	分布未知对数正态	不小于 30	自然或模拟故障	$\overline{M}_{ct}$，$\overline{M}_{pt}$，β，$M_{\max ct}$，$M_{\max pt}$

但是，GJB 2072—1994 并未详细说明如何对复杂装备确定适合的方法。根据我国装备研制的实际情况，一般按两种方式处理：设备可选定 GJB 2072—1994 提供的试验方法 9；总体 $\overline{M}_{ct}$ 的验证，采用综合分析的方法，综合各类在现场进行维修的设备的 $\overline{M}_{ct}$，进而获取总体 $\overline{M}_{ct}$ 验证量值。

1. 验证试验样本的确定

验证试验样本量对一般的产品可按 GJB 2072—1994 中的试验方法 9 所需维修作业样本量最少为 30；而对于大型复杂系统，由于维修工作量大，样本总数可大于 30。

关于维修作业样本，对修复性维修来说，优先选用自然故障的维修作业，当自然故障样本量不能满足要求时，则需进行模拟故障以产生维修作业，即人为制造故障。注意，模拟故障样本量的产生很重要，一是模拟的故障应能覆盖产品的各个组成部分的维修作业；二是设定的模拟故障样本量一般应是所需维修样本量的 4 倍左右。如果规定的样本量 $n=30$，则在维修性验证试验前应准备 120 个模拟故障样本。若自然故障样本量不够（一般都不够），再从这 120 个模拟故障样本中随机抽取，以满足规定的样本量需求。

2. 验证结果评估

按照程序选择维修作业样本，试验并记录每项维修作业的持续时间，计算下列统计量。

修复时间样本均值 $\overline{X}_{ct}$ 为：

$$\overline{X}_{ct}=\frac{\sum_{i=1}^{n_c}X_{cti}}{n_c} \tag{8-10}$$

修复时间样本方差 $\hat{d}_{ct}^2$ 为：

$$\hat{d}_{ct}^2=\frac{1}{n_c-1}\sum_{i=1}^{n_c}(X_{cti}-\overline{X}_{ct})^2 \tag{8-11}$$

式中，X_{cti} 为第 i 次修复性维修时间；n_c 为修复性维修的样本量，即修复性维修作业次数。

对平均修复时间的验证结果评估按下列判断规则，如果

$$\overline{X}_{ct} \leqslant \overline{M}_{ct} - Z_{1-\beta}\frac{\hat{d}_{ct}}{\sqrt{n_c}} \tag{8-12}$$

则平均修复时间 $\overline{M}_{ct}$ 符合要求，应接受；否则拒绝。

式（8-12）中，β 为订购方风险，即受试品维修指标的期望值大于或等于不可接受值而被接受的概率；$Z_{1-\beta}$ 为对应下侧概率百分位 $1-\beta$ 的正态分布分位数，其值可查标准正态分布概率分位点 Z_p 表。

例 8-1 某产品要求基层级平均修复时间 $\overline{M}_{ct} \leqslant 60\text{min}$，订购方风险 $\beta = 0.10$，请制定维修性验证试验方案，判定产品维修性是否符合要求。

解： 根据 GJB 2072—1994 试验方法 9 检验平均值要求样本量 n_c 为 30。按照验证试验实施的一般程序，分配维修作业和进行模拟故障维修试验。记录每次维修作业时间 X_{cti}（min），设为：

30　15　10　20　25　32　8　18　42　50　48　65　80　100　30　28　10　120　10　75　15　80　30　40　35　65　70　40　10　60

（1）计算 $\overline{X}_{ct}$，$\hat{d}_{ct}^2$。

$$\overline{X}_{ct} = \frac{\sum_{i=1}^{n_c} X_{cti}}{n_c} = \frac{1\ 261}{30} = 42$$

$$\hat{d}_{ct}^2 = \frac{1}{n_c - 1}\sum_{i=1}^{n_c}(X_{cti} - \overline{X}_{ct})^2 = 846.03$$

（2）判决。

订购方风险 $\beta = 0.10$，查表 $Z_{1-\beta} = Z_{0.90} = 1.28$，计算

$$\overline{M}_{ct} - Z_{1-\beta}\frac{\hat{d}_{ct}}{\sqrt{n_c}} = 60 - 1.28 \times \frac{\sqrt{846.03}}{\sqrt{30}} = 53.20$$

按 $\overline{X}_{ct} \leqslant \overline{M}_{ct} - Z_{1-\beta}\frac{\hat{d}_{ct}}{\sqrt{n_c}}$ 检验，$42 < 53.20$，即认为该产品平均修复时间符合要求。

8.6 维修性管理

维修性管理是从系统工程的观点出发，通过制定和实施科学的维修性工作计划，对产品寿命周期中各项维修性活动进行规划、组织、协调与监督，以全面贯彻维修性工作的基本原则，实现使产品保持或恢复到产品规定状态的维修性目标。

8.6.1 维修性管理目标

维修性管理的目标是通过有效地实施过程控制，确保研制、生产或改型的产品达到规定的维修性要求，以满足用户对产品的可用性、任务成功性的要求，减少维

修人力及其他维修保障资源要求，降低寿命周期费用，并为产品全寿命管理和维修性持续改进提供必要的信息。

8.6.2 维修性管理原则

为了更好地推进维修性管理，必须遵循和执行下列基本原则：

（1）应当从论证阶段开始对维修性要求充分论证，并与相关特性及资源相协调，保证维修性要求合理、科学并可实现。

（2）维修性工作必须纳入产品的研制工作，进行系统综合和同步设计。

（3）开展维修性工作需要有相应的组织结构及明确的职责，确定组织机构及其职责是落实各项维修性工作、实施有效维修性管理的重要环节。

（4）维修性管理必须贯彻有关法规，执行有关标准，并结合产品特点进行剪裁和细化，形成维修性管理文件体系。

（5）维修性管理必须遵循预防为主、早期投入、关注过程的方针，应把预防、发现和纠正产品设计、制造等方面的维修性缺陷作为管理的重点。

（6）维修性管理必须依赖完整、准确的维修性信息，因此必须重视和加强维修性信息工作，建立维修性数据收集、分析和纠正措施系统，充分有效地收集、记录、分析、处理和反馈维修性信息。

（7）维修性管理所需的经费，应当根据产品的类别、性质和所处寿命周期阶段，予以有效的保证。应制定和实施奖惩政策，明确规定奖惩条款，实施优质优价、劣质受罚的激励政策。

8.6.3 维修性管理要点

1. 制定维修性工作计划

维修性工作计划是产品研制方开展维修性工作的基本文件。研制方应按该计划来组织、指挥、协调、检查和控制全部维修性工作，以实现合同中规定的维修性要求。

维修性工作计划需明确为实现维修性目标应完成的工作项目（做什么），每项工作进度安排（何时做），哪个单位或部门来完成（谁去做）以及实施的方法与要求（如何做）。

维修性工作计划的作用是：

（1）有利于从组织、人员与经费等资源，以及进度安排等方面，保证维修性要求的落实和管理；

（2）反映研制方对维修性要求的保证能力和对维修性工作的重视程度；

（3）便于评价研制方实施和控制维修性工作的组织、资源分配、进度安排和程序是否合适。

2. 对转承制方和供应方的监督与控制

为保证转承制产品和供应品的维修性符合规定的要求，研制方在签订转承制和供应合同时，应根据产品维修性定性和定量要求的高低、产品的复杂程度等提出对转承制方和供应方监控的措施。

研制方在拟定对转承制方的监控要求时，应考虑对转承制方研制过程的持续跟踪和监督，以便在需要时及时采取适当的控制措施。在合同中应有研制方参与转承制方重要活动（如设计评审、维修性试验等）的条款，参与这些活动能为研制方提供重要信息，为采取必要的监控措施提供决策依据。

3. 维修性评审

研制方应根据合同要求制定详细的评审计划。计划应包括评审点的设置、评审内容、评审类型、评审方式及评审要求等。

应尽早做出维修性评审的日程安排并提前通知参加评审的各方代表，提供评审材料，以保证所有的评审组成员能有准备地参加会议。在会议前除看到评审材料外，还能查阅有关的设计资料，以提供评审的有效性。

维修性评审均应将评审的结果形成文件，以备查阅。

4. 建立维修性数据收集、分析及纠正措施系统

建立数据系统的根本目的是为系统进行维修性分析、评价、改进提供基础。

应在整个研制周期中进行维修性、测试性与诊断数据收集。收集与报告的数据应对研制方和使用方都能使用。数据系统应能迅速检索所有维修性数据。数据系统的范围及其内容应符合研制与生产的需求。需要收集的信息有故障的征兆和模式、故障件、修复措施、恢复功能的时间、维修工时、维修过程及发现的维修性缺陷、测试人员和维修人员的技术水平等。

5. 维修性增长管理

维修性增长管理应尽可能利用产品研制过程中各项试验的资源与信息，把有关试验与维修性试验均纳入以维修性增长为目的的综合管理之下，促使产品经济且有效地达到预期的维修性目标。

对维修性增长过程进行跟踪与控制是保证产品维修性得以持续改进和增长的重要手段。为了对增长过程实现有效控制，必须强调及时掌握产品的维修性信息，严格实施维修性数据收集、分析、处理，确保维修性缺陷原因分析准确、纠正措施有效。

8.7 工程应用要点

维修性是产品的一种质量特性，即由产品设计赋予的使其维修简便、迅速和经济的固有特性。因此，为了有效地实现维修性和维修的目标，需要进行一系列的维修性设计、分析、试验与评价等工作。根据系统工程思想和国内外维修性工程的实践，为使维修性工作取得更好的成效，在工程应用中应注意以下几点。

1. 注意维修性与维修的区别

维修性作为产品通用质量特性之一，反映了任何产品都具有的一种设计属性，是产品具有的一种便于维修、快速维修和经济维修的能力。而维修是一种工程活动，即产品在使用过程中，维修人员为保持或恢复产品的规定状态所进行的活动，如保养、修理、改进、翻修等。维修的技术、维修人员的技术水平、维修的器具材料、维修的环境以及维修管理等将直接影响维修性的好坏。

2. 明确修复性维修与预防性维修的区别与关系

修复性维修通常是出现故障下的处理工作，而预防性维修通常是未出现故障或出现故障征兆下的处理工作。

修复性维修与预防性维修活动内容不同。修复性维修一般包括故障定位与隔离、分解、更换、调准及检测等维修活动，而典型的预防性维修工作类型包括润滑保养、操作人员监控、定期检查、定期拆修、定期更换及定期报废等维修活动。

维修目标一致，即使产品达到所规定的状态。

3. 尽早将维修性设计分析纳入到产品研制过程中

产品维修性是设计出来的，主要取决于系统的总体结构、各单元的配置与连接、标准化和模块化程度等因素，并与检测隔离及维修方案有关，故维修性设计要从早抓起，从系统抓起。仅仅提出要求，不注意早期投入，到方案已定，乃至样机已经出来，再考虑维修性就迟了。

强调维修性早期投入，就是要在产品设计备选方案时不但考虑达到规定的性能指标，而且考虑实现维修性要求，使整个产品维修性有一个好的起点。

4. 了解 FMECA，LORA，RCMA 和 O&MTA 之间的关系

在产品寿命周期中 FMECA，LORA，RCMA 和 O&MTA 之间紧密相连。FMECA 输出的所有可能的故障模式、故障原因、故障模式危害度、需修理的重要功能产品、故障检测等信息作为进行 LORA，RCMA 和 O&MTA 相应的输入信息；LORA 输出的预防性维修、修复性维修级别及维修站点的信息作为 O&MTA 的输入；RCMA 输出的需进行预防性维修的产品及预防性维修工作类型作为LORA 和 O&MTA 的相应的输入；最后进行 O&MTA 输出各项修复性维修工作项目以及各维修级别下的使用与维修工作的各项保障资源要求。

LORA 与 RCMA 和 O&MTA 是反复迭代的过程，三项分析内容在不断推进的同时，也随着产品设计状态的不断细化和深入完成自身的迭代过程，将分析出的结果在设计信息更新时，进行相应的改进和调整，并逐步具体化。

5. 维修性试验与评价应当有计划地进行

使用方应在维修性大纲要求中提出产品维修性试验与评价要求；研制方应制定相应的计划，并且随着研制的进展而不断地完善。

维修试验与评价应符合使用方提出的有关维修方案、使用与维修环境、人员技术水平、测试方案和维修级别等方面的约束与要求。

维修性试验与评价应与其他（特别是可靠性）试验评价工作相协调，避免不必要的重复。

习题与答案

一、单项选择题

1. 产品按规定的程序和手段实施维修时，在规定的使用条件下保持或恢复能执行规定功能状态的能力，称为（　　）。

A. 维修　　B. 维修性

C. 可靠度　　D. 维护

2. 下列分布中不属于常见维修时间分布的是（　　）。

A. 正态分布　　B. 二项分布

C. 对数正态分布　　D. 指数分布

3. 下列参数中属于度量维修性要求的参数是（　　）。

A. 平均修复时间（MTTR）　　B. 故障检测率（FDR）

C. 故障隔离率（FIR）　　B. 平均故障间隔时间（MTBF）

二、多项选择题

1. 以下属于维修性设计准则内容的有（　　）。

A. 简化产品及维修操作，具有良好的维修可达性

B. 提高标准化和互换性程度，采用模块化设计

C. 具有完善的防维修差错措施及识别标记，检测诊断准确、迅速、简便

D. 减少故障发生的可能

2. 与维修性设计准则有关的下列说法中，正确的有（　　）。

A. 简化设计　　B. 冗余设计

C. 可达性设计　　D. 防差错措施及识别标志

一、单项选择题答案

1. B　　2. B　　3. A

二、多项选择题答案

1. ABC　　2. ACD

参考文献

[1] 中国兵器工业质量与可靠性研究中心. 可靠性维修性保障性简明手册. 北京：兵器工业出版社，2013.

[2] 甘茂治. 维修性设计与验证. 北京：国防工业出版社，1995.

[3] 于永利，等. 维修性工程理论与方法. 北京：国防工业出版社，2007.

[4] 吕川. 维修性设计分析与验证. 北京：国防工业出版社，2012.
[5] 康锐，等. 型号可靠性维修性保障性技术规范. 北京：国防工业出版社，2010.
[6] 康锐. 可靠性维修性保障性工程基础. 北京：国防工业出版社，2012.
[7] 李良巧. 可靠性工程师手册. 北京：中国人民大学出版社，2012.
[8] GJB 368B—2009 装备维修性工作通用要求.
[9] GJB 1378A—2007 装备以可靠性为中心的维修分析.
[10] GJB/Z 57—1994 维修性分配与预计手册.
[11] GJB 2072—1994 维修性试验与评定.

第9章

测试性工程基础

9.1 概　述

人们在购买产品的时候十分关心的问题是产品使用多长时间可能会发生故障，一旦发生故障能不能及时发现，正确隔离故障的部位，并通过修理使发生故障的产品恢复到规定的状态。原来这些问题都属于维修性工程解决的范畴。到 20 世纪 80 年代，美国国防部颁布了 MIL-STD-2165《电子系统及设备的测试性大纲》，规定了电子系统和设备在各研制阶段中应实施的测试性分析、设计及验证要求和实施的方法。MIL-STD-2165 的颁布标志着测试性已成为与可靠性、维修性并列的学科，及时、准确地发现故障和正确地隔离故障也成为测试性工程的主要内容。

美国国防部于 1991 年颁布 MIL-STD-1814《综合诊断》军用标准，并于 1997 年修订为 MIL-HDBK-1814《综合诊断》军用手册，作为提高新一代武器系统的装备完好性、降低使用和保障费用的一种主要技术途径。其中，运用人工智能技术的灵巧机内测试（built-in-test，BIT）已进入验证阶段。为了与《综合诊断》相互协调并扩大应用范围，美国国防部于 1993 年颁布了 MIL-STD-2165A《系统和设备测试性大纲》取代 MIL-STD-2165。

进入 21 世纪，故障预测与健康管理（prognostics and health management，PHM）获得快速发展，并在攻击战斗机 F-35、海军“朱姆沃特”新型导弹驱逐舰、陆军未来作战系统等得到应用。PHM 也成为新一代武器装备研制的一种关键技术。

我国借鉴美国军用标准于 1995 年制定了 GJB 2547—1995《装备测试性大纲》，于 2012 年修订并改名为 GJB 2547A—2012《装备测试性工作通用要求》。

事实上，测试性不是军用领域专有的，只要是产品一般都有测试性问题。在民用产品领域，产品的测试性已引起广泛的重视。因此，测试性技术是一种军民两用的通用技术。

9.1.1 测试与测试性

测试是指对给定的产品、材料、设备、系统、物理现象和过程，按照规定程序确定一种或多种特性的技术操作。例如，电压测试、功率测试、速度测试、射程和射速测试等。测试结果的量值是确定性的，不是随机的。

测试性（testability）是指产品能够及时、准确地确定其状态（可工作、不可工作或性能下降程度），并隔离其内部故障的能力。理解测试性概念时应特别注意，它是产品的一种设计特性，是通过设计赋予产品的一种固有属性，也是产品通用质量特性的一种。测试性还可以理解为设计产品时为故障诊断提供方便的特性。它将机内测试、性能监测或状态监测，以及外部测试等有机结合，便于用自动测试设备进行测试或人工测试，以达到及时准确确定产品的状态并隔离故障的目的。

故障检测与故障隔离的难易程度直接影响产品发生故障时的修复时间。产品越复杂，这种影响越明显。随着集成电路技术的迅速发展，电子产品的复杂程度日益提升，故障检测与隔离时间占总维修时间的比例越来越大。为了提高产品的可用性，必须缩短故障检测和隔离的时间。因此，需要一方面提高产品本身的固有测试性，使产品具有可测试的特性；另一方面采用机内测试（BIT）、自动测试设备（ATE）和中央测试系统等诊断技术或工具进行诊断。机内测试和自动测试设备首先并普遍应用于电子产品，但也用于机械或机电系统和设备。

9.1.2 测试性常用的术语

1. 被测单元（unit under test，UUT）

被测试的任何系统、分系统、设备、机组、单元体、组件、部件、零件或元器件等的总称。

2. 测试点（test point，TP）

UUT 中用于测量或注入信号的电气连接点。

3. 故障检测（fault detection，FD）

发现故障存在的过程。

4. 故障隔离（fault isolation，FI）

把故障确定到实施修理所要求的产品层次的过程。

5. 故障定位（fault localization）

确定故障大致部位的过程。

6. 固有测试性（inherent testability）

仅取决于产品设计，不受测试激励数据和响应数据影响的测试性。它反映了设计对测试过程的支撑程度。

7. 机内测试（built-in test，BIT）

系统或设备内部提供的检测和隔离故障的自动测试能力。

8. 虚警（false alarm，FA）

BIT或其他监测电路指示有故障而实际上不存在故障的现象。

9. 诊断方案（diagnostic concept）

对产品诊断的总体构想，它主要包括诊断对象、范围、功能、要求、方法、维修级别、诊断要素和诊断能力。

10. 嵌入式诊断（embedded diagnostics）

装备内部提供的故障诊断能力，实现这种能力的硬件和软件包括机内测试设备（BITE）、性能监测装置、故障信息的存储和显示设备、中央测试系统等，它们安装在装备的内部，或在结构或电气上与装备永久性连接，是装备的一部分。

11. 综合诊断（integrate diagnostics）

通过分析和综合测试性、自动和人工测试、维修辅助手段、技术信息、人员和培训等构成诊断能力的所有要素，使系统诊断能力达到最佳的结构化设计与管理过程。其目的是以最少的费用，最有效地检测、隔离系统内已发生的或预期发生的所有故障，以满足系统任务要求。

12. 中央测试系统（central test system，CTS）

泛指装备内用于采集各种测试相关数据，集中进行分析、处理、存储和显示，提供性能检测、故障诊断或预测和维修等信息的综合测试系统。

9.2 测试性要求

测试性要求是进行测试性设计、分析和验证的依据。确定适当的测试性要求是产品立项论证和研制工作中的一项重要工作。测试性要求分为定性要求和定量要求。

9.2.1 测试性定性要求

测试性定性要求反映无法或难以定量描述但又是应该考虑的测试性设计要求，它从多个方面规定在设计产品时应该采取的与测试性有关的技术途径和设计措施，以保证测试性指标要求的实现。

测试性定性要求一般包括以下内容。

1. 合理划分测试单元

系统应以准确隔离故障的能力为基础，进行功能和机构的分析。如系统可划分为多个现场可更换单元（LRU）和多个车间可更换单元（SRU）。

2. 关键性能的监测

产品中影响关键任务完成和涉及使用安全的功能部件，应进行及时的性能监测，对安全有重要影响的应适时给出报警信号。

3. 确定机内测试和中央测试系统

依据诊断方案确定嵌入式诊断具体配置和功能。例如，对中央测试系统、系统机内测试、现场可更换单元机内测试、传感器等的配置和功能要求。机内测试应监控关键任务的功能。为使用人员或维修人员设计利用率最高的机内测试指示器。

4. 测试点设置

应设置充分的内部和外部测试点，以便测量或激励内部电路节点，从而使故障检测和隔离达到较高的水平。

5. 诊断能力

在每个维修级别上应综合应用机内测试、自动测试设备和人工测试，以提供一致且完整的诊断能力。测试自动化程度应与维修人员的技能以及维修性要求相一致。

9.2.2 测试性定量要求

测试性定量要求是指选用测试性参数，并对参数确定具体量值，也就是测试性指标。

1. 常用的测试性参数

（1）故障检测率（fault detection rate，FDR）。故障检测率是用规定的方法正确检测到的故障数 N_D 和被测产品发现的故障总数 N_T 之比，用百分数表示，即

$$FDR = \frac{N_D}{N_T} \times 100\% \tag{9-1}$$

（2）故障隔离率（fault isolation rate，FIR）。故障隔离率是用规定的方法正确地把检测到的故障数隔离到不大于规定模糊度的故障数 N_I 与检测到的故障数 N_D 之比，用百分数表示，即

$$FIR = \frac{N_I}{N_D} \times 100\% \tag{9-2}$$

（3）虚警率（false alarm rate，FAR）。虚警率是在规定的工作时间内发生的虚

警数 N_{FA} 与同一时间内的故障指示总数 N 之比，用百分数表示，即

$$FAR = \frac{N_{FA}}{N} \times 100\% \tag{9-3}$$

2. 测试性指标

测试性指标是对选定的测试性参数确定的量值。量值大小的确定主要依据与系统的任务要求相似产品的测试性水平，考虑新产品由于采用新技术等产生的影响，估计其可能达到的新的测试性水平，并与新产品的可用性要求综合权衡。一般情况下，非电子产品的测试性指标低于电子产品的测试性指标。例如，一般电子系统在运行中和基层级维修时，测试系统和机内测试的指标范围：FDR 一般在 80%～98%，FIR 一般在 85%～99%（隔离到一个 LRU），FAR 一般在 1～5%。

FDR，FIR 和 FAR 的定义比较简单，在给这三个参数确定量值要求时还应明确：

（1）测试性指标是针对具体测试对象所用的测试方法的指标，还是产品运行中的指标，抑或是某一维修级别的指标。测试对象可以是系统、分系统、现场可更换单元等；测试方法是机内测试还是自动测试设备等。

（2）用以统计测试对象发生故障总数、检测和隔离的故障数、虚警次数的时间应足够长，以使评估出的测试性水平更接近真值。

（3）统计的不是可检测的故障数，而是发生故障的总数，是正确测试和正确隔离的故障数。故障隔离有模糊度限定，即隔离到产品组成的某个范围的单元。规定的模糊度大，隔离相对容易，指标要求应更高，模糊度小则隔离难度大，指标要求应相应降低。例如，隔离到 1 个 LRU 的 FIR 为 70%，若隔离到 3 个 LRU，FIR 为 90%。

（4）在没有规定错误隔离率要求时，统计的虚警数应包括“假报”和“错报”两种情况。例如，A 单元工作正常却指示 A 单元故障，称为假报；A 单元发现了故障而指示 B 单元有故障，称为错报。

9.3 测试性设计与分析

测试性要求主要是通过测试性设计与分析来实现的。在 GJB 2547A—2012《装备测试性工作通用要求》中有 7 个工作项目属于测试性设计与分析，包括建立测试性模型，测试性分配，测试性预计，故障模式、影响及危害性分析——测试性信息，制定测试性设计准则，固有测试性设计和分析，诊断设计。在 GJB/Z 91—1997《维修性设计技术手册》中较详细介绍了测试性与诊断技术，包括：固有测试性设计、BIT 测试、测试点设计、故障隔离设计、ATE 设计、测试性设计与诊断核对表。目前关于产品的测试性基础数据严重缺乏，定量进行测试性预计和分配难度较大，所以，下面仅介绍工程上较为实用的几种方法。

9.3.1 固有测试性设计

固有测试性设计是指仅取决于产品设计，不受测试激励数据和响应数据影响的测试性设计。它反映了设计对测试过程的支持程度。固有测试性设计是产品测试性设计的重要组成部分，主要是使产品的硬件设计能方便进行故障检查和故障隔离。注意，加入测试激励、测试分析响应数据的故障检测与隔离程序的设计则属于诊断设计的内容，不要混淆。

固有测试性设计一般包括基于测试性的结构设计、嵌入式诊断方案设计。

1. 基于测试性的结构设计

基于测试性的结构设计应考虑功能和结构的合理划分、测试的可控和可观测等。

（1）产品结构和功能的划分是固有测试性设计的重要组成部分。电子和机械结构划分是找出满足物理约束和测试性要求的最优结构的过程。系统的划分应使各模块易于进行故障检测和故障隔离。系统划分时首先是划分现场可更换单元（LRU），然后再划分车间可更换单元（SRU）。划分时功能关系是一个关键因素。划分 LRU 的目的主要是使 LRU 之间交联最少并保证每个 LRU 可独立测试；划分 SRU 的目的主要是使测试时可达性好，测试设备易于连接，便于故障隔离。同时，一个可更换单元最好只实现一个功能。如果一个可更换单元实现多个功能，则应保证能对每一个功能进行单独测试。

（2）测试的可控性。提供专用测试输入信号、数据通路和电路，使测试系统（BIT 和 ATE）能够控制内部的元器件工作，以检测和隔离故障。应特别注意对时钟线、清零线、反馈环路的断开以及三态器件的独立控制。复杂的大规模集成电路（LSI）应安装在插座上。如果不能用插座或考虑接线的可靠性而不用插座时，应在电路板上提供目测试能力或提供接到 LSI 的输入和输出线的电气通路。

（3）测试通路（可观测性）。提供测试点、数据通路和电路，使测试系统（BIT 和 ATE）能够观测被测单元内部故障特征数据，以便故障检测和隔离。测试点的设置应使其最接近内部的节点，以准确地确定重要的内部节点的数据。

（4）初始化。系统或设备应从确定的初始状态开始故障隔离，系统或设备应能预置到一个唯一的初始状态，以保证对给定的故障进行重复测试时能得到相同的响应。

（5）元器件选择。在满足性能要求条件下，优先选择具有良好测试性的元器件和装配好的模块，以及内结构和故障模式已有充分描述的集成电路。

（6）兼容性。为了减少专用接口装置，UUT 在电气上和机械上应与 ATE 兼容。

2. 嵌入式诊断方案设计

嵌入式诊断是产品内部提供的故障诊断能力。实现这种能力的硬件和软件包括：机内测试设备、（BITE）性能监测装置、故障信息的存储和显示设备、中央测试系统（CTS）等。它们安装在产品内部，或在结构或电气上与产品永久连接，是产品的一个组成部分。因此，在产品固有测试性设计时，应对产品的故障诊断方案进行总体设计。主要应考虑：

（1）BIT配置方案。一般情况下，BIT用于LRU设备或系统级产品的故障检测与隔离。确定BIT的配置时，应确定给哪些设备或LRU设置BIT，以及BIT的运行模式和类型。

（2）性能监测方案。性能监测主要是针对没有BIT的设备或装置。应分析并确定需进行监测的对象、功能和特性，所采用传感器的类型和配置等，以便在产品运行时进行实时监测。监测方案还应包括能够存储足够多数据的设备或者考虑将数据传输给中央测试系统，以便进一步分析。

（3）中央测试系统配置方案。中央测试系统用于整个产品，应充分利用BIT和性能监测的信息，借助各种方法和智能模型，进行分析、处理和综合，以提供更丰富、更准确的诊断、预测和维修信息。

9.3.2 制定和贯彻测试性设计准则

制定产品测试性设计准则是指导产品开展测试性设计非常有效的一项工作。应根据研制总要求或任务书中规定的测试性要求，依据相关标准，充分吸收同行和单位在测试性设计方面的经验与教训，制定通用的测试性设计准则。型号产品研发时应依据通用测试性准则并结合产品具体特点制定产品的设计准则。设计人员在设计时应认真贯彻执行产品测试性设计准则，把测试性设计到产品中，在评审时应审查准则的落实情况。

通用测试性设计准则制定可参考GJB/Z 91—1997《维修性设计技术手册》中的5.6“测试性与诊断技术”和GJB 2547A—2012《装备测试性工作通用要求》中的附录B“固有测试性评价”。这两个标准有内容丰富且工程实用性强的测试性设计内容。

GJB/Z 91—1997中“测试性与诊断技术”的相关内容有：

（1）固有测试性设计；

（2）机内测试（BIT）设计；

（3）测试点设计；

（4）故障隔离技术；

（5）自动测试设备（ATE）设计。

GJB 2547A—2012中附录B“固有测试性评价”给出了15项固有测试性核对表。读者只要将核对表中的内容稍加转换，把疑问句转换为叙述句，就可以得到相应的设计准则。作为转换示例，下面对一般要求核对表进行转换。其他各项直接转换为设计准则（部分），供读者直接使用，详细内容请参阅该标准。

1. 一般要求（12条）

现将其中条目a和条目k内容转换为设计准则：

标准中条目a核对内容：测试性设计和主设备设计是否同步进行？

转换成设计准则为：测试性设计必须与主设备设计同步进行。

标准中条目 k 核对内容：是否进行了综合诊断设计，使故障检测率达到 100%？

转换成设计准则为：应进行综合诊断设计，使故障检测率达到 100%。

注意，括号内数字为标准中核对内容的条目数。

2. 测试数据（10 条）

- 在实验室通过引入故障所得到的性能测试必须与真实环境中所观测到的相一致。
- 应知道 UUT 中每个信号的容差范围。

3. 嵌入式诊断设计（22 条）

- 每个 UUT 内的嵌入式诊断必须能在测试设备控制下执行。
- 应对非电系统设置适当的监测点或监测窗。

4. 传感器（10 条）

- 选用的传感器应经环境适应性验证。
- 传感器必须具有快速、一致且可重复的响应。

5. 测试点设计（24 条）

- 各测试点应尽可能都位于前面板上。
- 测试点应按照可达性和方便的测试顺序组合。
- 所有测试点应有适当的防护、照明且便于到达。

6. 电子功能结构设计（11 条）

- 元器件之间应留有足够空间，允许插入与测试有关的夹子和测试探针。
- 输入和输出连接器和测试连接器上尽可能包括电源和接地线。

7. 电子功能划分（6 条）

- 每个被测试的功能所涉及的全部元件都装在一块印制电路板上。
- 测试要求的激励源的类型和数目应与测试设备一致。

8. 测试控制设计（12 条）

- 能将电路迅速且容易地预置到一个已知的初始化状态。
- 能在测试设备控制下断开反馈回路。

9. 测试通路设计（6 条）

- 测试设备的测量精度应满足 UUT 的容差要求。
- 应采用缓冲器和多路分配器以保护那些因偶然短路而可能损坏的测试点。

10. 元器件选择（5条）

- 尽可能选用故障模式已知的元器件。
- 尽可能选用具有自检功能的元器件。

11. 模拟电路设计（16条）

- 对相位和时间要求测量的次数应合理。
- 激励信号的频率应与测试设备能力相一致。

12. 射频（RF）电路设计（12条）

- 射频UUT设计应不用分解就能完成任何组件或部件的修理或更换。
- 所有射频电路的测试参数及其他定量要求，在射频UUT接口处都要明确指出每个要测试的射频激励和响应信号。

13. 电光（EO）设备设计（16条）

- 应设有光学分离器和耦合器，以便不进行较大分解就可提供可达性。
- 轴线校准要求能自动满足或取消（不需要校准）。

14. 数字电路设计（9条）

- 所有不同相位和频率的时钟应都来自单一主时钟。
- 每个内部电路的扇出数应低于预定值。

15. 基于边界扫描的电路板设计（27条）

- 主测试存取通路连接器应配置有接地插针。
- 测试时钟信号应能上拉至合适电平。

9.3.3 BIT设计

1. BIT设计的要求

（1）BIT应作为产品设计的一部分，从一开始就加以考虑而不是等设计完成后再作补偿。

（2）依据使用、维修和测试要求，系统、分系统、设备和LRU都可分别设置必要的BIT电路。

（3）BITE的可靠性一般应高于被测单元一个数量级。

（4）BIT电路中的故障不应影响产品功能。为使BIT能做到故障导向安全，必要时应设计保护电路。应注意：为了引进激励源或测量产品性能，不能把开关置于串联通路；所选择的BIT激励源不应导致产品性能降级。

（5）BIT所有电路类型应尽可能与产品所用电路类型相同。

（6）BIT系统应能区分是设备功能故障还是BIT电路故障。

（7）BIT 应设计成不需要调整和校准的。

（8）BIT 电路的虚警应尽可能少。

（9）BIT 应尽可能使用微处理器和微诊断器进行测试和监控。

（10）由于装入 BITE 造成的电子系统的硬件数量增加一般不应超过电子系统电路的 5%～10%。

2. 对 BIT 软件的要求

（1）把产品数据和测试数据分开，对输入和输出数据都适用。如果输出中测试信号未被抑制，那么测试信号会被接口硬件误认为是一个命令，这样将影响任务的完成。

（2）尽可能使用现有数据库以减少费用并提供对接口电路的测试。

（3）应精心设计软件以便在检测到故障的情况下，能最大限度地利用从所有测试点获得的信息，以提高 BIT 诊断的置信度。

（4）估计 BIT 软件用存储器的容量，在考虑存储容量时应保留足够的字节以存放 BIT 软件。

（5）存储器的字长应满足 BIT 的要求。

（6）设计操作系统的层次结构时应使诊断软件足以控制和观察硬件部件。

（7）BIT 检测到的故障信息应存入非易失存储器（NVM）中。

3. 减少虚警的 BIT 设计

（1）BIT 应设计成具有很大的灵活性，以便在系统总体变化时，BIT 软件易于改变而不影响任务软件，同时测试容差也容易改变。

（2）BIT 采用分布式测试时钟能直接指出故障的 LRU。

（3）应提供用于后期数据处理的 BIT 数据记录手段。

（4）确定合适的容差。

4. 三种 BIT 的应用

BIT 有多种模式，常用的有周期 BIT、加电 BIT 和维修 BIT 三种，这三种模式用于同一特定的产品将会提高故障的检测和诊断能力。

（1）周期 BIT（PBIT）。PBIT 在系统运行过程中都在不间断地工作。其任务是检测和隔离系统运行中可能出现的故障，并存储和报告有关故障信息。PBIT 不干扰系统运行，也无须外部介入，在检测到故障后，PBIT 继续运行。如果出现新的情况（故障消失或出现别的故障），PBIT 将继续工作。

（2）加电 BIT（PU-BIT）。当系统接通电源（加电）时，PU-BIT 即开始工作。它将进行规定范围的测试，包括对在系统正常运行时无法验证的重要参数进行测试，且无须操作人员的介入。在这种情况下，系统只进行自检测。PU-BIT 只运行几分钟。在成功完成加电后，将显示提示信息。在有故障的情况下，将被测故障有关的详细数据显示出来。操作人员可以重复运用检测到故障的程序，以验证故障的存在。PU-BIT 检测出故障后，会以一种与 PBIT 类似的数据方式进行记录和报告。

（3）维修 BIT（MBIT）。MBIT 由操作人员或系统启动，其主要功能为：

- 显示系统的状态，即显示记录在非易失存储器中的故障清单；
- 显示补充数据（与各故障有关的附加信息）；
- 进行人机交互式的测试；
- 抹去非易失存储器中的故障数据；
- 必要时进行系统或设备参数的调整。

9.3.4 测试点设计

1. 测试点设计的一般原则

（1）测试点应作为产品设计的一部分。所提供的测试点应允许进行定量测试、性能监测和校准。

（2）测试点应包含在 I/O 连接器中，诊断测试点必须位于分离的外部连接器上。

（3）测试点必须得到保护，当把它们接地时也不损害设备。

（4）测试点的选择应保证人身安全和设备安全，电压有效值或直流电压不超过 500V。

2. 测试点的选择

（1）根据故障隔离的要求选择测试点。

（2）选择的测试点能迅速通过产品的插头或测试插头连到 ATE 上。

（3）选择测试点时应使测得的高压值和大电流符合安全要求。

（4）测试点的测量值都以某公共的设备作为基准。

（5）选择测试点时应保证不会因为设备连到 ATE 上而降低设备的性能。

（6）高电压和大电流的测试点在结构上应与低电平信号的测试点隔离。

（7）数字电路和模拟电路应分别设测试点，以便独立测试。

3. 外部测试点设计

（1）应提供外部测试点使每个 LRU 表面有一个单独的多芯插座，所有外部插座都应有系留帽。

（2）外部测试点（包括功能插座）数目应足以允许用 ATE 满足中继级测试要求，包括施加外部激励、测量输入输出参数时能进行端对端性能测试、调整和校准，并在出故障时将故障隔离到 SRU。如果单独利用外部测试点和功能插座，不能满足将 LRU 故障隔离到 SRU 的要求，则应提供内部测试点。

4. 内部测试点设计

SRU 上应提供内部测试点以便利用外部激励和允许进行输入输出参数的外部测量。内部测试点主要用于：

（1）与 LRU 功能插座和外部测试点一起将 LRU 的故障隔离到 SRU 或组件上。

（2）进行端对端定量检测以验证 SRU 的适用性。

（3）测量必要的输入输出参数以便进行 SRU 的调整和校准。

（4）测试必要的输入输出和内部电路参数以便对不可修理的组件进行故障隔离。

5. LRU 测试点设计

（1）测试点特别是模拟电路中的测试点必须位于对测试电缆引入的负载不敏感的电路节点上。

（2）在某些情况下，可增加一个缓冲电路来保证与 ATE 的兼容。

（3）设计者必须为监控假定的故障原因而不是所有的故障提供最优的测试点布局。

9.3.5 故障诊断设计

1. 嵌入式诊断设计

嵌入式诊断设计主要包括 BIT、性能监测和中央测试系统的设计。有关外部测试接口及测试设备兼容性设计属于外部诊断设计。

嵌入式诊断设计应考虑的因素有：

（1）中央测试系统、系统和设备 BIT 与其他信息系统的综合；

（2）应充分应用可靠性设计资料，特别是故障模式、影响分析中有关故障检测方法的信息以及相关单元的故障率数据；

（3）产品使用和维修的有关要求；

（4）产品诊断、故障预测和健康管理的要求。

2. 外部诊断设计

外部诊断设计是指进行测试对象的外部测试的设计，有效综合利用各项诊断资源，以满足各级维修的外部诊断要求。外部诊断设计的主要内容包括测试点设计、诊断程序设计和外部测试设备的兼容性设计。

9.4 测试性试验与评价

测试性试验与评价的目的是：发现和鉴别产品有关测试性方面的缺陷，提供设计改进的依据；考核验证产品是否达到规定的测试性要求；对有关测试保障资源进行评价。

测试性试验与评价包括：测试性核查、测试性验证试验与评价。

9.4.1 测试性核查

测试性核查的目的是：通过检查、试验与分析评价，鉴别设计缺陷，采取纠正措施，持续改进产品测试性，最终满足规定的测试性要求。

测试性核查的方法比较灵活，一般有：一是最大限度利用研制过程的各种试验获得的故障定位与隔离的数据，必要时可采用注入故障的方式来获得需要的测试性数据；二是利用相似的产品经验和教训、测试性核查资料以及采用成熟的模拟与仿真等信息或方法发现问题并采取改进措施。

下面给出 GJB/Z 91—1997 中的测试性核对表和诊断核对表（见表 9-1 和表 9-2），供核查时参考。认真阅读核对表，也能帮助读者掌握测试性设计的一些要点。

表 9-1　　测试性核对表

序号	核对内容
1	测试性设计是否和主装备同步进行?
2	测试点选择、设计和测试划分是否在产品布局设计和组装中起到主要作用?
3	故障模式和影响分析是否已进行过? 它是否作为测试性分析的一部分?
4	BIT/BITE 和 ATE 分析和故障模拟是否用于评定测试设备的测试有效性?
5	测试性设计方法是否随着从分析和测试经验中所得到的信息的增多而不断改进?
6	修理级别分析是否作为测试性分析的基础?
7	在可能的情况下，各测试点是否位于面板上?
8	在不拆卸模块和元器件的情况下装备测试点是否可达?
9	外部测试点的可达性是否得到了保证?
10	为改善测试的可达性和便于顺序安排测试，测试点是否进行了分组?
11	每个测试点是否用与之相应的名称或符号进行了标志?
12	每个测试点是否标有应测量的在容限内的信号或极限?
13	测试点是否标有其输出的标志?
14	所有测试点是否用明显的颜色标识?
15	所提供的测试点是否与产品测试计划相一致?
16	是否使用了要求转不到一周就能连接的测试引线连接器?
17	测试点是否位于与它们相关的控制器和显示器附近?
18	测试点是否用于调整控制器上?
19	当移去有关控制时，是否在测试点处提供了明确信号指示的措施?
20	测试点是否位于使操纵有关控制器的技术人员可以在显示器上读出信号的地方?
21	提供的测试点是否可以把故障隔离到可更换单元或模块?
22	如果分离的测试点不容易提供，是否采用了接线盒内的扇出电缆以便测试?
23	测试点是否与所涉及的维修技能水平相容?
24	测试点是否进行了编码或与相关装置相互参照以指示出故障电路的位置?
25	所提供的测试点是否使所需的测试步骤最少?
26	测试点的设置是否有利于减少查找时间? 例如设在主通道口附近；集中分组，有适当标记；在工作位置可以观察的主显示器附近。
27	需要测试探针固位的测试点是否配有夹具，以使技术人员不需要握住探针?

续前表

序号	核对内容
28	在标准便携式测试设备不能使用的地方是否提供了机内测试设计？
29	测试点是否有足够的防护和照明？
30	技术人员是否可以在不拆卸机柜底盘的情况下达到所给的例行测试点？

表 9-2　　诊断核对表

序号	核对内容
1	由于 BITE 一般将增加产品的复杂性和费用，那么 BIT 要求是否是仔细研究的结果？
2	对 BITE 和 ATE 设计的进展是否加以监控和评定？在研制计划中是否分配了足够的时间和资金用于考验测试设备的效能？在生产过程中是否使用了测试设备来考核产品？
3	是否按合同要求进行了充分的验证来确定 BITE 和 ATE 的性能？在实验室里，通过注入故障所得到的性能是否与真实环境中所观测到的相一致？
4	虚警、不能复现和重测合格的次数是否与合同中的规定相符？
5	使用测试设备的说明书是否以逐步的格式编写的？
6	当测试设备预热时是否有显示信号？如果不便给出这种信号，是否在预热开关附近清晰地示出所需的预热时间，或在设备已预热到位时锁定？
7	当测试设备没有校准或不起作用时，是否有简单的检查方法予以指明？
8	要求换算观测值的测试设备显示器是否在设备上附有换算表，其换算系数是否注明在每一个单独的开关位或显示刻度附近？
9	是否为那些必须带到工作区的 UUT 测试设备提供了适当的支承，使技术人员在测试时无需扶着测试设备或携带单独的支承装置？
10	要求一名人员能搬动的便携式测试设备的质量是否在 23kg 以下？如果大于 23kg，可否分成 2 个或更多个组件？
11	当测试工作完成以后，是否有显示灯、自动电源开关或印刷的警告牌来保证测试设备关机？
12	测试设备的用途和特殊的注意事项是否在测试设备外部的显著位置标出？
13	没有设计自检的设备是否可以在任何可能的场合无需借助专用装置和导线在其运行状态予以检测？
14	是否用选择开关代替了多个插入式连接器？
15	设计出的测试设备是否可以在 2min 或更短的时间内与主装备连接？
16	对测试系统测试能力的误差分析是否核实了与规定的测试性要求相一致？
17	测试系统能否把故障隔离到所希望的更换层次？
18	测试硬件设计是否与产品环境要求相容？
19	是否考虑到采用民用测试设备或订购方提供的测试设备？
20	测试设备的设计是否基于足够的故障预测资料？
21	自检设计特性和程序是否足以保证在产品测试整个持续阶段进行正确的自动测试工作？
22	测试设备是否有足够的耐久性以减少频繁校准的需求？
23	是否确定了所有的诊断用参数和测量极限？
24	用户是否对输出格式满意；已格式化的输出是否可以用于数据的采集或整理分析？

续前表

序号	核对内容
25	所有各级维修人员是否可以毫无困难地运用自动测试功能?
26	传感器是否可以在不干扰或增加在测试中的产品的负荷下工作?
27	自动测试硬件是否具有故障自动防护功能，即它本身出现的故障不会导致产品出故障?
28	是否核实了在接口处可获得必要的输入和对ATE进行调整，例如，功率、冷却、外部基准?
29	是否已识别出不可测试的参数或装置，能否修改产品设计以消除它们?
30	如果必要的话，是否考虑采用一个闭环加热或冷却系统以维持适当的测试装置环境；如果使用了它们，冷却液和热源是否已经确定并与系统设计协调?
31	所选用的传感器是否具有快速、一致性且可重复的响应?
32	引入产品用于确定其状态的测试激励是否安全，即是否不会损坏产品或引起不正常的作用?
33	与测试设备对接的执行关键任务的部件是否进行过潜在通路分析，尤其对那些做过改动的电路?
34	测试设备的选择和采购是否根据优先选用的产品目录（PIL），按优先次序选择标准的测试设备?
35	测试设备硬件和软件的设计是否考虑了保障性?
36	ATE和测试程序是否使用了经有关部门认可的自动测试语言?
37	所选择的ATE和测试设备是否与UUT设计相容?
38	所选择的ATE和测试设备是否与其他维修级别使用的ATE和测试设备通用或兼容?

9.4.2 测试性验证试验与评价

测试性验证试验的目的是：验证产品是否达到规定的测试性指标要求。

测试性验证采用的方案主要是GJB 2072—1994《维修性试验与评定标准》附录C和GB 5080.5—1985《设备可靠性试验成功率的验证试验方案》，各种测试性验证方案的特点比较见表9-3。

表9-3　测试性验证方案特点比较

验证方案	主要特点	适用条件	参考文献
GJB 2072—1994的验证方案（基于正态近似）	● 可计算出下限值、近似值 ● 准确度较低 ● 未考虑产品组织特点	● 适用于有置信度要求的指标 ● 不适用于有α和β要求的情况	● GJB 2072—1994《维修性试验与评定标准》 ● GJB 1135.3—1991《地空导弹武器系统维修性评审、试验与评定》 ● GJB 1770.3—1993《对空情报雷达维修性试验与评定》

续前表

验证方案	主要特点	适用条件	参考文献
考虑双方风险的验证方案（基于二项分布）	● 合格判据合理、准确 ● 可查数据表、相对简单 ● 未给出参数估计值 ● 未考虑产品组织特点	● 要求首先确定鉴别比和 α,β 的量值 ● 不适用于有置信度要求的指标	● GB 5080.5—1985《设备可靠性试验成功率的验证试验方案》 ● GJB 1298—1991《通用雷达、指挥仪维修性评审与试验方法》
估计参数值的验证方案（基于二项分布和检验充分性）	● 合格判据合理、准确 ● 考虑产品组织特点 ● 给出参数估计值 ● 可查数据表、方法简单	● 适用于有置信度要求的指标 ● 不适用于有 α 和 β 要求的情况	GB 4087.3—1985《数据的统一处理和解释　二项分布可靠性单侧置信下限》
最低可接受值验证方案（基于二项分布和检验充分性）	● 合格判据合理、准确 ● 考虑产品组织特点 ● 可查数据表、方法简单	● 适用于有置信度要求的指标 ● 不适用于有 α 和 β 要求的情况	GB 4087.3—1985《数据的统一处理和解释　二项分布可靠性单侧置信下限》

由于设备可靠性试验成功率的验证试验方案在第 4 章已有介绍，下面重点介绍 GJB 2072—1994 附录 C 给出的验证方案。

1. 故障检测率和隔离率的试验验证

系统和分系统的故障检测和隔离能力通常采用模拟故障的方法进行。

（1）模拟故障的样本量 n。样本是参照维修性试验的样本量确定的，一般 $n \geqslant 30$。

（2）模拟故障的分配与模拟。样本的分配和模拟故障与维修性试验验证的作业样本分配和故障模拟相同。

（3）试验程序。测试性与维修性试验同时进行时，检测和隔离故障的时间应计入维修性试验的时间。若单独进行，应专门记录。

1）将要模拟的故障依次编号，按编号依次进行模拟故障的检测和隔离。

2）将试验结果记入表 9-4。

表 9-4 的填写方法如下：

● 针对每一个模拟的故障在 2A～2C 的适当栏中划“√”。例如能立即确定故障，则在 2A 栏中划“√”。

● 如果在基层级（或中继级、基地级）隔离时使用了机内测试装置，则针对每一个模拟故障，在表 9-4 的 3A（4A 或 5A）栏中划“√”，并在相应的 3D（4D 或 5D）栏内标明机内测试的隔离组内可更换单元数。如果在基层级（或中继级、基地级）隔离过程中没有或不能采用机内测试，则使相应的 3A（4A 或 5A）和 3D（4D 或 5D）栏保持空白。

表 9-4　　系统测试性试验统计表

故障号	故障检测			基层级隔离				中继级隔离				基地级隔离			
	2A	2B	2C	3A	3B	3C	3D	4A	4B	4C	4D	5A	5B	5C	5D
	能立即确定故障	有某种迹象，但不能立即确定故障	故障未被查出	机内测试	外部专用测试装置	手工测试	隔离组内可更换单元数	机内测试	外部专用测试装置	手工测试	隔离组内可更换单元数	机内测试	外部专用测试装置	手工测试	隔离组内可更换单元数
1															
1															
1															
2															
2															
2															
⋮															
$n-1$															
$n-1$															
$n-1$															
n															
n															
n															

● 如果采用了外部专用测试装置来进行基层级（或中继级、基地级）隔离，则针对每一个模拟故障在 3B（4B 或 5B）栏中划“√”，并在相应的 3D（4D 或 5D）栏内标明其隔离组内可更换单元数。如果没有外部测试装置，则使相应的各栏保持空白。

● 如果采用了人工方法（利用通用检测仪器）和规程规定的程序来进行基层级（或中继级、基地级）隔离，则针对每一个模拟故障在 3C（4C 或 5C）栏中划“√”；如果用了通用检测仪使用规程未规定的程序，则在相应的 3C（4C 或 5C）栏中划“○”；以上两者都要在相应的 3D（4D 或 5D）的栏内标明隔离组内可更换单元数 L。可能在同一栏内既要划“√”又要划“○”，这说明为了实现对故障的唯一隔离（使 $L=1$），规程规定的程序和规程未规定的程序都需要。

（4）数据处理。

1）利用汇集在表 9-4 中的试验结果，计算故障检测率 r_{FD} 和故障隔离率 r_{FI} 的点估计。

故障检测率 r_{FD} 的计算公式为：

$$r_{FD}=\frac{N_{FD}}{n} \tag{9-4}$$

式中，N_{FD} 为在 2A 栏内的"√"数；n 为模拟的故障总数。

欲求机内测试或外部专用测试装置或手工检测的故障隔离率 r_{FIL}，只要找出相应栏内的隔离组内可更换单元数小于等于 L 的"√"数 N_{FIL} 除以检测的故障总数 N_{FD} 即得。

$$r_{FIL}=\frac{N_{FIL}}{N_{FD}} \tag{9-5}$$

例如，求机内测试装置基层级故障隔离率 r_{FI3}，应先在 3D 栏中找到隔离组内可更换单元数为 1，2，3 时相对应的 3A 栏中"√"数 N_{FI3}，再除以检测出的故障总数 N_{FD}。即基层级机内测试的故障隔离率 r_{FI3} 为：

$$r_{FI3}=\frac{N_{FI3}}{N_{FD}} \tag{9-6}$$

式中，N_{FI3} 为隔离组内可更换单元为 1，2，3 时相对应的 3A 栏中"√"数之和。

同理，利用表 9－4 的统计结果可以求出外部专用测试装置或手工检测的基层级、中继级、基地级隔离的故障隔离率。当计算手工检测使用规程未规定程序的故障隔离率时，应统计相应的"○"数，作为 N_{FIL} 代入式（9－5）进行计算。

2）计算故障检测率 r_{FD} 和故障隔离率 r_{FI} 的区间估计。

令 r_{FD} 和 r_{FI} 的真值为 $\hat{P}$，点估计值为 $\hat{P}$。当 $0.1<\hat{P}<0.9$ 时，P 的置信度为 $1-\alpha$ 的单侧置信上限 P_U 和下限 P_L 分别为：

$$P_U=\hat{P}+Z_{1-\alpha}\sqrt{\frac{\hat{P}(1-\hat{P})}{n}} \tag{9-7}$$

$$P_L=\hat{P}+Z_{\alpha}\sqrt{\frac{\hat{P}(1-\hat{P})}{n}} \tag{9-8}$$

当 $\hat{P}\leqslant 0.1$ 或 $\hat{P}\geqslant 0.9$ 时，P 的置信度为 $1-\alpha$ 的单侧置信限分别为：

$$P_U=\begin{cases}\dfrac{2\lambda}{2n-K+\lambda}, & \text{当 } \hat{P}\leqslant 0.1 \text{ 时}\\[2ex] \dfrac{n+K+1-\lambda'}{n+K+1+\lambda'}, & \text{当 } \hat{P}\geqslant 0.9 \text{ 时}\end{cases} \tag{9-9}$$

式中，$\lambda=\frac{1}{2}\chi^2_{1-\alpha}(2K+2)$；$\lambda'=\frac{1}{2}\chi^2_{\alpha}[2(n-K)]$；$n$ 为样本量；K 为 n 次试验中成功的次数；$\chi^2_{\alpha}(v)$ 为自由度为 v 的 χ^2_{α} 分布的下侧 α 分位数，见 GB 4086.2—1983。

$$P_L=\begin{cases}\dfrac{2\lambda}{2n-K+1+\lambda}, & \text{当 } \hat{P}\leqslant 0.1 \text{ 时}\\[2ex] \dfrac{n+K-\lambda'}{n+K+\lambda'}, & \text{当 } \hat{P}\geqslant 0.9 \text{ 时}\end{cases} \tag{9-10}$$

式中，$\lambda=\frac{1}{2}\chi_{\alpha}^{2}(2K)$；$\lambda'=\frac{1}{2}\chi_{1-\alpha}^{2}[2(n-K)+2]$。

（5）判决规则。对 P 越高系统测试性越好的情况（如故障检测率、机内测试的故障隔离率），判决如下：

若 $P_L \geqslant P_S$ 则接受，否则拒绝。

其中，P_S 为 P 的不可接受值。

对 P 越小系统的测试性越好的情况（如手工检测的故障隔离率），按下式判决：

若 $P_U \leqslant P_S$ 则接受，否则拒绝。

2. 虚警率验证

由于虚警率和多种因素有关，受环境条件影响较大，很难在实验室条件下真实模拟，所以虚警率的验证比较困难，但 GJB 2072—1994 附录 C 中给出了一种验证方法，读者有需要可查阅该标准。

9.5 测试性管理

与可靠性一样，测试性是设计出来的、制造出来的，也是管理出来的。测试性管理的主要内容与可靠性管理有很多是相同或相似的，因此不再展开论述。测试性管理的主要工作项目有：

（1）制定测试性工作计划；

（2）对转承制方和供应方的监督与控制；

（3）测试性评审；

（4）测试性数据收集、分析与管理；

（5）测试性增长。

9.6 工程应用要点

（1）测试性好的产品一定能够缩短故障的修复时间，从而提高产品的维修性和可用性或战备完好性。

（2）测试性与其他通用质量特性密切相关，特别是与可靠性和维修性关系更为密切，在研制中一定要统筹考虑，同步进行。

（3）测试性一定要抓住及时、准确地检测到故障和正确地隔离故障这两大主题。

（4）开展测试性工作一定要坚持定性和定量相结合，特别是在测试性模型、预计和分配尚无标准可用的情况，更要注意利用工程经验和相似产品测试性的数据，坚持设计、试验、改进的反复迭代，不断提高产品测试性。

（5）要重视测试性数据的收集、分析和处理，形成数据库以便共享，努力解决测试性定量设计缺乏数据支持的难题。

习题与答案

一、单项选择题

1. 产品能及时准确地确定其状态，并隔离其内部故障的一种设计特性称为（　　）。

A. 可靠性　　B. 测试性

C. 维修性　　D. 保障性

2. 下列参数中，不能作为测试性参数的是（　　）。

A. 检测率　　B. 隔离率

C. 故障率　　D. 虚警率

3. 关于固有测试性的说法，正确的是（　　）。

A. 仅取决于产品设计的测试性

B. 仅取决于产品设计，受测试激励数据影响的测试性

C. 仅取决于产品设计，不受测试激励数据影响的测试性

D. 仅取决于产品设计，不受响应数据影响的测试性

二、多项选择题

1. 测试性重点考虑的因素有（　　）。

A. 故障检测　　B. 故障纠正

C. 故障预防　　D. 故障隔离

2. 测试性试验的目的有（　　）。

A. 发现和鉴别测试性缺陷　　B. 预防和发现测试性缺陷

C. 考核和验证测试性要求　　D. 预防和纠正测试性缺陷

3. 下列属于嵌入式诊断配置方案的有（　　）。

A. BIT 配置方案　　B. 性能监测配置方案

C. 综合诊断配置方案　　D. 中央测试系统配置方案

一、单项选择题答案

1. B　　2. C　　3. C

二、多项选择题答案

1. AD　　2. AC　　3. ABD

参考文献

[1] 康锐. 可靠性维修性保障性工程基础. 北京：国防工业出版社，2012.

[2] 杨为民，等. 可靠性 · 维修性 · 保障性总论. 北京：国防工业出版社，1995.

[3] GJB 2547A—2012 装备测试性工作通用要求.

[4] GJB/Z 91—1997 维修性设计技术手册.

[5] GJB 2072—1994 维修性试验与评定.

[6] GJB 3385—1998 测试与诊断术语.

第10章

保障性工程基础

10.1 概　述

我们都知道，汽车行驶需要有地方加油，购买电动汽车一定要考虑有地方可以充电。此外，汽车发生故障后要有地方维修，在维修时有维修备件的问题等。不仅汽车有这些问题，几乎所有的产品在使用时都会遇到这样的问题，其实这就是保障性。前者是使用保障的问题，后者是维修保障的问题。目前仍有人对保障性很陌生，望文生义，甚至在型号设计定型时的保障性分析报告中写道：设计所选用元器件、原材料质量有保证，有稳定的供货来源；生产制造厂房有空调和除尘设备；生产人员经过考核，持证上岗等，把这些工作都作为保障性。这显然是简单的望文生义的错误理解。因此，作为一名设计师和可靠性工程师，应该认真学习和掌握保障性的基础知识。

保障性发源于武器装备使用需求。20 世纪 70 年代，随着现代武器装备追求更为先进的功能与性能而大量采用先进的技术，从而使其复杂性大为增加，出现了使用和保障费用高、战备完好性差等严重问题，保障性逐渐引起各国军方和工业界的普遍关注。1973 年，美国国防部颁发了两个重要军用标准，即 MIL-STD-1388-1《后勤保障分析》和 MIL-STD-1388-2《国防部对后勤保障分析记录的要求》，并在 F-16 战斗机和 M1 主战坦克等第三代装备型号研制中不同程度地开展了保障性分析和设计。1983 年，美国国防部颁发指令 DODD5000.39《系统和设备综合后勤保障的采办和管理》，规定保障性与性能、进度和费用要同等对待，"综合后勤保障主要是以可承受的寿命周期费用实现系统的战备完好性为目标"。到 90 年代，美国国防部又将综合后勤保障纳入国防部指令，DODD5000.2《防务采办管理政策和程序》确定将综合后勤保障作为装备采办工作的一个不可分割的组织部分。进入 21 世纪，美军全面开展新一轮的采办改革，推行全寿命周期系统管理，进一步突出武器装备保障性的地位。近年来，美国国防部又颁发了《21世纪的产品保障指南》，进一步推出产品保障的理念，旨在强调实施全寿命周期保障性的重要性。2005年8月，美国国防部发布新的可靠性、可用性和维修性指南，以指导新一代装备全寿命周期系统管理的实施。

10.1.1 保障性

保障性（supportability）是指装备的设计特性和计划的保障资源满足平时战备和战时使用要求的能力。理解保障性要抓住下列三个要点。

1. 产品保障性设计特性

产品保障性设计特性是指与保障有关的产品设计特性。与保障有关的设计特性一般可分为两类：一类是与产品故障相关的维修保障特性的设计，主要指可靠性、维修性、测试性等；另一类是与产品使用有关的使用保障特性和维持产品正常使用的保障性，主要是使用保障。无论是维修保障还是使用保障，都是要通过设计赋予的。因此，在产品研制过程中必须加强产品保障性设计特性。

2. 保障资源

完成产品的维修保障和使用保障，除了在设计时要开展保障性设计之外，重要的是要有保障资源。保障资源包括保障产品的维修和使用所需要的人员和人力、备件备品、训练器材、工具和设备、保障设施等。不同的产品所需的维修和使用保障资源是不同的。注意：有了保障资源还不能直接形成保障能力，只有将各种孤立的保障资源有机地组合起来，相互配合，相互协调，形成一个具有一定功能的保障系统，才能高效地发挥各种保障资源的作用。

3. 平时战备和战时使用要求

平时战备要求一般用战备完好性来度量。战备完好性是指装备在平时和战时条件下，能随时开始执行预定任务的能力。对民用产品一般用可用性来度量。战备完好性或可用性与产品的可靠性、维修性、测试性等设计特性和保障系统的运行特性紧密相关。

战时使用要求常用任务持续性来度量。产品执行任务的持续性可用计划的保障资源和计划的保障活动来保证产品达到要求的作战水平。对民用产品则指达到要求的执行任务的程度。

由上可见，产品的保障性应从产品自身设计特性和保障系统运行特性两个方面进行设计、分析、试验和评价。

由于目前关于保障性标准和论述多见于武器装备，下面介绍保障性知识时，仍以GJB 3872—1999《装备综合保障通用要求》为基础依据，采用“装备”“平时”“战时”等术语。对民用产品，读者只需将“装备”理解为“产品”，将“平时战备”理解为产品“平时维护保养、培训等”，将“战时”理解为“使用”，这样介绍的保障性知识就很容易应用于民用产品。

10.1.2 综合保障

综合保障（integrated logistics support，ILS）是指在装备的寿命期内，为满足系统战备完好性要求，降低寿命周期费用，综合考虑装备的保障问题，确定保障性要求、影响装备设计、规划并研制保障资源、及时提供装备所需保障的一系列管理和技术活动。综合保障还可简单理解为综合考虑维修保障和使用保障的一系列管理和技术活动。综合保障在美国军用标准里称为后勤保障。

一般意义上的综合保障是一种工作理念，其实质就是把保障系统的论证、工程研制、生产等寿命周期内的工作尽早落实到装备的论证、工程研制、生产过程中，以一种专业化和一体化的迭代过程，建立保障系统设计与装备设计并行、迭代和反馈的关系，最终实现保障系统各要素与装备的设计特性在全寿命周期中协调发展，以达到好维修、好保障的目的。

综合保障的一系列管理和技术活动可用综合保障要素进行描述。综合保障要素是指综合保障的各组成部分，一般包括：规划维修，人力和人员，供应保障，保障设备，技术资料，训练与训练保障，计算机资源保障，保障设施，包装、装卸、贮存和运输保障，设计接口等要素。

（1）规划维修。它是指从确定装备维修方案到制定装备维修保障计划的工作过程。

（2）人力和人员。它是指平时和战时使用与维修装备所需人员的数量、专业和技术等级。

（3）供应保障。它是指规划、确定并获得备件、消耗品的过程。

（4）保障设备。它是指使用与维修装备所需的设备，包括测试设备、维修设备、试验设备、计量与校准设备、搬运设备、拆装设备、工具等。

（5）技术资料。它是指使用与维修装备所需的说明书、手册、规程、细则、清单、工程图样的统称。

（6）训练与训练保障。它是指训练装备使用与维修人员的活动与所需的程序、方法、技术、教材和器材等。

（7）计算机资源保障。它是指使用与维修装备中的计算机所需设施、硬件、软件、文档、人力和人员。

（8）保障设施。它是指使用与维修装备所需的永久性和半永久性的建筑及其配套设备。

（9）包装、装卸、贮存和运输保障。它是指为保证装备及其保障设备、备件等得到良好的包装、装卸、贮存和运输所需的程序、方法和资源等。

（10）设计接口。它是指系统组成部分之间的接口应便于维修和保障。

10.1.3 综合保障的任务和基本原则

1. 综合保障的任务

综合保障的任务包括：

（1）确定装备系统的保障性要求；

（2）在装备设计过程中进行保障性设计；

（3）规划并及时研制所需的保障资源；

（4）建立经济、有效的保障系统，使装备获得所需的保障。

2. 综合保障的主要原则

综合保障的主要原则如下：

（1）应将保障性要求作为性能要求的组成部分；

（2）在论证阶段就应考虑保障问题，使有关保障要求有效地影响装备的设计；

（3）应充分进行保障性分析，权衡并确定保障性设计要求和保障资源要求，以合理的寿命周期费用满足系统战备完好性；

（4）在寿命周期各阶段，应注意综合保障各要素的协调；

（5）在规划保障资源过程中应充分考虑现有保障资源（包括满足要求的民品），并强调标准化要求。

10.1.4 保障系统

保障系统是指使用与维修装备所需的现有保障资源及其管理的有机组合。保障系统还可以看成是由保障资源、保障活动和保障组织构成的有机整体。

保障资源包括：人力和人员，供应保障，保障设备，技术资料，训练与训练保障，保障设施，包装、装卸、贮存和运输保障，计算机资源保障。

保障活动包括：使用保障活动和维修保障活动。

保障组织包括：不同的维修级别的组织。例如，维修级别 1、维修级别 2 和维修级别 3。

保障系统应努力达到及时性、有效性、部署性、经济性、可用性和通用性。

10.1.5 综合保障的主要工作

综合保障贯穿于装备寿命周期的各个阶段，其主要工作有：

（1）综合保障的规划与管理。包括制定综合保障工作计划；综合保障评审；对转承制方和供应方的监督与控制。

（2）规划使用保障，规划维修和保障资源。

（3）研制和提供保障资源。

（4）装备系统的部署保障。

（5）保障性试验与评价。

10.2 可用性

可用性（availability）是指产品在任意时刻需要和开始执行任务时，处于可工作或可使用状态的程度。可用性的概率度量称为可用度。可用性是产品可靠性、维修性和综合保障水平的综合反映。可用性在军品和民品都广泛使用。在军品里，它就是战备完好性的另一种描述。在民品中，很多行业也极为重视，例如轨道交通方面有国家标准《轨道交通　可靠性、可用性、可维修性和安全性规范及示例》。可用度是衡量产品保障性的重要参数。

产品可用度可表述为产品能工作时间与能工作时间和不能工作时间的总和之比。能工作和不能工作时间可用图 10-1 表示。

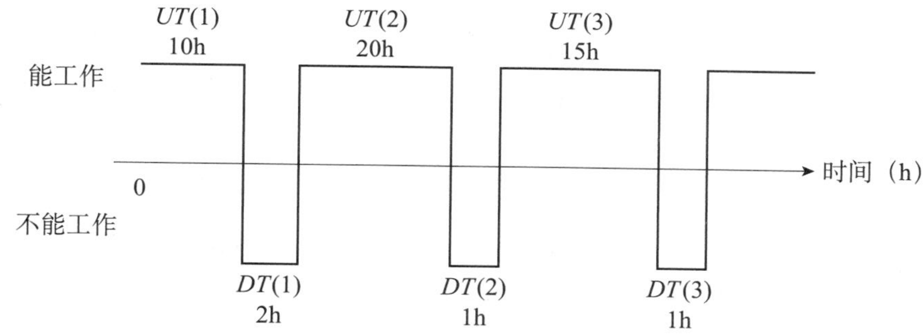

图 10-1　可用性示意图

可用度 A 用式（10-1）表示：

$$A=\frac{\text{能工作时间}}{\text{能工作时间}+\text{不能工作时间}}=\frac{UT}{UT+DT} \tag{10-1}$$

式中，A 为可用度；UT 为能工作时间，包括工作时间、不工作时间（能工作）、待命时间；DT 为不能工作时间，包括预防性维修时间、修复性维修时间、管理和保障资源延误时间。

例 10-1　根据图 10-1 给出的数据，计算产品的可用度。

解： $UT=UT(1)+UT(2)+UT(3)=10+20+15=45\,(\text{h})$

$DT=DT(1)+DT(2)+DT(3)=2+1+1=4\,(\text{h})$

$$A=\frac{UT}{UT+DT}=\frac{45}{45+4}=0.918$$

在工程实际中，能工作时间一般用平均故障间隔时间 MTBF 或平均维修活动间隔时间 MTBMA 表示。不能工作时间受很多因素的影响，必须进行具体分析：一是产品使用中发生故障需进行修复性维修，一般用平均修复时间 MTTR 表示；二是产品经过一定时间使用后必须按规定进行维护保养，即预防性维修，一般用平均预防性维修时间 MTTP 表示；三是在维修活动过程中可能会遇到管理和保障资源不到位的延误，一般用平均管理和保障资源延误时间 MTMLD 表示。考虑不能工作时间的不同，可用度一般可分为固有可用度、可达可用度和使用可用度。

1. 固有可用度 A_i（inherent availability）

$$A_i=\frac{MTBF}{MTBF+MTTR} \tag{10-2}$$

固有可用度是产品研制方能够通过设计加以控制的，可以作为产品研制的合同要求。它仅与 MTBF 和 MTTR 有关。提高固有可用度只能从延长 MTBF 即提高可靠性和缩短 MTTR 即提高维修性两方面努力。

2. 可达可用度 A_a（achieved availability）

$$A_a = \frac{MTBMA}{MTBMA + MTTR + MTTP} \tag{10-3}$$

可达可用度是在固有可用度基础上增加考虑预防性维修时间的因素。

3. 使用可用度 A_o（operational availability）

$$A_o = \frac{MTBMA}{MTBMA + MTTR + MTTP + MTMLD} \tag{10-4}$$

使用可用度是在可达可用度基础上增加考虑管理和保障资源延误时间，是产品在实际使用条件下表现出的真实可用性水平。使用可用度一般用于新产品论证和使用过程的评估。

由上可知，提高可用性一是提高可靠性，延长 MTBF 或 MTBMA；二是提高维修性和保障性，缩短 MTTR，MTTP 和 MTMLD。这样就决定保障性要求不可能只用一个参数指标来描述，必须用一组定量参数和一组定性描述来表示。

10.3 保障性要求

保障性是装备设计特性和计划的保障资源满足平时战备和战时使用要求的能力。从保障性的定义可以看出，它一方面取决于装备本身的保障性设计的水平，另一方面取决于保障系统的能力。因此，保障性包括一系列不同层次、不同方面的与装备保障有关的特性。这样就决定保障性要求不可能只用一个参数和指标来表述，而必须用一组定量的指标和一组定性的要求来表述。提高系统战备完好性或可用性是保障性工作的出发点和落脚点。

1. 保障性定性要求

保障性定性要求包括一系列不同层次、不同方面与保障性有关的定性要求，大致可分为以下三类。

第一类是与装备保障性设计有关的定性要求。这主要是指可靠性、维修性、运输性等定性设计要求和便于战场抢修的设计要求。例如，发动机的设计要便于安装和拆卸；采用模块化系列化的设计要求；有防差错设计、热设计、降额设计的定性要求等。此外，保障性定性要求还应包括保障装备“充、填、加、挂”所需的非量化的设计要求，如对燃油、润滑油的类型、品种的要求。

第二类是有关保障系统及其资源的定性要求。这些定性要求反映在规划保障时要考虑和遵循的各种原则和约束条件。例如，对维修方案的各种考虑，包括维修级别和各级别维修任务的划分等。保障系统中的保障资源的定性要求主要是规划资源的原则和约束条件，这些原则取决于装备的使用与维修要求、经费、精度等。例如，保障设备的定性要求可以是尽量减少保障设备的品种和数量，尽量采用通用的标准化的保障设备，尽量采用现有的保障设备，采用综合测试设备等方面的具体要求。有时定性要求和约束条件没有明确的界限，比如维修人力和人员的约束条件就是对人力和人员的定性要求。

第三类是特殊保障要求。主要指装备执行特殊任务或在特殊环境下执行任务时对装备保障的特殊要求。例如，坦克在沙漠或沼泽地或在潜渡时对设计与保障的特殊要求，装备在“核、生、化”等环境下使用时对设计与保障的要求等。

以上三类定性要求都要根据具体装备（产品）的特点尽可能给予详细规定，形成装备保障性的定性要求。

2. 保障性定量要求

保障性定量要求包括根据装备的使用要求和本身的不同特点，选择合适的保障性参数并给保障性参数赋予具体的量值即保障性指标。

（1）保障性参数。描述保障性要求的参数可分为三类：第一类是从使用角度描述装备系统的系统战备完好性，民品一般用可用度；第二类是从设计角度描述装备本身的保障性设计特性参数；第三类是保障系统及其资源的参数。

第一类是与战备完好性有关的保障性参数。系统战备完好性参数的选择取决于作战任务的需求、使用要求和装备类型等因素，常用的战备完好性参数示例见表10－1。

表10－1　　战备完好性参数示例

装备类型	参数示例
飞机	使用可用度、能执行任务率、出动架次率
装甲车辆	使用可用度、能执行任务率、单车战斗准备时间
舰船	使用可用度
陆基导弹	使用可用度、能执行任务率

第二类是与保障性的设计特性有关的参数。这一类参数要求可根据使用要求直接提出。保障性设计特性参数和可靠性参数一样可分为使用参数和合同参数，使用参数一般是与系统战备完好性、维修人力和保障资源费用直接有关的参数，合同参数则是可以直接用于设计的参数。常用的保障性设计特性参数示例见表10－2。

表10－2　　保障性设计特性参数示例

使用参数	合同参数
平均不能工作间隔时间 平均系统恢复时间 平均维修性间隔时间	平均故障前时间、平均故障间隔时间 可靠度、故障率 平均修复时间

续前表

使用参数	合同参数
维修活动的平均直接维修工时 平均拆卸间隔时间 各维修级别拆零件总费用 故障检测率、故障隔离率、虚警率	维修活动的平均直接维修工时 故障检测率、故障隔离率、虚警率 运输尺寸、重量、受油速率

第三类是与保障系统及其资源有关的参数。这一类参数要求可由战备完好性要求分解导出，也可根据使用要求直接提出。常用的保障系统和资源参数示例见表10－3。

表 10－3　　保障系统和资源参数示例

参数类别	参数示例
保障系统	平均延误时间、平均管理延误时间
保障资源	备件利用率、备件满足率、保障设备利用率、保障设备满足率、供油速率

（2）保障性指标。保障性指标是对已选择的保障性参数进行赋值。保障性指标的确定要坚持需求与可能的原则。目前一般的做法是利用已选择的基准比较系统和现有相似装备的保障性数据，再根据新研装备技术特点，初步设定的可靠性、维修性等设计要求和保障系统及其资源要求，分析实现战备完好性要求的可能性，通过反复迭代之后确定。

10.4　综合保障的规划与管理

综合保障的规划与管理由于订购方和承制方所承担的保障性工作各有侧重。因此，订购方应制定综合保障计划，承制方应制定综合保障工作计划。此外，还应开展综合保障评审。下面简要说明综合保障工作计划的主要内容。

综合保障工作计划是由承制方制定的，是一份关于如何实施合同中规定的综合保障各项工作的指导性文件，其主要内容有：

（1）装备说明及综合保障工作要求和综合保障工作机构及其职责；

（2）对影响战备完好性和费用的关键因素的改进；

（3）保障性分析计划，规划使用保障、维修保障和保障资源；

（4）综合保障评审，包括评审的项目、目的、内容、主持单位、评审时间、判据、评审意见处理等；

（5）保障性试验与评价计划；

（6）综合保障与其他专业工程的协调；

（7）对转承制方和供应方综合保障工作的监督与控制；

（8）工作进度表。

10.5 规划使用保障与维修保障

10.5.1 规划使用保障

规划使用保障应以订购方的使用方案和型号研制形成的初步使用保障方案为基本输入。通过使用工作分析得到保障方案和保障资源。使用工作分析应始终围绕装备及其要执行的任务开展。首先，不同类型的装备执行相同的使用任务，其所需的使用保障可能是不同的。例如，使用运输机和卡车运输同样的弹药，其所需的保障是不同的。其次，相同的装备执行不同的任务时，其所需的保障也是不同的。例如，运输机执行空投任务和执行空降任务时所需的保障也是不同的。虽然有这些可能的不同，但在使用保障过程中，针对不同的使用保障工作要求，必然存在具有相同功能类型要求的描述。例如，在“能源补充”使用工作要求中需对坦克油箱加油；“在任务准备”使用工作要求中需完成弹药的装填或挂装。虽然从目的分析两者有区别，但从工作类型、完成功能的角度分析，两者又可归纳为执行挂装、添加类使用保障的工作项目。因此，按照种类不同，可将保障工作项目进行分类，使其确定的依据更明确，也更具有通用性。

使用保障工作类型分别介绍如下：

（1）检查、审核类：针对装备使用说明书中的“任务前、后”阶段要求以及使用保障中的“动用装备”工作要求，将对应的使用保障工作定为检查、测试等。

（2）挂装、添加类：针对使用说明书中的“任务前、中”阶段要求和使用保障中的“动用装备”和“能源补充”工作要求，将对应的使用保障工作确定为安装（装载/卸装）、润滑及添加等。

（3）调试、校准类：针对使用说明书中的“任务中”阶段要求和使用保障中的“任务准备”工作要求，将对应的使用保障工作确定为调整、对准、校准等。

（4）挂扣、连接类：针对使用说明书中的“任务前、中”阶段要求和使用保障中的“动用装备”和“任务准备”工作要求，将对应的使用保障工作项目确定为安装、连接、操作等。

（5）软件操作类：针对装备使用中关于软件的要求，将对应的使用保障工作确定为软件调试。

将上述五类使用保障工作要求，结合装备设计特性和使用的综合信息等，就可完成使用保障方案和确定使用保障资源。

10.5.2 规划维修保障

规划维修保障包括规划预防性维修保障和修复性维修（修理）保障。

规划预防性维修保障分析主要采用以可靠性为中心的维修（RCMA）。它是按照以最少的维修保障资源消耗来保障装备固有可靠性和安全性原则，应用逻辑推断的方法确定装备预防性维修要求的活动，其中包括系统和设备 RCMA、结构

RCMA 和区域检查分析三项工作。

装备预防性维修要求是编制有关维修技术资料，例如，维修工作卡，维修技术规程手册和需要的维修资源、备件、消耗品、仪器和人力等的依据。预防性维修要求一般包括需预防性维修的产品、工作的类型、工作间隔期和修理级别等。

修复性维修（修理）保障分析主要采用修理级别分析（LORA）的方法。它是在装备研制时根据装备修理的约定层次与维修级别关系，分析确定产品发生故障或损坏时是报废还是修理，如需修理在哪一修理级别机构修理为最佳。LORA 不仅直接确定了装备各组成或修理或报废的地点，而且确定了各修理级别所需配备的保障设备（如检测维修车）、备件、工具、人员及技术水平的训练等要求的信息。关于系统和设备 RCMA、结构 RCMA 和区域检查分析等见第 8 章。

10.6 规划与研制保障资源

保障资源是装备使用和维修的重要物质基础。规划与研制保障资源是装备研制工作的一个重要组成部分。只有形成优化的保障系统，才能完好地保障装备达到规定的战备完好性或可用性要求。规划与研制保障资源工作主要包括确定保障资源的种类和保障资源的数量并加以研制。

规划与研制保障资源工作主要包括：

1. 人力和人员的规划

所有的装备都需要由人操作使用和维修，即使所谓无人机或无人车也是要由人操控和维修的。因此，使用操作是否正确和维修是否到位直接关系到战备完好性和使用效能。配备足够数量的合格的使用操作人员和维修人员是构成装备保障系统的重要因素。

装备使用人员和维修人员因所需完成的任务不同而对所需人员的技术水平、素养和数量的要求也不相同，必须根据装备的特点以及使用保障和维修保障分析的结果，具体确定对人力和人员的要求。

2. 供应保障

供应保障主要指备件和消耗品的保障。备件是维修装备时所需的各种零件、元器件、组件或部件等的统称。备件一般分为可修复备件和不可修复备件。可修复备件是指其出现故障后能以经济性好的技术手段予以修复使其恢复到原有的功能的备件；不可修复备件是指其发生故障后不能以经济性好的技术手段予以修复的备件。

在产品的研制过程中应制定备件和消耗品的确定原则、方法以及约束条件，根据备件利用率、备件满足率、年使用要求、零部件故障率以及使用保障和维修保障分析的结果，确定所需备件和消耗品的品种和数量的清单。

3. 保障设备的研制

装备要发挥最大的效能需要有相应的保障设备。保障设备一般分为通用保障设备和专用保障设备。适用于多种应用场合的保障设备称为通用保障设备，例如，手工工具、空气压缩机、液压起重机、电瓶车以及一些标准的测试设备等；针对某种具体装备执行特定的保障活动而研制的设备称为专用保障设备，例如，为主装备服务的检查维修车、抢救车、供弹车等。

在装备的研制过程中，应在了解现有保障设备清单及其功能说明的基础上，根据保障设备的利用率和满足率的要求，利用使用保障和维修保障的分析结果，编制保障设备配套目录，提出研制的采购保障设备的建议，并按合同要求研制保障设备。

4. 训练和训练保障

训练（培训）一般分为初试训练和后续训练。初试训练的目的是使部队尽快掌握将要部署的新装备，通常由研制方进行，使用部门配合；后续训练通常由使用方组织，由部队自训、训练基础和院校组成的训练系统完成，训练计划正规，训练要求更为严格。

训练还可大致分为三类：对操作人员的训练、对维修人员的训练和对培训教员的训练。

在装备研制过程中应了解现有的训练和训练保障条件，规划使用保障和维修保障的结果，以及人力和人员需求等，编制训练教材，制定训练计划，提出训练器材的采购和研制建议，并按合同要求研制训练器材。目前，应用装备模拟训练器进行训练已很普遍，效果也好，可节省大量的训练费用和时间。

5. 技术资料的编写

随装备提供的技术资料一般包括装备构造资料（构造说明书、分解图册等）、装备使用资料（使用说明书、操作手册、装载数据手册等）、装备维修资料（维修说明书、维修规程、大修手册等）、保障资料（备件清单、保障设备清单、设备使用与维修说明书、软件使用维护手册等）、合格证明资料（产品合格证、履历书等），以及其他资料（如技术通报、需要的工程图样等）。资料种类虽然多，但最主要的是能系统指导用户操作和维修装备的各种技术手册。技术手册一定要保证其内容的正确性、完整性和易理解性。正确性体现在各种数据正确且充分反映装备的技术状态；完整性体现在内容充分、全面，能正确指导操作和维修；易理解性体现在文字通俗易懂，图表和图像清晰，标识规范，适合相应文化水平的人员阅读。

技术手册的形式可以是传统纸质的技术手册，也可以是现代的交互式电子技术手册。当前更受关注和大力推行的是交互式电子技术手册（Interactive Electronic Technical Manual，IETM），它既可以用于培训，也可以用于指导操作和维修，使用更灵活，与网络技术结合后还可以大大提高实时性。

IETM是一种利用自动创作系统，以数字形式在某种媒介上编辑的技术手册，并设计成以电子视窗向用户显示。其特点有：

（1）在台式电脑或笔记本电脑或其他便携式的电子显示装置上，按帧（图像）显示信息，因此，具有最大包容性。

（2）各种技术数据间是互相关联的，用户可通过多种途径便利地访问所需的信息。

（3）通过接口装置，可以交互式地请求和提供所需的维修和保障等信息。

在装备研制过程中应了解技术资料种类和数量要求、格式、质量和进度要求，根据规划使用保障与规划维修分析结果，以及有关设计和生产资料等，认真编写规定的各种技术资料。

6. 保障设施的规划与建设

保障设施是指装备使用与维修所需的永久性和半永久性的建筑物及其配套设备。例如，油库、弹药库、舰船的码头、机场等。不同的设施具有不同的功能，主要包括维修设施、供应设施、特种设施（如环控室、危险品处理车间等）。可以按不同功能单独建立，也可以组建在同一地点。新研装备保障设施的建立一定要充分利用现有设施，现有设施不能满足时再改进或扩建。

7. 包装、装卸、贮存和运输保障

在研制过程中应根据装备及其保障设备、备件对包装、装卸、贮存和运输的要求及规定的约束条件等，并根据 GJB 1181—1991《军用装备包装、装卸、贮存和运输通用大纲》的规定，开展与包装、装卸、贮存和运输相关的设计和保障工作。

8. 规划计算机资源保障

计算机资源保障分为硬件保障和软件保障。由于硬件是装备的重要组成部分，装备的保障已包含硬件部分的保障，所以，计算机资源保障的重点和核心是软件的保障。研制方必须提供设计定型验证的最新的有效版本的软件，同时还应提供使用说明书等有关技术资料。文档要正确和完整，并规定软件操作人员的数量和技术等级等。软件保障的另一项工作是必须制定软件使用过程中一旦发现问题时提出修改和修改的验证及审批流程。软件保障还应加强配置管理，确保使用的软件是最新的、有效的版本。

10.7 保障性试验与评价

保障性试验与评价包括保障性设计特性的试验与评价、保障资源试验与评价和系统战备完好性评估。保障性设计特性的试验与评价主要包括可靠性、维修性等设计特性的试验与评价，此项试验与评价已在第 3 章中作了阐述，因此，本节只对保障资源试验与评价做简要介绍。

保障资源试验与评价的目的是，验证保障资源是否达到规定的功能和性能要

求，确保保障资源与装备的匹配性、保障资源的协调性。保障资源试验与评价一般在工程研制阶段后期进行。各项保障资源的评价应尽可能综合进行，并尽量和保障性设计特性的试验与评价，尤其是维修性验证和演示结合进行，从而最大限度地利用资源，减少重复工作，对不能在该阶段进行评价的保障资源，可在后续阶段具备条件时尽早进行。

保障性资源试验与评价的主要内容有：

1. 人力和人员

评价配备的人员数量、专业、技术等级是否合理，是否符合订购方提出的约束条件，是否满足使用与维修装备的要求。

2. 供应保障

评价配备的备件和消耗品等的品种和数量的合理性，能否满足平时和战时的使用和维修装备的要求，评价承制方提出的后续备件和消耗品清单及供应建议的可行性。

3. 保障设备

验证配套的保障设备的功能和性能是否满足要求，评价品种的数量的合理性，保障设备与装备的匹配性和有效性，保障设备的利用率以及保障设备本身的保障。

4. 训练和训练保障

评价训练的有效性以及训练装置的功能和数量是否满足训练要求。

5. 技术资料

评价技术资料是否满足使用和维修装备的要求，评价技术资料的正确性、完整性和易理解性，检查装备及保障系统的设计更改是否反映在技术资料中。

6. 保障设施

评价保障设施能否满足使用、维修和贮存装备的要求，并对其面积、空间、配套设备、设施内的环境条件以及设施的利用率等进行评价。

7. 包装、装卸、贮存和运输保障

评价装备及其保障设备等产品的实体参数（长、宽、高、净重、总重、重心）、承受的动力学极限参数（振动、冲击加速度、挠曲、表面负荷等）、环境极限参数（温度、湿度、气压、清洁度）、各种导致危险的因素（误操作、射线、静电、弹药、生物等），以及包装等级是否符合规定的要求，评价包装储运设备的可用性和利用率。

8. 计算机资源保障

评价用于保障计算机系统的硬件、软件、设施的适用性，文档的正确性和完整性，所确定的人员数量、技术等级等能否满足规定要求。

10.8 工程应用要点

（1）装备保障性应抓住使用保障和维修保障两大主题。

（2）使用保障与维修保障相比，影响使用保障的因素相对较少，不确定性较少，因此相对简单、直观、容易；而影响维修保障的因素较多，难度较大，必须给予更多的关注。

（3）综合保障要抓住 8 种保障资源的内容及工作要求；抓住 10 个综合保障要素，它包括 8 种保障资源，再加上规划维修和设计接口。

（4）保障性与可靠性、维修性、测试性、安全性和环境适应性都有密切的联系，必须综合考虑，充分利用各质量特性工作中积累的数据和资料，避免孤立和重复地开展，以提高效率。

（5）保障性必须贯穿装备的全寿命周期，综合保障方案应随着使用和维修工作的实施和数据的积累不断完善。

（6）必须注意保障性基础数据的收集、分析和处理，建立共享的数据系统。

习题与答案

一、单项选择题

1. 装备的设计特性和计划的保障资源满足平时战备和战时使用要求的能力称为（　　）。

A. 可靠性　　B. 维修性

C. 测试性　　D. 保障性

2. 综合保障的目的是（　　）。

A. 提高可靠性　　B. 提高任务成功性

C. 提高战备完好性　　D. 提高维修性

3. 使用可用度是指（　　）。

A. A_i　　B. A_o

C. A_a　　D. A

二、多项选择题

1. 下列属于综合保障要素的有（　　）。

A. 规划保障　　B. 规划维修

C. 技术资料　　D. 保障设施

2. 下列属于保障资源的有（　　）。

A. 保障设备　　B. 保障设施

C. 技术资料　　D. 规划保障

3. 可以提高装备战备完好性或产品可用性的措施有（　　）。

A. 延长 MTBF　　　　B. 延长 MTTR
C. 缩短 MTBF　　　　D. 缩短 MTTR

一、单项选择题

1. D　　2. C　　3. B

二、多项选择题

1. BCD　　2. ABC　　3. AD

参考文献

[1] 康锐. 可靠性维修性保障性工程基础. 北京：国防工业出版社，2012.
[2] 马麟. 保障性设计分析与评价. 北京：国防工业出版社，2012.
[3] 杨为民，等. 可靠性・维修性・保障性总论. 北京：国防工业出版社，1995.
[4] GJB 3872—1999 装备综合保障通用要求.

第11章

安全性工程基础

11.1 概　述

安全的概念历来就有，长期受到人们的密切关注，但安全性作为一门独立的学科却是从20世纪50年代逐步形成的。起推动作用的是美国在20世纪50年代在导弹发展计划中的需要。当时采用液体推进剂的导弹如雷神等常发生爆炸事故，通过对事故的调查发现，这些事故主要是由于设计缺陷、操作失误以及糟糕的管理引起的。于是，1962年美国空军导弹系统局出版了BSD62-41《空军弹道式导弹研制的系统安全性工程》，1978年美国国防部颁布了DODD5000.36《系统安全工程和管理》，1987年美军颁布了军用标准MIL-STD-882B《系统安全性大纲》，并于2000年修订为MIL-STD-882D《系统安全性实施标准》，其中围绕危险分析工作制定了一般要求和详细要求。

我国为了更好地开展系统安全性工程的工作，在1990年发布了GJB 900—1990《系统安全性通用大纲》，1997年发布了GJB/Z 99—1997《系统安全工程手册》，并于2012年对GJB 900—1990进行了修订，发布了GJB 900A—2012《装备安全性工作通用要求》。我国很多民用行业也都制定了安全性方面的标准。安全性方面的标准是国家规定必须强制执行的标准类型。

1. 安全性与安全和事故

安全性是指产品具有的不导致人员伤亡、装备损坏、财产损失或不危及人员健康和环境的能力。安全性是通过设计赋予的并由生产实现的一种产品固有特性，是产品所有固有特性中最重要的一种质量特性。安全性定义中的“能力”用概率表示即为可靠度，因为产品在运输、贮存或使用过程中是否会发生安全性问题是一种随机事件。

安全是指不发生可能造成人员伤亡、职业病、设备损坏、财产损失或环境损害的状态。安全是产品研制、生产、使用和保障的首要要求。“安全第一”是我们各项工作都必须遵守的一条基本原则。产品的安全是随着时间和空间的改变而变化的。安全是一个相对的概念，世界上没有绝对安全的产品。例如，绝对安全的飞机是没有的，多年来飞机失事的事件偶有发生，但由于其发生的可能性很小，其存在的风险人们可以接受，因此，人们还是很喜欢选择这种快捷的交通工具。

事故是指造成人员伤亡、职业病、装备损坏、财产损失或环境破坏的一个或一系列意外事件。根据事故后果的严重程度，不同的国家、不同的行业均对事故做出了不同的规定，把事故划分为不同的等级。我国《生产安全事故报告和调查处理条例》将事故严重性划分为特别重大事故、重大事故、较大事故和一般事故。具体规定如下：

- 特别重大事故是指造成 30 人以上死亡，或者 100 人以上重伤，或者 1 亿元以上的直接经济损失的事故；
- 重大事故是指造成 10 人以上 30 人以下死亡，或者 50 人以上 100 人以下重伤，或者 1 亿元以下 5 000 万元以上的直接经济损失的事故；
- 较大事故是指造成 3 人以上 10 人以下死亡，或者 10 人以上 50 人以下重伤，或者 1 000 万元以上 5 000 万元以下的直接经济损失的事故；
- 一般事故是指造成 3 人以下死亡，或者 10 人以下重伤，或者 1 000 万元以下的直接经济损失的事故。

美国空军将飞机的飞行事故划分为 A，B，C 三个等级。A 级事故，又称为灾难事故，指的是财产损失 100 万美元，人员死亡或永久性身残，飞机毁坏的事故；B 级事故界定为财产损失在 20 万～100 万美元，人员永久性部分伤残，3 人或 3 人以上入院治疗的事故；C 级事故界定为财产损失 10 万～20 万美元，人员受轻伤而导致 8 小时或 8 小时以上不能工作的损失，空中着火的事故。

2. 危险和危险源

危险是指可能导致事故的状态。危险主要来自设计和制造的缺陷、所使用材料的缺陷、使用和维修人员的人为差错以及有害的环境。在第 1 章中我们说，可靠性主要是与故障作斗争，而安全性我们可以理解为主要是与危险作斗争。

危险源是指一个系统中具有潜在能源和物质释放危险，可能造成人员伤害、财产损失或环境破坏的部位、区域、空间、岗位、设备及其位置，它的实质是具有潜在危险的源点或部位。它是引发事故的源头，是能量、危险物质集等。危险和危险源有时是很难区别的，因为两者之间没有本质的不同，只是不同的行业有不同的习惯说法，轨道交通行业还将危险称为隐患。读者稍加注意即可。

3. 风险

风险是指某种危险的危险可能性和危险严重性的综合度量。

危险可能性是指某种危险发生的可能性。危险可能性一般采用定性描述的方法划分为若干个可能性等级。GJB 900A—2012《装备安全性工作通用要求》给出了具体的划分（见表 11－1）。

表 11-1　　危险可能性等级划分

等级	说明	产品个体	装备总体
A	经常	可能经常发生	连续发生
B	很可能	可能发生若干次	经常发生
C	偶然	可能偶尔发生	发生若干次
D	很少	很少发生，但有可能	很少发生，但有理由预期可能发生
E	极少	极少发生，可认为不会发生	极少发生，有理由认为几乎不可能发生

危险严重性是指某种危险可能引起的事故后果的严重程度，也可称为事故严重性。危险严重性一般采用定性描述的方法分为若干个严重等级。GJB 900A—2012《装备安全性工作通用要求》给出了具体的划分（见表 11-2)。

表 11-2　　危险严重性等级划分

等级	程度	定义
Ⅰ	灾难的	人员死亡、装备完全损毁或报废、严重的不可逆的环境破坏
Ⅱ	严重的	人员严重伤害（或严重职业病)、装备严重损坏、较严重但可逆的环境破坏
Ⅲ	轻度的	人员轻度伤害（含轻度职业病)、装备或环境轻度破坏
Ⅳ	轻微的	轻于Ⅲ类的人员伤害、装备或环境破坏

风险是安全性工程中很重要的概念，因为它既考虑危险发生的可能性又考虑危险导致的后果。产品有危险存在就有风险，绝对没有风险的产品是不存在的，区别仅仅是风险的大小是否可接受的程度。例如，人类今天在发展核能，但发展核能就有辐射的危险，这种危险是客观存在的，因此人们想尽各种有效措施使其在应用中受辐射伤害的风险降低到可以接受的程度。所以，核电站一个又一个地建设，这说明人们既要关心危险，更要关心危险的风险，也就是残余风险的可接受水平。注意，风险可接受水平并没有绝对的标准。例如核电站，有的国家禁止，有的国家就没有禁止。又如登山有风险，但有人可以接受，于是坚持，而有人认为不可接受就放弃。再如，有人费劲考下驾照，但却放弃买车和开车，因为开车的风险他无法接受。同样的还有人终身不乘坐飞机等。

风险评价可采取定性或定量的方法。GJB 900A—2012《装备安全性工作通用要求》给出了定性的风险指数评价法，并给出了风险指数的参考示例（见表 11-3)，同时还给出了针对不同风险指数的风险接受原则参考示例（见表 11-4)。

表 11-3　　危险的风险指数参考示例

危险可能性等级	危险严重性等级			
	Ⅰ（灾难的）	Ⅱ（严重的）	Ⅲ（轻度的）	Ⅳ（轻微的）
A（经常）	1	2	7	13
B（很可能）	2	5	9	16
C（偶然）	4	6	11	18
D（很少）	8	10	14	19
E（极少）	12	15	17	20

表 11-4　针对不同风险指数的风险接受原则参考示例

风险指数	风险接受原则
1～5	不可接受
6～9	不希望、需订购方决策
10～17	订购方评审后接受
18～20	不需评审即可接受

在识别危险及安全性设计和管理工作中，一定要重视安全性关键项目。安全性关键项目是指对产品安全性有重大影响的项目，通常包括功能、硬件、软件、操作规程和信息等。

确定安全性关键项目是安全性工作中的一项重要工作，这与开展可靠性工作中有一项重要的工作是确定可靠性关键产品一样，就是要抓主要矛盾的思想。在危险分析、安全性设计、安全性验证与评价和安全性管理中都要特别关注安全性关键项目的安全性工作。

此外，还要注意对残余风险进行评价。残余风险是指实施了安全性设计措施、使用安全措施等所有可以降低风险的技术手段之后，仍然存在的风险。对残余风险应进行评估，以确定是否可以接受。若不能接受，则应重新论证或重新设计。

4. 事件链

事件链是指从危险源的存在到最终发生事故是一个产品状态不断变化的过程，是一个事件演变的过程，也是产品从安全状态转变为不安全的过程。这种演变的过程就构成了一个事件链，如图 11-1 所示。

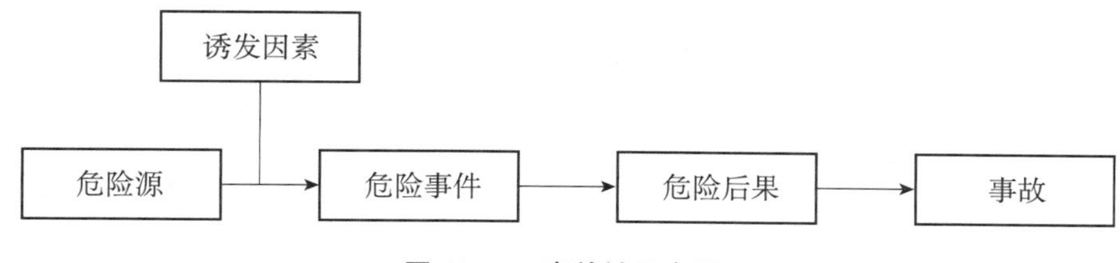

图 11-1　事件链示意图

危险源是事故的源头，是指潜在的威胁产品的安全或可能引起危害之源。在工程实际中，很多产品客观上都存在危险源。例如，核电站中的核反应堆就是一个危险源，但它不一定变成危险事件，它变成危险事件往往都有一个诱发因素。例如，日本福岛核电站核泄漏的诱发因素是遇到了海啸。有的建筑物外墙使用的保温层违规采用便宜的易燃保温材料，这就是一个危险源，一旦遇到明火或电焊火花就可能引起保温材料的燃烧，从而酿成火灾。这里的电焊火花或明火就是诱发因素。若按规定采用阻燃的保温材料，就可消除危险源。注意：在一定条件下，诱发因素本身也可能是危险源，例如海啸就是水灾的危险源，一定要具体分析。

危险事件是反映产品功能或物理破坏的一种特征，它是危险演变过程中导致事故的一个中间事件。产品功能的丧失和物理状态的破坏往往是一种危险的征兆，这种危险征兆通常是可以观察或检测到的。根据观察和检测到的危险征兆信息及时迅速地采取安全措施，使危险事件得到及时有效的控制，危险事件就会中止。例如，前面所述的建筑物火灾的例子中，如果电焊工能及时发现，在第一时间采取灭火措施，从而阻止火灾这个危险后果的发生，也就不会酿成火灾事故了。在这个过程中，事件传播时间在事件链分析中就显得很重要。它是指从诱发因素的发生和传播到产生危险后果的时间。在这段时间内，根据观察和检测到的危险征兆信息，可以及时采取措施防止严重后果的发生，从而保证安全。在危险分析中，传播时间可定性表示，也可定量表示。定性传播时间可表示为：没有可用时间、很有限时间、有限时间以及长的可用时间。定量表示可直接用日历时间，如时、分、秒等。

5. 安全性工作的基本过程

产品的安全性工作是个反复迭代的系统工程过程。其基本过程如图 11－2 所示。

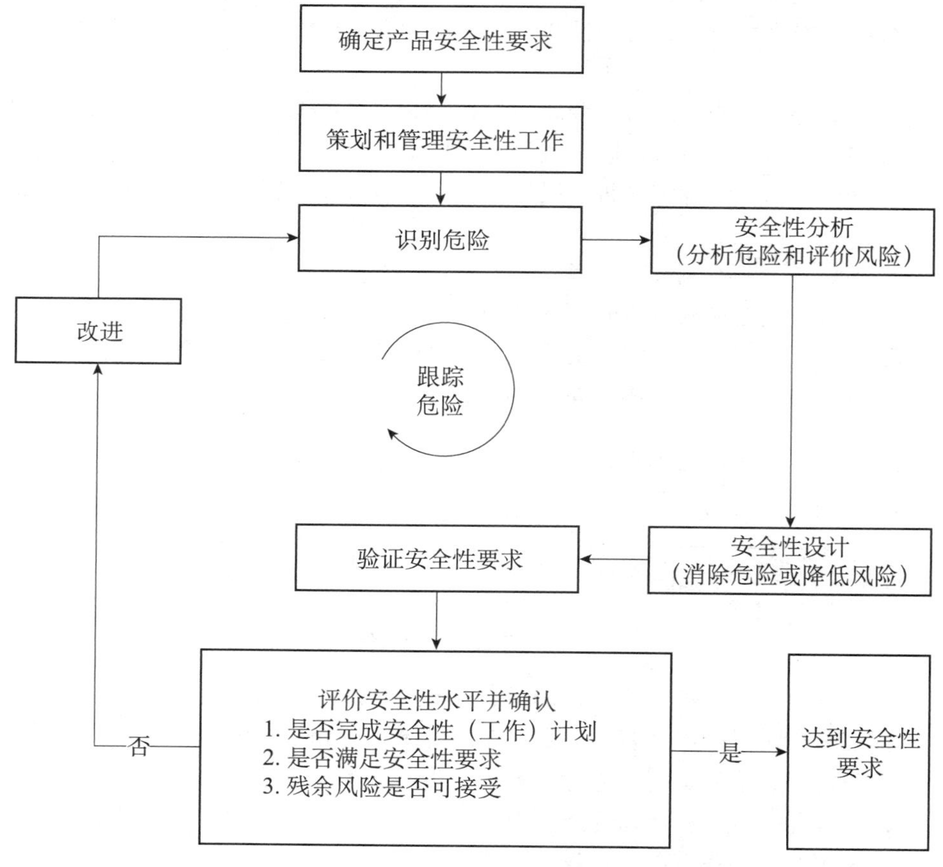

图 11－2　产品安全性工作的基本过程

6. 安全性和可靠性的关系

安全性与可靠性都是产品的固有特性，都是产品通用质量特性，产品是否可靠、是否安全都是一种随机事件，其可靠的程度和安全的程度都可以用概率来度量。产品的可靠性与产品的安全性关系十分密切，但又有区别，不能把两者混为一谈。

可靠性关注的是产品失效或故障，是规定的功能是否完成；安全性关注的是危险和风险，是产品是否安全。

注意，产品不安全或发生事故很多情况下是产品发生故障导致的，也就是说产品的许多故障是影响安全的危险源。例如，飞机发动机发生故障可能会导致空难事故。因此，提高产品的可靠性可以提高产品的安全性。在第3章中介绍FMEA时，有一项重要工作是确定故障影响的严酷度。严酷度分为4级，其中Ⅰ级就是故障影响安全。在可靠性工作中，一定要把这类故障消除掉，这样既能提高可靠性，同时也能提高安全性。但也不能说产品可靠就一定安全。例如，地铁车站增设屏蔽门不是原来的设施不可靠，而是车厢和站台之间有间隙，存在安全隐患，或称为有危险源存在，所以才增加安全设施，即屏蔽门。又如光滑地板很可靠，但一旦有水行人就可能摔伤。还应注意，产品不可靠也不能简单地说不安全，因为产品不可靠而发生的许多故障并不会导致不安全。例如，汽车发动机启动时发生故障，汽车不能行使，但车上的人员是安全的。此外，还应特别注意，在一些特殊的情况下，产品的安全性与可靠性是矛盾的。例如，为了保障客机的安全性，飞机的动力就采用双发动机，即采用冗余设计，使飞机的安全性大大提高。但是，飞机的基本可靠性却降低了，因为动力系统变得复杂了。

总的来说，产品的安全性与可靠性关系十分密切，又有明显的差别，应该根据工程实际情况，具体问题具体分析。

11.2 安全性要求

产品安全性要求是进行安全性设计、分析、试验和验收的依据。产品安全性要求包括定性要求和定量要求。定性要求指的是用一组非量化的形式描述对产品安全性的要求；定量要求指的是用安全性参数和指标表示的对产品安全性的要求。

1. 安全性定性要求

安全性定性要求一般用危险发生的可能性、危险导致后果的严重性和风险指数表示。不同的产品应根据产品的具体特点和使用情况给出具体的要求，可分别参考本章第1节的表11-1至表11-4。目前，很多行业的标准中都有具体规定。

2. 安全性定量要求

安全性定量要求通常采用安全性参数和指标进行度量。常用的安全性参数有事故率、年平均死亡人数、安全可靠度等。

（1）事故率（事故概率）。事故率是指在规定的条件下和规定的时间内系统的事故总次数与寿命单位总数之比，用式（11-1）表示：

$$P_A = \frac{N_A}{N_T} \tag{11-1}$$

式中，P_A 为事故率，单位是次/单位时间或百分数（%）；N_A 为事故总次数，包括由于产品或设备故障、人为因素和环境因素等引起的事故；N_T 为寿命单位总数，用产品总使用持续期度量，如工作小时、飞行小时、飞行次数、工作循环等。注意：当寿命单位总数 N_T 用工作小时、飞行小时等时间表示时，P_A 称为事故率；当 N_T 用次数、工作循环次数等表示时，P_A 一般称为事故概率。

（2）年平均死亡人数。年平均死亡人数是指一年时间内事故死亡人数不能超过规定的人数。

（3）安全可靠度。安全可靠度是与产品故障有关的安全性参数，它是指在规定条件下和规定时间内产品执行任务过程中不发生由于设备或部件故障造成的灾难事故的概率，用式（11－2）表示：

$$R_S = \frac{N_1}{N_2} \tag{11-2}$$

式中，R_S 为安全可靠度（%）；N_1 为由于设备或部件故障造成灾难事故的任务次数；N_2 为用使用次数、工作循环次数等表示的寿命单位总数。

上述事故率、年平均死亡人数和安全可靠度都属于安全性度量参数。产品安全性定量要求首先根据产品的特点选择度量的参数，然后给选定的参数赋予量值，即安全性指标。指标的确定应根据任务的要求、产品的特点、相似产品的安全性水平等。

例如，美国军用飞机常用事故次数/10^5 飞行小时表示飞机机队的事故率；国际民航组织常用事故次数/10^6 离站次数表示民航飞机的事故概率。如果 N_A 表示的是灾难事故数，而 N_T 表示工作时间，P_A 即为灾难性事故率，例如，P_A 不能超过 1×10^{-6}/工作小时。

又如，我国军用标准中规定的引信安全性定量要求是事故率为百万分之一，即 10^{-6}。

11.3 安全性设计与分析

可靠性工作的重点是与故障或失效作斗争，安全性工作的重点则是与危险作斗争。因此，危险分析工作非常重要。危险分析主要包括：识别危险（危险源），填写危险（危险源）单；对危险的风险进行评价；确定安全性关键项目；对不可接受的危险项目提出改进措施；确定残余风险是否可接受。

11.3.1 安全性分析

安全性分析很重要的工作是危险分析。危险分析常用的方法有危险源检查单分析法、初步危险分析、系统危险分析、使用和保障危险分析、职业健康危险分析等。

1. 危险源检查单分析法

不同的产品有不同的危险源，应该紧密结合产品的特点，长期进行产品危险源信息的收集、分析和整理，形成企业的产品危险源清单集。在新产品开发时，充分利用危险源清单集的信息，再根据新产品的特点，编写新开发产品的危险源清单，以便尽早地识别出各种潜在危险源，从而在安全性设计时有针对性地采取有效的预防控制措施，提高产品的安全性。常用的典型危险（危险源）检查单有：危险能源检查单，任务关键功能检查单，使用、维修和保障活动危险检查单、设计危险检查单。

（1）危险能源检查单。能源在系统中具有十分重要的作用，为系统完成规定的各种功能提供动力，但同时也会潜藏着各种危险。因此，在编制危险源检查单时，一定要对能源给予特别的重视。例如，压力容器、火炸药、火工品、核能、发电机、旋转机械与运动装置等。

（2）任务关键功能检查单。系统执行任务时，危及安全的关键功能一旦发生故障或失效将直接威胁系统的安全或造成事故。因此，应编制任务关键功能检查单，以便对系统进行安全性分析，从而采取措施。例如，汽车的刹车功能、电源的电压保护功能等。

（3）使用、维修和保障活动危险检查单。产品在使用、维修和保障活动中若出现误操作，或未按照规程进行使用操作或维修操作等，将可能威胁系统安全或对系统造成危害。在安全性分析时，应该根据产品特点，编制使用、维修和保障活动危险检查单。例如，极限温度下的操作、极限载荷下的操作、吊装、燃料加注等。

（4）设计危险检查单。通常在设计完成后或样机试验前都应检查设计的产品及产品的使用操作方法是否存在危险。因此，应结合产品特点编制设计危险检查单，其既可以作为设计评审时安全性审查的评审要点，也可作为安全性设计准则。

下面给出若干典型的危险检查单。

A. 机械危险检查单

a. 地板表面是否具有良好的防滑特性？

b. 一旦挂车与牵引车辆脱开后是否具有安全措施？

c. 拉动式机柜导轨抽屉是否设有限位挡块？

d. 设备是否带有合适的把手？

e. 把手在危险的场合下是否做成埋入式的而不是拉伸式的？

f. 凡在可能的情况下，把手是否设在重心的上方？

g. 重量的分布是否易于设备的搬运、装卸或定位？

h. 操作及维修工作是否需要大的劳动强度？

i. 设备是否存在可能伤人的尖锐或突出的边缘或棱角？

j. 当采用玻璃时，是否采用不耀眼的和不碎的玻璃？

k. 各种安全阀、减压阀或其他安全装置是否调整到其规定值？

B. 电气危险检查单

a. 从设备到接地是否有连续的永久性通路？

b. 地线与底板或机座的连接是否固定在点焊接片上，或固定在底板或机座的接线柱上？

c. 接地系统是否具有足够的机械强度以防偶然的接地中断？

d. 接地系统所用的导线是否具有足够的载流能力，可安全地流过任何电流？

e. 在靠近高压处所用的工具是否具有良好的电绝缘？

f. 内部操作装置是否处在离开危险电压的安全距离？

g. 电缆和导线在穿过金属隔板的地方是否有保护措施？

h. 在更换、互换或安装设备中的一个组件或部件时，能否切断电源？

C. 化学危险检查单

a. 产品中是否存在某些物质因化学反应会造成对人眼睛的伤害？

b. 对那些可能伤害人员的物质（或与其他物质组合）是否有警告标志？

c. 所有的液体或气体与其容器的材料是否兼容？

D. 生理危险检查单

a. 环境噪声级别对人员安全及工作效率是否可以接受？

b. 对操作人员的心理要求是否已经评定？

c. 必要时是否备有各种防护设备？

d. 因高温暴露或穿防护服对人员产生热应力是否已进行评定？

e. 是否有足够的预防措施来防止人员暴露在毒性气体、沙尘和烟雾等有呼吸危险的环境中？

E. 着火及爆炸危险检查单

a. 在产品使用计划中是否已考虑材料的可燃性？

b. 在设备的技术文件中是否包括灭火方法？

c. 燃油箱是否位于当产品受到撞击后不会受损坏而导致泄漏的地方？

d. 爆炸物引爆装置是否有警告标志？

F. 加速度危险检查单

a. 产品或任何部分是否处于运动中而受加速度或减速度的影响？

b. 当整个产品处于运动中时，是否有未固定的物体可能受到加速度、减速度或离心力的影响而移动？

c. 结构件能否承受因突然撞击、停机或动态载荷而产生的过载？

d. 起吊或牵引设备是否设计得可平稳启动及停止以防产生启动过载？

e. 对可旋转设备故障而飞出的碎片，是否提供防护屏蔽？

G. 冷热危险检查单

a. 产品中是否存在使温度升高到足以燃烧的热源？

b. 工作温度是否造成涂料和保护层的损坏？

c. 是否具有受到低温影响变脆和易破裂的材料？

d. 蒸汽压力高的增压液体容器是否远离热源？

e. 温度变化是否将使零件产生不希望有的松动或粘连？

f. 对必须在密闭空间工作的人员是否提供高温度环境保护？

H. 压力危险检查单

a. 压力容器的设计是否采用法定的安全系数？

b. 压力容器是否进行耐压及爆破压力试验？

c. 各种软管及其接头和配件是否牢靠固定以防止发生故障时产生振动？

d. 可能承受高压的压力容器及管道是否有减压阀、排泄口或破裂膜？

e. 软管是否采取了防擦伤、扭转或基座损坏的措施？

f. 如果系统中采用蓄压器，它是否具有对最大工作的警告指示？

I. 辐射危险检查单

a. 产品是否会产生高强度的紫外线？

b. 是否向可能受影响的人员提供警告，并需要戴护目镜以防止伤害眼睛？

c. 是否按照有关要求对激光器进行分类？

d. 对已分类的激光器是否需要专门的防护设备？

J. 毒性材料危险检查单

a. 产品中是否含有如果人员少量吸收、吞入或皮肤产生化学反应将造成伤害的毒性材料？

b. 这种材料能否作为麻醉剂而影响神经系统或引起癌变？

c. 这种材料如果与其他物质混合是否会增大毒性？

d. 如果毒性材料是气体，是否已规定其门限值或其他额定值？

K. 振动及噪声危险检查单

a. 流体管道是否牢固地支撑或紧固，以便在运行时不产生振动？

b. 安全性关键的螺栓及其他紧固件是否已经紧固以防止零件间的运动？

c. 对产品是否进行噪声测量？

d. 是否可采用吸音材料来减少噪音？

L. 其他危险检查单

a. 污染（杂质）是否对产品安全运行产生影响？

b. 如果污染可能产生影响，产品中的关键件是否采取了密封或者其他保护措施？

c. 如果采用过滤器或者过滤网，这些过滤装置是否容易拆卸清洗？它们是否有足够的过滤通过或者是否需要经常清洗？

d. 产品是否容易清洗而不造成损坏或者是否需要使用危险的清洗剂？

e. 杂质是否会产生伤害草木及水生物的污染物？

f. 对车辆之类的产品，在丧失了摩擦力的不利条件下是否具有制动（停车）的能力？

g. 何种地面状态会使车辆行走失控？

h. 如果遇到上述不利的状态，是否给驾驶员提供了有关采取措施的说明？

i. 产品所用的材料是否具有难闻的特殊气味？

2. 初步危险分析

初步危险分析应在产品研制开发的早期开展，初步识别产品设计方案中可能存在的危险（危险源）并进行初步的风险评价，提出后续安全性管理和控制的措施。它是系统危险分析和其他危险分析的基础。

初步危险分析应根据产品特点和初步设计方案，利用相似产品安全性信息和工程经验，选用适合的危险（危险源）检查单。初步识别具有危险特性的功能、产品组成、材料以及与环境有关的危险因素，分析可能的危险并编制出初步危险表。针对初步危险表，开展初步分析。通过分析针对危险的可能性和影响的严重性，应用风险指数评价法等方法，初步评价风险并提出安全性管理与控制措施，以便在方案选择和权衡中考虑安全性问题。

初步危险分析应重点考虑：

（1）产品故障或功能异常；

（2）危险物质；

（3）环境因素和使用操作的结束条件；

（4）由产品不同组成部分间相互作用引发的危险，如材料相容性、电磁干扰等。

初步危险分析的示例：某压力系统使用符合要求的稳定的高压气体，高压气体由排泄阀排出，其原理如图 11－3 所示。当开关闭合时，电动机起动，容器中积聚高压气体，并要求排出高压气体。若容器中的气压超过规定的压力，压力传感器将信号输给接触器线圈，断开接触器接点，电动机停止工作，容器停止增压。如果压力控制系统发生故障，则在高压作用下安全阀打开，排出气体使压力下降。现对图 11－3中的虚线部分所示压力容器分系统可能发生的两种故障（即危险）进行初步危险分析，分析采用表格形式进行，其分析内容及结果如表 11－5 所示。

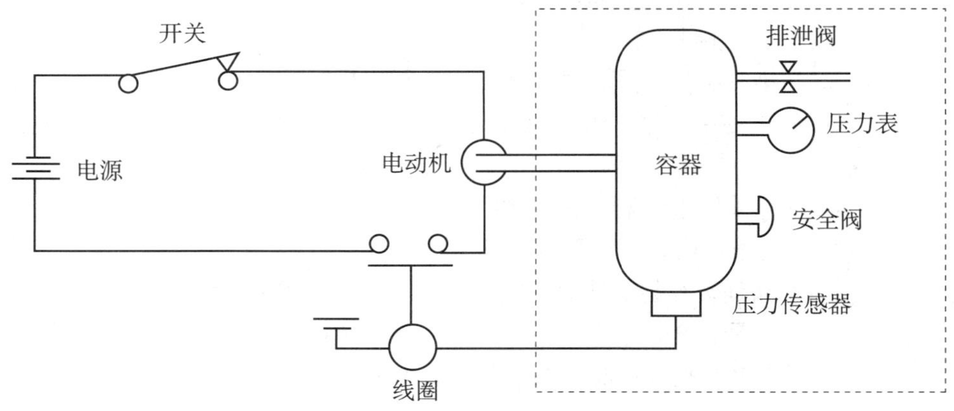

图 11－3　压力系统

表 11-5 压力容器的初步危险分析

部件部分系统名称	使用方式	故障模式	可能性等级	危险说明	危险影响	危险严重性等级	控制措施建议	备注
压力容器分系统	高压	压力小于设计最小值时容器发生故障	极少（D级）	容器爆炸	振动和碎片会损坏周围的设备和设施，使周围人员伤亡	灾难的（Ⅰ级）或严重的（Ⅱ级）	1. 容器隔离； 2. 严格控制容器的强度	
		压力超出规定压力时容器发生故障	有时（C级）	同上	同上	同上	1. 容器隔离； 2. 增加冗余的安全装置	

3. 系统危险分析

在初步危险分析基础上，随着研制工作的深入，应进一步识别可能由产品故障、危险品、能源、环境因素、人为差错和接口等原因导致的危险，编制详细的系统危险清单，并在确认初步危险分析所制定的安全性措施的有效性和充分性的基础上，应用风险指数评价法等方法，对危险的风险再做评价，确定安全性关键项目，对不可接受的危险提出设计改进和使用补偿措施，对残余风险再做评价。

系统危险分析应在产品各层次上全面展开，包括系统、分系统、单机、部件、组件等。这项工作应在研制的不同阶段迭代进行，直至确认风险降低到可接受的水平，产品安全性得到满足。

系统危险分析应重点考虑：

（1）与规定的安全性设计要求或设计准则的满足程度；

（2）分析独立失效、关联失效或同时发生的危险事件，主要包括人为差错、单点故障、系统故障、安全装置故障以及组成部分间相互作用导致的危险或增加的危险；

（3）软件（包括由供方开发的软件）故障和其他异常对安全性的影响；

（4）安全性试验与产品性能试验计划和程序的综合；

（5）研制过程的设计更改对安全性的影响；

（6）产品组成中低层次部分对高层次部分安全性的影响及控制措施。

下面给出一个系统危险分析的示例。激光目标指示系统中的蓄电池和发射机两个分系统的系统危险分析表如表 11-6 所示。

4. 使用和保障危险分析

使用与保障的危险是影响产品安全性的重要因素。例如，如第 5 章中的人—机可靠性部分所述，飞机空难事故中有一半以上是驾驶员的操作和处理不当造成的。因此，在产品研制开发时应识别和评价人员操作、执行任务或实施保障所导致的危险。分析中应考虑各阶段的产品状态、设施之间的接口、设定的环境、保障工具或其他专用设备等，还应考虑软件控制的测试设备、使用或任务次序、并行工作的效果与限制、人的心理因素、意外事件的影响、人为差错导致的危险等，同时要评价用于消除、控制或降低风险的措施的充分性和有效性。

表 11－6　　系统危险分析示例

危险分析　　第＿＿页＿＿页

系统及型号　激光目标指示器　　分析人员＿＿＿＿日期＿＿＿

分系统＿＿＿＿＿＿＿＿　　审核＿＿＿＿＿＿日期＿＿＿

产品	产品说明和接口	系统使用阶段和事件	危险模式或事件	危险对分系统及系统的影响	可能影响危险的输入事件	风险评价		备注 纠正措施及建议
						危险严重性等级	危险可能性等级	
1	蓄电池	使用	损坏	1. 人员受伤 2. 设备损坏	直接短路引起快速放电	灾难的（Ⅰ）	有时（C）	1. 检查电池连接器，以确保插针在安装前未变形或弯曲 2. 未安装时，保护好电池连接器
		维修	过热	设备损坏	充电时过充电	轻度的（Ⅲ）	有时（C）	监控充电，以确保电池不过热
2	发射机	维修	1. 压力室损坏 2. 过热	1. 压力室过压 2. 损坏电子回路	1. 维修中过充电 2. 超温敏感或中断回路故障	灾难的（Ⅰ） 轻度的（Ⅱ）	极少（D） 有时（C）	1. 防损坏或错用设备 2. 确保由合格人员做预防性维修
		使用	1. 光激发未能停止 2. 光激发失控 3. 电气短路	人员受激光照射 同上 电弧起火	1. 触发器故障 2. 脉冲形成回路故障 3. 触发器回路故障 4. 绝缘故障	严重的（Ⅱ） 严重的（Ⅱ） 严重的（Ⅱ） 严重的（Ⅱ）	很可能（B） 很可能（B） 很可能（B） 很可能（B）	1. 一旦触发器、触发器回路或脉冲形成回路故障，切断电池 2. 一旦表面温度过高，停止产生激光 3. 选择能长期受整个环境和封装化合物而不发生聚合作用的绝缘材料

使用和保障危险分析应考虑：

（1）需在危险环境下完成的工作、工作时间及将其风险降到最低所需的措施；

（2）为消除、控制或降低相关危险，对产品软硬件、设施、工具、试验设备等在功能或设计要求方面进行的更改；

（3）对安全装置和设备提出的要求，包括人员安全和生命保障设备等的要求；

（4）警告、告警或专门的应急规程（如出口、营救、逃生、爆炸性装置处理、不可逆操作等）；

（5）危险材料的包装、装卸、运输、贮存、维修和报废处理要求；

（6）安全性培训和人员资格的要求；

（7）操作人员可控制的危险状态。

5. 职业健康危险分析

即分析并确定有害健康的危险并提出防护措施，并将相关风险降低到可接受水平。应分析由材料引起的风险，并考察此类危险相关部件的备选材料，提出可降低风险的材料。对某些材料，若可能直接或间接对人体健康或后代产生不良影响，应重点加以分析。

有害材料的分析应考虑：

（1）确定有害材料的名称和货号，受影响的部件或规程，产品中此类材料的数量、特性、浓度及材料有关的原始资料等；

（2）确定有害材料被人体器官吸入、摄入或吸收的条件，分析其对人体健康造成的危害，以便采取改进措施；

（3）说明有害材料的特征和确定基准数量及危险等级，慢性健康危害、致癌危害、易燃性和环境危害等；

（4）估计每个有危害材料在每一道工序或每个部件中的使用率，确定其对产品安全性的影响；

（5）推荐对已确定的各种有害材料的处理方法。

在产品的操作、维护、运输和材料的使用中，若存在可能导致人员伤亡、损伤、急慢性疾病、致残、职业病或使人产生心理压力而降低工作能力的状态，需进行职业健康危险分析，并且重点考虑：

- 化学危险，如易燃、易爆、腐蚀、有害、致癌、窒息、呼吸道刺激物等；
- 物理危险，如噪声、冷热应力、离子辐射或非离子辐射；
- 生物危险，如细菌、病毒等；
- 人机工效危险，如工作强度等；
- 防护装置失效危险，如通风、辐射屏蔽等。

11.3.2 安全性设计

在安全性分析的基础上开展安全性设计以便消除或控制各种危险，防止所设计的系统在研制、生产、使用和保障过程中发生导致人员伤亡或设备损坏的各种意外事故。为了全面提高现代复杂系统的安全性，在系统安全分析的基础上，在设计中针对潜在危险采取有效的预防和控制措施以保证所设计的系统达到要求的安全性。安全性设计包括消除和降低危险的设计，在设计中采用安全和告警装置，以及编制专用的规程和培训教材等活动。

常用的安全性设计方法如表 11-7 所示。

表 11-7　　常用的安全性设计方法

序号	名称	序号	名称
1	控制能量设计	8	状态监控设计
2	消除和控制危险设计	9	故障—安全设计
3	隔离设计	10	告警设计
4	闭锁、锁定和联锁设计	11	标志设计
5	概率设计与损伤容限设计	12	损伤抑制防护设计
6	降额设计	13	逃逸、救生和营救设计
7	冗余设计	14	防薄弱环节设计

下面对表中的各种方法分别做简单介绍。

1. 控制能量设计

含能装置是一个重要的危险源，很多事故的发生都与含有能量的设备发生故障有关。对于大于100KPa压力下运行的设备比在小于100KPa压力下的设备应规定更严格的安全要求。控制能量设计时，应确定可能发生最大能量失控时能量释放的危险地方，可能造成最大人员伤亡、设备损坏和财产损失的危险，进而采取防止能量转换或转换过程失控的措施并尽量减少不利影响的方法。

2. 清除和控制危险设计

通过安全性设计消除和控制危险严重性在防止事故的发生和确保系统安全中是很重要的。消除和控制危险常用的方法有：

（1）采取设计措施，防止出现粗糙的棱边、锐角、尖端、缺口等，以防止皮肤割伤、刺伤；

（2）选用阻燃的填料、液压油、溶剂和电绝缘材料等，以防止着火；

（3）采用气压系统和液压系统代替电气系统，避免电气起火、过热；

（4）用液压系统代替气压系统，避免可能产生的冲击波而使压力容器破裂爆炸；

（5）用连续的整体管道代替有多个接头的管道，避免接头渗漏；

（6）消除凸出部位，防止在刹车和剧烈颠簸过程中造成人身伤害；

（7）避免使用在燃烧时会产生有害气体的可燃材料。

在完全消除危险不可能或不实际的情况下，可采取有效措施控制危险的严重性，使危险不至于造成人员伤亡。

3. 隔离设计

隔离是采用物理分离、护板和栅栏等将已经识别为危险的设备和人员隔开，以防止危险或将风险降到最低。例如，防护服可用于防止放射物等对人体的伤害。

4. 闭锁、锁定和联锁设计

闭锁、锁定和联锁是防止不相容事件在不正确的时间或以错误的顺序发生。

闭锁是指防止某事件发生或防止人或物进入危险区域。锁定则是保持某事件或状态，或者避免人或物等脱离安全的限制区域。例如，将开关锁在开启位置，防止电路接通时闭锁；类似地，将开关锁在闭路位置，防止电路被切断称为锁定。

联锁是常用的安全措施，特别是在电气设备中经常采用。例如，在意外情况下，联锁可尽量降低某事件B意外出现的可能性，它要求操作人员在执行事件B之前要先完成一个有意的动作A。例如，在扳动某个开关前，操作人员必须首先打开保护开关的外罩。

5. 概率设计与损伤容限设计

基于强度—应力干涉模型的概率设计，可参考第3章3.7节。

损伤容限设计是指对材料的选择与控制、应力水平的控制，通过采用抗断裂设计、制造和工艺控制，以及采用周密的监测措施等来实现。

6. 降额设计

降额设计既可以提高可靠性，也能够提高安全性。降额设计的相关内容见第3章3.6节。

7. 冗余设计

冗余设计是提高安全性和可靠性的一种常用方法，特别是在影响安全和影响关键任务的地方。例如，飞机的发动机为了安全就采用双发动机。冗余一般分为工作冗余和备用冗余。工作冗余是指所有冗余单元都同时工作，备用冗余是指只有当执行功能的主单元（或通道）发生故障后，备用单元（或通道）才接入系统开始工作，工程上也有人把这两种冗余分别称为热贮备和冷贮备。

8. 状态监控设计

状态监控是通过持续地对温度、压力等参数进行监控，以确保被测参数不会达到可能导致事故发生的危险程度。因此，状态监控可以避免可能急速恶化为事故的意外事件。状态监控过程通常包括检测、测量、判断和响应等功能。

9. 故障—安全设计

故障—安全设计是指确保故障不会导致安全事故的发生。在多数情况下，这种设计都是在产品一旦发生影响安全性的故障时即刻停止工作或转入可安全工作的模式。故障—安全设计一般包括：

（1）故障—安全消极设计。它是当产品发生危及安全的故障时，产品就停止工作，并将其能量降到最低值。

（2）故障—安全积极设计。它是在故障发生时，采取纠正措施或启动备用系统之前，使系统处于安全状态。备用冗余设计是一种故障—安全积极设计。

10. 告警设计

告警通常用于向有关人员通告危险、设备问题和其他能引起注意的状态，以便相关人员采取应急措施，避免发生事故。告警的形式很多，例如通过视觉、听觉、嗅觉、触觉等发出告警信息。

11. 标志设计

标志是一种特殊的目视告警手段，一般采用文字、颜色和图样等。

12. 损伤抑制防护设计

损伤抑制防护设计一般包括隔离及防护设备设计。人员防护设备通常由穿或戴在身上的外套或器械组成。例如，简单的耳塞，带有生命保障系统的宇航服等。

能量缓冲装置也是一种防护设备，例如汽车、飞机驾驶员的安全带，缓冲器等可降低事故中的乘员伤害。

13. 逃逸、救生和营救设计

逃逸和救生是指产品的使用者利用自身携带的资源实施自我救护，营救是指在紧急情况下由其他人员营救处于危险状态中的人员。逃逸、救生和营救设计是保护人员安全的最后一种手段，也是人们常说的“没办法的办法”，绝对不能把它当成安全性设计的首选。

14. 防薄弱环节设计

防薄弱环节设计是指通过可靠性设计，使产品避免或尽量减少故障，有时又称故障最少化设计。前面多次阐明很多安全性问题是由于产品发生Ⅰ类和Ⅱ类故障造成的，因此应重点考虑可引发Ⅰ类和Ⅱ类故障的薄弱环节，并采取相应有效的预防措施。薄弱环节一般有电气薄弱环节、热薄弱环节、机械薄弱环节、结构薄弱环节等。

11.3.3 制定并实施安全性设计准则

本部分内容本应放在前面的安全性设计中，单独列出是为了突出安全性设计准则对安全性工作的重要性。在收集、分析和整理相似产品工程经验和事故教训的基础上，根据产品特点及其相关的规章、条例、标准、规范、要求以及初步危险分析的结果，制定安全性设计准则。安全性设计准则一般分为通用安全性设计准则和产品安全性设计准则。单位应制定通用准则，产品开发时应结合产品特点制定产品安全性设计准则。

1. 通用安全性设计准则的一般要求

（1）应通过设计（包括原材料、元器件的选择和代用）消除已识别的危险或将风险降低到可接受水平；

（2）危险的物质、零部件和操作应与其他活动、区域、人员以及相关的器材相隔离；

（3）对不能消除的危险，应考虑采取补偿措施减少其风险，补偿措施包括：联锁、冗余保护、灭火及防护服、防护设备、防护规程等；

（4）当补偿措施都不能将危险的风险降低到可接受水平时，应在装配、使用、维护和修理说明书中给出告警或注意事项，并在危险零部件、器材、设备和设施上做出醒目标记，标记应符合 GB 2894—2008《安全标志及其使用导则》，采用的安全色应符合 GB 2893—2008《安全色》要求；

（5）尽量减少恶劣环境条件所导致的危险（恶劣环境包括温度、压力、噪声、毒性、加速度、振动、冲击和有害射线等）；

（6）产品设计时应同步开展防误操作设计、人机工效设计，降低人为差错；

（7）产品布局应使人员在操作、维护和调试过程中能够尽量避开危险；

（8）应综合考虑各种不利因素（环境和使用因素等）的影响，并留有一定的设计余量；

（9）对于Ⅰ级和Ⅱ级危险应尽可能采取容错设计；

（10）对影响安全的关键功能的冗余应在物理上或功能上进行隔离，设计保护措施；

（11）应进行故障隔离设计，防止因自身故障而导致的与之有接口关系的产品发生Ⅰ级和Ⅱ级危险；

（12）对安全性起关键作用的系统、分系统、设备或部件应进行故障—安全设计，使其发生故障后仍然保证产品的安全。

2. 通用安全性设计准则的具体要求

控制所有可能出现的危险是提高系统安全性的重要途径。GJB/Z 99—1997《系统安全工程手册》针对控制电气和电子、机械、热、压力、振动、加速度、噪声、辐射、着火和爆炸等可能的危险，给出了系统设计人员在设计时必须遵守的安全性设计准则。下面作简要的介绍。

（1）环境危险控制。环境危险包括自然环境和诱发环境的危险。设计人员可以从消除或控制这两种危险的角度来评价各种不同的设计方案。

设计上解决环境危险的方法，例如：

- 为发动机和人员通道系统安装大小和形状适中的过滤网；
- 在设备的外表面加上耐磨或防腐蚀的涂层；
- 设计备用空气入口，以便在雪和冻雨下正常使用；
- 为人员配备防护面罩，以便滤去或中和危险的污染物；
- 设计雪地轮胎或防滑链条，以便设备在各种低牵引力条件下的使用。

（2）热危险控制。热危险控制是将温度包括热流控制在规定的范围内。如果自然环境或设备本身产生的热有可能超过规定值，则应设计冷却系统。控制热流可通过控制热传递的三种方式（辐射、传到、对流）实现。

（3）压力危险控制。压力危险控制是在保证系统能完成其预定的任务的前提下将使用的压力尽可能地降低。在设计一个含有压力分系统的产品时，必须考虑压力媒介和环境温度的影响。一般而言，采用液压系统比气压系统安全。另外，考虑压力危险时既要考虑正压危险，也要考虑负压危险。

（4）毒性危险控制。一般地，毒性只对人员构成危险而不一定影响设备的安全。毒性材料按对人体有害程度可分为窒息物和刺激物；按其物理形式可分为颗粒状毒物、液体毒物和气体毒物，其中气体毒物最为危险。例如，内燃机废气中的一氧化碳毒性极大，当其浓度达到一定的程度时，可能造成人员死亡。为了控制一氧化碳污染，在设计上要使通风口尽量远离发动机的废气排出口，并远离操作人员。操作人员若是在封闭的隔间内，则应设法关闭外部空气的入口，利用供应空气或呼吸器以确保操作人员安全。

（5）振动危险控制。设计人员必须时刻注意振源的存在，特别要注意是否会发生共振。如果无法消除振动，则必须想办法对振动进行隔离。例如，以机械方式连接的控制器可采用阻尼缆索或阻尼杆等。

(6) 噪声危险控制。噪声一般是振动的结果，发出声音的振动原因与产生机械振动的原因是一样的。为了控制噪声危险而采用的设计方法分为消除和控制噪声、防止人员承受噪声危险两种。如果消除与控制噪声不能达到规定的要求，应对人员加以防护。人员防护措施有两类：隔离和采用人员防护设备。

(7) 辐射危险控制。辐射包括电辐射和非电辐射，这两类辐射都会造成人员伤害。电辐射如X射线、γ射线等，非电辐射如紫外线等。控制辐射危险的措施具有很强的专业性。例如，可以采用屏蔽、联锁、挡板以及制定使用安全规程等。

(8) 化学反应危险控制。化学反应一般分为两种，一种化学反应可能极为剧烈，通过爆炸、有害物质的扩散以及生成并散出大量的热量而造成直接的严重伤害，另一种化学反应可能是缓慢和非常“温和”的，反应的效应要经过相当长的时间才会显现出来并对人体造成伤害。

应尽量避免剧烈的分解型的化合物与有机物接触。当把两种化合物原料混在一起或将它们相近地放在一起时，一定要分析可能发生的化学反应，以确保不会发生危险反应，不会生成危险物质。

(9) 污染危险控制。污染源可能是固体、气体和液体及它们的组合形式。污染控制首要的要求是找到污染的可能来源，然后采取有针对性的控制措施。例如，对于不洁净的外界环境引入、溢出或泄露、化学反应（如腐蚀）及过滤设备故障而导致的污染，可选用合适的过滤器、过滤工艺和方法，并在设计中采取措施防止溢出或泄漏。

在一个完全密闭的系统中，内部过程也可能产生污染，对此必须在设计时就考虑到并有措施加以预防。

(10) 材料变质危险控制。材料变质是指材料强度降低、材料特性变化或失效。材料强度降低或失效往往意味着严重的危险。控制材料变质危险同样需要很多专业知识。

(11) 着火危险控制。着火是一种常见的危险。无意中的火灾或使用火时失去对它的控制，会产生比其他危险更严重的有害后果，因此应特别重视。控制着火的措施很多。例如，采用能完成规定任务的最不易燃的物质，建筑物墙体的保温材料采用阻燃型材料，还可以采用隔离措施，如建筑物中的防火门。

(12) 爆炸危险控制。爆炸是一种发生在极短时间内的化学反应，伴随产生高温、冲击波等，非常危险。为了使意外爆炸事故降到最低，设计师必须采取严格的起爆控制装置。例如，引信必须采用双重安全保险装置。

(13) 电子和电气危险控制。电子和电气危险包括电击、引燃易燃物、产生过热、造成意外启动、未按要求操作、电爆和静电等。这些危险很可能交叉重叠出现。电子和电气的危险与频率、电压、电流及其他因素有关。可采取的控制措施有绝缘保护、防静电、防雷击、防意外起动等。

(14) 防加速度危险控制。运动中的物体产生的加速度容易造成人员和财物损失。例如，汽车的突然加减速对人都可能造成伤害。防止加速度、负加速度或撞击造成伤害的最好解决途径是设计时就采取措施加以消除，其次是安装防护装置以防冲击，例如汽车的安全带。

（15）机械危险控制。机械设备中的危险可能是所有危险中最常见的之一，因此必须加以重视。机械危险表现在很多方面。例如，大型机械设备的重心、位置、操作手把和操作空间是否有锐利的边角等，这些都在设计时就应想到并有措施加以预防，还可以加强操作人员的培训与防误操作等。

11.4 安全性验证与评价

安全性验证与评价的目的是，对开发的新产品验证其安全关键的软硬件以及编制的安全关键规程等是否满足研制总要求或研制任务书所规定的安全性定性和定量要求。

由于产品发生安全事故是一个极小概率的事件，所以，安全性的定量要求都很高。例如，安全可靠性要求都大于 10^{-6}，如此高的要求想设计定型时用有限的样本量通过试验来验证是几乎不可能的。因此，安全性的验证与评价要始终贯穿在研制开发的过程中。一是从系统、分系统、单机、部件到零件的“层层把关验证”；二是研制过程的“转阶段把关验证”，一旦发现有重大安全隐患，就不能转入下一阶段的研制；三是在产品设计定型时的“定型把关验证”。抓好这三个把关验证是安全性管理的重点工作。在把关验证时，应开展安全性的评价。

11.4.1 安全性验证的方法

安全性验证的方法主要有：工程分析法、仿真法、检查法、评审法、演示法和试验法。

1. 工程分析法

工程分析法可采用：一是分析原来的工程设计计算，以确定所设计的硬件按要求运行时，能否保持其完整性；二是核算各种影响安全的关键部件所承受的应力是否在规定的安全范围；三是验算设计师在安全性设计时所做的其他工程计算，确定其强度足以承受规定的最大应力，以确保安全。例如，分析高压容器的金属外壳的厚度，确定栓接法兰盘所需的螺栓数量和尺寸等。

2. 仿真法

利用仿真和虚拟现实技术进行分析验证。分析验证方法的应用很广，可用于各种安全性的定性验证，或某些产品的安全性定量验证。

3. 检查法

检查法一般不需要实验室设备，而是通过目视检查或简单的测量，对照工程图样、流程图和计算机程序清单来验证产品是否符合规定的安全性要求。应用检查法验证时，可参考本章11.3.1节的危险源检查单分析法。由于这种方法简单易行，所以是系统安全性验证的首选方法。

4. 评审法

评审法是在转阶段或对影响安全的关键单元，组织相关专家进行的安全性评审，利用专家智慧来发现设计师没有发现的又有可能存在的安全隐患，以便采取相应措施。

5. 演示法

演示法通常不需要用测量设备来测量参数，而是用“通过”或“不通过”来验证产品是否在以安全的和所期望的方式运行，或者一种材料是否具有某种有害的特性。例如，接通应急按钮验证是否能终止设备的运行；绝缘物是否不易燃烧等。演示法适用于系统安全性定性要求的验证，当采用检查法不能完全满足要求时，可通过在实物模型、样机和产品上进行多种操作演示，以验证安全性要求是否达到。

6. 试验法

试验法在实验室中通过模拟实际使用的环境进行，也可通过实际使用现场进行。它是通过试验测量产品影响安全性的重要参数，再根据测量的数据进行分析评价以验证产品的安全性。例如，高压设备的耐压试验，设备噪声水平试验，螺栓的强度等。试验法可用于产品的安全性定量要求的验证。采用实验室或现场验证应根据具体产品类型、层次等因素确定。

安全性验证应首先采用试验和演示验证的方法，因为这样验证的结果更符合产品的实际安全性水平。当无法采用试验和演示方法时，可通过工程分析、仿真等方法进行验证。应对安全性关键项目进行专门的安全性鉴定和验证，以确保其符合安全性要求。

对于采用安全装置、告警装置及特殊规程来控制的危险项目，应通过专门的安全性试验来验证措施的有效性。

复杂的产品可通过选择低层次产品的试验和高层次产品的综合分析相结合的方式实施验证。

11.4.2 安全性评价

1. 安全性评价的目的和内容

安全性评价包括研制过程中的“转阶段”评价、产品定型时的评价和使用安全评价。它利用可获得的工程信息，包括已实施过安全性设计分析和试验等工作以及前期安全性评价的结果，并对以下内容进行重点说明和评价：

（1）危险分类和排序的准则和方法及其依据和来源；

（2）用于识别危险的分析和试验结果；

（3）确认安全性设计要求或验证安全性设计措施所进行的验证活动；

（4）存在的残余风险及其他安全性改进措施的实施情况；

（5）现阶段安全性工作成果，包括危险源清单、初步危险分析、安全性关键项目清单等。

安全性评价应回答下列三个问题：

- 产品安全性水平与安全性要求的符合程度；
- 产品的状态与相关安全性标准的符合程度；
- 产品安全性工作过程、结果与安全性工作计划的符合程度。

2. 安全性评价的方法

常用的安全性评价方法包括风险评价法和综合评价法。评价可以是定性的，也可以是定量的，只要条件允许应尽可能定量。

（1）风险评价法。风险评价法是根据危险事件发生的可能性及其后果的严重性来评价产品或设备的预计损失和采取的措施的有效性的一种常用的安全性评价方法。风险评价过程由风险分析和风险评定两部分组成，前者包括危险识别和风险估算，后者包括风险处理和风险可接受性。风险评价过程如图 11－4 所示。

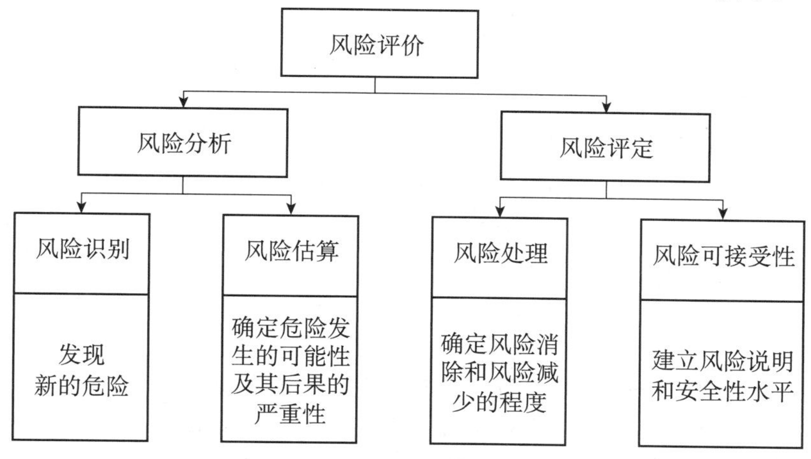

图 11－4　风险评价过程

风险评价法常用的方法有：

1）风险评价指数法。这种方法在本章 11.1 节中已经介绍过，这种方法具有简单直观、使用方便的特点，其不足是风险评价指数一般由主观确定，与评价者的工程经验有很大关系。

2）总风险暴露指数法。这是风险评价指数法的进一步扩展，将危险严重性尺度的范围扩大了，并将损失的大小用货币形式表示，使之更量化。

3）基于可靠性工程的风险评价法。这是一种以可靠性工程原理与实践经验为基础的实施风险评价的定量方法。

（2）综合评价法。综合评价法是汇集和应用所有的安全性工作报告和相关的资料，对系统中残留危险的风险进行综合分析和评审并做出评价结论。综合评价的主要内容有：

- 对风险评价的方法和准则的评价；

- 对系统及其使用说明的评价；
- 对与安全性有关的数据的评价；
- 对与安全性有关的分析和试验的评价；
- 对危险物和危险器材的数据和资料的评价。

11.5 软件安全性

随着计算机技术和微电子技术的迅速发展，人们为了提高产品的功能和性能，大量应用计算机技术。因此，在讨论产品安全性的时候，一定不要忘记软件安全性的问题。前面已经一再说明，危险往往是由于硬件、软件和人为差错等所导致的。因此，在讨论含有软件的产品的安全性时一定要十分重视软件安全性。在 GJB 900A—2012《装备安全性工作通用要求》中，详细规定了应开展的软件安全性工作项目：

- 外购和通用软件的分析与测试；
- 软件安全性需求分析；
- 软件设计安全性分析；
- 软件代码安全性分析；
- 运行阶段的软件安全性工作。

11.6 安全性管理

产品的安全性工作涉及产品寿命周期的各个阶段，涉及产品的各个层次，包括安全性要求的确定、安全性设计与分析、安全性验证与评价以及使用安全保障等。为了使这些安全性工作能够及时、有效开展，就必须对全过程、全要素进行严格的安全性管理，特别要加强监督与控制。产品发生事故一般都是极小概率事件，平时人们常说“不怕一万，只怕万一”，安全性问题不是万一问题，是十万分之一、百万分之一，甚至千万分之一的问题，因此在产品的全寿命周期中，必须对任何可能的危险保持高度警惕，加强对每一可能的安全隐患的有效监督与控制。

GJB 900A—2012《装备安全性工作通用要求》中详细规定了承制方应开展的安全性管理的工作项目，其中包括：

- 制定安全性工作计划；
- 建立安全性工作组织机构；
- 对转承制方和供应方的安全性综合管理；
- 安全性评审；
- 危险跟踪与风险处理；
- 安全性关键项目的确定与控制；
- 试验的安全；

- 安全性工作进展报告；
- 安全性培训。

11.7 工程应用要点

（1）安全性是六个通用质量特性中最重要的一个特性。安全性直接与人的安全紧密相关。

（2）发生事故一般都是极小概率事件，很容易被忽视，所以要高度重视。

（3）寻找并发现危险源或危险是一项很重要的工作，只有把所有可能的危险都找到，才能有针对性地采取预防和控制措施。因此，要掌握危险分析的方法。

（4）在安全性分析的基础上，应用各种安全性设计方法，把消除危险或控制危险的各种措施落实到设计中是提高安全性的根本途径。要掌握常用的安全性设计方法。

（5）安全性与可靠性关系密切，很多安全性问题是由产品故障引起的，在一定意义上讲，提高可靠性能提高安全性。但为了提高安全性采用冗余设计又会降低基本可靠性，同时体积、重量和费用也会增加，在工程应用中要加以权衡。

（6）重视安全性信息工作，因为发生事故是小概率事件，所以安全性信息十分宝贵。

习题与答案

一、单项选择题

1. 风险的正确说法是（　　）。

A. 只考虑危险可能性不考虑危险后果

B. 只考虑危险的后果不考虑危险的可能性

C. 既考虑危险可能性又考虑危险后果

D. 不考虑危险可能性也不考虑危险后果

2. 与产品故障有关的安全性度量参数是（　　）。

A. 失效率　　B. 年平均死亡人数

C. 故障率　　D. 安全可靠度

3. 危险发生可能性一般分为（　　）。

A. 3 级　　B. 4 级

C. 5 级　　D. 6 级

4. 关于安全性的说法，正确的是（　　）。

A. 可靠性与安全性关系密切　　B. 安全性与可靠性无关

C. 产品不可靠就一定不安全　　D. 产品可靠就一定安全

二、多项选择题

1. 常用的安全性设计方法有（　　）。

A. 隔离设计　　B. 控制能量设计
C. 性能设计　　D. 冗余设计
2. 常用的安全性评价方法有（　　）。
A. 风险评价法　　B. 演示法
C. 综合评价法　　D. 试验法
3. 常用的安全性验证方法有（　　）。
A. 分析法　　B. 看图法
C. 检查法　　D. 试验法

一、单项选择题答案

1. C　　2. D　　3. C　　4. A

二、多项选择题

1. ABD　　2. AC　　3. ACD

参考文献

[1] 康锐. 可靠性维修性保障性工程基础. 北京：国防工业出版社，2012.
[2] 杨为民，等. 可靠性·维修性·保障性总论. 北京：国防工业出版社，1995.
[3] 遇今. 危险分析与风险评价. 北京：航空工业出版社，2003.
[4] GJB 451A—2005 可靠性维修性保障性术语.
[5] GJB 900A—2012 装备安全性工作通用要求.
[6] GJB/Z 99—1997 系统安全工作手册.
[7] GB 18218—2009 危险化学品重大危险源辨识.

第12章

环境适应性工程基础

12.1 概　述

在第5章中讲到，产品一到用户使用时，便形成一个由人—机（产品）—环（环境）组成的大系统，组成这个大系统的人、机、环三要素相互影响且关系密切。在第5章中讨论了环境与人的关系、人与产品的关系，本章将讨论环境与产品的关系。所有产品都是在一定的环境下工作的，工程实践表明，环境对产品能否完成规定的功能影响很大。例如，某产品在正常温度下工作正常，而高温或低温下工作就不正常，也就是发生故障。这就是本章要介绍的环境适应性。

12.1.1 环境适应性内涵

环境适应性是指产品在其寿命期预计可能遇到的各种环境的作用下，能实现其所有预定功能与性能和（或）不被破坏的能力，是产品的重要质量特性之一，也是一种产品通用质量特性。

环境包括自然环境和诱发环境。自然环境是指在自然界中由非人为因素构成的环境，例如，温度、湿度、低气压、太阳辐射、酸雾、沙尘等；诱发环境是指任何人为活动、平台其他设备或设备自身产生的局部环境，例如，冲击、噪声、振动、加速度、倾斜、摇摆等。

环境适应性中说的平台是指载运产品的任何运载器、表面或介质。例如，飞机是所有安装的电子产品或所运输产品或机舱外安装的吊舱的携带平台；人是携带式装备的平台。平台环境是指产品连接或装载于某一平台后经受的环境。平台环境受平台和平台环境控制系统诱发或改变的环境条件的影响。例如，汽车是车上仪器仪表的平台，而汽车的环境受发动机诱发的振动环境的影响。

产品的环境适应性是很重要的。一是在产品设计与开发阶段必须开展环境适应性设计与试验，以保证能够满足规定的环境适应性要求，这样研发的产品才能设计定型。如果不能满足，哪怕是有一项要求不能满足，都是不能定型的，对于民品则是不能量产。二是在生产制造阶段，产品必须经过环境验收或例行试验，只有全部环境要求都达到了才能够作为合格的产品，允许出厂。三是合格的产品在运输、贮存和使用过程中，必须在规定的环境条件下保持完好的功能和性能。如果不能达到规定的功能和性能要求，应作为故障进行处理。

出厂时合格的产品在运输、贮存和使用过程中为什么还会发生环境适应性的问题，或发生故障呢？在第 1 章中已经讲到，产品发生故障与否取决于产品承受的应力和自身强度之间的关系。若应力大于强度，产品发生故障；若强度大于应力，则产品处于可靠状态。这里所指的应力当然包括环境应力。环境应力即环境要求，是在产品开发时就已经通过实测、调研和分析确定的，并作为产品设计与开发的输入，也是装备研制任务书的一部分。例如，规定的产品工作环境温度为高温＋60℃，低温－40℃。在产品研制开发和生产过程中都通过了验证，说明产品已具有足够抗环境应力作用的强度，满足环境要求。但有的产品，在 $t>0$ 的使用过程中，这个环境要求没有变化，仍然是高温＋60℃，低温－40℃，但却发生了故障。发生故障只能理解为是由产品的强度降低导致的。这种因 $t>0$ 后耐不住环境应力而发生的故障，表面看是环境因素引起的故障，实质是产品的耐环境应力的强度在环境应力作用下随时间的推移而降低所导致的，也属于可靠性问题。因为产品可靠性问题的核心是产品强度和所承受应力之间的关系，产品可靠性设计的本质就是在充分了解和分析承受应力的前提下，把产品设计得具有足够抗应力的强度。

理解产品耐环境应力的强度下降的原因，就要了解环境对产品强度所产生的影响，环境影响又称环境效应。掌握产品的环境效应是开展环境适应性设计的前提和基础。如果对产品的环境效应没有很好地掌握，那么环境适应性设计将无从着手。

12.1.2 环境效应

环境适应性分析中很重要的一项是环境效应分析。产品在各种环境应力的作用下，其强度会不断地降低。要研究强度是怎样在环境应力作用下衰减的，重要的是要了解环境效应。不同的环境应力产生的环境效应是不同的。下面简单列出几种典型环境效应。

1. 高温环境效应

高温会改变产品所用材料的物理特性或尺寸，从而暂时或永久地降低产品的性能。产品在高温条件下引起的环境效应有：

（1）不同材料膨胀不一致使零部件相互咬死；

（2）润滑剂黏度变低和润滑剂外流造成连接处润滑能力下降；

（3）材料尺寸全方位改变或方向发生改变；

（4）包装材料衬垫、密封垫、轴和轴承发生变形、咬合或失效，引起机械故障或完整性损坏；

（5）衬垫出现永久性变形；

（6）外罩和密封条损坏；

（7）电阻的阻值变化；

（8）温度梯度不同和不同材料的膨胀不一致，使电子线路的稳定性发生变化；

（9）变压器和机电部件过热；

（10）继电器以及磁动或热动装置的吸合/释放范围变化；

（11）有机材料褪色、裂解或出现龟裂纹。

2. 低温环境效应

低温几乎对所有基体材料都有不利的影响，会改变其物理特性，同样也可能对产品的工作性能造成暂时或永久性的损害。产品在低温条件下引起的环境效应有：

（1）材料的硬化和脆化；

（2）在对温度瞬变的响应中，不同材料产生不同的收缩，以及不同零部件的膨胀率不同引起零部件相互咬死；

（3）由于黏度增加，润滑油的润滑作用和流动性降低；

（4）电子器件（电阻器、电容器、电感等）性能改变；

（5）减振架刚性增加；

（6）受约束的玻璃产生静疲劳；

（7）水的冷凝和结冰；

（8）穿防护服的操作人员灵活性、听力和视力降低；

3. 加速度环境效应

加速度通常在产品安装支架上和产品内部产生惯性载荷。运动中的产品的所有部分都要承受加速度产生的惯性载荷。产品在加速度环境条件下引起的环境效应有：

（1）机构变形从而影响产品运行；

（2）永久性变形和断裂使产品破坏或失灵；

（3）紧固件或支架断裂使产品散架；

（4）安装支架的断裂导致产品松脱；

（5）电子线路板短路或开路；

（6）执行机构或其他机构卡死；

（7）密封泄漏；

（8）压力和流量调节值发生变化等。

4. 振动环境效应

振动会导致产品及其内部结构的动态位移。这些动态位移和响应的速度和加速度可能引起或加剧结构疲劳，结构、组件和零件的磨损。另外，动态位移还会导致元器件的碰撞或功能的损坏。产品在振动环境条件下引起的环境效应有：

（1）导线磨损；

（2）紧固件和元器件移动；

（3）断续的电气接触；

（4）电气短路；

（5）密封失效；

（6）元器件失效；

（7）光学上或机械上的失调；

（8）结构裂纹或断裂；

（9）微粒或失效的元器件掉入电路或机械装置中；

（10）过大的电气噪声；

（11）轴承磨损。

12.1.3 产品环境适应性与可靠性的关系

在环境适应性与其他五个通用质量特性的关系中，环境适应性与产品的可靠性关系最为密切。产品可靠性定义中的“规定条件”，这个规定条件中很重要的一点是规定的环境条件。规定的环境条件既是可靠性设计的输入，也是可靠性设计与试验评价的重要依据，所以说产品可靠性离不开环境条件。两者都贯穿于产品的整个寿命周期，都有明确的定性定量要求，都是在一系列严格的管理条件下由设计确定，通过制造实现，再通过使用表现出来的。

产品环境适应性与可靠性两者的不同主要体现在试验的差异上：

（1）环境适应性鉴定试验施加应力类型要覆盖研制总要求或研制任务书规定的所有项目，而可靠性鉴定试验施加的是产品使用中典型环境条件项目。

（2）环境适应性鉴定试验所施加的应力水平是研制总要求或研制任务书中规定的极值，而可靠性鉴定试验施加的应力水平是典型使用环境条件下的应力水平。

（3）环境适应性鉴定试验通过的判定准则是“零故障”，即在所有试验条件下，所有的试验项目中的产品必须都能完成规定的功能和性能。只要出现不能完成规定功能或性能的情况，也就是发生故障，就判定环境适应性验证没有通过，必须进行改进，直到不发生故障。而可靠性鉴定试验是一种统计试验，不同的统计试验方案根据接收判别准则的规定是允许有故障的。例如，前面介绍的 GJB 899A—2009 中标准型定时试验方案 17，即 $\alpha=\beta=20\%$，$d=3$，总试验时间 $T=4.3\theta_1$，试验期间若发生故障数≤2 个，则判为接收，也就是认为产品的可靠性指标 $MTBF=\theta_1$ 已经达到。通过可靠性验证判定准则不是“零故障”。

（4）环境适应性试验是可靠性鉴定试验的前提，产品只有通过环境适应性试验才能进行可靠性鉴定试验。

12.1.4 环境适应性的主要工作

产品环境适应性的主要工作包括环境适应性管理、环境分析、环境适应性设计和环境试验与评估。

环境适应性管理是对产品的全寿命周期的各个阶段的环境适应性工作实施全面管理，以使各项工作能够有序有效地开展。

环境分析是对产品在实际使用过程中将会遇到的自然环境条件和诱发环境条件

进行全面的环境效应分析和环境测量，为确定产品的环境适应性的定性和定量要求以及开展环境适应性设计提供依据。

环境适应性设计，一是开展环境适应性设计工作，消除或减缓环境影响；二是选用耐环境能力强的结构、材料、元器件和工艺等，避免其强度在使用过程中衰减到小于环境应力的情况，将环境适应性设计落实在图纸上。

环境试验包括：工程研制阶段开展的环境适应性研制试验和环境响应特性调查试验；设计定型阶段开展的环境适应性鉴定试验；生产制造阶段开展的环境验收试验和环境例行试验。

12.2 环境适应性要求

在新产品立项论证阶段应开展环境分析，即分析新产品在未来的使用过程中可能遇到的环境的类型及量值的极值，为确定新产品的环境适应性定性和定量要求提供信息。环境适应性定性和定量要求既是研制开发时的设计输入，又是设计定型试验或确认试验的依据。

产品环境适应性定量要求包括选择适当的参数（即环境类型）和给参数赋值（即确定具体量值）。环境类型的确定应根据产品的使用特点，参考 GJB 150A—2009《军用装备实验室环境试验方法》给出的环境试验的类型进行选取。例如，低气压（高度）、高温、低温、温度冲击、太阳辐射、淋雨、湿热、霉菌、盐雾、浸渍、加速度、振动、噪声、冲击、炮击振动、风压、积水/冻雨、倾斜及摇摆、酸性大气、弹道冲击等。环境适应性类型的量值的确定，可通过实际测量，这是最为真实的，也可参考相似产品的环境要求和相关的标准或手册的规定。例如，某产品的环境要求：

工作环境温度：低温－40℃，高温＋60℃

贮存环境温度：低温－45℃，高温＋70℃

相对湿度：95%±3%（在温度 35℃±3℃时）

天候条件：能适应白天和夜间使用

高度条件：能在海拔 4 000 米的高度使用

12.3 环境适应性设计

产品的环境适应性是通过设计和一系列加工制造工艺的保证实现的。因此，产品研制与开发过程必须十分重视环境适应性的设计工作。一是制定和贯彻环境适应性设计准则；二是开展环境适应性设计；三是环境适应性的预计与分析。

12.3.1 制定和贯彻环境适应性设计准则

环境适应性设计准则是开展新产品研制与开发时进行环境适应性设计的重要依

据。单位应制定通用环境适应性设计准则，型号设计师应在研制早期根据通用设计准则结合产品特点制定具体产品的环境适应性设计准则。通用设计准则可根据相关的标准、手册、规范及相似产品环境适应性的经验及教训进行编制。下面给出环境适应性通用设计准则若干示例。

1. 防潮湿设计

a. 采用防水、防霉、防锈蚀的材料。
b. 提供排水疏流系统或除湿装置，消除湿气聚集物。
c. 采用干燥装置吸收湿气。
d. 应用保护涂层以防锈蚀。
e. 憎水处理，以降低产品的吸水性或改变其亲水性能。
f. 用高强度和绝缘性能好的涂料来填充某些绝缘材料。

2. 防盐雾腐蚀设计

防止盐雾导致的电化学腐蚀、电偶腐蚀、应力腐蚀、晶间腐蚀等。

3. 防霉菌设计

a. 采用防霉剂处理零部件或设备。
b. 设备、部件密封，并且放进干燥剂，保持内部空气干燥。
c. 在密封前，材料用足够强度的紫外线辐照，防止和抑杀霉菌。

4. 耐冲击、振动和噪声设计

a. 消源设计。例如，液体火箭发动机的振动是导弹的一个主要振源，通过消除发动机不稳定燃烧、改变推力室头部喷嘴的排列和流量，减小其振源，降低导弹振动的等级。

b. 隔离设计。例如，采用主动隔离或者被动隔离方法将设备与振源隔离开。

c. 减振设计。例如，采用阻尼减振、动力减振、摩擦减振、冲击减振等方法消耗或者吸收振动能量。

d. 抗振设计。例如，改变安装部位；提高零部件的安装刚性；安装紧固；采用约束阻尼处理技术；采用部件密封；防止共振等。

e. 当激振频率很低时，应增强结构的刚性，提高设备、零部件及元器件的固有频率与激振频率的比值，以使设备和元器件的固有频率远离共振区。

f. 电子元器件的引线应尽量短，以提高固有频率。

g. 电子元器件应固定在底盘或板上，以防止由于疲劳或振动而引起的断裂。

h. 焊接到同一端头的绞合导线必须加以固定，使其在受振动时，不致发生弯曲。

i. 接插头处尽可能有支撑物。

j. 在挠曲与振动环境条件下，尽量使用软导线而不宜用硬导线。

k. 避免悬臂式安装器件。如果采用，必须经过仔细计算，使其强度能在最恶劣的环境条件下使用时满足要求。

l. 模块和印刷电路板的固有频率应高于它们的支撑架的固有频率。

m. 继电器安装应使触点的动作方向与衔铁的吸合方向相同，尽量不要与振动方向一致。

n. 通过金属孔或靠近金属零件的导线必须另外套上防护套管。

o. 小型电阻器、电容器尽可能卧装。在元器件与底板间用硅橡胶封装。对大电阻器、大电容器，则需用附加紧固装置。

p. 对于印刷电路板，应加固和锁紧，以免在振动时产生接触不良和脱开振坏。

q. 有减振要求的设备应具有减振装置，在安装时与系统周围结构应留有足够的间隙。

5. 耐冲击、振动的安装设计

a. 各零部件、元器件、组件（特别是易损件和常拆件）的安装要简便，安装件周围要有足够的空间。

b. 系统、设备、组件的配置应根据其故障率高低、尺寸和重量以及安装特点等统筹安排。尽量做到在安装时不拆卸、不移动其他部分，在必须拆卸和移动其他部分时，要满足操作简便的要求。

c. 功能相同且对称安装的部件、组件、零件，应设计成可互换通用。修改设计时，应考虑同型号先后产品的替换性。

d. 安装人员的操作和工作应按逻辑和顺序安排。

e. 安装对象和安装设备应使安装人员经过适当培训即能适应安装工作。

f. 安装规程和方法应简单、明确、有效并尽量图解化，使安装人员易于理解和记忆。

g. 应避免或降低在安装操作时发生人为差错的可能，即使发生差错也能容易发觉。外形相近而功能不同或安装时容易发生差错的零部件，应从结构上加以限制或有明显的识别标记。

h. 不允许倒装或不允许旋转某一部位安装的零件，应采用非对称安装结构。

i. 左、右（或上、下）及周向对称配置的零部件，应尽可能设计成能互换的；若功能上不互换，则应在结构、连接上采取措施，使之不会被装错。

j. 在安装时可能发生危险事件的部位，须设危险警告标志。

k. 安装部位应提供自然或人工的适度照明条件。

l. 应采取措施，减少系统、设备、机件的振动，避免安装人员在超出有关规定标准的振动条件下工作。

m. 避免在两个刚性支承接头之间安装直导管。

n. 在两个允许有相对运动的接头之间不应采用铝导管。

o. 液压管路要远离人员所处的位置。

p. 液压管路必须远离排气管道、热总管、电气线路、无线电线路、氧气管道、各种设备和绝缘材料。在所有场合下，为防止导管泄漏引起着火，液压管路都要位于上述各种装置之下。

q. 不应将液压管路与其他易燃流体管路汇集在一起，以免各种不同系统相互接错。

r. 所有系统的压力管路和易着火区内的回油管路，应使用不锈钢管或钛合金管。

s. 铝合金回油和吸油管路不应布置在易着火区。

t. 管路安装应保证合适的支承间隔。

u. 导管和导管之间，导管和结构、运动部件之间，导管和其他系统之间应有合理的足够的间隙，以保证在最不利的制造公差、最严酷的环境条件、最严重变形条件下不产生相互接触和磨损。系统导管最小间隔是根据扳手（或连接相配导管的其他工具）和导管端头尺寸要求决定的。导管间的间隔应尽可能地大一些。

v. 应尽可能缩短管路长度。管路应尽可能避免通过易被损伤或环境不利于系统工作的通路。对在易被损伤通路区段的导管，应采取有效的防护措施。

w. 管路不允许进入运动机构的运动区域内，并有足够的间隙。

x. 管路尽量不敷设在有较大结构变形的范围内，如在变形区内敷设管路，其间隙应予以重视。

y. 在导管用卡箍固定在结构或其他刚性零件上的地方，卡箍两边附近处导管与结构之间至少要留有 6mm 的间隙，而在卡箍处则至少要有 3mm 的间隙。在相邻零件有相对运动处，在最不利的情况下至少应有 6mm 的间隙。

z. 为了防止在工作中由于变形或运动而与零件的凸出部分、螺母、螺栓、卡箍或结构的锐棱相接触，与上述物体之间必须留有适当的间隙，在最不利的情况下应有不少于 6mm 的间隙。在卡箍间的设备与相邻结构之间一般留有至少 13mm 的间隙。在导管通过护孔圈的地方，应防止护孔圈偏斜，以免导管与结构接触或划伤护孔圈。

aa. 液压附件、导管及连接件与操纵系统的钢索和联动装置至少相距 25mm；所有接头和连接点离开交叉点至少 50mm。液压管路与电气线路至少相距 50mm，且液压管路应装在电气线路的下方。要固定交叉的液压管路，并至少保持 6mm 的距离。

bb. 在两个刚性连接中间的软管可根据需要加上必要的支承，但不能用紧而硬的卡箍在外径上进行刚性固定。如两个刚性连接中间的软管必须做轴向移动，在中间只能采用如滑动尼龙块型卡箍形式的固定装置，这种装置不会使软管管套磨坏。

cc. 为减少接头数量，减轻重量，减少泄漏点，应使接头间的导管尽可能长一些。

dd. 直接头、弯接头、三通接头等零件一端或另一端的管路在 150mm 内应有支承。

ee. 旋转接头的设计应尽可能地考虑液压平衡，以减少接合处的磨损和消除端部载荷。

ff. 旋转接头的安装需特别仔细，除保证在安装的过程中不损坏密封胶圈外，还需保证有良好的对中，并在设计的活动范围内转动自如。接头不承受非转动平面内的力。拐折可能会使密封处漏油而影响液压系统的正常工作。为了避免振动的不利影响，应尽可能对转动接头做刚性固定。

gg. 结构装配应合理确定装配顺序，以免设计时按装配基准合理分配零件制造容差而确定的设计间隙及其位置改变，在新的位置形成间隙。

hh. 应根据间隙大小、零件的刚度和材料性能，采取恰当的工艺补偿措施排除或减小间隙，控制强装应力，以防止应力腐蚀开裂。

ii. 为防止应力腐蚀开裂，应控制强装应力不大于 0.5 倍的应力腐蚀许用应力。在结构设计时，可采取较保守、简便的控制办法：对于铝合金，不计其他残余应力值，也不分材料牌号，其纵向和长横向的强装应力均不得超过 40MPa；或是依材料牌号，控制其纵向和长横向的强装应力，不得超过相应的许用临界应力的 40%。但在短横向均不允许有强装应力。

6. 原材料、零部件和元器件选用

a. 设计选材要满足使用环境的使用要求，注重发挥轻质材料在结构设计中的作用，注重材料对各种严酷环境下产品可靠性的保证，注重材料改善人机环境的效能。

b. 材料选用不仅要考虑满足各零部件的性能要求，即满足整机的各分功能要求，还应考虑各零部件对整机性能或者其他零（部）件分功能的影响。

c. 设计选材应遵循标准化、通用化和系列化。

d. 设计选材应首先择优选用已纳入国家标准、国家军用标准的材料。

e. 对于设计中可能遇到的国外牌号材料，应首先在国内牌号中进行筛选，尽量做好国内牌号材料的替代。对于不能替代的国外牌号材料，在设计选材时也应注意材料标准的转化。

f. 工程设计应对材料的牌号、品种、规格进行综合分析，力求通用。

g. 应注意所选材料的制造加工性能，包括锻造性能、切削性能、热处理工艺性能等。

h. 考虑材料应用技术的成熟程度。

i. 在选用新材料时，设计评审中要重视新材料应用可行性评审，对重要新材料应用必须经过验证。

j. 结构材料在其预期的结构使用寿命期内对裂纹应具有较高的耐受能力，并且在使用环境下，应耐受脆性裂纹扩展。

k. 选材时应考虑材料强度、塑性的合理配合。例如，承受交变载荷零件上带有尖锐缺口会造成高应力集中，有可能使原来整个结构承受的低应力高周疲劳，在缺口局部成为高应变塑性疲劳载荷。可采用局部复合强化方法，使缺口处的塑性应变减小以至消除，提高局部有效承载能力。

l. 根据零部件、元器件优选清单，选择成熟的零部件和元器件。

m. 对零部件进行必要的筛选、磨合。

n. 对元器件进行二次筛选。

o. 选用的零部件应满足使用环境（防盐雾、防霉菌等）要求。

p. 关键零部件应列出清单，严格控制公差精度。

q. 应采用陶瓷、金属、玻璃封装的器件，不允许采用塑料封装的器件。

7. 包装设计

a. 包装方式应与产品预定的运输方式和贮存方式相协调。

b. 产品的包装应便于启封、清理和重封。

c. 产品的包装应便于装卸、储运和管理，并且在正常的装卸、储运条件下，保证其自发货之日起，到预定储运期内，不因包装不善而致使产品产生锈蚀、霉变、失效、残损和失散等现象。

确定包装方式时，应考虑下列因素：

a. 运输部门对产品（或包装件）的尺寸、重量、重心以及堆码等方面的限制；

b. 产品的物理特性：宽度、高度、长度、重量和重心等；

c. 产品所承受的应力特性：冲击应力、振动、挠度和表面负荷等；

d. 产品的运输、保管和使用的环境条件：温度、湿度、压力、盐雾和清洁度等；

e. 危险影响：人员安全、泄漏、辐射、静电、爆炸物和生物学因素等；

f. 现有的包装储运条件；

g. 防护包装和装箱等级应符合相关的规定，特殊情况下，应设计特殊防护程序，以保证产品在全寿命过程中始终处于良好状态。

8. 贮存方式设计

a. 应依据产品预期的使用和维修要求以及技术状态特性确定贮存方式。贮存方式包括库房、露天加覆盖物、露天不加覆盖物、特殊贮存等。

b. 贮存方式应与产品的包装防护等级相协调。

c. 确定采用特殊的贮存方式时，应充分考虑各种因素，并进行仔细权衡。例如航空导弹在舰上贮存时，应慎重考虑是否需要空调、隔离设施等情况。

d. 应进行贮存任务分析，确定各维修级别贮存设施的组成和样式及所需空间。

e. 应参照有关规定，并结合实际贮存环境条件，协调确定贮存设施的贮存等级环境。

f. 贮存设施应具备相应的防潮、防霉、防盐雾、防冻、防火、防静电、防辐射、防爆、防振等防护措施。

g. 对长期贮存一次使用的产品应进行贮存设计（选择合适的材料和零部件、采取防腐的措施等）、控制贮存环境、改善封存条件等，减少由贮存环境引发的故障，以确保产品处于良好的待用状态。

9. 装卸方式设计

a. 要依据被装卸物品的重量、尺寸、易损性和安全要求及现场条件，进行适宜的机械装卸或人工装卸方式设计。

b. 被装卸物品上应有挂钩、起吊、限位，防止跌落、碰撞、压损等标记，或遵循有关文件、规范的规定，确保装卸安全可靠，避免因装卸不当而造成的损失。

10. 运输方式设计

a. 在保证任务要求的情况下，应进行符合运输要求的运输方式设计。产品的运输方式包括公路运输、铁路运输、航空运输和水路运输等。

b. 对难运输产品、敞运产品（不论是否使用了包装容器）和非箱装产品应进行运输装载加固设计。

c. 应考虑运输过程中适当的防护措施、安全措施及应急措施，如产品的防振、防火，弹药产品以及其他易燃、易爆或具有腐蚀性及放射性等产品运输过程中的安全措施和应急措施。

11. 电磁兼容设计

a. 在电气、电子设备及系统的设计中应满足系统电磁兼容性设计要求，电磁发射和敏感度要求遵照 GJB 151A《军用设备和分系统电磁发射和敏感度要求》，电磁发射和敏感度测量遵照 GJB 152A《军用设备和分系统电磁发射和敏感度测量》。

b. 应避免信号与电源电路共用地线，并应对信号提供有效屏蔽，避免电磁干扰的影响，或将其影响减到可以接受的程度。

c. 高电压、强辐射部位，应有明显的标志或说明，采取有效防护或屏蔽措施。

d. 禁止把电源线和信号线的端头接在连接器的相邻的插孔上。电路的输入、输出不能相邻。

e. 应采取有效的保护措施，防止电路中瞬变现象及静电放电而造成部件或设备的损坏。

f. 布线尽量采用母线板或薄膜电缆，保证良好的重复性和一致性。

g. 尽量缩短导热通道的长度，以便减少电路的温度梯度，提高电路的电磁兼容性。

12.3.2 开展环境适应性设计

产品研制总要求或研制任务书中的环境适应性定量要求是在设计定型阶段用来作为环境鉴定试验条件的依据，注意，不能直接用作环境设计的要求。耐环境能力的设计值应比规定的定量要求高，这样设计的产品才会是“健壮”的，才能更顺利地通过环境鉴定试验。

贯彻前文所述的环境适应性通用设计准则和根据产品的特点制定的具体产品环境适应性设计准则，把耐环境设计落实到产品设计中。特别要重视选用耐环境能力强的零部件、元器件，材料和结构。采用消除或减缓环境影响的措施，如冷却、减振等。采用防止瞬态过应力作用的措施等。

12.3.3 环境适应性的预计与分析

在环境适应性设计的同时及设计之后应对新研制产品的环境适应性能力进行分析和预计。在预计时主要考虑的因素有：

（1）充分考虑产品的每一种工作模式，不同的工作模式的环境条件是不同的。

（2）根据产品的工作特性和相邻产品工作情况确定产品所处的最恶劣环境类型及量值。

（3）利用材料、元器件及零部件和结构件的手册提供的有关数据确定产品的耐环境极限。

（4）利用上述分析结果，预计或预估产品能否承受最恶劣环境的作用，同时给出产品耐受最恶劣环境作用的余量。

12.4 环境试验与评价

环境试验主要包括实验室环境试验、自然环境试验和使用环境试验。

12.4.1 实验室环境试验

实验室环境试验是指在实验室环境下按照规定的环境条件和负载条件进行的试验。按其目的不同可分为环境适应性研制试验、环境鉴定试验、环境验收试验和环境例行试验。

1. 环境适应性研制试验

环境适应性研制试验是指为寻找设计和工艺缺陷，以便采取纠正措施，增强产品的环境适应性而在工程研制阶段早期进行的试验，是产品工程研制试验的组成部分。为了使环境适应性研制试验达到预期目标，试验前应制定试验计划。计划的主要内容包括：需考虑的环境应力的种类、量值和施加的顺序及方法；施加的环境应力一般选择加大量值的单应力和（或）综合应力进行，试验中对被试产品的各种测试要求。在进行环境适应性研制试验时一般应当先进行产品耐极限应力的摸底试验，以确定可使用的最大加速应力的限制性量值或界限。

环境适应性研制试验与第 4 章中介绍的可靠性研制试验中的强化试验或加速应力试验有许多相同之处，例如，强化试验中施加的应力主要是环境应力，例如温度循环、温度冲击、加速度等。因此，在研制过程中，应把可靠性研制试验和环境适应性研制试验有机结合，以减少工作量和节约费用。

2. 环境鉴定试验

环境鉴定试验指的是为考核产品环境适应性是否满足确定的要求，在规定的条件下，对规定的环境项目按一定顺序进行的一系列试验。它是产品定型（鉴定）试验的组成部分，试验结果作为产品定型的依据。

环境鉴定试验应优先在独立的第三方实验室进行，也可在订购方代表监督下在指定的其他实验室进行。承担环境鉴定试验的机构均应通过资格认证和计量认证。被试产品在进入环境鉴定试验前应按照相关标准进行环境应力筛选。

环境鉴定试验前应制定鉴定试验大纲并经订购方批准或认可。大纲至少应包括：

a. 试验件的技术状态和数量；

b. 试验项目及分组；

c. 各试验项目的顺序；

d. 各试验项目的试验方法；

e. 试验设施要求、设备、仪器、仪表及精度要求；

f. 试验记录要求；

g. 试验件故障判别准则；

h. 试验报告要求。

军用装备的环境鉴定试验的具体方法，可参照 1986 年发布的 GJB 150—1986《军工设备环境试验方法》。该标准在 2009 年修订为 GJB 150A—2009《军用装备实验室环境试验方法》。GJB 150A—2009 不仅可作为环境鉴定试验的标准，而且可根据试验目的的不同用于发现产品设计、工艺缺陷，为设计改进提供信息，还可用于验证生产产品的耐环境能力。

GJB 150A—2009 的验证项目可作为前文所述的环境分析时确定环境条件类型的重要参考；标准给出的每种环境类型的环境效应还可作为环境适应性分析和设计的重要依据。

GJB 150A—2009 与 GJB 150—1986 的本质区别是标准性质的变化。GJB 150—1986 是可引用标准，通俗地说是“菜单式”的标准，“试验条件”和引用标准应规定的细则都有具体规定，可直接引用。而 GJB 150A—2009 是“剪裁式”的标准，对是否采用该试验方法，如何选用试验程序，如何选择试验顺序，如何确定试验条件等只提供具体技术指导。剪裁用的基本资料供使用者根据产品所处的环境条件具体确定或称“剪裁”。修订后的 GJB 150A—2009 更便于民用产品开展环境试验。

下面给出 GJB 150A—2009《军用装备实验室环境试验方法》中的目次内容，以便读者了解环境鉴定试验的内容。注意：目次排序为 29 个部分，但其中缺少目次 6 和 19。这是因为序号 6 和 19 分别是 GJB 150—1986 中的温度—高度试验和温度—湿度—高度试验的序号。在修订时已将这两类试验合并入 GJB 150A—2009 的第 24 部分：温度—湿度—振动—高度试验。考虑到 GJB 150—1986 已应用多年，标准的使用者已经习惯于将序号与试验建立对应关系，例如，说序号 7，就想到是太阳辐射试验，若考虑空出的序号 6，则应把太阳辐射试验递补到序号 6，依次类推，这样就改变了原来标准的对应关系，会给使用者带来不便，因此，序号 6 和 19 留空以保留序号与试验的对应关系不变。GJB 150A—2009 目次中虽标有共 29 个部分，但由于留空了第 6 和 19 项，加之第 1 部分为一般要求，因此，实际的试验项目是 26 类。

第 1 部分　通用要求

第 2 部分　低气压（高度）试验

第 3 部分　高温试验

第 4 部分　低温试验

第 5 部分　温度冲击试验

第 7 部分　太阳辐射试验

第 8 部分　淋雨试验
第 9 部分　温热试验
第 10 部分　霉菌试验
第 11 部分　盐雾试验
第 12 部分　沙尘试验
第 13 部分　爆炸性大气试验
第 14 部分　浸渍试验
第 15 部分　加速度试验
第 16 部分　振动试验
第 17 部分　噪声试验
第 18 部分　冲击试验
第 20 部分　炮击振动试验
第 21 部分　风压试验
第 22 部分　积水/冻雨试验
第 23 部分　倾斜和摇摆试验
第 24 部分　温度—温度—振动—高度试验
第 25 部分　振动—噪声—温度试验
第 26 部分　流体污染试验
第 27 部分　爆炸分离冲击试验
第 28 部分　酸性大气试验
第 29 部分　弹道冲击试验

GJB 150A—2009 虽然给出的是军用装备的环境试验方法，但除了炮击振动试验、爆炸分离冲击试验、弹道冲击试验等具有很强的军用装备特点外，其他的试验类型对于民用产品同样具有重要的参考和借鉴价值。

3. 批生产产品环境试验（环境验收试验和环境例行试验）

环境验收试验是指按规定条件对交付产品进行的环境试验，是产品出厂检验验收的组成部分。批生产的产品一般应在订购方代表主持下按规定的方法进行环境验收试验。

环境例行试验是指为考核生产过程的稳定性，按规定的环境项目和顺序及环境条件，对批生产中按定期或定数抽出的产品进行环境试验。它是批生产验收试验的组成部分。这是一种批生产达到一定时间或达到一定数量时，订购方在承制方的协助下进行的环境验收试验。

环境验收试验和环境例行试验的目的都是检查批生产过程中工艺操作和质量控制过程的稳定性，以验证批生产的产品环境适应性仍然满足规定的要求。

12.4.2　自然环境试验

自然环境试验是指将产品长期暴露于自然环境中，确定自然环境对其影响的试验。

自然环境试验是一种基础性的试验。通过长期的自然环境试验可以获得很多宝贵的有关材料、构件、部件和设备的性能退化的基础数据。这些数据对新产品研制开发时进行环境分析，确定耐环境的定性定量要求，开展耐环境设计都十分有用。此外，自然环境试验的数据在开展加速寿命试验时，对验证加速寿命因子也是很有价值的。自然环境试验前应编制试验大纲，大纲一般包括：

a. 实验目的和内容；

b. 试验件的类型、标准和方法；

c. 试验件的包装、贮存和运输方式；

d. 试验环境及试验场地；

e. 试验设备要求，设备、仪器、仪表及其精度要求；

f. 试验件和环境监测数据的记录要求和处理方法；

g. 试验时间、检测用时和进度安排；

h. 试验过程的组织管理和监督制度；

i. 结果分析；

j. 试验、检测、评价方法及有关标准规范。

12.4.3 使用环境试验

使用环境试验是指在规定的实际使用环境中考核评定产品的环境适应性水平的试验。

通过使用环境试验可以确定产品在使用过程中自然环境和诱发环境对其影响程度，为改进环境适应性设计和评价产品环境适应性水平提供信息。由于使用环境试验是实验室环境试验和自然环境试验无法替代的，因此考核产品环境适应性能力最真实。

12.4.4 环境适应性评价

环境适应性评价是指利用自然环境试验和使用环境试验的结果来评价产品的环境适应性水平。

收集在环境试验中获得的数据，贮存和运输过程中的故障和问题信息，使用环境试验的故障和问题信息及相应的平台环境记录的数据，通过分析和处理这些数据对产品的环境适应性水平做出评价。

12.5 环境适应性管理

环境适应性管理是指产品研发时根据环境适应性要求所开展的组织、计划、协调、监督和控制等一系列的管理工作。

GJB 4239—2001《装备环境工程通用要求》规定了环境适应性管理的主要内容：制定环境适应性工作计划，环境适应性工作评审，环境信息管理，对转承制方和供应方的监督与控制。

1. 制定环境适应性工作计划

在产品进入方案阶段就应及时制定环境适应性工作计划。它是设计与开发产品的质量策划的一部分，应将其纳入产品研制计划中。

环境适应性工作计划的主要内容包括：

(1) 研制总要求和研制合同规定的环境适应性要求；

(2) 开展环境适应性工作的机构及其职责；

(3) 确定开展的环境适应性工作项目及其内容要求、实施范围、进度要求、完成形式和完成结果的检查评价方式；

(4) 环境适应性设计与工程设计、可靠性工作的接口协调关系；

(5) 环境适应性工作评审要求；

(6) 开展环境适应性工作所需的资源等。

2. 环境适应性工作评审

评审是利用专家群体的集体智慧弥补设计者个人或团队的考虑不足，及时发现环境适应性方面存在的薄弱环节，尽早采取纠正措施，以提高产品环境适应性。

环境适应性工作评审应明确评审时机、评审类型（书面评审或会议评审）、评审要求等，还应明确对专家意见的处理和跟踪。

3. 环境信息管理

产品研发的单位应建立并运行环境信息管理系统。环境信息管理和可靠性信息管理应有机结合，尽量减少重复性工作。

环境信息主要包括产品寿命期的环境剖面，产品所承受的自然环境和平台环境，产品所经历的各种环境试验（包括具体试验条件等），产品出现的故障、故障原因分析及采取的纠正措施等。

4. 对转承制方和供应方的监督与控制

产品整体的环境适应性与转承制方和供应方提供的产品环境适应性有极大的关系。因此，在与转承制方和供应方签订的合同中一定要有环境适应性定性定量要求和工作要求等。在研制或提供产品的过程中应对其环境适应性工作进行监督和控制，如参加评审、现场检查、产品的环境适应性要求的验证等。

12.6 工程应用要点

(1) 环境适应性是一种重要的通用质量特性。产品可靠性与环境影响关系十分密切。一定要把可靠性设计与环境适应性设计紧密结合。要提高产品使用可靠性，一定要提高产品环境适应性。

(2) 了解环境效应是开展环境适应性工作的基础。

（3）环境适应性要抓住如何消除或减轻环境对产品强度的影响和如何提高设计赋予产品的强度以抵抗环境影响。

（4）利用环境适应性设计准则等可有效提高产品耐环境应力的强度。

（5）环境适应性试验是发现耐环境应力的薄弱环节和验证环境适应性要求的重要手段。一定要把各项试验做到位。

（6）重视相似产品的环境适应性数据和元器件、零部件、设备等自然环境试验的基础数据的收集、分析、处理并建成数据库，以实现知识共享。

习题与答案

一、单项选择题

1. 环境适应性定义中的环境是指（　　）。

A. 自然环境　　B. 预计可能遇到的各种环境

C. 预计可能遇到的规定环境　　D. 诱发环境

2. 环境适应性验证是否通过的标志是（　　）。

A. 允许出现1次故障　　B. 允许出现2次故障

C. 不允许出现故障　　D. 允许出现多个故障

3. 关于环境适应性鉴定试验条件的说法，正确的是（　　）。

A. 在可靠性鉴定试验条件下　　B. 在高于规定的极值条件下

C. 在低于规定的极值条件下　　D. 在规定的极值条件下

4. 关于环境适应性鉴定试验（EQT）和可靠性鉴定试验（RQT）的说法，正确的是（　　）。

A. 通过EQT，才能做RQT　　B. EQT和RQT同时进行

C. 先通过RQT，才能做EQT　　D. RQT和EQT交叉进行

二、多项选择题

1. 环境适应性中的环境包括（　　）。

A. 自然环境　　B. 模拟环境

C. 虚拟环境　　D. 诱发环境

2. 关于高温环境效应的说法，正确的有（　　）。

A. 衬垫出现永久性变形　　B. 润滑剂黏度变低

C. 有机材料裂解或龟裂　　D. 润滑剂黏度变高

3. 在实验室试验条件可以进行的环境适应性试验有（　　）。

A. 环境适应性研制试验　　B. 环境适应性真实试验

C. 环境例行试验　　D. 环境适应性鉴定试验

一、单项选择题答案

1. B　　2. C　　3. D　　4. A

二、多项选择题答案

1. AD　　2. ABC　　3. ACD

参考文献

[1] 龚庆祥，等. 型号可靠性工程手册. 北京：国防工业出版社，2007.

[2] 祝耀昌. 产品环境工程概论. 北京：航空工业出版社，2003.

[3] 祝耀昌，等. GJB 150A 与 GJB 150 内容对比和分析. 航天器环境工程，2011，28（1）.

[4] GJB 4239—2001 装备环境工程通用要求.

附录 A　国际、国家标准一览表

本附录①列出截至 2006 年 9 月 30 日的部分国际、国家可靠性标准，其中包括中国国家军用标准、中国有关行业军用标准、中国国家标准、国际电工委员会标准、美国军用标准、英国标准。

一、中国国家军用标准

GJB 368A 装备维修性通用大纲
GJB 546A—1996 电子元器件质量保证大纲
GJB 603A—1998 飞机质量与可靠性信息分类和编码要求
GJB 632—1988 飞机及机械设备故障失常代码
GJB 813—1990 可靠性模型的建立和可靠性预计
GJB 841—1990 故障报告、分析和纠正措施系统
GJB 899—1990 可靠性鉴定和验收试验
GJB 1032—1990 电子产品环境应力筛选方法
GJB 1371—1992 装备保障性分析
GJB 1387—1992 装备预防性维修大纲的制订要求与方法
GJB 1391—1992 故障模式、影响及危害性分析程序
GJB 1407—1992 可靠性增长试验
GJB 1649—1993 电子产品防静电放电控制大纲
GJB 1686—1993 装备质量与可靠性信息管理要求
GJB 1775—1993 装备质量与可靠性信息分类和编码通用要求
GJB 1909—1994 装备可靠性维修性参数选择和指标确定要求　总则
GJB 1909.2—1994 装备可靠性维修性参数选择和指标确定要求　导弹武器系

① 本附录摘引自《可靠性设计大全》(北京：中国标准出版社，2006)。

统和运载火箭

GJB 1909.3—1994 装备可靠性维修性参数选择和指标确定要求　核战斗部

GJB 1909.4—1994 装备可靠性维修性参数选择和指标确定要求　卫星

GJB 1909.5—1994 装备可靠性维修性参数选择和指标确定要求　军用飞机

GJB 1909.6—1994 装备可靠性维修性参数选择和指标确定要求　舰船

GJB 1909.7—1994 装备可靠性维修性参数选择和指标确定要求　装甲车辆和军用汽车

GJB 1909.8—1994 装备可靠性维修性参数选择和指标确定要求　火炮

GJB 1909.9—1994 装备可靠性维修性参数选择和指标确定要求　弹药

GJB 1909.10—1994 装备可靠性维修性参数选择和指标确定要求　电子系统

GJB 2072—1994 维修性试验与评定

GJB 2082—1994 电子设备可视缺陷和机械缺陷分类

GJB 2515—1995 弹药储存可靠性要求

GJB 2547—1995 准备测试性大纲

GJB 2961—1997 维修级别分析

GJB 3385—1998 测试与诊断术语

GJB 3334—1998 舰船质量与可靠性信息分类和编码要求

GJB 3386—1998 航天系统质量与可靠性信息分类和编码要求

GJB 3469—1998 导弹武器系统质量与可靠性信息分类和编码要求

GJB 3554—1999 车辆系统质量与可靠性信息分类和编码要求

GJB 3555—1999 火炮系统质量与可靠性信息分类和编码要求

GJB 3676—1999 军用工程机械可靠性维修性要求

GJB 3872—1999 装备综合保障通用要求

GJB 3837—1999 装备保障性分析记录

GJB 4027—2000 军用电子元器件破坏性物理分析方法

GJB 4355—2002 备件供应规划要求

GJB/Z 23—1991 可靠性和维修性工程报告编写一般要求

GJB/Z 27—1992 电子设备可靠性热设计手册

GJB/Z 34—1993 电子产品定量环境应力筛选指南

GJB/Z 35—1993 元器件降额准则

GJB/Z 57—1994 维修性分配与预计手册

GJB/Z 72—1995 可靠性维修性评审指南

GJB/Z 77—1995 可靠性增长管理手册

GJB/Z 89—1997 电路容差分析指南

GJB/Z 91—1997 维修性设计技术手册

GJB/Z 102—1997 软件可靠性和安全性设计准则

GJB/Z 108—1998 电子设备非工作状态可靠性预计手册

GJB/Z 145—2006 维修性建模指南

GJB/Z 147—2006 装备综合保障评审指南

GJB/Z 299B—1998 电子设备可靠性预计手册

GJB/Z 768A—1998 故障树分析指南

GJB/Z 1391—2006 故障模式、影响及危害性分析指南

二、中国国家标准

1. 可靠性和维修性

GB/T 1772—1979 电子元器件失效率试验方法

GB/T 2689.1—1981 恒定应力寿命试验和加速寿命试验方法总则

GB/T 2689.2—1981 寿命试验和加速寿命试验的图估计法（用于威布尔分布）

GB/T 2689.3—1981 寿命试验和加速寿命试验的简单线性无偏估计法（用于威布尔分布）

GB/T 2689.4—1981 寿命试验和加速寿命试验的最好线性无偏估计法（用于威布尔分布）

GB/T 3187—1994 可靠性和维修性术语（idt IEC 191 的 119）

GB/T 5080.1—1986 设备可靠性试验　总要求（idt IEC 605-1）

GB/T 5080.2—1986 设备可靠性试验　试验周期设计导则（neq IEC 602-2）

GB/T 5080.4—1985 设备可靠性试验　可靠性测定试验的点估计和区间估计方法（指数分布）（neq IEC 605-4）

GB/T 5080.5—1985 设备可靠性试验　成功率的验证试验方案（idt IEC 605-5）

GB/T 5080.6—1986 设备可靠性试验　恒定失效率假设的有效性检验（idt IEC 605-6）

GB/T 5080.7—1986 设备可靠性试验　恒定失效率假设下的失效率与平均无故障时间的验证试验方案（idt IEC 605-7）

GB/T 5081—1985 电子产品现场工作可靠性、有效性和维修性数据收集指南（idt IEC 362）

GB/T 6990—1986 电子设备用元器件（或部件）规范中可靠性条款的编写指南（idt IEC 409）

GB/T 6992.2—1997 可信性管理第 2 部分：可信性大纲要素和工作项目（IEC 300-2：1995）

GB/T 6993—1986 系统和设备研制生产中的可靠性程序（neq MIL-STD-785）

GB/T 7288.1—1987 设备可靠性试验　推荐的试验条件　室内便携设备　粗模拟（idt IEC 605-3-1）

GB/T 7288.2—1987 设备可靠性试验　推荐的试验条件　固定使用在有气候防护场所设备　精模拟（idt IEC 605-3-2）

GB/T 7289—1987 可靠性、维修性与有效性预计报告编写指南（eqv IEC 863）

GB/T 7826—1987 系统可靠性分析技术　失效模式和效应分析（FMEA）程序（IEC 812：1985）

GB/T 7827—1987 可靠性预计程序（neq MIL-STD-756）

GB/T 7828—1987 可靠性设计评审

GB/T 7829—1987 故障树分析程序（neq IEC 56）

GB/T 9382—1988 彩色电视广播接收机可靠性验证试验贝叶斯方法

GB/T 9414.1—1988 设备维修性导则第一部分：维修性导言（eqv IEC 706-1）

GB/T 9414.2—1988 设备维修性导则第二部分：规范与合同中的维修性要求（eqv IEC 706-2）

GB/T 9414.3—1988 设备维修性导则第三部分：维修性大纲（eqv IEC 706-3）

GB/T 9414.4—1988 设备维修性导则第五部分：设计阶段的维修性研究（eqv IEC 706-5）

GB/T 9414.5—1988 设备维修性导则第六部分：维修性检验

GB/T 9414.6—1988 设备维修性导则第七部分：维修性数据的收集、分析与表示

GB/T 9414.7—2000 设备维修性导则第八部分：诊断测试（idt IEC 60706-5）

GB/T 9414.8—2001 设备维修性导则第九部分：维修性评价的统计方法（idt IEC 60706-6）

GB/T 11463—1989 电子测量仪器可靠性试验

GB/T 11465—1989 电子测量仪器热分布图

GB/T 12165—1998 盒式磁带录音机可靠性要求和试验方法

GB/T 12322—1990 通用型应用电视设备可靠性试验方法（neq MIL 781C（D））

GB/T 12840—1996 盒式磁带录音机运带机构可靠性要求和试验方法

GB/T 12992—1991 电子设备强迫风冷热特性测试方法

GB/T 12993—1991 电子设备热性能评定

GB/T 13426—1992 数字通信设备的可靠性要求和试验方法

GB/T 14127—1993 黑白电视接收机可靠性试验贝叶斯方法

GB/T 14278—1993 电子设备热设计术语

GB/T 14394—1993 计算机软件可靠性和可维护性管理

GB/T 14733.3—1993 电信术语　可靠性、可维护性和业务质量（eqv IEC 50，IEC 191）

GB/T 14861—1993 应用电视设备安全要求及试验方法

GB/T 15174—1994 可靠性增长大纲（eqv IEC 1014）

GB/T 15510—1995 控制用电磁继电器可靠性试验通则

GB/T 15524—1995 非广播磁带录像机可靠性要求和试验方法

GB/T 15647—1995 稳态可用性验证试验方法（idt IEC 1070）

GB/T 15844.3—1995 移动通信调频无线电话机可靠性要求和试验方法

2. 电子产品质量管理

GB/T 4091—2001 常规控制图

GB/T 4886—2002 带警戒限的均值控制图

GB/T 4887—1985 计数型累积和图

GB/T 13339—1991 质量成本管理导则

GB/T 13340—1991 产品质量等级品率的确定和计算方法

GB/T 13341—1991 质量损失率的确定和核算方法

GB/T 15844.4—1995 移动通信调频无线电话机质量评定规则

GB/T 19000.4—1995 质量管理和质量保证标准第四部分：可信性大纲管理指南

GB/T 19001—2000 质量管理体系要求

GB/T 19004.2—1994 质量管理和质量体系要素第二部分：服务指南

GB/T 19004.3—1994 质量管理和质量体系要素第三部分：流程性材料指南

GB/T 19004.4—1994 质量管理和质量体系要素第四部分：质量改进指南

3. 数理统计方法

GB/T 2828.1—2003 计数抽样检验程序第1部分：按接收质量限（AQL）检索的逐批检验抽样计划（ISO 28591：1999）

GB/T 2829—2002 周期检验计数抽样程序及表（适用于对过程稳定性的检验）

GB/T 3358.1—1993 统计学术语第一部分：一般统计术语

GB/T 3358.2—1993 统计学术语第二部分：统计质量控制术语

GB/T 3358.3—1993 统计学术语第三部分：试验设计术语

GB/T 3359—1982 数据的统计处理和解释　统计容许区间的确定（neq ISO 3207：1975）

GB/T 3359—1982 数据的统计处理和解释　均值的估计和置信区间（neq ISO 3207：1980）

GB/T 3361—1982 数据的统计处理和解释　在成对观测值情形下两个均值的比较（neq ISO 3301：1975）

GB/T 4086.1—1983 统计分布数值表　正态分布

GB/T 4086.2—1983 统计分布数值表　χ^2 分布

GB/T 4086.3—1983 统计分布数值表　t 分布

GB/T 4086.4—1983 统计分布数值表　F 分布

GB/T 4086.5—1983 统计分布数值表　二项分布

GB/T 4086.6—1983 统计分布数值表　泊松分布

GB/T 4087.1—1983 数据的统计处理和解释　二项分布参数的点估计

GB/T 4087.2—1983 数据的统计处理和解释　二项分布参数的区间估计

GB/T 4087.3—1985 数据的统计处理和解释　可靠度单侧置信下限

GB/T 4882—2001 数据的统计处理和解释　正态性检验

GB/T 4883—1985 数据的统计处理和解释　正态样本异常值的判断和处理

GB/T 4885—1985 正态分布完全样本可靠度单侧置信下限

GB/T 4888—1985 故障树名词术语和符号

GB/T 4889—1985 数据的统计处理和解释　正态分布均值和方差的估计与检验方法

GB/T 4890—1985 数据的统计处理和解释　正态分布均值和方差检验的功效

GB/T 4891—1985 为估计批（或过程）平均质量选择样本大小的方法

GB/T 6378—2002 不合格品率的计量抽样检验程序及表（适用于连续批的检验）

GB/T 8051—2002 计数序贯抽样检验程序及表

GB/T 8052—2002 单水平和多水平计数连续抽样检验程序及表

GB/T 8053—2001 不合格品率的计量标准一次抽样检验程序及表

GB/T 8054—1995 平均值的计量标准型一次抽样检查程序及表

GB/T 11318.5—1996 30MHz～4GHz 声音和电视信号的电缆分配系统设备与部件：可靠性要求与试验方法

GB/T 13262—1991 不合格品率的计数标准型一次抽样检查程序及抽样表

GB/T 13263—1991 跳批计数抽样检查程序

GB/T 13264—1991 不合格品率的小批计数抽样检查程序及抽样表

GB/T 13546—1992 挑选型计数抽样检查程序及抽样表

GB/T 14162—1993 产品质量监督计数抽样程序及抽样表（适用于每百单位产品不合格数为质量指标）

GB/T 14437—1997 产品质量监督计数一次抽样检验程序及抽样方案

GB/T 15239—1994 孤立批计数抽样检验程序及抽样表

GB/T 15482—1995 产品质量监督小总体计数一次抽样检验程序及抽样表

GB/T 15932—1995 非中心 t 分布分位数表

GB/T 16306—1996 产品质量监督抽查程序及抽样方案

GB/T 16307—1996 计量截尾序贯抽样检验程序及抽样表（适用于标准差已知的情形）

三、国际电工委员会标准

IEC 60050（191）（1990）国际电工词汇第 191 章　可信性和服务质量

IEC 60300-1（2003）可信性管理　第 1 部分：可信性管理体系

IEC 60300-2（2003）可信性管理　第 2 部分：可信性管理导则

IEC 60300-3-1（2003）可信性管理　第 3 部分：应用导则　第 1 章：可信性分析技术方法指南

IEC 60300-3-2（2004）可信性管理　第 3 部分：应用导则　第 2 章：现场可信性数据的收集

IEC 60300-3-3（2004）可信性管理　第 3 部分：应用导则　第 3 章：寿命周期费用

IEC 60300-3-4（2003）可信性管理　第 3 部分：应用导则　第 4 章：可信性要求规范指南

IEC 60300-3-6（2003）可信性管理　第 3 部分：应用导则　第 6 章：关于软件

的可信性

IEC 60300-3-9（2003）可信性管理　第 3 部分：应用导则　第 9 章：技术系统的风险分析

IEC 60300-3-12（2001）可信性管理　第 3 部分：应用导则　第 12 章：综合后勤保障

IEC 60300-3-14（2004）可信性管理　第 3 部分：应用导则　第 14 章：维修和维修保障

IEC 60300-3-16 维修保障服务规范指南

IEC 60319（1978）电子元器件（或零部件）可靠性数据表示法

IEC 60409（1981）电子设备用元器件（或零部件）规范中可靠性条款的编写指南

IEC 60410（1973）计数检查抽样方案和程序

IEC 60605-1（1978）设备可靠性试验　第 1 部分：总要求

IEC 60605-2（1994）设备可靠性试验　第 2 部分：试验周期设计导则

IEC 60605-3-1（1986）设备可靠性试验　第 3 部分：推荐试验条件　第 1 章：室内便携式设备——粗模拟

IEC 60605-3-2（1986）设备可靠性试验　第 3 部分：推荐试验条件　第 2 章：有气候防护场所使用的固定式设备——精模拟

IEC 60605-3-3（1992）设备可靠性试验　第 3 部分：推荐试验条件　第 3 章：试验周期 3：局部有气候防护场所使用的固定式设备——粗模拟

IEC 60605-3-4（1992）设备可靠性试验　第 3 部分：推荐试验条件　第 4 章：试验周期 4：便携式或非固定使用的设备——粗模拟

IEC 60605-3-5（1996）设备可靠性试验　第 3 部分：推荐试验条件　第 5 章：试验周期 5：地面移动设备——粗模拟

IEC 60605-3-6（1996）设备可靠性试验　第 3 部分：推荐试验条件　第 6 章：试验周期 6：室外可运输设备——粗模拟

IEC 60605-4（2001）设备可靠性试验　第 4 部分：设备可靠性测定试验的点估计和置信区间的估计程序

IEC 60605-6（1997）设备可靠性试验　第 6 部分：恒定失效率或恒定失效强度假设的有效性检验

IEC 60706-1（1982）设备维修性导则　第 1 部分：第 1，2 和 3 章：引言、要求和维修性大纲

IEC 60706-2（1990）设备维修性导则　第 2 部分：设计阶段的维修性分析

IEC 60706-3（1987）设备维修性导则　第 3 部分：第 6，7 章：验证和数据的收集、分析与表示

IEC 60706-4（1992）设备维修性导则　第 4 部分：第 8 章：维修和维修保障计划

IEC 60706-5（1994）设备维修性导则　第 5 部分：第 4 章：诊断测试

IEC 60706-6（1994）设备维修性导则　第 6 部分：第 9 章：维修性评估统计

方法

IEC 60812（1985）系统可靠性分析技术——失效模式和影响分析程序（FMEA）

IEC 60863（1986）可靠性、维修性和可用性预计的表示

IEC 61014（2003）可靠性增长大纲

IEC 61025（Ed. z）故障树分析（FTA）

IEC 61070（1991）稳态可用性验证试验方法

IEC 61078 可信性分析技术——可靠性方框图法和威布尔方法

IEC 61123（1991）可靠性试验——成功率验证试验方法

IEC 61124（1997）恒定失效率和恒定失效强度的可靠性验证试验

IEC 61160（1992）正式设计评审

IEC 61163-1（1995）可靠性应力筛选　第 1 部分：可维修的批量生产的产品

IEC 61163-2（1998）可靠性应力筛选　第 2 部分：电子元器件

IEC 61163-3 可修的单批产品的可靠性应力筛选

IEC 61164（1995）可靠性增长：统计试验与评估方法

IEC 61165（1995）马尔柯夫技术的应用

IEC 61649（Ed. z）服从威布尔分布数据的拟合优度检验、置信区间和置信下限

IEC 61650（1997）可靠性数据分析技术：两种恒定失效率和两种恒定失效强度数据的比较分析程序

IEC 61703（2001）可靠性、维修性、可用性和维修保障术语的数学表示

IEC 61714 可信性大纲中软件的维修性和维修内容 /TR2 61586（1997）电连接器可靠度的评定

IEC 61739（1996）集成电路生产线的批准程序和质量管理

IEC 61751（1998）用于通信激光器模块——可靠性评估（TC 86）

IEC 61882（2001）危险性和可操作性评审导则

IEC 62198 项目风险管理——应用指南

IEC 62402 报废管理——应用指南

四、美国军用标准

MIL-HDBK-59A 计算机辅助采办与综合保障实施指南

MIL-HDBK-108 寿命试验抽样程序和表

MIL-HDBK-189-1981 可靠性增长管理手册

MIL-HDBK-217F-1995 电子设备可靠性预计手册

MIL-HDBK-251-1978 电子产品可靠性热设计手册

MIL-HDBK-263B-1994 保护电气和电子部件、组件和设备（不包括电气触发爆炸装置）静电放电控制手册

MIL-HDBK-338B-1998 电子设备可靠性设计手册

MIL-HDBK-344A-1993 电子产品环境应力筛选指南

MIL-HDBK-470-1997 装备维修性预计与分配手册

MIL-HDBK-502-1997 采办后勤

MIL-HDBK-764 系统安全工程手册

MIL-HDBK-765 军用电气系统安全设计手册

MIL-HDBK-781A-1996 可靠性鉴定与验收试验

MIL-HDBK-2164A-1996 电子设备环境应力筛选过程

MIL-HDBK-2165A-1993 系统和设备可测试性大纲

MIL-STD-415D 测试性设计准则

MIL-STD-690C-1993 失效率抽样方案和程序

MIL-STD-721C 可靠性维修性术语

MIL-STD-790F-1995 有可靠性指标和高可靠电工、电子和光纤元器件规范QPL 体系

MIL-STD-882C-1998 系统安全性通用大纲

MIL-STD-965 电子元器件选用管理要求

MIL-STD-1304 可靠性和维修性工程报告编写一般要求

MIL-STD-1309D-1992 测试与诊断术语

MIL-STD-1379D 装备训练规划要求

MIL-STD-1388/1A 装备保障性分析

MIL-STD-1388/2B 装备保障性分析记录

MIL-STD-1635 可靠性增长试验

MIL-STD-1686C-1995 保护电气和电子部件、组件和设备（不包括电气触发爆炸装置）静电放电控制手册

MIL-STD-1702 装备综合保障大纲

MIL-STD-1843 装备预防性维修大纲的制订要求与方法

MIL-STD-2074 可靠性试验故障分类

MIL-STD-2068 可靠性研制试验

MIL-STD-2111-1986 电子设备的整修、翻修和修理

MIL-STD-2155 故障报告、分析和纠正措施系统

MIL-STD-2164 电子产品环境应力筛选

MIL-STD-8866C-1994 飞机强度和刚度的可靠性要求（反复加载、疲劳和损伤容限）

MIL-STD-24534A-1991 计划维修体系：维修卡要求、维修目录页及有关文件的编制

五、英国标准

Def. Stan. 00-40（Part 1）（1987）可靠性及维修性第一部分：项目及计划的管

理责任和要求

Def. Stan. 00-41 国防部可靠性和维修性实用方法和程序指南

Def. Stan. 00-42（2）可靠性及维修性保证指南——软件

Def. Stan. 00-43 可靠性和维修性保证活动

Def. Stan. 00-44 可靠性和维修性数据收集与分类

Def. Stan. 00-49 可靠性和维修性术语定义指南

Def. Stan. 00-60 综合后勤保障

BS 5760-0（1986）建造的或制造的产品、系统、设备和元器件的可靠性　入门指南

BS 5760-1（1985）建造的或制造的产品、系统、设备和元器件的可靠性　可靠性和维修性大纲管理指南

BS 5760-2（1994）系统、设备和元器件的可靠性　可靠性评估指南

BS 5760-3（1982）系统、设备和元器件的可靠性　可靠性实践指南：示例

BS 5760-4（1986）系统、设备和元器件的可靠性　新的和现有项目中可靠性目标和开发的规范条款指南

BS 5760-5（2003-3）系统、设备和元器件的可靠性　失效模式、影响和严重性分析（FMEA 和 FMECA）指南

BS 5760-6（1991）系统、设备和元器件的可靠性　可靠性增长大纲指南

BS 5760-7（2003-3）系统、设备和元器件的可靠性　故障树分析指南

BS 5760-9（1994）系统、设备和元器件的可靠性　方框图技术指南

BS 5760-10（1993）系统、设备和元器件的可靠性　可靠性试验指南

BS 5760-10. 3（1993）系统、设备和元器件的可靠性　试验周期设计

BS 5760-10. 5（1993）系统、设备和元器件的可靠性　试验周期设计：成功率验证试验方案

BS 5760-11（1994）系统、设备和元器件的可靠性　现场可靠性、可用性、维修性和维修保障数据的收集

BS 5760-12（1993）系统、设备和元器件的可靠性　可靠性、维修性和可用性预计的表示指南

BS 5760-13（1993）系统、设备和元器件的可靠性　用户设备可靠性试验条件指南：室外便携设备粗模拟条件

BS 5760-13. 2（1993）系统、设备和元器件的可靠性　用户设备可靠性试验条件指南：在有气候防护场所固定使用的设备精模拟条件

BS 5760-13. 3（1993）系统、设备和元器件的可靠性　用户设备可靠性试验条件指南：在局部有气候防护场所固定使用的设备粗模拟条件

BS 5760-13. 4（1993）系统、设备和元器件的可靠性　用户设备可靠性试验条件指南：便携式和非固定使用的设备粗模拟条件

BS 5760-14（1993）系统、设备和元器件的可靠性　正式设计评审指南

BS 5760-15（1995）系统、设备和元器件的可靠性　马尔科夫技术应用指南

BS 5750-14（1993）质量体系——可信性大纲管理指南

BS EN 61078（1992）系统、设备和元器件的可靠性　方框图技术指南
BS 97714（1989）包含软件的系统可靠性评估指南
BSI 22（1992）可靠性、维修性手册
BSI HE 10007（1992）可靠性、维修性和风险

附录 B　函数表

t 分布表

$$t_\alpha(n): \int_t^\infty \frac{(1+t^2/n)^{-(n+1)/2}}{\sqrt{n}B(1/2,n/2)}\mathrm{d}t = \alpha$$

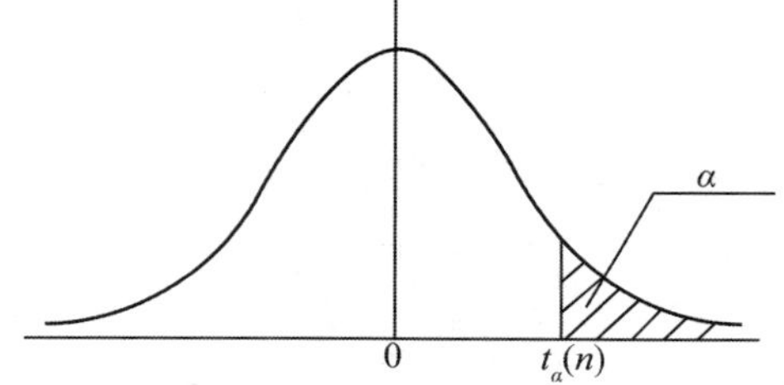

n \ α	0.25	0.1	0.05	0.025	0.01	0.005
1	1	3.077 7	6.313 8	12.706 2	31.820 5	63.656 7
2	0.816 5	1.885 6	2.92	4.302 7	6.964 6	9.924 8
3	0.764 9	1.637 7	2.353 4	3.182 4	4.540 7	5.840 9
4	0.740 7	1.533 2	2.131 8	2.776 4	3.746 9	4.604 1
5	0.726 7	1.475 9	2.015	2.570 6	3.364 9	4.032 1
6	0.717 6	1.439 8	1.943 2	2.446 9	3.142 7	3.707 4
7	0.711 1	1.414 9	1.894 6	2.364 6	2.998	3.499 5
8	0.706 4	1.396 8	1.859 5	2.306	2.896 5	3.355 4
9	0.702 7	1.383	1.833 1	2.262 2	2.821 4	3.249 8
10	0.699 8	1.372 2	1.812 5	2.228 1	2.763 8	3.169 3
11	0.697 4	1.363 4	1.795 9	2.201	2.718 1	3.105 8
12	0.695 5	1.356 2	1.782 3	2.178 8	2.681	3.054 5
13	0.693 8	1.350 2	1.770 9	2.160 4	2.650 3	3.012 3
14	0.692 4	1.345	1.761 3	2.144 8	2.624 5	2.976 8
15	0.691 2	1.340 6	1.753 1	2.131 4	2.602 5	2.946 7
16	0.690 1	1.336 8	1.745 9	2.119 9	2.583 5	2.920 8

续前表

n \ α	0.25	0.1	0.05	0.025	0.01	0.005
17	0.689 2	1.333 4	1.739 6	2.109 8	2.566 9	2.898 2
18	0.688 4	1.330 4	1.734 1	2.100 9	2.552 4	2.878 4
19	0.687 6	1.327 7	1.729 1	2.093	2.539 5	2.860 9
20	0.687	1.325 3	1.724 7	2.086	2.528	2.845 3
21	0.686 4	1.323 2	1.720 7	2.079 6	2.517 6	2.831 4
22	0.685 8	1.321 2	1.717 1	2.073 9	2.508 3	2.818 8
23	0.685 3	1.319 5	1.713 9	2.068 7	2.499 9	2.807 3
24	0.684 8	1.317 8	1.710 9	2.063 9	2.492 2	2.796 9
25	0.684 4	1.316 3	1.708 1	2.059 5	2.485 1	2.787 4
26	0.684	1.315	1.705 6	2.055 5	2.478 6	2.778 7
27	0.683 7	1.313 7	1.703 3	2.051 8	2.472 7	2.770 7
28	0.683 4	1.312 5	1.701 1	2.048 4	2.467 1	2.763 3
29	0.683	1.311 4	1.699 1	2.045 2	2.462	2.756 4
30	0.682 8	1.310 4	1.697 3	2.042 3	2.457 3	2.75
31	0.682 5	1.309 5	1.695 5	2.039 5	2.452 8	2.744
32	0.682 2	1.308 6	1.693 9	2.036 9	2.448 7	2.738 5
33	0.682	1.307 7	1.692 4	2.034 5	2.444 8	2.733 3
34	0.681 8	1.307	1.690 9	2.032 2	2.441 1	2.728 4
35	0.681 6	1.306 2	1.689 6	2.030 1	2.437 7	2.723 8
36	0.681 4	1.305 5	1.688 3	2.028 1	2.434 5	2.719 5
37	0.681 2	1.304 9	1.687 1	2.026 2	2.431 4	2.715 4
38	0.681	1.304 2	1.686	2.024 4	2.428 6	2.711 6
39	0.680 8	1.303 6	1.684 9	2.022 7	2.425 8	2.707 9
40	0.680 7	1.303 1	1.683 9	2.021 1	2.423 3	2.704 5
41	0.680 5	1.302 5	1.682 9	2.019 5	2.420 8	2.701 2
42	0.680 4	1.302	1.682	2.018 1	2.418 5	2.698 1
43	0.680 2	1.301 6	1.681 1	2.016 7	2.416 3	2.695 1
44	0.680 1	1.301 1	1.680 2	2.015 4	2.414 1	2.692 3
45	0.68	1.300 6	1.679 4	2.014 1	2.412 1	2.689 6
46	0.679 9	1.300 2	1.678 7	2.012 9	2.410 2	2.687
47	0.679 7	1.299 8	1.677 9	2.011 7	2.408 3	2.684 6
48	0.679 6	1.299 4	1.677 2	2.010 6	2.406 6	2.682 2
49	0.679 5	1.299 1	1.676 6	2.009 6	2.404 9	2.68
50	0.679 4	1.298 7	1.675 9	2.008 6	2.403 3	2.677 8

F 分布表

$$F_\alpha(n_1, n_2): \int_F^{\infty} \frac{n_1^{n_1/2} n_2^{n_2/2} F^{n_1/2}}{B(n_1/2, n_2/2)} (n_2 + n_1 F)^{-(n_1+n_2)/2} \mathrm{d}F = \alpha$$

$\alpha=0.1$

n_2 \ n_1	1	2	3	4	5	6	7	8	9	10	12	15	20	24	30	40	60	120	∞
1	39.863 5	49.5	53.593 2	55.833	57.240 1	58.204 4	58.906	59.439	59.857 6	60.195	60.705 2	61.220 3	61.740 3	62.002 1	62.265	62.529 1	62.794 3	63.060 6	63.328 1
2	8.526 3	9	9.161 8	9.243 4	9.292 6	9.325 5	9.349 1	9.366 8	9.380 5	9.391 6	9.408 1	9.424 7	9.441 3	9.449 6	9.457 9	9.466 2	9.474 6	9.482 9	9.491 2
3	5.538 3	5.462 4	5.390 8	5.342 6	5.309 2	5.284 7	5.266 2	5.251 7	5.24	5.230 4	5.215 6	5.200 3	5.184 5	5.176 4	5.168 1	5.159 7	5.151 2	5.142 5	5.133 7
4	4.544 8	4.324 6	4.190 9	4.107 3	4.050 6	4.009 8	3.979	3.954 9	3.935 7	3.919 9	3.895 5	3.870 4	3.844 3	3.831	3.817 4	3.803 6	3.789 6	3.775 3	3.760 7
5	4.060 4	3.779 7	3.619 5	3.520 2	3.453	3.404 5	3.367 9	3.339 3	3.316 3	3.297 4	3.268 2	3.238	3.206 7	3.190 5	3.174 1	3.157 3	3.140 2	3.122 8	3.105
6	3.776	3.463 3	3.288 8	3.180 8	3.107 5	3.054 6	3.014 5	2.983	2.957 7	2.936 9	2.904 7	2.871 2	2.836 3	2.818 3	2.8	2.781 2	2.762	2.742 3	2.722 2
7	3.589 4	3.257 4	3.074 1	2.960 5	2.883 3	2.827 4	2.784 9	2.751 6	2.724 7	2.702 5	2.668 1	2.632 2	2.594 7	2.575 3	2.555 5	2.535 1	2.514 2	2.492 8	2.470 8
8	3.457 9	3.113 1	2.923 8	2.806 4	2.726 5	2.668 3	2.624 1	2.589 4	2.561 2	2.538	2.502	2.464 2	2.424 6	2.404 1	2.383	2.361 4	2.339 1	2.316 2	2.292 6
9	3.360 3	3.006 5	2.812 9	2.692 7	2.610 6	2.550 9	2.505 3	2.469 4	2.440 3	2.416 3	2.378 9	2.339 6	2.298 3	2.276 8	2.254 7	2.232	2.208 5	2.184 3	2.159 2
10	3.285	2.924 5	2.727 7	2.605 3	2.521 6	2.460 6	2.414	2.377 2	2.347 3	2.322 6	2.284 1	2.243 5	2.200 7	2.178 4	2.155 4	2.131 7	2.107 2	2.081 8	2.055 4
11	3.225 2	2.859 5	2.660 2	2.536 2	2.451 2	2.389 1	2.341 6	2.304	2.273 5	2.248 2	2.208 7	2.167 1	2.123 1	2.1	2.076 2	2.051 6	2.026 1	1.999 7	1.972 1
12	3.176 6	2.806 8	2.605 5	2.480 1	2.394	2.331	2.282 8	2.244 6	2.213 5	2.187 8	2.147 4	2.104 9	2.059 7	2.036	2.011 5	1.986 1	1.959 7	1.932 3	1.903 6
13	3.136 2	2.763 2	2.560 3	2.433 7	2.346 7	2.283	2.234 1	2.195 4	2.163 8	2.137 6	2.096 6	2.053 2	2.007	1.982 7	1.957 6	1.931 5	1.904 3	1.875 9	1.846 2
14	3.102 2	2.726 5	2.522 2	2.394 7	2.306 9	2.242 6	2.193 1	2.153 9	2.122	2.095 4	2.053 7	2.009 5	1.962 5	1.937 7	1.911 9	1.885 2	1.857 2	1.828	1.797 3
15	3.073 2	2.695 2	2.489 8	2.361 4	2.273	2.208 1	2.158 2	2.118 5	2.086 2	2.059 3	2.017 1	1.972 2	1.924 3	1.899	1.872 8	1.845 4	1.816 8	1.786 7	1.755 1
16	3.048 1	2.668 2	2.461 8	2.332 7	2.243 8	2.178 3	2.128	2.088	2.055 3	2.028 2	1.985 4	1.939 9	1.891 3	1.865 6	1.838 8	1.810 8	1.781 6	1.750 8	1.718 2

续前表

n_2 \ n_1	1	2	3	4	5	6	7	8	9	10	12	15	20	24	30	40	60	120	∞
17	3.026 2	2.644 6	2.437 4	2.307 8	2.218 3	2.152 4	2.101 7	2.061 3	2.028 4	2.000 9	1.957 7	1.911 7	1.862 4	1.836 2	1.809	1.780 5	1.750 6	1.719 1	1.685 6
18	3.007	2.624	2.416	2.285 8	2.195 8	2.129 6	2.078 5	2.037 9	2.004 7	1.977	1.933 3	1.886 8	1.836 9	1.810 4	1.782 7	1.753 7	1.723 2	1.691	1.656 7
19	2.989 9	2.605 6	2.397	2.266 3	2.176	2.109 4	2.058	2.017 1	1.983 6	1.955 7	1.911 7	1.864 7	1.814 2	1.787 3	1.759 2	1.729 8	1.698 8	1.665 9	1.630 8
20	2.974 7	2.589 3	2.380 1	2.248 9	2.158 2	2.091 3	2.039 7	1.998 5	1.964 9	1.936 7	1.892 4	1.844 9	1.793 8	1.766 7	1.738 2	1.708 3	1.676 8	1.643 3	1.607 4
21	2.961	2.574 6	2.364 9	2.233 3	2.142 3	2.075 1	2.023 3	1.981 9	1.948	1.919 7	1.875	1.827 2	1.775 6	1.748 1	1.719 3	1.689	1.656 9	1.622 8	1.586 2
22	2.948 6	2.561 3	2.351 2	2.219 3	2.127 9	2.060 5	2.008 4	1.966 8	1.932 7	1.904 3	1.859 3	1.811 1	1.759	1.731 2	1.702 1	1.671 4	1.638 9	1.604 2	1.566 8
23	2.937 4	2.549 3	2.338 7	2.206 5	2.114 9	2.047 2	1.994 9	1.953 1	1.918 9	1.890 3	1.845	1.796 4	1.743 9	1.715 9	1.686 4	1.655 4	1.622 4	1.587 1	1.549
24	2.927 1	2.538 3	2.327 4	2.194 9	2.103	2.035 1	1.982 6	1.940 7	1.906 3	1.877 5	1.831 9	1.783 1	1.730 2	1.701 9	1.672 1	1.640 7	1.607 3	1.571 5	1.532 7
25	2.917 7	2.528 3	2.317	2.184 2	2.092 2	2.024 1	1.971 4	1.929 3	1.894 7	1.865 8	1.82	1.770 8	1.717 5	1.689	1.659	1.627 2	1.593 4	1.557	1.517 6
26	2.909 1	2.519 1	2.307 5	2.174 5	2.082 2	2.013 9	1.961	1.918 8	1.884 1	1.855	1.809	1.759 6	1.705 9	1.677 1	1.646 8	1.614 7	1.580 5	1.543 7	1.503 6
27	2.901 2	2.510 6	2.298 7	2.165 5	2.073	2.004 5	1.951 5	1.909 1	1.874 3	1.845 1	1.798 9	1.749 2	1.695 1	1.666 2	1.635 6	1.603 2	1.568 6	1.531 3	1.490 6
28	2.893 9	2.502 8	2.290 6	2.157 1	2.064 5	1.995 9	1.942 7	1.900 1	1.865 2	1.835 9	1.789 5	1.739 5	1.685 2	1.656	1.625 2	1.592 5	1.557 5	1.519 8	1.478 4
29	2.887	2.495 5	2.283 1	2.149 4	2.056 6	1.987 8	1.934 5	1.891 8	1.856 8	1.827 4	1.780 8	1.730 6	1.675 9	1.646 6	1.615 5	1.582 5	1.547 2	1.509	1.467
30	2.880 7	2.488 7	2.276 1	2.142 2	2.049 3	1.980 3	1.926 9	1.884 1	1.849	1.819 5	1.772 7	1.722 3	1.667 3	1.637 7	1.606 5	1.573 2	1.537 6	1.498 9	1.456 4
40	2.835 4	2.440 4	2.226 1	2.091	1.996 8	1.926 9	1.872 5	1.828 9	1.792 9	1.762 7	1.714 6	1.662 4	1.605 2	1.574 1	1.541 1	1.505 6	1.467 2	1.424 8	1.376 9
60	2.791 1	2.393 3	2.177 4	2.041	1.945 7	1.874 7	1.819 4	1.774 8	1.738	1.707	1.657 4	1.603 4	1.543 5	1.510 7	1.475 5	1.437 3	1.395 2	1.347 6	1.291 5
120	2.747 8	2.347 3	2.13	1.992 3	1.895 9	1.823 8	1.767 5	1.722	1.684 3	1.652 4	1.601 2	1.545	1.482 1	1.447 2	1.409 4	1.367 6	1.320 3	1.264 6	1.192 6
∞	2.705 5	2.302 6	2.083 8	1.944 9	1.847 3	1.774 1	1.716 7	1.670 2	1.631 5	1.598 7	1.545 8	1.487 1	1.420 6	1.383 2	1.341 9	1.295 1	1.24	1.168 6	1

$\alpha=0.05$

n_2 \ n_1	1	2	3	4	5	6	7	8	9	10	12	15	20	24	30	40	60	120	∞
1	161.447 6	199.5	215.707 3	224.583 2	230.161 9	233.986	236.768 4	238.882 7	240.543 3	241.881 7	243.906	245.949 9	248.013 1	249.051 8	250.095 1	251.143 2	252.195 7	253.252 9	254.314 4
2	18.512 8	19	19.164 3	19.246 8	19.296 4	19.329 5	19.353 2	19.371	19.384 8	19.395 9	19.412 5	19.429 1	19.445 8	19.454 1	19.462 4	19.470 7	19.479 1	19.487 4	19.495 7
3	10.128	9.552 1	9.276 6	9.117 2	9.013 5	8.940 6	8.886 7	8.845 2	8.812 3	8.785 5	8.744 6	8.702 9	8.660 2	8.638 5	8.616 6	8.594 4	8.572	8.549 4	8.526 4
4	7.708 6	6.944 3	6.591 4	6.388 2	6.256 1	6.163 1	6.094 2	6.041	5.998 8	5.964 4	5.911 7	5.857 8	5.802 5	5.774 4	5.745 9	5.717	5.687 7	5.658 1	5.628 1
5	6.607 9	5.786 1	5.409 5	5.192 2	5.050 3	4.950 3	4.875 9	4.818 3	4.772 5	4.735 1	4.677 7	4.618 8	4.558 1	4.527 2	4.495 7	4.463 8	4.431 4	4.398 5	4.365
6	5.987 4	5.143 3	4.757 1	4.533 7	4.387 4	4.283 9	4.206 7	4.146 8	4.099	4.06	3.999 9	3.938 1	3.874 2	3.841 5	3.808 2	3.774 3	3.739 8	3.704 7	3.668 9
7	5.591 4	4.737 4	4.346 8	4.120 3	3.971 5	3.866	3.787	3.725 7	3.676 7	3.636 5	3.574 7	3.510 7	3.444 5	3.410 5	3.375 8	3.340 4	3.304 3	3.267 4	3.229 8
8	5.317 7	4.459	4.066 2	3.837 9	3.687 5	3.580 6	3.500 5	3.438 1	3.388 1	3.347 2	3.283 9	3.218 4	3.150 3	3.115 2	3.079 4	3.042 8	3.005 3	2.966 9	2.927 6
9	5.117 4	4.256 5	3.862 5	3.633 1	3.481 7	3.373 8	3.292 7	3.229 6	3.178 9	3.137 3	3.072 9	3.006 1	2.936 5	2.900 5	2.863 7	2.825 9	2.787 2	2.747 5	2.706 7
10	4.964 6	4.102 8	3.708 3	3.478	3.325 8	3.217 2	3.135 5	3.071 7	3.020 4	2.978 2	2.913	2.845	2.774	2.737 2	2.699 6	2.660 9	2.621 1	2.580 1	2.537 9
11	4.844 3	3.982 3	3.587 4	3.356 7	3.203 9	3.094 6	3.012 3	2.948	2.896 2	2.853 6	2.787 6	2.718 6	2.646 4	2.609	2.570 5	2.530 9	2.490 1	2.448	2.404 5
12	4.747 2	3.885 3	3.490 3	3.259 2	3.105 9	2.996 1	2.913 4	2.848 6	2.796 4	2.753 4	2.686 6	2.616 9	2.543 6	2.505 5	2.466 3	2.425 9	2.384 2	2.341	2.296 2
13	4.667 2	3.805 6	3.410 5	3.179 1	3.025 4	2.915 3	2.832 1	2.766 9	2.714 4	2.671	2.603 7	2.533 1	2.458 9	2.420 2	2.380 3	2.339 2	2.296 6	2.252 4	2.206 4
14	4.600 1	3.738 9	3.343 9	3.112 2	2.958 2	2.847 7	2.764 2	2.698 7	2.645 8	2.602 2	2.534 2	2.463	2.387 9	2.348 7	2.308 2	2.266 4	2.222 9	2.177 8	2.130 7
15	4.543 1	3.682 3	3.287 4	3.055 6	2.901 3	2.790 5	2.706 6	2.640 8	2.587 6	2.543 7	2.475 3	2.403 4	2.327 5	2.287 8	2.246 8	2.204 3	2.160 1	2.114 1	2.065 8
16	4.494	3.633 7	3.238 9	3.006 9	2.852 4	2.741 3	2.657 2	2.591 1	2.537 7	2.493 5	2.424 7	2.352 2	2.275 6	2.235 4	2.193 8	2.150 7	2.105 8	2.058 9	2.009 6
17	4.451 3	3.591 5	3.196 8	2.964 7	2.81	2.698 7	2.614 3	2.548	2.494 3	2.449 9	2.380 7	2.307 7	2.230 4	2.189 8	2.147 7	2.104	2.058 4	2.010 7	1.960 4

续前表

n_2 \ n_1	1	2	3	4	5	6	7	8	9	10	12	15	20	24	30	40	60	120	∞
18	4.4139	3.5546	3.1599	2.9277	2.7729	2.6613	2.5767	2.5102	2.4563	2.4117	2.3421	2.2686	2.1906	2.1497	2.1071	2.0629	2.0166	1.9681	1.9168
19	4.3807	3.5219	3.1274	2.8951	2.7401	2.6283	2.5435	2.4768	2.4227	2.3779	2.308	2.2341	2.1555	2.1141	2.0712	2.0264	1.9795	1.9302	1.878
20	4.3512	3.4928	3.0984	2.8661	2.7109	2.599	2.514	2.4471	2.3928	2.3479	2.2776	2.2033	2.1242	2.0825	2.0391	1.9938	1.9464	1.8963	1.8432
21	4.3248	3.4668	3.0725	2.8401	2.6848	2.5727	2.4876	2.4205	2.366	2.321	2.2504	2.1757	2.096	2.054	2.0102	1.9645	1.9165	1.8657	1.8117
22	4.3009	3.4434	3.0491	2.8167	2.6613	2.5491	2.4638	2.3965	2.3419	2.2967	2.2258	2.1508	2.0707	2.0283	1.9842	1.938	1.8894	1.838	1.7831
23	4.2793	3.4221	3.028	2.7955	2.64	2.5277	2.4422	2.3748	2.3201	2.2747	2.2036	2.1282	2.0476	2.005	1.9605	1.9139	1.8648	1.8128	1.757
24	4.2597	3.4028	3.0088	2.7763	2.6207	2.5082	2.4226	2.3551	2.3002	2.2547	2.1834	2.1077	2.0267	1.9838	1.939	1.892	1.8424	1.7896	1.733
25	4.2417	3.3852	2.9912	2.7587	2.603	2.4904	2.4047	2.3371	2.2821	2.2365	2.1649	2.0889	2.0075	1.9643	1.9192	1.8718	1.8217	1.7684	1.711
26	4.2252	3.369	2.9752	2.7426	2.5868	2.4741	2.3883	2.3205	2.2655	2.2197	2.1479	2.0716	1.9898	1.9464	1.901	1.8533	1.8027	1.7488	1.6906
27	4.21	3.3541	2.9604	2.7278	2.5719	2.4591	2.3732	2.3053	2.2501	2.2043	2.1323	2.0558	1.9736	1.9299	1.8842	1.8361	1.7851	1.7306	1.6717
28	4.196	3.3404	2.9467	2.7141	2.5581	2.4453	2.3593	2.2913	2.236	2.19	2.1179	2.0411	1.9586	1.9147	1.8687	1.8203	1.7689	1.7138	1.6541
29	4.183	3.3277	2.934	2.7014	2.5454	2.4324	2.3463	2.2783	2.2229	2.1768	2.1045	2.0275	1.9446	1.9005	1.8543	1.8055	1.7537	1.6981	1.6376
30	4.1709	3.3158	2.9223	2.6896	2.5336	2.4205	2.3343	2.2662	2.2107	2.1646	2.0921	2.0148	1.9317	1.8874	1.8409	1.7918	1.7396	1.6835	1.6223
40	4.0847	3.2317	2.8387	2.606	2.4495	2.3359	2.249	2.1802	2.124	2.0772	2.0035	1.9245	1.8389	1.7929	1.7444	1.6928	1.6373	1.5766	1.5089
60	4.0012	3.1504	2.7581	2.5252	2.3683	2.2541	2.1665	2.097	2.0401	1.9926	1.9174	1.8364	1.748	1.7001	1.6491	1.5943	1.5343	1.4673	1.3893
120	3.9201	3.0718	2.6802	2.4472	2.2899	2.175	2.0868	2.0164	1.9588	1.9105	1.8337	1.7505	1.6587	1.6084	1.5543	1.4952	1.429	1.3519	1.2539
∞	3.8415	2.9957	2.6049	2.3719	2.2141	2.0986	2.0096	1.9384	1.8799	1.8307	1.7522	1.6664	1.5705	1.5173	1.4591	1.394	1.318	1.2214	1

$\alpha=0.025$

n_2 \ n_1	1	2	3	4	5	6	7	8	9	10	12	15	20	24	30	40	60	120	∞
1	647.789	799.5	864.163	899.583 3	921.847 9	937.111 1	948.216 9	956.656 2	963.284 6	968.627 4	976.707 9	984.866 8	993.102 8	997.249 2	1 001.414	1 005.598	1 009.8	1 014.02	1 018.258
2	38.506 3	39	39.165 5	39.248 4	39.298 2	39.331 5	39.355 2	39.373	39.386 9	39.398	39.414 6	39.431 3	39.447 9	39.456 2	39.465	39.473	39.481	39.49	39.498
3	17.443 4	16.044 1	15.439 2	15.101	14.884 8	14.734 7	14.624 4	14.539 9	14.473 1	14.418 9	14.336 6	14.252 7	14.167 4	14.124 1	14.081	14.037	13.992	13.947	13.902
4	12.217 9	10.649 1	9.979 2	9.604 5	9.364 5	9.197 3	9.074 1	8.979 6	8.904 7	8.843 9	8.751 2	8.656 5	8.559 9	8.510 9	8.461	8.411	8.36	8.309	8.257
5	10.007	8.433 6	7.763 6	7.387 9	7.146 4	6.977 7	6.853 1	6.757 2	6.681 1	6.619 2	6.524 5	6.427 7	6.328 6	6.278	6.227	6.175	6.123	6.069	6.015
6	8.813 1	7.259 9	6.598 8	6.227 2	5.987 6	5.819 8	5.695 5	5.599 6	5.523 4	5.461 3	5.366 2	5.268 7	5.168 4	5.117 2	5.065	5.012	4.959	4.904	4.849
7	8.072 7	6.541 5	5.889 8	5.522 6	5.285 2	5.118 6	4.994 9	4.899 3	4.823 2	4.761 1	4.665 8	4.567 8	4.466 7	4.415	4.362	4.309	4.254	4.199	4.142
8	7.570 9	6.059 5	5.416	5.052 6	4.817 3	4.651 7	4.528 6	4.433 3	4.357 2	4.295 1	4.199 7	4.101 2	3.999 5	3.947 2	3.894	3.84	3.784	3.728	3.67
9	7.209 3	5.714 7	5.078 1	4.718 1	4.484 4	4.319 7	4.197	4.102	4.026	3.963 9	3.868 2	3.769 4	3.666 9	3.614 2	3.56	3.505	3.449	3.392	3.333
10	6.936 7	5.456 4	4.825 6	4.468 3	4.236 1	4.072 1	3.949 8	3.854 9	3.779	3.716 8	3.620 9	3.521 7	3.418 5	3.365 4	3.311	3.255	3.198	3.14	3.08
11	6.724 1	5.255 9	4.63	4.275 1	4.044	3.880 7	3.758 6	3.663 8	3.587 9	3.525 7	3.429 6	3.329 9	3.226 1	3.172 5	3.118	3.061	3.004	2.944	2.883
12	6.553 8	5.095 9	4.474 2	4.121 2	3.891 1	3.728 3	3.606 5	3.511 8	3.435 8	3.373 6	3.277 3	3.177 2	3.072 8	3.018 7	2.963	2.906	2.848	2.787	2.725
13	6.414 3	4.965 3	4.347 2	3.995 9	3.766 7	3.604 3	3.482 7	3.388	3.312	3.249 7	3.153 2	3.052 7	2.947 7	2.893 2	2.837	2.78	2.72	2.659	2.595
14	6.297 9	4.856 7	4.241 7	3.891 9	3.663 4	3.501 4	3.379 9	3.285 3	3.209 3	3.146 9	3.050 2	2.949 3	2.843 7	2.788 8	2.732	2.674	2.614	2.552	2.487
15	6.199 5	4.765	4.152 8	3.804 3	3.576 4	3.414 7	3.293 4	3.198 7	3.122 7	3.060 2	2.963 3	2.862 1	2.755 9	2.700 6	2.644	2.585	2.524	2.461	2.395
16	6.115 1	4.686 7	4.076 8	3.729 4	3.502 1	3.340 6	3.219 4	3.124 8	3.048 8	2.986 2	2.889	2.787 5	2.680 8	2.625 2	2.568	2.509	2.447	2.383	2.316
17	6.042	4.618 9	4.011 2	3.664 8	3.437 9	3.276 7	3.155 6	3.061	2.984 9	2.922 2	2.824 9	2.723	2.615 8	2.559 8	2.502	2.442	2.38	2.315	2.247

续前表

n_2 \ n_1	1	2	3	4	5	6	7	8	9	10	12	15	20	24	30	40	60	120	∞
18	5. 978 1	4. 559 7	3. 953 9	3. 608 3	3. 382	3. 220 9	3. 099 9	3. 005 3	2. 929 1	2. 866 4	2. 768 9	2. 666 7	2. 559	2. 502 7	2. 445	2. 384	2. 321	2. 256	2. 187
19	5. 921 6	4. 507 5	3. 903 4	3. 558 7	3. 332 7	3. 171 8	3. 050 9	2. 956 3	2. 880 1	2. 817 2	2. 719 6	2. 617 1	2. 508 9	2. 452 3	2. 394	2. 333	2. 27	2. 203	2. 133
20	5. 871 5	4. 461 3	3. 858 7	3. 514 7	3. 289 1	3. 128 3	3. 007 4	2. 912 8	2. 836 5	2. 773 7	2. 675 8	2. 573 1	2. 464 5	2. 407 6	2. 349	2. 287	2. 223	2. 156	2. 085
21	5. 826 6	4. 419 9	3. 818 8	3. 475 4	3. 250 1	3. 089 5	2. 968 6	2. 874	2. 797 7	2. 734 8	2. 636 8	2. 533 8	2. 424 7	2. 367 5	2. 308	2. 246	2. 182	2. 114	2. 042
22	5. 786 3	4. 382 8	3. 782 9	3. 440 1	3. 215 1	3. 054 6	2. 933 8	2. 839 2	2. 762 8	2. 699 8	2. 601 7	2. 498 4	2. 389	2. 331 5	2. 272	2. 21	2. 145	2. 076	2. 003
23	5. 749 8	4. 349 2	3. 750 5	3. 408 3	3. 183 5	3. 023 2	2. 902 3	2. 807 7	2. 731 3	2. 668 2	2. 569 9	2. 466 5	2. 356 7	2. 298 9	2. 239	2. 176	2. 111	2. 041	1. 968
24	5. 716 6	4. 318 7	3. 721 1	3. 379 4	3. 154 8	2. 994 6	2. 873 8	2. 779 1	2. 702 7	2. 639 6	2. 541 1	2. 437 4	2. 327 3	2. 269 3	2. 209	2. 146	2. 08	2. 01	1. 935
25	5. 686 4	4. 290 9	3. 694 3	3. 353	3. 128 7	2. 968 5	2. 847 8	2. 753 1	2. 676 6	2. 613 5	2. 514 9	2. 411	2. 300 5	2. 242 2	2. 182	2. 118	2. 052	1. 981	1. 906
26	5. 658 6	4. 265 5	3. 669 7	3. 328 9	3. 104 8	2. 944 7	2. 824	2. 729 3	2. 652 8	2. 589 6	2. 490 8	2. 386 7	2. 275 9	2. 217 4	2. 157	2. 093	2. 026	1. 954	1. 878
27	5. 633 1	4. 242 1	3. 647 2	3. 306 7	3. 082 8	2. 922 8	2. 802 1	2. 707 4	2. 630 9	2. 567 6	2. 468 8	2. 364 4	2. 253 3	2. 194 6	2. 133	2. 069	2. 002	1. 93	1. 853
28	5. 609 6	4. 220 5	3. 626 4	3. 286 3	3. 062 6	2. 902 7	2. 782	2. 687 2	2. 610 6	2. 547 3	2. 448 4	2. 343 8	2. 232 4	2. 173 5	2. 112	2. 048	1. 98	1. 907	1. 829
29	5. 587 8	4. 200 6	3. 607 2	3. 267 4	3. 043 8	2. 884	2. 763 3	2. 668 6	2. 591 9	2. 528 6	2. 429 5	2. 324 8	2. 213 1	2. 154	2. 092	2. 028	1. 959	1. 886	1. 807
30	5. 567 5	4. 182 1	3. 589 4	3. 249 9	3. 026 5	2. 866 7	2. 746	2. 651 3	2. 574 6	2. 511 2	2. 412	2. 307 2	2. 195 2	2. 135 9	2. 074	2. 009	1. 94	1. 866	1. 787
40	5. 423 9	4. 051	3. 463 3	3. 126 1	2. 903 7	2. 744 4	2. 623 8	2. 528 9	2. 451 9	2. 388 2	2. 288 2	2. 181 9	2. 067 7	2. 006 9	1. 943	1. 875	1. 803	1. 724	1. 637
60	5. 285 6	3. 925 3	3. 342 5	3. 007 7	2. 786 3	2. 627 4	2. 506 8	2. 411 7	2. 334 4	2. 270 2	2. 169 2	2. 061 3	1. 944 5	1. 881 7	1. 815	1. 744	1. 667	1. 581	1. 482
120	5. 152 3	3. 804 6	3. 226 9	2. 894 3	2. 674	2. 515 4	2. 394 8	2. 299 4	2. 221 7	2. 157	2. 054 8	1. 945	1. 824 9	1. 759 7	1. 69	1. 614	1. 53	1. 433	1. 31
∞	5. 023 9	3. 688 9	3. 116 1	2. 785 8	2. 566 5	2. 408 2	2. 287 5	2. 191 8	2. 113 6	2. 048 3	1. 944 7	1. 832 6	1. 708 5	1. 640 2	1. 566	1. 484	1. 388	1. 268	1

$\alpha=0.01$

n_2 \ n_1	1	2	3	4	5	6	7	8	9	10	12	15	20	24	30	40	60	120	∞
1	4 052.181	4 999.5	5 403.352	5 624.583	5 763.65	5 858.986	5 928.356	5 981.07	6 022.473	6 055.847	6 106.321	6 157.285	6 208.73	6 234.631	6 260.649	6 286.782	6 313.03	6 339.391	6 365.864
2	98.503	99	99.166	99.249	99.299	99.333	99.356	99.374	99.388	99.399	99.416	99.433	99.449	99.458	99.466	99.474	99.482	99.491	99.499
3	34.116	30.817	29.457	28.71	28.237	27.911	27.672	27.489	27.345	27.229	27.052	26.872	26.69	26.598	26.505	26.411	26.316	26.221	26.125
4	21.198	18	16.694	15.977	15.522	15.207	14.976	14.799	14.659	14.546	14.374	14.198	14.02	13.929	13.838	13.745	13.652	13.558	13.463
5	16.258	13.274	12.06	11.392	10.967	10.672	10.456	10.289	10.158	10.051	9.888	9.722	9.553	9.466	9.379	9.291	9.202	9.112	9.02
6	13.745	10.925	9.78	9.148	8.746	8.466	8.26	8.102	7.976	7.874	7.718	7.559	7.396	7.313	7.229	7.143	7.057	6.969	6.88
7	12.246	9.547	8.451	7.847	7.46	7.191	6.993	6.84	6.719	6.62	6.469	6.314	6.155	6.074	5.992	5.908	5.824	5.737	5.65
8	11.259	8.649	7.591	7.006	6.632	6.371	6.178	6.029	5.911	5.814	5.667	5.515	5.359	5.279	5.198	5.116	5.032	4.946	4.859
9	10.561	8.022	6.992	6.422	6.057	5.802	5.613	5.467	5.351	5.257	5.111	4.962	4.808	4.729	4.649	4.567	4.483	4.398	4.311
10	10.044	7.559	6.552	5.994	5.636	5.386	5.2	5.057	4.942	4.849	4.706	4.558	4.405	4.327	4.247	4.165	4.082	3.996	3.909
11	9.646	7.206	6.217	5.668	5.316	5.069	4.886	4.744	4.632	4.539	4.397	4.251	4.099	4.021	3.941	3.86	3.776	3.69	3.602
12	9.33	6.927	5.953	5.412	5.064	4.821	4.64	4.499	4.388	4.296	4.155	4.01	3.858	3.78	3.701	3.619	3.535	3.449	3.361
13	9.074	6.701	5.739	5.205	4.862	4.62	4.441	4.302	4.191	4.1	3.96	3.815	3.665	3.587	3.507	3.425	3.341	3.255	3.165
14	8.862	6.515	5.564	5.035	4.695	4.456	4.278	4.14	4.03	3.939	3.8	3.656	3.505	3.427	3.348	3.266	3.181	3.094	3.004
15	8.683	6.359	5.417	4.893	4.556	4.318	4.142	4.004	3.895	3.805	3.666	3.522	3.372	3.294	3.214	3.132	3.047	2.959	2.868
16	8.531	6.226	5.292	4.773	4.437	4.202	4.026	3.89	3.78	3.691	3.553	3.409	3.259	3.181	3.101	3.018	2.933	2.845	2.753
17	8.4	6.112	5.185	4.669	4.336	4.102	3.927	3.791	3.682	3.593	3.455	3.312	3.162	3.084	3.003	2.92	2.835	2.746	2.653

续前表

n_2 \ n_1	1	2	3	4	5	6	7	8	9	10	12	15	20	24	30	40	60	120	∞
18	8.285	6.013	5.092	4.579	4.248	4.015	3.841	3.705	3.597	3.508	3.371	3.227	3.077	2.999	2.919	2.835	2.749	2.66	2.566
19	8.185	5.926	5.01	4.5	4.171	3.939	3.765	3.631	3.523	3.434	3.297	3.153	3.003	2.925	2.844	2.761	2.674	2.584	2.489
20	8.096	5.849	4.938	4.431	4.103	3.871	3.699	3.564	3.457	3.368	3.231	3.088	2.938	2.859	2.778	2.695	2.608	2.517	2.421
21	8.017	5.78	4.874	4.369	4.042	3.812	3.64	3.506	3.398	3.31	3.173	3.03	2.88	2.801	2.72	2.636	2.548	2.457	2.36
22	7.945	5.719	4.817	4.313	3.988	3.758	3.587	3.453	3.346	3.258	3.121	2.978	2.827	2.749	2.667	2.583	2.495	2.403	2.305
23	7.881	5.664	4.765	4.264	3.939	3.71	3.539	3.406	3.299	3.211	3.074	2.931	2.781	2.702	2.62	2.535	2.447	2.354	2.256
24	7.823	5.614	4.718	4.218	3.895	3.667	3.496	3.363	3.256	3.168	3.032	2.889	2.738	2.659	2.577	2.492	2.403	2.31	2.211
25	7.77	5.568	4.675	4.177	3.855	3.627	3.457	3.324	3.217	3.129	2.993	2.85	2.699	2.62	2.538	2.453	2.364	2.27	2.169
26	7.721	5.526	4.637	4.14	3.818	3.591	3.421	3.288	3.182	3.094	2.958	2.815	2.664	2.585	2.503	2.417	2.327	2.233	2.131
27	7.677	5.488	4.601	4.106	3.785	3.558	3.388	3.256	3.149	3.062	2.926	2.783	2.632	2.552	2.47	2.384	2.294	2.198	2.097
28	7.636	5.453	4.568	4.074	3.754	3.528	3.358	3.226	3.12	3.032	2.896	2.753	2.602	2.522	2.44	2.354	2.263	2.167	2.064
29	7.598	5.42	4.538	4.045	3.725	3.499	3.33	3.198	3.092	3.005	2.868	2.726	2.574	2.495	2.412	2.325	2.234	2.138	2.034
30	7.562	5.39	4.51	4.018	3.699	3.473	3.304	3.173	3.067	2.979	2.843	2.7	2.549	2.469	2.386	2.299	2.208	2.111	2.006
40	7.314	5.179	4.313	3.828	3.514	3.291	3.124	2.993	2.888	2.801	2.665	2.522	2.369	2.288	2.203	2.114	2.019	1.917	1.805
60	7.077	4.977	4.126	3.649	3.339	3.119	2.953	2.823	2.718	2.632	2.496	2.352	2.198	2.115	2.028	1.936	1.836	1.726	1.601
120	6.851	4.787	3.949	3.48	3.174	2.956	2.792	2.663	2.559	2.472	2.336	2.192	2.035	1.95	1.86	1.763	1.656	1.533	1.381
∞	6.635	4.605	3.782	3.319	3.017	2.802	2.639	2.511	2.407	2.321	2.185	2.039	1.878	1.791	1.696	1.592	1.473	1.325	1

χ^2 分布表

$$\chi_\alpha^2(n):\int_{\chi^2}^{\infty}\frac{1}{2\Gamma(n/2)}(\chi^2/2)^{\frac{n}{2}-1}e^{-\chi^2/2}d\chi^2=\alpha$$

n \ α	0.995	0.99	0.975	0.95	0.9	0.1	0.05	0.025	0.01	0.005
1	0	0.000 2	0.001	0.003 9	0.015 8	2.705 5	3.841 5	5.023 9	6.634 9	7.879 4
2	0.01	0.020 1	0.050 6	0.102 6	0.210 7	4.605 2	5.991 5	7.377 8	9.210 3	10.596 6
3	0.071 7	0.114 8	0.215 8	0.351 8	0.584 4	6.251 4	7.814 7	9.348 4	11.344 9	12.838 2
4	0.207	0.297 1	0.484 4	0.710 7	1.063 6	7.779 4	9.487 7	11.143 3	13.276 7	14.860 3
5	0.411 7	0.554 3	0.831 2	1.145 5	1.610 3	9.236 4	11.070 5	12.832 5	15.086 3	16.749 6
6	0.675 7	0.872 1	1.237 3	1.635 4	2.204 1	10.644 6	12.591 6	14.449 4	16.811 9	18.547 6
7	0.989 3	1.239	1.689 9	2.167 3	2.833 1	12.017	14.067 1	16.012 8	18.475 3	20.277 7
8	1.344 4	1.646 5	2.179 7	2.732 6	3.489 5	13.361 6	15.507 3	17.534 5	20.090 2	21.955
9	1.734 9	2.087 9	2.700 4	3.325 1	4.168 2	14.683 7	16.919	19.022 8	21.666	23.589 4
10	2.155 9	2.558 2	3.247	3.940 3	4.865 2	15.987 2	18.307	20.483 2	23.209 3	25.188 2
11	2.603 2	3.053 5	3.815 7	4.574 8	5.577 8	17.275	19.675 1	21.92	24.725	26.756 8
12	3.073 8	3.570 6	4.403 8	5.226	6.303 8	18.549 3	21.026 1	23.336 7	26.217	28.299 5
13	3.565	4.106 9	5.008 8	5.891 9	7.041 5	19.811 9	22.362	24.735 6	27.688 2	29.819 5
14	4.074 7	4.660 4	5.628 7	6.570 6	7.789 5	21.064 1	23.684 8	26.118 9	29.141 2	31.319 3
15	4.600 9	5.229 3	6.262 1	7.260 9	8.546 8	22.307 1	24.995 8	27.488 4	30.577 9	32.801 3
16	5.142 2	5.812 2	6.907 7	7.961 6	9.312 2	23.541 8	26.296 2	28.845 4	31.999 9	34.267 2
17	5.697 2	6.407 8	7.564 2	8.671 8	10.085 2	24.769	27.587 1	30.191	33.408 7	35.718 5
18	6.264 8	7.014 9	8.230 7	9.390 5	10.864 9	25.989 4	28.869 3	31.526 4	34.805 3	37.156 5
19	6.844	7.632 7	8.906 5	10.117	11.650 9	27.203 6	30.143 5	32.852 3	36.190 9	38.582 3

续前表

n \ α	0.995	0.99	0.975	0.95	0.9	0.1	0.05	0.025	0.01	0.005
20	7.433 8	8.260 4	9.590 8	10.850 8	12.442 6	28.412	31.410 4	34.169 6	37.566 2	39.996 8
21	8.033 7	8.897 2	10.282 9	11.591 3	13.239 6	29.615 1	32.670 6	35.478 9	38.932 2	41.401 1
22	8.642 7	9.542 5	10.982 3	12.338	14.041 5	30.813 3	33.924 4	36.780 7	40.289 4	42.795 7
23	9.260 4	10.195 7	11.688 6	13.090 5	14.848	32.006 9	35.172 5	38.075 6	41.638 4	44.181 3
24	9.886 2	10.856 4	12.401 2	13.848 4	15.658 7	33.196 2	36.415	39.364 1	42.979 8	45.558 5
25	10.519 7	11.524	13.119 7	14.611 4	16.473 4	34.381 6	37.652 5	40.646 5	44.314 1	46.927 9
26	11.160 2	12.198 1	13.843 9	15.379 2	17.291 9	35.563 2	38.885 1	41.923 2	45.641 7	48.289 9
27	11.807 6	12.878 5	14.573 4	16.151 4	18.113 9	36.741 2	40.113 3	43.194 5	46.962 9	49.644 9
28	12.461 3	13.564 7	15.307 9	16.927 9	18.939 2	37.915 9	41.337 1	44.460 8	48.278 2	50.993 4
29	13.121 1	14.256 5	16.047 1	17.708 4	19.767 7	39.087 5	42.557	45.722 3	49.587 9	52.335 6
30	13.786 7	14.953 5	16.790 8	18.492 7	20.599 2	40.256	43.773	46.979 2	50.892 2	53.672
31	14.457 8	15.655 5	17.538 7	19.280 6	21.433 6	41.421 7	44.985 3	48.231 9	52.191 4	55.002 7
32	15.134	16.362 2	18.290 8	20.071 9	22.270 6	42.584 7	46.194 3	49.480 4	53.485 8	56.328 1
33	15.815 3	17.073 5	19.046 7	20.866 5	23.110 2	43.745 2	47.399 9	50.725 1	54.775 5	57.648 4
34	16.501 3	17.789 1	19.806 3	21.664 3	23.952 3	44.903 2	48.602 4	51.966	56.060 9	58.963 9
35	17.191 8	18.508 9	20.569 4	22.465	24.796 7	46.058 8	49.801 8	53.203 3	57.342 1	60.274 8
36	17.886 7	19.232 7	21.335 9	23.268 6	25.643 3	47.212 2	50.998 5	54.437 3	58.619 2	61.581 2
37	18.585 8	19.960 2	22.105 6	24.074 9	26.492 1	48.363 4	52.192 3	55.668	59.892 5	62.883 3
38	19.288 9	20.691 4	22.878 5	24.883 9	27.343	49.512 6	53.383 5	56.895 5	61.162 1	64.181 4
39	19.995 9	21.426 2	23.654 3	25.695 4	28.195 8	50.659 8	54.572 2	58.120 1	62.428 1	65.475 6
40	20.706 5	22.164 3	24.433	26.509 3	29.050 5	51.805 1	55.758 5	59.341 7	63.690 7	66.766
41	21.420 8	22.905 6	25.214 5	27.325 6	29.907 1	52.948 5	56.942 4	60.560 6	64.950 1	68.052 7
42	22.138 5	23.650 1	25.998 7	28.144	30.765 4	54.090 2	58.124	61.776 8	66.206 2	69.336
43	22.859 5	24.397 6	26.785 4	28.964 7	31.625 5	55.230 2	59.303 5	62.990 4	67.459 3	70.615 9
44	23.583 7	25.148	27.574 6	29.787 5	32.487 1	56.368 5	60.480 9	64.201 5	68.709 5	71.892 6
45	24.311	25.901 3	28.366 2	30.612 3	33.350 4	57.505 3	61.656 2	65.410 2	69.956 8	73.166 1
46	25.041 3	26.657 2	29.160 1	31.439	34.215 2	58.640 5	62.829 6	66.616 5	71.201 4	74.436 5

续前表

n \ α	0.995	0.99	0.975	0.95	0.9	0.1	0.05	0.025	0.01	0.005
47	25.774 6	27.415 8	29.956 2	32.267 6	35.081 4	59.774 3	64.001 1	67.820 6	72.443 3	75.704 1
48	26.510 6	28.177	30.754 5	33.098 1	35.949 1	60.906 6	65.170 8	69.022 6	73.682 6	76.968 8
49	27.249 3	28.940 6	31.554 9	33.930 3	36.818 2	62.037 5	66.338 6	70.222 4	74.919 5	78.230 7
50	27.990 7	29.706 7	32.357 4	34.764 3	37.688 6	63.167 1	67.504 8	71.420 2	76.153 9	79.49
51	28.734 7	30.475	33.161 8	35.599 9	38.560 4	64.295 4	68.669 3	72.616	77.386	80.746 7
52	29.481 2	31.245 7	33.968 1	36.437 1	39.433 4	65.422 4	69.832 2	73.809 9	78.615 8	82.000 8
53	30.23	32.018 5	34.776 3	37.275 9	40.307 6	66.548 2	70.993 5	75.001 9	79.843 3	83.252 6
54	30.981 3	32.793 4	35.586 3	38.116 2	41.183	67.672 8	72.153 2	76.192	81.068 8	84.501 9
55	31.734 8	33.570 5	36.398 1	38.958	42.059 6	68.796 2	73.311 5	77.380 5	82.292 1	85.749
56	32.490 5	34.349 5	37.211 6	39.801 3	42.937 3	69.918 5	74.468 3	78.567 2	83.513 4	86.993 8
57	33.248 4	35.130 5	38.026 7	40.645 9	43.816 1	71.039 7	75.623 7	79.752 2	84.732 8	88.236 4
58	34.008 4	35.913 5	38.843 5	41.492	44.696	72.159 8	76.777 8	80.935 6	85.950 2	89.476 9
59	34.770 4	36.698 2	39.661 9	42.339 3	45.577	73.278 9	77.930 5	82.117 4	87.165 7	90.715 3
60	35.534 5	37.484 9	40.481 7	43.188	46.458 9	74.397	79.081 9	83.297 7	88.379 4	91.951 7
61	36.300 5	38.273 2	41.303 1	44.037 9	47.341 8	75.514 1	80.232 1	84.476 4	89.591 3	93.186 1
62	37.068 4	39.063 3	42.126	44.889	48.225 7	76.630 2	81.381	85.653 7	90.801 5	94.418 7
63	37.838 2	39.855 1	42.950 3	45.741 4	49.110 5	77.745 4	82.528 7	86.829 6	92.01	95.649 3
64	38.609 8	40.648 6	43.776	46.594 9	49.996 3	78.859 6	83.675 3	88.004 1	93.216 9	96.878 1
65	39.383 1	41.443 6	44.603	47.449 6	50.882 9	79.973	84.820 6	89.177 1	94.422 1	98.105 1
66	40.158 2	42.240 2	45.431 4	48.305 4	51.770 5	81.085 5	85.964 9	90.348 9	95.625 7	99.330 4
67	40.935	43.038 4	46.261	49.162 3	52.658 8	82.197 1	87.108 1	91.519 4	96.827 8	100.554
68	41.713 5	43.838	47.092	50.020 2	53.548 1	83.307 9	88.250 2	92.688 5	98.028 4	101.775 9
69	42.493 5	44.639 2	47.924 2	50.879 2	54.438 1	84.417 9	89.391 2	93.856 5	99.227 5	102.996 2
70	43.275 2	45.441 7	48.757 6	51.739 3	55.328 9	85.527	90.531 2	95.023 2	100.425 2	104.214 9
71	44.058 4	46.245 7	49.592 2	52.600 3	56.220 6	86.635 4	91.670 2	96.188 7	101.621 4	105.432
72	44.843 1	47.051	50.427 9	53.462 3	57.113	87.743	92.808 3	97.353 1	102.816 3	106.647 6
73	45.629 3	47.857 7	51.264 8	54.325 3	58.006 1	88.849 9	93.945 3	98.516 3	104.009 8	107.861 7

续前表

n \ α	0.995	0.99	0.975	0.95	0.9	0.1	0.05	0.025	0.01	0.005
74	46.417	48.665 7	52.102 8	55.189 2	58.9	89.956	95.081 5	99.678 3	105.202	109.074 4
75	47.206	49.475	52.941 9	56.054 1	59.794 6	91.061 5	96.216 7	100.839 3	106.392 9	110.285 6
76	47.996 5	50.285 6	53.782 1	56.919 8	60.689 9	92.166 2	97.351	101.999 3	107.582 5	111.495 4
77	48.788 4	51.097 4	54.623 4	57.786 4	61.585 9	93.270 2	98.484 4	103.158 1	108.770 9	112.703 8
78	49.581 6	51.910 4	55.465 6	58.653 9	62.482 5	94.373 5	99.616 9	104.315 9	109.958 1	113.910 9
79	50.376 1	52.724 7	56.308 9	59.522 3	63.379 9	95.476 2	100.748 6	105.472 7	111.144	115.116 6
80	51.171 9	53.540 1	57.153 2	60.391 5	64.277 8	96.578 2	101.879 5	106.628 6	112.328 8	116.321 1
81	51.969	54.356 6	57.998 4	61.261 5	65.176 5	97.679 6	103.009 5	107.783 4	113.512 4	117.524 2
82	52.767 4	55.174 3	58.844 6	62.132 3	66.075 7	98.780 3	104.138 7	108.937 3	114.694 9	118.726 1
83	53.566 9	55.993 1	59.691 8	63.003 9	66.975 6	99.880 5	105.267 2	110.090 2	115.876 3	119.926 8
84	54.367 7	56.813	60.539 8	63.876 3	67.876 1	100.98	106.394 8	111.242 3	117.056 5	121.126 3
85	55.169 6	57.633 9	61.388 8	64.749 4	68.777 2	102.078 9	107.521 7	112.393 4	118.235 7	122.324 6
86	55.972 7	58.455 9	62.238 6	65.623 3	69.678 8	103.177 3	108.647 9	113.543 6	119.413 9	123.521 7
87	56.776 9	59.279	63.089 4	66.497 9	70.581	104.275	109.773 3	114.692 9	120.591	124.717 7
88	57.582 3	60.103	63.940 9	67.373 2	71.483 8	105.372 2	110.898	115.841 4	121.767 1	125.912 5
89	58.388 8	60.928 1	64.793 4	68.249 3	72.387 2	106.468 9	112.022	116.989 1	122.942 2	127.106 3
90	59.196 3	61.754 1	65.646 6	69.126	73.291 1	107.565	113.145 3	118.135 9	124.116 3	128.298 9
91	60.004 9	62.581 1	66.500 7	70.003 5	74.195 5	108.660 6	114.267 9	119.281 9	125.289 5	129.490 5
92	60.814 6	63.409	67.355 6	70.881 6	75.100 5	109.755 6	115.389 8	120.427 1	126.461 7	130.681 1
93	61.625 3	64.237 9	68.211 2	71.760 3	76.006	110.850 2	116.511	121.571 5	127.632 9	131.870 6
94	62.437	65.067 7	69.067 7	72.639 8	76.911 9	111.944 2	117.631 7	122.715 1	128.803 2	133.059 1
95	63.249 6	65.898 4	69.924 9	73.519 8	77.818 4	113.037 7	118.751 6	123.858	129.972 7	134.246 5
96	64.063 3	66.729 9	70.782 8	74.400 5	78.725 4	114.130 7	119.870 9	125.000 1	131.141 2	135.433
97	64.878	67.562 4	71.641 5	75.281 9	79.632 9	115.223 2	120.989 6	126.141 4	132.308 9	136.618 6
98	65.693 6	68.395 7	72.500 9	76.163 8	80.540 8	116.315 3	122.107 7	127.282 1	133.475 7	137.803 2
99	66.510 1	69.229 9	73.361 1	77.046 3	81.449 3	117.406 9	123.225 2	128.422	134.641 6	138.986 8
100	67.327 6	70.064 9	74.221 9	77.929 5	82.358 1	118.498	124.342 1	129.561 2	135.806 7	140.169 5

标准正态分布表

$$\Phi(x)=\int_{-\infty}^{x}\frac{1}{\sqrt{2\pi}}e^{-\frac{t^2}{2}}dt$$

$\Phi(x)$ / x	0.00	0.01	0.02	0.03	0.04	0.05	0.06	0.07	0.08	0.09
0.0	0.5	0.504	0.508	0.512	0.516	0.519 9	0.523 9	0.527 9	0.531 9	0.535 9
0.1	0.539 8	0.543 8	0.547 8	0.551 7	0.555 7	0.559 6	0.563 6	0.567 5	0.571 4	0.575 3
0.2	0.579 3	0.583 2	0.587 1	0.591	0.594 8	0.598 7	0.602 6	0.606 4	0.610 3	0.614 1
0.3	0.617 9	0.621 7	0.625 5	0.629 3	0.633 1	0.636 8	0.640 6	0.644 3	0.648	0.651 7
0.4	0.655 4	0.659 1	0.662 8	0.666 4	0.670	0.673 6	0.677 2	0.680 8	0.684 4	0.687 9
0.5	0.691 5	0.695	0.698 5	0.701 9	0.705 4	0.708 8	0.712 3	0.715 7	0.719	0.722 4
0.6	0.725 7	0.729 1	0.732 4	0.735 7	0.738 9	0.742 2	0.745 4	0.748 6	0.751 7	0.754 9
0.7	0.758	0.761 1	0.764 2	0.767 3	0.770 3	0.773 4	0.776 4	0.779 4	0.782 3	0.785 2
0.8	0.788 1	0.791	0.793 9	0.796 7	0.799 5	0.802 3	0.805 1	0.807 8	0.810 6	0.813 3
0.9	0.815 9	0.818 6	0.821 2	0.823 8	0.826 4	0.828 9	0.831 5	0.834	0.836 5	0.838 9
1.0	0.841 3	0.843 8	0.846 1	0.848 5	0.850 8	0.853 1	0.855 4	0.857 7	0.859 9	0.862 1
1.1	0.864 3	0.866 5	0.868 6	0.870 8	0.872 9	0.874 9	0.877	0.879	0.881	0.883
1.2	0.884 9	0.886 9	0.888 8	0.890 7	0.892 5	0.894 4	0.896 2	0.898	0.899 7	0.901 5
1.3	0.903 2	0.904 9	0.906 6	0.908 2	0.909 9	0.911 5	0.913 1	0.914 7	0.916 2	0.917 7
1.4	0.919 2	0.920 7	0.922 2	0.923 6	0.925 1	0.926 5	0.927 8	0.929 2	0.930 6	0.931 9

续前表

$\Phi(x)$ / x	0.00	0.01	0.02	0.03	0.04	0.05	0.06	0.07	0.08	0.09
1.5	0.933 2	0.934 5	0.935 7	0.937	0.938 2	0.939 4	0.940 6	0.941 8	0.943	0.944 1
1.6	0.945 2	0.946 3	0.947 4	0.948 4	0.949 5	0.950 5	0.951 5	0.952 5	0.953 5	0.954 5
1.7	0.955 4	0.956 4	0.957 3	0.958 2	0.959 1	0.959 9	0.960 8	0.961 6	0.962 5	0.963 3
1.8	0.964 1	0.964 8	0.965 6	0.966 4	0.967 1	0.967 8	0.968 6	0.969 3	0.970	0.970 6
1.9	0.971 3	0.971 9	0.972 6	0.973 2	0.973 8	0.974 4	0.975	0.975 6	0.976 2	0.976 7
2.0	0.977 2	0.977 8	0.978 3	0.978 8	0.979 3	0.979 8	0.980 3	0.980 8	0.981 2	0.981 7
2.1	0.982 1	0.982 6	0.983	0.983 4	0.983 8	0.984 2	0.984 6	0.985	0.985 4	0.985 7
2.2	0.986 1	0.986 4	0.986 8	0.987 1	0.987 4	0.987 8	0.988 1	0.988 4	0.988 7	0.989
2.3	0.989 3	0.989 6	0.989 8	0.990 1	0.990 4	0.990 6	0.990 9	0.991 1	0.991 3	0.991 6
2.4	0.991 8	0.992	0.992 2	0.992 5	0.992 7	0.992 9	0.993 1	0.993 2	0.993 4	0.993 6
2.5	0.993 8	0.994	0.994 1	0.994 3	0.994 5	0.994 6	0.994 8	0.994 9	0.995 1	0.995 2
2.6	0.995 3	0.995 5	0.995 6	0.995 7	0.995 9	0.996	0.996 1	0.996 2	0.996 3	0.996 4
2.7	0.996 5	0.996 6	0.996 7	0.996 8	0.996 9	0.997	0.997 1	0.997 2	0.997 3	0.997 4
2.8	0.997 4	0.997 5	0.997 6	0.997 7	0.997 7	0.997 8	0.997 9	0.997 9	0.998	0.998 1
2.9	0.998 1	0.998 2	0.998 2	0.998 3	0.998 4	0.998 4	0.998 5	0.998 5	0.998 6	0.998 6
3.0	0.998 7	0.999	0.999 3	0.999 5	0.999 7	0.999 8	0.999 8	0.999 9	0.999 9	1

附录C　注册可靠性工程师考试大纲

绪论

1. 熟悉产品质量的时间特性
2. 了解六性之间的相互关系

上篇　可靠性工程

第1章　可靠性概论

1. 熟悉可靠性工程的重要性及发展概况
2. 了解产品质量与可靠性的关系
3. 掌握可靠性的基本概念
4. 掌握故障及失效的基本概念
5. 熟悉产品可靠性度量参数
6. 掌握可靠性要求确定
7. 熟悉产品故障率浴盆曲线

第2章　可靠性数学基础

1. 了解概率论基础知识
2. 熟悉可靠性常用的离散型分布
3. 熟悉可靠性常用的连续型分布
4. 掌握可靠性参数的点估计和区间估计

第3章　可靠性设计与分析

1. 熟悉可靠性建模方法
2. 熟悉常用可靠性预计方法

3. 熟悉常用可靠性分配方法
4. 熟悉潜在失效模式、影响及危害性分析
5. 了解失效树分析
6. 熟悉可靠性设计准则
7. 熟悉电子产品可靠性设计与分析常用方法
8. 了解机械可靠性设计与分析常用方法

第4章　可靠性试验与评价

1. 熟悉可靠性试验基本概念
2. 掌握环境应力筛选试验
3. 了解可靠性研制试验
4. 了解可靠性增长试验
5. 掌握可靠性鉴定试验
6. 了解寿命试验和加速寿命试验

第5章　软件可靠性与人—机可靠性

1. 掌握软件可靠性基本概念
2. 熟悉软件失效的原因
3. 熟悉软件可靠性设计
4. 了解软件可靠性验证
5. 掌握人—机可靠性基本概念
6. 熟悉人为差错概念
7. 了解人—机可靠性设计基本方法

第6章　数据收集、处理与应用

1. 熟悉数据类型、来源及收集
2. 掌握数据的处理与评估
3. 了解数据管理及应用

第7章　可靠性管理

1. 掌握可靠性管理基本知识
2. 了解可靠性工作基本原则
3. 了解可靠性工作规划
4. 掌握故障报告、分析和纠正措施系统
5. 熟悉可靠性评审
6. 了解可靠性信息管理
7. 掌握产品可靠性保证大纲
8. 了解可靠性工程师在设计师团队中的角色

下篇 维修性、测试性、保障性、安全性、环境适应性工程基础

第8章 维修性工程基础

1. 掌握维修性基本概念
2. 熟悉维修性常用度量参数
3. 熟悉维修性设计与分析
4. RCMA和维修级别分析
5. 熟悉维修性验证

第9章 测试性工程基础

1. 掌握测试性基本概念
2. 熟悉测试性常用度量参数
3. 熟悉测试性设计与分析
4. 了解测试性验证方法

第10章 保障性工程基础

1. 掌握保障性基本概念
2. 熟悉规划使用保障和维修保障
3. 掌握保障性规划及保障方案制定
4. 掌握保障性要求
5. 熟悉规划与研制保障资源
6. 了解保障系统建立

第11章 安全性工程基础

1. 掌握安全性基本概念
2. 熟悉危险分析和风险分析
3. 熟悉安全性常用分析方法
4. 了解安全性验证方法

第12章 环境适应性工程基础

1. 掌握环境适应性的基本概念
2. 熟悉环境适应性与可靠性的关系
3. 了解环境效应
4. 熟悉环境适应性设计
5. 了解环境适应性试验

图书在版编目（CIP）数据

可靠性工程师手册/李良巧主编. —2 版.—北京：中国人民大学出版社，2017.6
可靠性工程师注册考试指定辅导教材
ISBN 978-7-300-24423-5

Ⅰ.①可… Ⅱ.①李… Ⅲ.①可靠性工程-手册 Ⅳ.①TB114.4-62

中国版本图书馆 CIP 数据核字（2017）第 116116 号

可靠性工程师注册考试指定辅导教材
可靠性工程师手册（第二版）
中国质量协会组织编写
李良巧　主编
Kekaoxing Gongchengshi Shouce

出版发行	中国人民大学出版社		
社　址	北京中关村大街 31 号	邮政编码	100080
电　话	010－62511242（总编室）		010－62511770（质管部）
	010－82501766（邮购部）		010－62514148（门市部）
	010－62515195（发行公司）		010－62515275（盗版举报）
网　址	http://www.crup.com.cn		
经　销	新华书店		
印　刷	北京昌联印刷有限公司	版　次	2012 年 4 月第 1 版
规　格	185 mm×260 mm　16 开本		2017 年 6 月第 2 版
印　张	25.25 插页 2	印　次	2025 年 4 月第 10 次印刷
字　数	558 000	定　价	59.00 元

中国人民大学出版社　理工出版分社

教师教学服务说明

中国人民大学出版社理工出版分社以出版经典、高品质的统计学、数学、心理学、物理学、化学、计算机、电子信息、人工智能、环境科学与工程、生物工程、智能制造等领域的各层次教材为宗旨。

为了更好地为一线教师服务，理工出版分社着力建设了一批数字化、立体化的网络教学资源。教师可以通过以下方式获得免费下载教学资源的权限：

★ 在中国人民大学出版社网站 www.crup.com.cn 进行注册，注册后进入“会员中心”，在左侧点击“我的教师认证”，填写相关信息，提交后等待审核。我们将在一个工作日内为您开通相关资源的下载权限。

★ 如您急需教学资源或需要其他帮助，请加入教师 QQ 群或在工作时间与我们联络。

中国人民大学出版社　理工出版分社

教师 QQ 群：229223561(统计2组) 982483700(数据科学) 361267775(统计1组)
教师群仅限教师加入，入群请备注（学校+姓名）

联系电话：010-62511967，62511076

电子邮箱：lgcbfs@crup.com.cn

通讯地址：北京市海淀区中关村大街 31 号中国人民大学出版社 507 室（100080）